Lehrbuch
der theoretischen Mechanik,
oder der
Gleichgewicht- und Bewegunglehre
fester, tropfbarer und luftförmiger Körper;

soweit diese Lehren durch die Elementarmathematik vorgetragen werden können,

mit Hinweisungen auf die practische Mechanik und auf die weitere Ausführung der Mechanik durch die höhere Mathematik.

In zwei Bänden.

Erster Band,

enthaltend:

die Einleitung in die Mechanik, die allgemeine Statik, die Geostatik, Hydrostatik und Aerostatik.

Von

Alexander Freiherrn von Forstner,

Premier-Lieutenant agg. dem 22sten Infanterie-Regimente, Examinator bei der Ober-Militär-Examinations-Commission, Lehrer der Mathematik bei der allgemeinen Kriegsschule und der Physik beim Cadetten-Corps.

Mit drei Kupfertafeln.

Berlin,

bei Fr. Laue.

1831.

Dem

um die Ausbreitung der mechanischen Wissenschaften hochverdienten

Herrn

Dr. Johann Albert Eytelwein.

Königl. Preuß. Ober-Landes-Bau-Director; Mitdirector für das Bauwesen im Königl. Ministerio des Innern; Director der Königl. Ober-Bau-Deputation und der Bau-Akademie; Ritter des rothen Adler-Ordens zweiter Klasse und des Königl. Niederländischen Löwen-Ordens; ordentliches Mitglied der Akademie der Wissenschaften und des Senats der Akademie der Künste zu Berlin; des National-Instituts der Wissenschaften und Künste zu Amsterdam; der Gesellschaft der Experimental-Philosophie zu Rotterdam; der Gesellschaft der Wissenschaften und Künste zu Frankfurt a. d. O.; der physikalisch-ökonomischen Gesellschaft zu Königsberg, Leipzig und Potsdam; der schlesischen Gesellschaft für vaterländische Kultur und des Polytechnischen Vereins für Bayern Mitglied;

widmet dieses Werk

mit

Hochachtung und Verehrung

der

Verfasser.

Vorrede.

Der ausführliche Titel des vorliegenden Buchs, zeigt zur Genüge die Absicht des Verfassers bei der Bearbeitung der Mechanik an, so wie er den Umfang dieser Wissenschaft bezeichnet welchen der Leser zu erwarten hat, und die Vorkenntnisse andeutet welche beim Studium dieses Werks vorausgesetzt werden. — Die Elemente der Mechanik aus einem überwiegend theoretischen Gesichtpunkte zu bearbeiten, schließt keineswegs die Anführung der reichhaltigen Anwendungen aus, welche dieser Theil der angewandten Mathematik für das practische Leben gewährt; diese Anwendungen sind daher überall begründet und ihre weiteren Ausführungen angedeutet, wo die Gelegenheit dazu sich darbot, während die eigentliche Ausführung jener Anwendungen hier unterbleiben mußte, eben weil das Buch keine practische Mechanik sein sollte; dagegen ist die Literatur derjenigen Werke immer angeführt, in welchen die weitere Belehrung zu suchen ist. Auch Uebungbeispiele in bestimmten Zahlen sind, der Raumersparung wegen nur angeführt, wenn sie zur Erläuterung des Vorgetragenen dienlich erschienen; dann ist aber nur die Aufgabe und das Resultat genannt. Dergleichen Beispiele sind größtentheils aus anderen Werken entlehnt, welche eben so wenig jedesmal genannt wurden, als es unnöthig erscheint, immer die Schriften besonders zu nennen, welche dem Verfasser früher oder später dienten, die verschiedenen Lehren so vorzutragen, wie sie dies Buch enthält. Neues läßt sich wenig in den Elementen der Mechanik sagen; aber in der Methode und Anordnung des Vorgetragenen, ist gewiß in diesem Buche manches zu finden, was dem Verfasser eigenthümlich gehört und dem Kenner anderer mechanischen Werke, auch ohne besondere Anführung nicht entgehen wird. — Die Inhaltanzeige setzt den Leser bald über die einzelnen Theile der Mechanik welche hier abgehandelt sind in Kenntniß, und die kurze Einleitung zur angewandten Mathematik zeigt an, aus welchem Gesichtpunkte der Verfasser die Vereinigung der Mathematik und Physik ansieht. Mögte besonders die Ansicht vom gegenwärtigen Zustande der angewandten Mathematik, oder von der Möglichkeit beim dermaligen Zustande der Physik, die Mathematik auf die Naturgesetze anzuwenden, gleich weit entfernt sein von der Aufstellung solcher Theorien, die keine Uebereinstimmung mit den Erscheinungen in der Natur zeigen, als von der Zusammenstellung blos empirischer Thatsachen, die nicht ahnen lassen auf welche Weise aus ihnen ein System werden kann, das selbstständig, fast rein mathematisch weiter schreitend, wenn gleich begründet durch Wahrnehmungen in den äußeren Erscheinungen, zu jenen erhabenen Resultaten führt, welche die Mechanik bereits darbietet. — Daß der Verfasser die Hülfsmittel aus der reinen Mathematik für den Gebrauch des Buchs so enge begrenzte, hat verschiedene Gründe. Die Elemente der Mechanik sind ganz geeignet, um mit jenen geringen Hülfsmitteln schon sehr wichtige und interessante Resultate zu beweisen, welche den Anfänger entweder seinen Ansprüchen gemäß befriedigen, oder ihn zu einem Studium der höheren Mechanik anregen, während sie dem Leser welcher einen technischen Zweck vor sich hat, bereits so viel geben, als für einen sehr umfassenden Theil der Anwendung vorläufig genügt; aber immer werden die verschiedenen Leser an den geeigneten Stellen aufmerksam gemacht werden, zu welchem höheren Ziele sie gelangen können, wenn sie mit erweiterten Vorkenntnissen der reinen Mathematik, an das Studium der höheren Mechanik gehen. Eine elementare Grundlage für das Studium der höheren Mechanik, wie das gegenwärtige Buch sie geben soll, ist gewiß jedem Anfänger anzurathen; theils weil sie die wahre Begründung dieser höheren Theile enthält, theils weil ein unmittelbares Beginnen mit dem Studium der höheren Mechanik, dem Leser selten die Befriedigung gewährt, welche eine naturgemäße Begründung dieser Wissenschaft ihm giebt. Sollen aber die Elemente der Mechanik aus physikalischen Schriften geschöpft werden, so kann in diesen nur Andeutung über alles das sich finden, was in den Elementen der Mechanik doch schon so reichlich gegeben werden kann, und physikalische Werke verfehlen offenbar um so mehr ihren eigentlichen Zweck, oder gerathen in unnöthige Weitläuftigkeiten, wenn in ihnen die Elemente der Mechanik ausführlich vorgetragen werden, wenngleich die meisten neueren höchst schätzbaren physikalischen Werke in diesen Fehler verfallen, der sich nur dadurch rechtfertigen läßt, daß vielen Anfängern in der Physik damit gedient ist, wenn sie die Anfangsgründe der Mechanik beim Studium der Physik sogleich kennen lernen; die Schriften über die höhere Mechanik dagegen, übergehen fast immer die eigentlich physikalischen Begründungen, um nur bald zum Kalcul zu gelangen, der dann oft in seinem rein mathematischen Theile, in diesen Schriften mehr Raum einnimmt als es der Fall sein sollte.

Die vorstehenden Ansichten werden genügen um den Leser auf den Standpunkt zu führen, von welchem aus das gegenwärtige Buch zu beurtheilen ist, das, wenn es seiner Idee nicht ganz widerspricht, eine gewiß fühlbare Lücke in der Literatur der mechanischen Schriften ausfüllt, welche zwischen den mechanischen Lehren so weit sie in physikalischen Schriften begründet sein sollten, und den eigentlich mechanischen Werken wie sie sind, noch vorhanden ist. Es soll demnach in diesem Buche von einer möglichst wissenschaftlichen Begründung der Mechanik ausgegangen und so weit fortgeschritten werden, damit jeder Leser welcher sich diese Elemente zu eigen gemacht hat, ohne Mühe jedes Werk über die Mechanik verstehen kann, wenn er nur die Vorkenntnisse aus der reinen Mathematik besitzt. Wird die wissenschaftliche Begründung der Mechanik hier nicht vermißt; gewährt das Selbststudium dieses Buchs dem Anfänger hinlängliche Einsicht in das Gebiet der Mechanik seinem ganzen Umfange nach, und gewährt ihm Befriedigung seinen Ansprüchen und Vorkenntnissen gemäß; regt es denkende Leser zum Studium der höheren Mechanik an; giebt es durch die häufig eingestreuten Bemerkungen, den Lehrern welche es beim Vortrage der Mechanik zum Grunde legen, Gelegenheit, die wichtigsten und interessantesten Ausführungen und Anwendungen anzuknüpfen; gewährt es endlich angehenden Practikern bereits Nutzen, und zeigt ihnen eine tiefere Begründung der mechanischen Technik, als diese durch andere Schriften über die practische Mechanik erlangt wird; — dann bedarf die Herausgabe des Buchs keiner weiteren Rechtfertigung, mag sie auch zunächst durch die Stellung des Verfassers veranlaßt sein. — Wie weit jede Ausführung vom Ideale entfernt bleibt, ist mir wol bekannt; dennoch nehme ich die Nachsicht hier nicht in Anspruch, den Willen für die That anzusehen. — Wenn nun auch das gegenwärtige Werk der Elemente der Mechanik, ein selbstständiges Ganzes bildet, so denke ich dennoch späterhin die höhere Mechanik folgen zu lassen; vorher soll aber, wenn dieses Buch Beifall gewinnt, die Optik und Astronomie in ähnlicher Art bearbeitet erscheinen, so daß die höhere Mechanik auf diesen Elementen gemeinschaftlich begründet wird. — Das vorliegende Buch sollte nur in Einem Bande erscheinen; die Lehren der Dynamik lassen aber so viele selbst elementare Anführungen zu, daß es zweckmäßig erschien, diesen zweiten Haupttheil der Mechanik in einem zweiten Bande besonders herauszugeben, um nicht einen zu voluminösen Band zu erhalten.

Berlin, am 4ten im Dezember 1830.

A. v. Forstner.

Kurze Uebersicht des Inhalts des ersten Bandes.

Zweiter Abschnitt.

Die Statik fester Körper. Oder: die Geostatik.

Dritter Abschnitt.

Die Statik tropfbarer Körper. Oder: die Hydrostatik.

Vierter Abschnitt.

Die Statik luftförmiger Körper. Oder: die Aerostatik.

Einleitung

in die angewandte Mathematik.

§. 1.

Die angewandte Mathematik beschäftigt sich mit den Größenbestimmungen bei Naturerscheinungen, in sofern die Gesetze dieser Erscheinungen dem Maaße und der Zahl unterworfen werden können, wodurch es nemlich erst möglich wird, die reine Mathematik auf die Erscheinungen in der Natur anzuwenden. —

Weil die Natur im weitesten Sinne des Wortes, der Inbegriff aller Erscheinungen ist, diese aber, wenn auch ohne Zweifel bestimmten, dennoch oft uns bis jetzt noch nicht bekannten Gesetzen unterworfen sind; auch selbst viele der bekannten Gesetze noch nicht nach Maaß und Zahl bekannt sind; so ist die angewandte Mathematik einer immer größeren Ausbreitung fähig, und ihre Grenzen oder ihr Inhalt noch nicht genau zu bestimmen.

Anmerkung 1. Die angewandte Mathematik in der hier erwähnten Bedeutung, ist wol von der praktischen und von der sogenannten gemischten Mathematik zu unterscheiden, welche sich mit der unmittelbaren Uebertragung der rein mathematischen Lehren, auf Gegenstände des äußeren Lebens beschäftigen, und, wenn bei diesen Anwendungen auch oft Erfahrungen aus der Natur vorausgesetzt werden, selbst einzelne Lehren der angewandten Mathematik erforderlich sein können; so ist es doch nie der Zweck der praktischen und der gemischten Mathematik, die Naturerscheinungen in ihrem Zusammenhange zu erklären. Man theilt die praktische Mathematik gewöhnlich in die praktische Arithmetik, welche sich mit den im Leben vorkommenden Rechnungen, und in die praktische Geometrie, welche sich mit allen Arten Messungen räumlicher Größen beschäftigt, ein; zur gemischten Mathematik zählt man hingegen die Benutzung der Lehren der angewandten und der praktischen Mathematik, zur Erfüllung der äußeren Bedürfnisse des Lebens, z. B. bei gewissen Theilen der Bauwissenschaften, der Kriegswissenschaften u. dgl. m. — Die nähere Ausführung hierüber gehört nicht hierher; bemerkt sei jedoch, daß man die angewandte Mathematik in der genannten Bedeutung, auch wol die physisch-angewandte Mathematik nennt, dann aber die praktische und gemischte Mathematik gemeinschaftlich mit der Benennung: angewandte Mathematik bezeichnet; oder daß man auch wol zuweilen alle Anwendungen der reinen Mathematik unter der Benennung: angewandte Mathematik versteht.

Anmerk. 2. Um möglichen Mißverständnissen vorzubeugen, stehe hier sogleich folgende Bemerkung. — Wenn man bedenkt, daß alle Eintheilungen einer Wissenschaft nur vorübergehend sind, weil bei dem innigen Zusammenhange aller Erscheinungen, nirgend eine scharfe Trennung, sondern nur Uebergänge stattfinden; so kann es nicht befremden, daß auch für das Gebiet der Anwendungen der Mathematik, von verschiedenen Mathematikern verschiedene Eintheilungen gemacht werden, wie dies auch künftig in anderen Fällen wol vorkommen wird, wobei es angeführt werden soll, wenn die Abweichungen von denen hier gegebenen Eintheilungen und Benennungen, wesentlich sind. Eine Kritik der angeführten Eintheilungen, an denen wir uns im Verfolg des Vortrags allein zu halten haben, gehört jedoch nicht für dies Lehrbuch. Eintheiluugen sind nothwendig, um die zu einem engeren Gebiete gehörenden Erscheinungen zu sondern und für sich zu erforschen, dann sie aber wieder in Verbindungen mit dem größeren und letzten Ganzen bringen zu können; wie aber eingetheilt wird, hängt größtentheils von verschiedenen Ansichten ab. —

§. 2.

Die angewandte Mathematik erhält ihre ersten Sätze durch Entlehnungen oder Wahrnehmungen an äußeren Dingen, mögen solche Sätze überwiegend empirisch oder speculativ sein; sie dienen als Grundsätze der angewandten Mathematik, und ihre weitere Erforschung oder Begründung, gehört in die Physik (Naturlehre) und in die Metaphysik hinein. — Aber es ist nicht immer durch bloße Erfahrung eine strenge mathematische Begründung der Naturerscheinungen möglich, und daher werden häufig vorläufige Annahmen gemacht einen solchen Mangel zu ersetzen, und diese Annahmen erhalten dann ihre Bestätigung oder Verwerfung durch den Erfolg der, auf ihnen gegründeten Entwicklungen. Von diesen Annahmen sind aber die bloßen Voraussetzungen oder Hypothesen in so fern zu unterscheiden, daß letztere alsdann in die Wissenschaft eingeführt werden, wenn das Bedürfniß entsteht, eine Reihe von Erscheinungen auf ein an sich nicht erwiesenes Gesetz zurück zu führen, es jedoch möglich ist ein Gesetz zu erdenken, aus dem jene Erscheinungen sich ohne Widerspruch herleiten lassen. — Bei diesen Annahmen und Voraussetzungen, zeigt sich besonders der innige Zusammenhang der Physik und der angewandten Mathematik, und es ist eine Trennung beider Wissenschaften auch nur in so fern rathsam, als die in der Natur entdeckten Gesetze in ihren ferneren mathematischen Relationen (Beziehungen) der Gegenstand der angewandten Mathematik sind, in der Physik dagegen die inneren Ursachen und der Züsammenhang dieser Gesetze erforscht werden sollen, zumal wenn sich diese der mathematischen Behandluug noch entziehen. In den inneren physischen Ursachen, ist auch der Grund der vielen Anomalien (Abweichungen von dem, aus gewissen Voraussetzungen hergeleiteten Gesetze) zu suchen, welche sich oft ergeben, wenn die überwiegend theoretisch erforschten Gesetze der angewandten Mathematik, auf würkliche Gegenstände des Lebens, also praktisch, übertragen werden sollen. An den geeigneten Stellen wird auf diese vorläufigen Hindeutungen zurückgewiesen werden, und die nöthigen Erläuterungen für die besonderen Fälle alsdann folgen. —

Anmerk. Sollte in dem hier Gesagtem auch der Vorwurf für die angewandte Mathematik begründet scheinen: daß hiernach keine Sicherheit für die unbedingte Wahrheit ihrer Lehren vorhanden sei; so theilt sie diesen, in gewisser Hinsicht gerechten Vorwurf, nicht nur mit allen Wissenschaften, sondern er ist auch in der besonderen Art jeder Wissenschaft an sich begründet, deren keine in der Art wie sie hervortritt, ganz ihrer Idee entspricht. — Dagegen giebt der Erfolg und der Gebrauch der angewandten Mathematik im Leben, nicht nur hinlängliche Sicherheit für ihre Lehren, sondern diese sind selbst zu einem bewundernswürdigen Systeme gediehen, das zwar keinesweges unangreifbar ist, aber trotz mannigfaltiger Angriffe noch wenig gelitten, im Gegentheil hierdurch fast nur an Bestätigung der Richtigkeit und Vervollkommnung ihrer Lehren gewonnen hat*). — Von diesen Behauptungen zu überzeugen, werden die folgenden Lehren Gelegenheit genug darbieten, während eine Fortsetzung dieser Betrachtungen, wiederum nicht für dies Buch geeignet ist.

§. 3.

Der in §. 1. gegebenen Erklärung gemäß, ist allerdings jede auch rein geistige Erscheinuung, sofern auch sie zur Natur gehört, ein Gegenstand der angewandten Mathematik; doch beschränkt man in der Regel den Begriff der Natur, nur auf die sogenannte ma-

---

*) Als neuste Erscheinuug solcher Angriffe, ist von unbefangenen, mit der angewandten Mathematik hinlänglich vertrauten Lesern, nachzusehen: Röttger, Kritik der mathematischen Naturlehre und Darstellung der gänzlich falschen Grundverfassung dieser Lehre (1830). —

terielle Natur. Ohne hier in eine nähere Untersuchung der Trennung und Vereinigung der materiellen und der geistigen Natur einzugehen, noch zu prüfen: in wiefern die geistigen Erscheinungen einer mathematischen Behandlung fähig sind; *) nehmen wir hier nur die Erscheinungen in der, uns allen auf gleiche Weise gegebenen Körperwelt, als Gegenstand der angewandten Mathematik an. — Unter den mannigfaltigen sich hier ergebenden Anwendungen, treten besonders die folgenden, als vorzüglich mathematisch ausgebildeten Theile der angewandten Mathematik hervor:

I. Die Mechanik, oder die Lehre von den äußeren Veränderungen der Körper im Raume (Die Unterabtheilungen der Mechanik folgen in §. 10. **).

II. Die Optik, oder die Lehre von den Würkungen des Lichtes (Die Eintheilung der Optik gehört nicht für dieses Buch).

III. Die Astronomie, oder die Lehre von den Erscheinungen im Weltraume auch außerhalb unserer Erde. — In diesem Theile der angewandten Mathematik (dessen Unterabtheilungen gleichfalls hier nicht her gehören), ist eine innige Vereinigung der beiden genannten ersten Theile, und überhaupt aller Lehren der Mathematik und der Physik, ihrem weitesten Umfange nach.

Außer den genannten drei Theilen der angewandten Mathematik, giebt es noch verschiedene Lehren, welche

*) Hierfür sind besonders zu beachten, die neusten Schriften Herbart's, über die Anwendung der Mathematik auf Psychologie, u. a. m.

**) Mit den inneren Veränderungen der Körper, beschäftigt sich die Chemie. In wiefern diese ein Gegenstand der angewandten Mathematik werden kann, oder es in der Stöchiometrie schon geworden ist; gehört zu untersuchen nicht hierher

auch zuweilen zur angewandten Mathematik gezählt werden; z. B. die Akustik (d. i. die Lehre vom Ton; sie wird auch wol als ein Theil der Mechanik behandelt), die Hygrometrie (oder die Feuchtigkeitmessung), die Pyrometrie (d. h. die Lehre von den Würkungen der Wärme), u. dgl. m. (Vergleiche das in §. 1. Anmerk. 2. Gesagte).

§. 4.

Für die Lehren der angewandten Mathematik, ist die Kenntniß der reinen Mathematik im ganzen Umfange nöthig; aber es lassen sich die Elemente derselben auch schon in einem bedeutenden Umfange, durch die Elementarmathematik, also mit Ausschluß der höheren Mathematik, besonders der höheren Analysis, vortragen, und bedeutende Anwendungen auf das Leben hieraus herleiten. In sofern dies auf eine ungekünstelte Weise geschehen kann, soll es den Grundzügen nach, im gegenwärtigen Buche für die Mechanik durchgeführt werden, das daher auch nur die Anfanggründe dieses Theils der angewandten Mathematik, enthalten kann. In wie weit die Lehren der Physik hierbei vorausgesetzt werden, wird an den geeigneten Stellen vorkommen. — Es gehören aber hierher noch einige allgemeine Betrachtungen, welche nicht ganz übergangen werden können, weil in ihnen die weitere Begründung mancher der folgenden Lehren zu suchen ist.

Die materiellen Körper (im Gegensatze der mathematischen Körper) werden als etwas Gegebenes, dessen Dasein nicht erst zu beweisen ist, angesehen. Dasselbe gilt von den verschiedenen Modificationen (verschiedene Zustände) in welchen die Körper erscheinen; nur die Erfahrung belehrt uns hierüber. Eben so erkennen wir als unbestritten, daß die Körper Veränderungen unterworfen werden oder erleiden können, und daß jede dieser Veränderungen die Würkung einer Ursache ist. Den Zusammenhang zwischen den Ursachen und Würkungen der äußeren Veränderungen der Körper, soll die Mechanik lehren. — Als allgemeinste Sätze die wir hierbei voraussetzen, sind zu merken:

1) Jede Würkung hat ihre Ursache, und jede Ursache erzeugt eine Würkung. — Hiermit hängt genau zusammen:
2) Gleiche Ursachen erzeugen unter gleichen Umständen (Bedingungen) gleiche Würkungen, und gleiche Würkungen welche unter gleichen Umständen erzeugt sind, setzen gleiche Ursachen voraus.
3) Wenn keine Ursache vorhanden ist, weshalb eine gewisse denkbare Würkung erzeugt werden sollte, so wird diese Würkung auch nicht erzeugt; oder wenn keine Ursache vorhanden ist, weshalb eine gewisse Würkung nicht erfolgen sollte, so muß diese erfolgen *).

Wie schwierig es ist, alle Umstände unter denen Ursachen würken, gehörig zu erkennen; zeigt sich sehr häufig bei Erforschung der einzelnen Erscheinungen. Es würde hiernach oft unmöglich sein, eine bestimmte Würkung ganz zu ergründen, wenn man nicht, sei es auch nur vorläufig, von manchen Umständen abstrahiren wollte, bis auch diese wieder gesetzmäßig eingeführt, und als neue Ursachen betrachtet werden können. — Auf diese und ähnliche Bemerkungen wird an den geeigneten Stellen aufmerksam gemacht werden.

Anmerk. Bei Anwendung der rein mathematischen Lehren, soll künftig in der Regel auf kein besonderes mathematisches Werk aufmerksam gemacht werden; dasselbe gilt bei den vorausgesetz-

*) Dies ist der bekannte Satz vom zureichenden Grunde.

ten physischen Lehren, sofern diese nicht weiter erläutert werden sollten. Doch sei hiermit unter vielen guten Werken besonders empfohlen: E. G. Fischer's Lehrbuch der mechanischen Naturlehre (2 Theile, 3te Auflage), oder auch der Auszug aus diesem trefflichen Werke von August (1 Theil 1824). Eben so dienen zum Nachschlagen ganz besonders die bekannten physikalischen Wörterbücher von J. E. Fischer (6 Theile nebst 4 Supplementbänden) und von Gehler (sowol die ältere Auflage, als auch die neue noch nicht vollendete Ausgabe dieses bedeutenden Werkes).

Die Mechanik.

Allgemeine Einleitung in die Mechanik.

Erstes Kapitel.
Grundbegriffe und Eintheilung der Mechanik.

§. 5. Erklärungen.

1) Ort heißt die Stelle im Raume, wo ein Gegenstand oder ein Ding sich befindet.

2) Ruhe heißt das Beharren eines Dinges am Orte.

3) Bewegung heiß der Zustand eines Dinges während der Ortveränderung.

4) Weg oder Bahn heißt der während der Bewegung zurückgelegte Raum.

5) Kraft heißt in der Mechanik (§. 3, I.) jede Ursache ohne Rücksicht auf ihre Entstehung, welche eine Bewegung erzeugt, zu erzeugen strebt, sie hindert oder zu hindern strebt.

Anmerk. 1. Eine Kraft welche würklich eine Bewegung erzeugt, heißt auch wol eine lebendige Kraft, im Gegensatze der todten Kraft, welche nur Bewegung zu erzeugen strebt. Doch ist diese Unterscheidung nicht wesentlich, oder nothwendig zu machen.

Anmerk. 2. Stärke und Schwäche bezeichnen nur Modificationen der Grösse oder des Grades einer Kraft, und ist der Gebrauch dieser Benennungen aus dem Leben als bekannt vorauszusetzen.

6) Hinderniß heißt der Gegenstand durch welchen eine Bewegung ganz oder zum Theil aufgehoben wird. Im Hinderniß wird also eine Kraft vorausgesetzt (Nr. 5.).

7) Widerstand heißt die Grösse der Kraft, welche durch das Hinderniß hervorgebracht wird (Vgl. Nr. 5 u. 6.).

8) Fest, fix oder unbewegbar heißt ein Gegenstand, welcher durch die auf ihn würkenden Kräfte, nicht zur Bewegung kömmt.

9) Frei oder bewegbar heißt ein Gegenstand, welcher durch die auf ihn würkende Kraft zur Bewegung kömmt.

Anmerk. Die hier gegebenen Erklärungen, können keineswegs so angesehen werden, als sollten die erklärten Begriffe erst durch sie zur Anschauung kommen, sondern alle jene Begriffe bringt ein jeder der die Mechanik studiren will, gleich den Begriffen von Raum, Zeit, Materie u. s. w. bereits mit. Die gegebenen Erklärungen sind aber dennoch durchaus nöthig, damit einem jeden der erklärten Begriffe, seine bestimmte Bedeutung und Grenze in der Wissenschaft angewiesen wird. — Dieselbe Bemerkung gilt von mehreren der späteren Erklärungen, Erläuterungen u. dgl. m.

§. 6. Erfahrungsätze*).

1) Der Zustand der Ruhe so wie der Bewegung, sofern diese uns überhaupt zur Anschauung kommen, ist nur relativ; nemlich eine jede Ruhe, ist nur Ruhe in Beziehung zu dem Raume, in welchem der ruhende Ge-

*) Diese und ähnliche Sätze könnten auch Lehnsätze genannt werden, da sich recht eigentlich Entlehnungen aus der Erfahrung zum Behufe der Wissenschaft enthalten.

genstand sich befindet, denn, das in diesem Raume Ruhende, kann mit dem Raume zugleich in Bewegung, also zugleich ein Bewegtes sein; und eben so kann das in Beziehung zu einem Raume Bewegte, in Beziehung zu einem anderen Raume, in welchem der erste Raum sich bewegt, ein Ruhendes sein. — Ob es eine absolute Ruhe und eine absolute Bewegung giebt oder nicht, d. h. welche in jeder Hinsicht nur als Ruhe oder als Bewegung anzusehen ist; kann und muß hier ganz dahingestellt bleiben; eben so wie der hiermit verbundene Begriff des absoluten Ortes eines Dinges, auf keine Weise für uns ein Gegenstand der Wahrnehmung werden kann. — Sobald also im Verfolge der Mechanik, von Ruhe oder Bewegung die Rede ist, kann auch immer nur jeder dieser Begriffe in seiner relativen Bedeutung erscheinen, und es muß näher angegeben werden, oder aus den Bedingungen des Zusammenhanges hervorgehen, in wiefern jene Begriffe zu nehmen sind. Uebrigens könnte man hiernach den Raum, in welchem ein Ruhendes oder ein Bewegtes zur Erscheinung kömmt, den relativen Raum nennen, welcher alsdann ein Theil des absoluten oder unendlichen (unbegrenzten) Raumes ist; doch ist diese nähere Benennung nicht nothwendig.

Anmerk. Als Beispiel zur Erläuterung des Gesagten, stelle man sich in einem bewegten Schiffe einen ruhenden Gegenstand vor; oder man nehme an, daß in einem bewegten Schiffe, ein Gegenstand sich entgegengesetzt mit dem Schiffe bewegt, u. dgl. m. Ein Mehreres über die hierbei vorkommenden Betrachtungen, wird künftig vorkommen.

Anmerk. 2. Man sagt auch wol nach anderen Erklärungen, von einem Dinge: es sei absolut in Ruhe oder in Bewegung, in Beziehung zu dem Raume in welchem es sich befindet, dagegen relativ in Ruhe oder in Bewegung in Beziehung zu dem Raume, in welchen man sich den ersteren Raum befindlich denkt.

2) Die Kräfte als solche, sind uns ganz unbekannt; nur durch ihre Würkungen lernen wir ihr Dasein kennen, und setzen die intensive Grösse einer Kraft (den Grad derselben) entsprechend ihrer Würkung, nach denen in der Mechanik zu entwickelnden Gesetzen. Aus der Erfahrung aber können wir bereits hier gewisse Unterschiede in Hinsicht der Würkungen der Kräfte betrachten, deren mehrere künftig folgen werden. Nemlich:

a) Kräfte zeigen sich in ihren Würkungen gleich oder ungleich groß; wonach die Benennungen gleiche und ungleiche Kräfte deutlich sind.

b) Gewisse Kräfte zeigen sich in ihren Würkungen immer gleich groß, und diese heißen beständige Kräfte; oder ihre Würkung ist nicht immer gleich, und dann heißen sie veränderliche Kräfte.

c) Es giebt Kräfte welche nur in so kurzer Zeit ihre Würkung äußern, daß man kein Maaß für diese Zeit angeben kann, und dann heißen sie Momentankräfte (z. B. der Stoß, Schlag, u. s. w. welche nur einen Augenblick oder Moment würken); man setzt die Dauer ihrer Würkung, nicht aber des Erfolgs derselben, gleich Null. Dagegen würken andere Kräfte während einer längeren angebbaren Zeit, und diese heißen continuirliche oder fortwürkende Kräfte (Z. B. der Zug, Druck u. s. w.).

d) Wenn eine Kraft ohne Aufhören und unter allen Umständen auf einen Gegenstand würkt, so nennt man sie eine Totalkraft (auch wol eine absolute Kraft). Sie gehört folglich zu den fortwürkenden Kräften (c), wiewol sie beständig oder veränderlich (b) sein kann (Siehe §. 13, 2.).

e) Eine gemeinschaftliche Würkung mehrerer Kräfte ist, laut Erfahrung, möglich. Welcher Erfolg daraus entsteht; gehört der Mechanik zu untersuchen an. Sieht man diesen Erfolg als die Würkung einer Kraft an, so heißt diese Kraft eine zusammengesetzte Kraft, jene einzelnen Kräfte aber in Beziehung zu ihr, heißen einfache Kräfte.

3) Ohne Widerstand, mithin ohne ein Hinderniß (§. 5, 6 und 7), ist die Würkung einer Kraft unmöglich; folglich erfordert jede Bewegung oder jedes Streben zur Bewegung: eine Kraft und einen Widerstand; jedoch kann sich nur so viel Kraft äußern, als der Widerstand entgegensetzt. Welcher Erfolg sich daraus ergiebt, hängt von mannigfaltigen Umständen ab, die erst später untersucht werden können. Diesen wichtigen Satz stellt man gewöhnlich so dar: Würkung und Gegenwürkung sind gleich groß, aber entgegengesetzt im Streben zur Bewegung, mag die Bewegung nun erfolgen oder nicht (Siehe §. 5, 7 und 8).

4) Der, den Raum erfüllenden — ihrer Natur nach uns unbekannten — Materie, kommt nach unserer Erfahrung durch Einwürkung von äußeren Kräften, Bewegbarkeit zu, d. h. die Eigenschaft den Ort im Raume verändern zu können (§. 5, 3). Wenn wir nun auch in der Materie verschiedene Kräfte wahrnehmen, welche auf gewisse Weise angeregt, der Materie Bewegung geben können, worüber die näheren Untersuchungen der Physik angehören; so abstrahiren wir in der Mechanik von diesen Kräften, sobald sie nicht ausdrücklich genannt werden, und setzen daher die Materie als beharrlich, d. h. als unvermögend ohne Einwürkung einer Kraft, eine Aenderung in ihrem Zustande vornehmen zu können (Siehe auch §. 7, 4.).

5) Durch die vereinte Würkung mehrerer Kräfte, kann ein Gegenstand in Ruhe bleiben. Der hierdurch erzeugte Zustand der Ruhe, heißt das Gleichgewicht

der würkenden Kräfte, oder man sagt: der Gegenstand ist im Gleichgewichte. Die Bedingungen für diesen Zustand, werden in der Gleichgewichtlehre vorgetragen.

6) Obgleich das Ruhende so wie das Bewegte, in der Würklichkeit nur ein materieller Körper ist; so kann und muß man doch von der Materie in vielen Fällen einstweilen abstrahiren, und jenen Körper als geometrischen Körper betrachten. Auch kann man eine Fläche, eine Linie oder einen Punkt, als das Ruhende oder Bewegte annehmen. — Diese Abstraction wird in der Folge sehr wichtig.

7) Eine völlige Vernichtung einer Kraft, ist nicht wol denkbar; es muß daher jede Kraft ohne Aufhören fortwürken, und jede Würkung wird hierdurch der Erfolg vom Dasein unbestimmt vieler Kräfte. — Auf diese Weise würde aber die Mechanik eine unendliche Aufgabe haben, weshalb es durchaus nöthig wird, eine jede Kraft als eine einmal ursprüngliche, dann aber auch als eine an sich wieder aufhörende zu betrachten, sobald sie nicht mehr zur Fortsetzung ihrer Würkung erforderlich ist. Selbst eine Totalkraft (Nr. 2, d) kann als anfangend und aufhörend gedacht werden, und man kann von ihrer Würkung im erforderlichen Falle abstrahiren.

§. 7. Grundsätze und Erklärungen.

1) Der Weg (§. 5, 4.) eines bewegten Punktes (§. 6, 6) ist eine Linie. Ist diese Linie gerade, so heißt ihre Lage im Raume: die Richtung des Bewegten. Hiernach erhält das in einer krummen Linie Bewegte, in jedem Punkte des Weges, eine neue Richtung. Man nennt alsdann die Tangente zu einem bestimmten Punkte der Bahn: die Richtung des Bewegten in diesem Punkte.

2) Eine Kraft kann einen Gegenstand nur längs einer geraden Linie bewegen, oder wenn ein fixer Gegenstand (§. 5, 8.) vorhanden ist, längs einer geraden Linie zu bewegen streben. — Diese gerade Linie heißt in beiden Fällen: die Richtung der würkenden Kraft (Vergl. Nr. 1.). — Man spricht nunmehr in dieser Bedeutung von parallelen, von convergirenden und divergirenden Kräften, von Kräften welche in einer oder welche in verschiedenen Ebenen würken oder liegen, u. dgl. m., indem man das was von den Richtungen der Kräfte gilt, in der Benennung auf die Kräfte selbst überträgt. — Eben so sind hiernach die Ausdrücke deutlich: mehrere Kräfte würken in derselben oder sie würken in verschiedenen Richtungen, und in ersterem Falle: sie würken nach gleichen oder nach entgegengesetzten Richtungen (Seiten, wonach sich Druck und Zug, dem Sprachgebrauche gemäß unterscheiden), welcher letztere Unterschied auch für parallele Kräfte, ohne nähere Erläuterung deutlich ist. — Die Bestimmung der Richtung einer Kraft, geschieht auf rein mathematische Weise, wie die Bestimmung einer geraden Linie in einer Ebene oder im Raume.

3) Eine Kraft auf einen freien Gegenstand (§. 5, 9.) würkend, erzeugt immer eine Bewegung, auf einen fixen Gegenstand würkend, einen Widerstand (§. 5, 7.) und ein Bestreben zur Bewegung; in beiden Fällen nach der Richtung der würkenden Kraft. — Hierbei ist aber wol zu merken, daß ein Gegenstand für die auf ihn möglicherweise würkenden Kräfte, entweder nach allen, oder nur nach gewissen Richtungen, fix oder frei sein kann. — Man könnte diesen Unterschied durch: völlig und bedingt fix oder frei, bezeichnen.

4) Das Ruhende bleibt in Ruhe, und das durch eine Kraft Bewegte, ohne Aufhören in Bewegung, so-

bald nicht gewisse Kräfte eine Aenderung in diesen Zuständen herbeiführen. — Man nennt diese Eigenschaft der Dinge: das Beharrungvermögen oder die Trägheit der Körper (Vergl. §. 6, 4.).

Anmerk. Eine Erweiterung dieses wichtigen Grundsatzes, wird später vorkommen. Wenn dieser Satz in seinem zweiten Theile paradox scheinen sollte, da wir in der Würklichkeit wol fast alle durch irgend eine Kraft bewegte Dinge, auch wieder zur Ruhe gelangen sehen; so ist wol zu bedenken, daß der Uebergang von der Bewegung zur Ruhe, doch auch eine Würkung ist, die ihre eigene Ursache haben muß (§. 4, 1.), welche wir jedoch hier als nicht vorhanden annahmen; und daß, wenn in der Würklichkeit bewegte Dinge zur Ruhe gelangen, die mitwürkenden Kräfte noch aufzusuchen sind, wodurch diese Aenderung hervorgebracht wird.

§. 8. Zusätze.

1) Durch gerade Linien kann man die Richtungen der Kräfte welche längs diesen Linien würken, darstellen (§. 7, 2.). Diese geraden Linien dienen aber auch sehr zweckmäßig, durch ihr Verhältniß zu einander, die Größe der Kräfte darzustellen, welche längs diesen Linien würken. In dieser Bedeutung ist es künftig immer zu verstehen, wenn es heißt: eine Linie bedeutet oder ist eine (in der Richtung dieser Linie würkend gedachte) Kraft. Die Einführung der Linien für die ihnen proportionirten, längs ihnen würkenden Kräfte, ist für die Mechanik ungemein wichtig.

2) Wenn Bewegungen in krummen Linien erfolgen, so würken mehrere Kräfte auf das Bewegte (§. 4, 2). Dann geben diese krummen Linien zwar den Weg, aber nicht unbedingt im Sinne von Nr. 1. die Größe der Kräfte an. Das Nähere hierüber bleibt für die Folge auszuführen.

3) Die Bewegunglehre wird erst zur Wissenschaft, wenn auf die während der Bewegung verflossene

Zeit Rücksicht genommen wird, wovon der, durch die Beziehung von Zeit und Raum begründetete Begriff der Geschwindigkeit, abhängt. Die Zeit, als wesentliches Element der Bewegunglehre, bedingt gleichsam den Unterschied zwischen der Gleichgewichtlehre (§. 6, 5) und der Bewegunglehre, deren jede in gewisser Hinsicht (nemlich durch die Einführung, oder durch die Vernichtung der Zeit) als Theil der anderen, oder aus der anderen entspringend anzusehen ist (Die nähere Durchführung dieser Ansicht gehört nicht hierher).

4) Aeußere Veränderungen der Dinge sind Bewegungen oder Uebergang von Bewegung zur Ruhe, zum Gleichgewichte; die Mechanik (§. 3, I.) ist daher die Lehre vom Gleichgewichte und von der Bewegung der Dinge, oder von den Bedingungen, unter welchen Kräfte jeden dieser Zustände erzeugen, so wie von den Gesetzen welche bei den Würkungen der Kräfte stattfinden. Hiernach zerfällt die Mechanik in die zwei Haupttheile:

I. Die Gleichgewichtlehre oder die Statik,

II. Die Bewegunglehre oder die Dynamik.

Beide Theile haben eine gemeinschaftliche Begründung, welche in der gegenwärtigen allgemeinen Einleitung vorgetragen wird, und dann folgt der Vortrag jedes der beiden genannten Theile mit seinen näheren Unterabtheilungen.

Anmerk. Es sei bemerkt, daß von anderen Schriftstellern zuweilen die Eintheilung anders geschieht (Siehe §. 1. Anmerk. 2.). Das was wir Mechanik nannten, wird auch wol Dynamik (Lehre von den würkenden Kräften, von dynamos, Kraft) genannt, und diese in Statik und Mechanik (wonach dann Mechanik blos die Bewegunglehre bezeichnet) oder auch wol in Statik und Phoronomie (auch Phorometrie) getheilt, welche letztere Benennung auch wol zuweilen nur für den Theil der Bewegunglehre gebraucht wird, bei welchem von der Würkung der Kräfte ganz abstrahirt, und nur Rücksicht auf Raum und Zeit genommen wird.

§. 9. Erfahrung.

Die Mechanik der materiellen Körper, ist nicht für alle Körper stets denselben Gesetzen unterworfen; die allgemein gültigen Lehren so wie die Verschiedenheiten, werden künftig gelehrt werden. Der Grund hiervon liegt in denen, aus Erfahrung uns bekannten Modificationen der materiellen Körper. Aber die verschiedenen Erfolge der Würkungen der Kräfte auf die Körper, lassen sich in gewisse Hauptheile bringen, die in jenen Modificationen gegründet sind, von denen man drei wesentlich verschiedene Zustände unterscheiden kann, welche man die Aggregatzustände der Körper nennt. Diese Unterschiede sind in der Art und Weise begründet, wie durch gewisse innere, nur durch ihre Würkungen uns bekannte Kräfte, die Theile der Körper zusammenhängen, weil von diesem Zusammenhange der mechanische Erfolg abhängt, sobald Kräfte auf die verschiedenen Theile eines Körpers würken. Wenn aber auch die näheren Untersuchungen dieses verschiedenartigen Zusammenhanges der Theile zum Ganzen, zur Physik gehört; so ist die Anführung desselben dennoch hier sehr wichtig. Nemlich:

1) Feste Körper. Wenn die Theile eines Körpers mit einer solchen Kraft an einander hängen, daß sie im bestimmten Maaße einer jeden Formveränderung welche durch äußere Kräfte hervorgebracht werden soll, widerstehen; so heißen sie feste Körper*). Die innere, an sich unbekannte Kraft welche die Theile zusammenhält, heißt Cohäsionskraft. — Man sagt ein Körper sei absolut fest, wenn durch keine von Außen auf ihn würkende Kraft, irgend eine Trennung oder Formveränderung hervorgebracht werden kann; und wenn auch

*) Dieser Begriff des Festen, ist mit dem im §. 5, 8. genannten, nicht zu verwechseln, was besonders für die Folge wichtig wird.

die Erfahrung lehrt, daß es keinen absolut festen Körper giebt, so ist doch die Annahme solcher Körper, bei den ersten Grundlehren der Mechanik wichtig, da die mannigfaltigen Modificationen der festen Körper selbst, sich schwer unter bestimmte Gesetze bringen lassen. Und hierin ist denn auch der Grund für die vielen Anomalien zu suchen, die sich bei den Anwendungen der Mechanik fester Körper ergeben, worüber künftig das Nähere folgen wird (Vergl. §. 2).

Anmerk. Die Modificationen der festen Körper, als Härte, Weiche, Zähigkeit, Sprödigkeit u. s. w.; so wie die allgemeinen Eigenschaften derselben, als: ihre bestimmte Form, Porosität, Elasticität, u. dgl. m., gehören zu untersuchen der Physik an, und nur so viel als für die mechanischen Lehren nothwendig ist, wird später hierüber, so wie über die besonderen Eigenschaften der Körper in den zwei folgenden Aggregatzuständen, und über die allgemeinen Eigenschaften aller Körper, vorkommen.

2) Tropfbare Körper. Körper unter deren Theilen keine angebbare Kraft zum Aneinanderhaften, aber auch kein Bestreben zu einer Trennung wahrgenommen wird; heißen tropfbar flüssige oder blos tropfbare Körper. Man nennt Körper welche diese Bedingung ganz erfüllen, auch wol absolut flüssig, obgleich in der Würklichkeit kein Körper genau jene Bedingung erfüllt, wodurch abermals Anomalien entstehen, die künftig zu betrachten sind.

3) Luftförmige Körper. Es giebt Körper, in deren Theilen sich ein immerwährendes Bestreben zeigt, sich von einander abzustoßen oder zu trennen. Man nennt die, wiederum an sich unbekannte Kraft wodurch jener Erfolg bedingt wird: die Expansivkraft, und die Körper bei denen sie sich zeigt: expansibele, ausdehnsame oder luftförmige Körper. Da es durch einige Mittel gelingt, mehrere dieser Körper in den tropfbaren Aggregatzustand zurück zu führen so nennt;

man absolut luftförmig einen Körper, bei welchem diese Zurückführung nicht möglich ist, und jene Eigenschaft der Ausdehnsamkeit, ohne Einschränkung stattfindet. — In der Mechanik der luftförmigen Körper, wird das Nähere hierüber vorkommen.

Zusatz 1. Es giebt viele Körper in der Natur, von denen es sich schwer nachweisen läßt, zu welchem der drei Aggregatzustände sie gehören, die sich gleichsam im Uebergange von dem einen zum anderen befinden; ihre Mechanik ist dann eigenen Schwierigkeiten unterworfen. In der Physik ist das Nähere hierüber auszuführen. — Bemerkt sei aber hier, daß der tropfbare Zustand als derjenige Aggregatzustand angesehen werden kann, in welchem entweder die Cohäsion und die Expansivkraft sich im Gleichgewichte befinden, oder bei welchem beide Kräfte gar nicht vorhanden sind.

Zusatz 2. Die tropfbaren nnd die luftförmigen Körper, werden auch wol gemeinschaftlich: flüssige Körper genannt, indem man hierunter solche Körper versteht, welche keine selbstständige Form haben, sondern auf gewisse Weise unbestimmt begrenzt sind, oder die Form der Behälter annehmen in denen sie sich befinden. Hiernach kommen beiden auch einige gemeinschaftliche Eigenschaften zu. Die Unterscheidung geschieht dann durch die Benennung: tropfbar-flüssig und luftförmig-flüssig. — Als Repräsentant der festen Körper pflegt man die Erde (geo), als den der tropfbaren Körper das Wasser (hyder), und für die luftförmigen Körper unsere atmosphärische Luft (aer) anzusehen.

§. 10. Erklärungen.

Nach den drei Aggregatzuständen der Körper (§. 9.), deren Mechanik wesentlich verschieden ist, hat man folgende sechs Theile der Mechanik, deren Bedeutung und

Benennungen sich nunmehr leicht ergeben (Siehe §. 8, 4. und §. 9. Zusatz 2.):

1) Die Statik fester Körper, auch Geostatik oder Stereostatik, gewöhnlich blos Statik (im engeren Sinne des Wortes) genannt.

2) Die Dynamik fester Körper, auch Geodynamik, gewöhnlich blos Dynamik (im engeren Sinne des Wortes) genannt.

3) Die Statik tropfbarer Körper oder die Hydrostatik.

4) Die Dynamik tropfbarer Körper oder die Hydrodynamik, auch wol Hydraulik genannt.

Anmerk. 1. Die Benennung Hydraulik, wird auch wol zuweilen der Hydrostatik und Hydrodynamik gemeinschaftlich gegeben; von Anderen wird unter Hydrodynamik, die Gleichgewicht- und Bewegunglehre tropfbarer Körper gemeinschaftlich verstanden. Unter Hydrotechnik, werden die Anwendungen der Mechanik tropfbarer Körper auf Gegenstände des Lebens verstanden, wozu unter anderen der Wasserbau gehört. Man findet auch wol diese praktischen Lehren durch die Benennung: Hydraulik bezeichnet.

5) Die Statik luftförmiger Körper oder die Aerostatik.

6) Die Dynamik luftförmiger Körper oder die Aerodynamik, auch Pneumatik (von pneuma, der Wind) genannt.

Anmerk. 2. Die Mechanik luftförmiger Körper (also Nr. 5. u. 6 gemeinschaftlich), heißt auch wol die Aerometrie.

Zusatz 1. Es ist für sich deutlich, was man unter Geomechanik (Nr. 1. und 2.), Hydromechanik (Nr. 3. und 4.) und Aeromechanik (Nr. 5. und 6. gemeinschaftlich) versteht. Eben so würde man die angeführten Benennungen, leicht nach der in §. 8. Anmerk. genannten Eintheilung umformen können, wonach es eine Geophoronomie, Hydrophoronomie und Aerophoronomie giebt. — Die Erscheinungen welche beim Zusammenwürken fester und tropfbarer Körper stattfinden, werden in der Hydromechanik; die welche bei festen und luftförmigen Körpern vorkommen, in der Aeromechanik; und die welche bei tropfbaren und luftförmigen Körpern vorkommen, oder die welche sich beim Zusammenwirken fester, tropfbarer und luftförmiger Körper ergeben, in der Aeromechanik betrachtet.

Anmerk. 3. Es ist nicht nöthig die genannten sechs Theile in der aufgezählten Ordnung vorzutragen, obgleich dies angeht; es erscheint vielmehr zweckmäßig, zuerst die statischen Lehren und dann die dynamischen Lehren der Körper, in der genannten Ordnung der Aggregatzustände, vorzutragen, und dieser Weg soll auch in diesem Buche verfolgt werden. — Das allen sechs Theilen, so wie das jedem der drei Theile in den zwei Haupttheilen Gemeinschaftliche, ist natürlich stets zuerst zu untersuchen.

Zusatz 2. Unter noch anderen Eintheilungen der Mechanik, können die nachfolgenden nicht unerwähnt bleiben. Nemlich:

I. Die reine und angewandte Mechanik, indem in der ersteren die überwiegend theoretischen Lehren, und in der anderen die Uebertragung dieser Lehren auf mannigfaltige Verrichtungen im Leben, vorgetragen werden. Auch bezeichnet man diese Theile wol durch: theoretische nnd praktische Mechanik, welchen Gegensatz man dann auch auf die einzelnen Theile überträgt, und von der theoretischen Statik, von einer praktischen Hydrostatik u. dgl. m. redet. Auch nennt man die praktische Mechanik: technische Mechanik, wozu die Maschinenlehre gehört, indem man unter einer Maschine allgemein jede Vorrichtung versteht, mittelst welcher man nicht unmittelbar mit einer Kraft auf den, im Gleichgewichte oder in Bewegung zu erhaltenden Gegenstand würkt. Die Maschinenlehre ist ein sehr weitläuftiger Theil der praktischen Mechanik, zu welcher auch die Bauwissenschaften mit ihren mannigfaltigen Theilen, in gewisser Hinsicht gehören.

II. Die niedere und höhere Mechanik. Diese weniger wissenschaftliche Eintheilung beruht auf den Gebrauch der, zum Vortrage der Mechanik zu benutzenden Lehren der niedern und der höheren Mathematik. Auch nennt man wol den Vortrag der Mechanik, bei welchem alle Hülfmittel der Mathematik zu Gebote stehen: die analytische Mechanik, indem die Behandlung der Mechanik unter Voraussetzung ihrer allgemeinen Grundzüge, überwiegend analytisch und fast rein mathematisch geschieht.

In welchen unter diesen Grenzen und Theilen der Mechanik, sich der Vortrag in gegenwärtigem Buche halten soll; zeigt der Titel desselben zur Genüge.

Anmerk. Eine gedrängte Uebersicht der wichtigsten mechanischen Schriften, soll am Ende dieses Buches in einem Anhange folgen.

Zweites Kapitel.

Von den würkenden Kräften im Allgemeinen, besonders von der Schwere.

---

§. 11. Hypothese.

Ehe wir zu den Kräften, welche wir als besonders würksam bei den verschiedenen Körpern kennen, übergehen, ist noch zuvor eine für die Mechanik besonders wichtige Eigenschaft der Materie zu betrachten. — Es ist eine Thatsache, daß durch gewisse Einwürkungen, ein jeder Körper welcher bereits einen gewissen Raum einnimmt, in einen größeren oder auch in einen kleineren Raum gebracht werden kann, ohne daß man seiner

Materie irgend etwas zuthut oder von ihr hinwegnimmt. Bei allen Körpern geschieht z. B. die Vergrößerung des Volumens (d. h. des Raumes den sie einnehmen oder des ihnen zugehörenden mathematischen Körpers) durch Erwärmung, und die Verkleinerung des Volumens durch Entziehung der Wärme; bei gewissen Körpern geschieht die Verkleinerung durch Zusammenpressen, bei anderen (nemlich bei den luftförmigen Körpern, §. 9, 3.) ist schon das stete Bestreben der Raumvergrößerung vorhanden, welche daher erfolgt, sobald kein Hinderniß vorhanden ist. In wiefern diese Eigenschaft der Materie für die Mechanik wichtig wird, bleibt für die Folge zu untersuchen, und es gehört der Physik an zu prüfen, ob jene Aenderung etwa daher rührt, daß vielleicht die kleinsten Theile der Materie den Raum unstetig anfüllen, also Poren (kleine Zwischenräume) vorhanden sind, in welche diese kleinsten Theile dringen und so die Verengung entsteht, und ob diese Oeffnungen sich bei der Vergrößerung vermehren; oder ob die erwähnte Raumveränderung eine eigene Beschaffenheit und Würkung einer besonderen Kraft der Materie, welche wir an sich nicht weiter kennen, ist. Für die Mechanik als solche, bleibt der Grund der genannten Erscheinung gleichgültig; und man mag die erstere oder die atomistische Ansicht, wonach die kleinsten Theile der Materie als selbstständige ganz erfüllte (oder solide) Körperchen, die man Atome (oder Molecüle) nennnt, angesehen werden, oder man mag die andere Ansicht, welche die dynamische heißt, zum Grunde legen; es leisten beide Voraussetzungen oder Hypothesen (§. 2.) in vorkommenden Fällen ihre Dienste, ohne daß sie in einem direkten Gegensatze zu einander stehen. Dagegen werden die Gesetze dieser Raumveränderuug für die praktische Mechanik sehr wichtig, wenn es gleich durch Theorie und Erfahrung oft nur unvollkommen gelingt, sie zu erforschen. — Aber besonders wichtig ist der, durch jene Erscheinung erlangte Begriff der verschiedenen Dichtigkeiten der Materie, welche nicht blos für verschiedene Zustände einer und derselben Materie gilt, sondern auch auf die aller verschiedensten Materien übertragen wird. Ob eine solche verschiedene Dichtigkeit würklich vorhanden ist, muß namentlich bei ungleichartigen Materien ganz dahingestellt bleiben, wenn sie auch, eine jede an sich, als völlig gleichförmig dicht oder als homogen angesehen werden; aber die Hypothese von der gleichen und der verschiedenen Dichtichtig verschiedener Materien, ist für die Anwendung besonders wichtig; wie sie auszumitteln ist, kann hier nur in so fern schon deutlich sein, als man bereits einen gewissen Körper um das n fache seines Volumens vergrößert (also die Dichtigkeit n mal vermindert) oder verkleinert (also die Dichtigkeit n mal vergrößert) hat; ein anderes Mittel wird §. 13, 3. genannt werden. Der Begriff der Dichtigkeit setzt also das möglicherweise Vorhandensein einer größeren oder geringeren Menge Materie in einem bestimmten Raume, voraus, mithin auch, daß kleinere Körper sehr wol mehr Materie enthalten können als größere Körper, oder daß an und für sich diese Menge von Materie, unabhängig vom Volumen ist. In diesem Sinne heißt nun Masse eines Körpers, die Menge der, in dem vom Körper eingenommenem Raume befindlichen Materie, es kann also ein Körper welcher dichter als ein anderer ist, sehr wol weniger Masse als dieser andere Körper haben, da auch der Begriff der Dichtigkeit an sich, unabhängig vom Volumen ist *). — Um nun zu bestimmten

*) Wenn man z. B. sagt: Blei ist dichter als Kork, so wird hierbei vom Volumen ganz abstrahirt, und man kann sich leicht einen Korkkörper denken, welcher mehr Masse hat als ein Bleikörper.

Resultaten über die Relationen zwischen den Volumen V' und V'', den Dichtigkeiten D' und D'', und den Massen M' und M'' zweier homogenen Körper (die wir durch K' und K'' bezeichnen können, so daß V', D' und M' dem K', so wie V'', D'' und M'' dem K'' zugehören) zu gelangen; folgt zunächst unmittelbar aus den genannten Erklärungen und Erläuterungen, daß sich verhält:
(I.) $M' : M'' = D' : D''$, wenn nemlich $V' = V''$ ist;

ferner:

(II.) $M' : M'' = V' : V''$, sobald $D' = D''$ ist. Wie jede dieser und der folgenden Proportionen, als ein besonderer Satz in Worten auszusprechen ist, kann als bekannt vorausgesetzt werden; auch ist wol darauf zu achten, ob die angegebenen Verhältnisse gerade oder verkehrt sind. Aus Nr. I. und II. folgt nach bekannten Sätzen durch Zusammensetzung, die wichtige Proportion:

(III.) $M' : M'' = D' . V' : D'' . V''$ *).

Es sind die Regeln gleichfalls bekannt, wonach man aus der Proportion Nr. III. die beiden Proportionen herleitet:

(IV.) $D' : D'' = M' . V'' : M'' . V'$

$\left(\text{oder} = \frac{M'}{V'} : \frac{M''}{V''}\right)$ und

(V.) $V' : V'' = M' . D'' : M'' . D'$

$\left(\text{oder} = \frac{M'}{D'} : \frac{M''}{D''}\right)$. Endlich wenn man in Nr. III. setzt $M' = M''$, so ist auch $D' . V' = D'' . V''$, woraus denn die Proportion (VI.) $D' : D'' = V'' : V'$ folgt **). Dies sind die wesentlichsten der gesuchten Re-

*) D. h. also (um es einmal zu erwähnen): die Massen zweier Körper sind bei verschiedenen Dichtigkeiten und Volumen, im zusammengesetzten Verhältnisse der Dichtigkeiten und der Volumen (Siehe die Anmerk. zum gegenwärtigen §.).

**) Man hätte diese Proportion, wonach die Dichtigkeiten im verkehrten Verhältnisse mit dem Volumen (bei gleichen

lationen; andere Aenderungen welche mit den gefundenen Proportionen, durch bloße Versetzung der darin vorkommenden Elemente vorgenommen werden können, sind unwesentlich, in vorkommenden Fällen leicht zu erkennen, und ihre Anführung bleibt daher hier weg.

Anmerk. Wenn auch die Art der Bildung der 3ten Proportion aus den beiden ersten, als bekannt vorausgesetzt werden kann; so mag hier doch noch die Erläuterung dafür stehen, da man vielleicht geneigt sein mögte, zu meinen, daß die Zusammensetzung jener zwei Proportionen, auf das Resultat $M'^2 : M''^2 = D'.V' : D''.V''$ führen müßte, was offenbar mit dem gefundenen Resultate $M' : M'' = D'.V' : D''.V''$ nicht übereinstimmt. Man bedenke aber einmal, daß die Proportion (I.) $M' : M'' = D' : D''$ voraussetzt, daß $V' = V''$ ist, und eben so (II.) $M' : M'' = V' : V''$ voraussetzt, daß $D' = D''$ ist, daher eine unmittelbare Zusammensetzung beider Proportionen (nach den bekannten mathematischen Regeln), durch nichts begründet und bedingt ist, und in der dadurch erhaltenen Proportion $M'^2 : M''^2 = D'.V' : D''.V''$, verschiedene Dichtigkeiten und Volumen vorkommen. — Wenn aber allgemein drei Größen a, b und c sich auf gewisse Weise bedingen und bestimmen (wie unzählige Beispiele aus dem gemeinen Leben, und auch aus der reinen Mathematik, namentlich der Geometrie*), dies lehren), und man hat zwei Größen von der Art a, sie mögen a' und a'' heißen, dann zwei Größen von der Art b, die wir durch b' und b'' bezeichnen wollen, und dann zwei Größen von der Art c, die c' und c'' sein mögen; wonach also a', b' und c', so wie a'', b'' und c'' zusammengehören, und man sucht die Relationen zwischen diesen sechs Größen durch eine Proportion darzustellen, indem man zuvor weiß, daß die Größen der Arten a, b und c in diesen Verhältnissen stehen:

Massen) stehen, auch aus den bloßen Begriffen von diesen Größen herleiten können.

*) Man denke sich z. B. mit zwei verschiedenen Radien (a' und a''), zwischen zwei verschiedenen Winkeln (b' und b'') zwei Kreisbogen (c' und c'') beschrieben; so erhält man $c' : c'' = b'.a' . b''.a''$.

$a' : a'' = b' : b''$ wenn $c' = c''$ ist, und daß
$a' : a'' = c' : c''$ wenn $b' = b''$ ist *); so führe man eine dritte Größe von der Art a ein, sie heiße a''', und die Größen von der Art b und c, welche ihr entsprechen, nemlich b''' und c''' wähle man gleich b' und c'', d. h. die eine jener Größen (z. B. b''') wird gleich einer der beiden der a' entsprechenden Größen b' oder c', und die andere jener Größen (die c''') alsdann gleich der anderen (ungleichartigen der b') der beiden Größen b'' und c'' welche der a'' entsprechen, genommen. Nun hat man laut Voraussetzung der Relationen zwischen den Größen a, b und c:

$a' : a''' = c' : c''$ (weil $b' = b'''$ ist), und auch
$a''' : a'' = b' : b''$ (weil $c''' = c''$ ist); folglich ist
$a'.a''' : a''.a''' = c'.b' : c''.b''$, oder indem man a''' gegen a''' aufhebt, ist:

$a' : a'' = b'.c' : b''.c''$. Dies ist der Weg um zu den vorher genannten Resultate $M' : M'' = D'.V' : D''.V''$ zu gelangen. Man kann diese Methode auf jede beliebige Menge Verhältnisse anwenden, so daß, wenn man z. B. die Größen a' und a'', b' u. b'', c' u. c'', d' u d'' (u. s. w.) hat, und weiß
$a' : a'' = b' : b''$ (wenn $c' = c''$ und $d' = d''$), ferner daß
$a' : a'' = c' : c''$ (wenn $b' = b''$ und $d' = d''$), und daß
$a' : a'' = d' : d''$ (wenn $b' = b''$ und $c' = c''$) ist; so ist
$a' : a'' = b'.c'.d' : b''.c''.d''$, wenn b, c und d verschieden sind

Die Einführung zweier Hülfgrößen a''' uud a^{IV} deren ehtsprechende b, c und d durch folgendes Schema bestimmt werden:

$$\left.\begin{array}{cccc} a' & a'' & a''' & a^{IV} \\ b' & b'' & b'' & b'' \\ c' & c'' & c' & c'' \\ d' & d'' & d' & d' \end{array}\right\} \text{giebt alsdann laut obigen Voraussetzungen:} \left\{\begin{array}{l} a' : a'' = b' : b'' \\ a''' : a^{IV} = c' : c'' \\ a^{IV} : a'' = d' : d'', \text{ also} \\ \hline a' : a'' = b'.c'.d' : b''c''d' \end{array}\right.$$

Da von dieser Methode künftig oft Gebrauch gemacht werden wird, so ist sie wol zu beachten.

§. 12. Erfahrung.

Die Untersuchungen über die Kräfte an sich, gehören nicht in die Mechanik; doch ist es für die mechanische

---

*) Es ist, wie vorher bemerkt wurde, hierbei wol darauf zu achten, ob die einzelnen Verhältnisse gerade oder verkehrt sind

Würkung der Kräfte wesentlich, die ersten Bedingungen dieser Würkungen aufzusuchen und die Ursachen zu kennen, deren Würkung Bewegung oder Bestreben zur Bewegung ist, oder welche als Bewegung hemmend erscheinen. Ohne diese Kenntniß ist keine Uebertragung der rein mechanischen Lehren für die Technik möglich, und vom bloßen Begriffe der Kraft ausgehend, kann auch nur eine rein theoretische Mechanik ohne Anwendung, gelehrt werden. — Sobald besondere Kräfte vorzüglich nur bei einem einzelnen Aggregatzustande würksam erscheinen, wird am gehörigen Orte von ihnen näher die Rede sein; daher soll nur das Allgemeine über die Kräfte, sofern es in der Folge wesentlich ist, schon hier erläutert werden, während die fernere Verfolgung dieser Untersuchungen, zur Physik gehört. Besonders wichtig wird aber die Ausmittelung der Größe einer Kraft, da hierauf allein die mögliche Vergleichung der Kräfte beruht, selbst wenn man im Allgemeinen von der besonderen Kraft möglichst abstrahirt. —

Es sind besonders folgende Ursachen, welche wir als Quelle der Kräfte kennen, und wodurch in dieser Hinsicht verschiedenartige Kräfte entstehen.

1) Die Muskelkraft der lebendigen Wesen. Diese Kraft kann nach allen Richtungen würken, sowol Bewegung erzeugen als auch Bewegung hemmen. — Die Betrachtung dieser Kräfte an sich, gehört in die Physiologie, und in mechanischer Beziehung ist es sehr schwierig, ein Maaß für die Größe solcher organischen Kräfte zu bestimmen.

2) Die Materie als solche, leistet einen Widerstand gegen andere Materie, welche in den Raum den die erstere einnimmt, eindringen will. Man nennt diese Eigenschaft: die Undurchdringlichkeit der Materie, und diese erscheint wechselseitig als Bewegung mittheilend, und als

Bewegung hemmend, wie sich bei Betrachtung zweier zusammentreffenden Körper zeigt. Diese Kraft kann sich als Stoß und Schlag, also als Momentankraft)§. 6, 2, c) oder als Zug und Druck, also als fortwürkende Kraft äußern. In ihren Aeußerungen sind Schlag (oder Stoß) und Druck (oder Zug) sehr verschieden *), und die Vergleichung beider unter einander ist großen Schwierigkeiten unterworfen, welche späterhin erwähnt werden sollen. — Für die praktische Mechanik werden vorzüglich die Kräfte wichtig, welche das bewegte Wasser oder die bewegte Luft ausüben.

3) In den verschiedenen Materien erkennen wir verschiedene Kräfte thätig, wozu besonders die in §. 9, 1 und 3 erwähnte Cohäsion der festen, und die Expansivkraft luftförmiger Körper, namentlich der Dämpfe gehören. Aber es ist hier auch von der Elasticität der festen Körper etwas Näheres zu sagen. Nemlich alle feste Körper äußern einmal einen Widerstand gegen alle von Außen auf sie einwürkenden Kräfte, welche eine Formveränderung des festen Körper nach irgend einer Richtung zu bewürken streben, aber wenn diese Formveränderung dennoch erfolgt ist, und die Einwürkung jener Kräfte hört auf, ohne daß eine Trennung der Theile erfolgt ist; so zeigt sich gleichfalls in dem Körper das Bestreben, die vorige Form ganz oder zum Theil wiederum einzunehmen. Diese Eigenschaft (Widerstand zu leisten und die Wiederherstellung der Form) der festen Körper, heißt ihre Elasticität (Federkraft, u. dgl. m.), und die Grenzen innerhalb welcher eine Formveränderung ganz wieder hergestellt wird, heißt die Grenze der voll-

*) Man denke z. B. an den verschiedenen Kraftaufwand, welcher nöthig ist, einen Nagel durch Schlag oder durch Druck in eine Wand zu bringen.

ständigen Elasticität, welche auch wol durch absolute Elasticität bezeichnet wird *). Alle mechanische Würkungen der Elasticität, beruhen nun auf dem, aus der gegebenen Erklärung sogleich folgenden Grundsatz: daß die Elasticität eine innere Kraft der festen Körper ist, welche genau im Gleichgewichte mit der auf sie einwürkenden Kraft steht. Innerhalb der (für verschiedene Körper und für verschiedene Modificationen eines Körpers sehr verschiedenen) Grenzen der vollständigen Elasticität, gilt auch laut Erfahrung das Gesetz: daß die einwürkenkenden Kräfte sich wie die Raumveränderuugen des Körpers verhalten. — Es giebt uns also die Elasticität, z. B. einer Stahlfeder, ein Mittel an, um eine Kraft nach jeder beliebigen Richtung würken zu lassen, und die Größe dieser Kraft mit einer anderen Kraft (die mit ihr im Gleichgewichte steht) zu vergleichen. — Die Elasticität der festen Körper, veranlaßt viele Anomalien in den Anwendungen der Mechanik. — Ob die tropfbaren Körper elastisch sind, kann hier dahingestellt bleiben; Gründe dafür und dawider gehören für die Physik, in der Hydromechanik wird von einer etwa stattfindenden Elasticität abstrahirt; aber die luftförmigen Körper können nach der gegebenen Erklärung nicht elastisch genannt werden, da ihnen bereits das Bestreben zur Ausdehnung, also der Formveränderung in der Erweiterung inwohnt, und sie nur Widerstand gegen Verdichtung zeigen, welche sie nach Aufhebung der sie zusammenpressenden Kräfte wieder zu verlassen streben, keineswegs aber einen irgend wie erweiterten Raum wieder zu verengen streben. Wenn also den luftförmigen Körpern von mehreren Physikern Elasticität beigelegt wird, so kann

*) Viele wichtige und interessante Untersuchungen über die Elasticiität, gehören in die Physik hinein.

dies entweder wegen des einseitigen Bestrebens zur Wiederherstellung eines verlassenen größeren Raumes geschehen, oder in einer anderen Erklärung und Vorstellung von der Elasticität seinen Grund haben. — Für die praktische Mechanik ist die Kraft der Dämpfe (nemlich durch Erwärmung luftförmig gewordene tropfbare Körper) ungemein wichtig, worüber das Nähere künftig folgen wird.

4) Viele Ursachen zu Bewegungen liegen in gewissen Erregungen der Materie; z. B. in der Erregung durch Wärme, durch Electricität, oder in der Eigenschaft des Magnetismus u. dgl. m. Hier finden die mechanischen Würkungen, besonders in Hinsicht auf Bestimmung der Größe der würkenden Kräfte, eigene Schwierigkeit. — Auch hierüber wird das Wesentliche, besonders über den Einfluß der Wärme, künftig näher bestimmt werden. — Ferner muß einer besonderen Kraft aller Materien welche sich bei der Bewegung berühren, erwähnt werden, wodurch stets eine Hemmung der Bewegung erzeugt wird; dies ist die Reibung. Die Gründe dieser für die praktische Mechanik überaus wichtigen Erscheinung, sind noch unvollkommen bekannt, und die Gesetze der Reibung nur so weit entdeckt, als sie gerade für die Technik nothwendig bekannt sein müssen. Sie werden künftig genannt werden.

5) Vor allen anderen wird aber für die Mechanik eine Eigenschaft der Materie wichtig, deren Grundzüge jedoch mehr hypothetisch als strenge erwiesen sind, wiewol diese Hypothese in ihren Anwendungen die richtigsten Resultate zeigt. — Nemlich: Alle Materie als solche, zieht sich gegenseitig in der Entfernung von einander an*); man nennt diese Eigenschaft die Gravitation

*) Diese Anziehung ist nemlich von der, sich bei der Berührung

vitation der Materie. — Die Gesetze für die Gravitation liegen in folgenden zwei Hypothesen:

I. Die Größe der anziehenden Kraft steht, unter übrigens gleichen Umständen, im geraden Verhältniß mit der Masse (§. 11.) des anziehenden Körpers; und:

II. Die Größe der anziehenden Kraft einer Masse, steht im umgekehrten Verhältniß mit dem Quadrate (nemlich der zweiten Potenz) ihrer Entfernung von der angezogenen Masse; versteht sich unter übrigens gleichen Umständen*).

Aus beiden Gesetzen folgt dann, daß die Anziehungkräfte A' und A'' zweier Massen M' und M'', in Beziehung auf einen Körper welcher sich von der M' in der Entfernung E', und von der M'' in der Entfernung E'' befindet, sich verhalten (Vergl. §. 11. Anmerk.):

$$A' : A'' = M' . E''^2 : M'' . E'^2.$$

Für die Mechanik werden diese Gesetze in Beziehung auf die Gravition unserer Erde sehr wichtig, von der im folgenden §. besonders die Rede sein soll.

Anmerk. In der Physik und in der Metaphysik lassen sich die genannten Gesetze, besonders die ursprüngliche Anziehung- und Abstoßungkraft der Materie, näher nachweisen, obgleich sie für die Mechanik nur als Hypothesen erscheinen, welche ihre glänzenste Bestätigung in der Astronomie erhalten. — Ueber diese und ähnliche metaphysische Untersuchungen, ist zum Nachlesen zu empfehlen: Kant, metaphysische Anfangsgründe der Naturwissenschaft (3te Auflage 1800); oder auch Schulz, Anfangsgründe der reinen Mechanik (4te Aufl. 1804).

---

zeigenden Anziehung, als Cohäsion, Adhäsion, Attraction, Reibung u. dgl. m. zu unterscheiden.

*) Der Körper A zieht also z. B. den Körper B, neun Mal weniger an, wenn sich B von A um die dreifache ursprüngliche Entfernung, entfernt.

§. 13. Zusätze.

1) Die Gravitation (§. 12, 5.) welche unserer Erde als Materie, gegen alle Körper zukömmt, heißt die Schwere, und wir sagen von den Körpern sie sind schwer, in so fern sie das, aus der Erfahrung allgemein bekannte Bestreben äußern, sich gegen die Erde zu bewegen.

Anmerk. 1. Die Schwere der Körper ist an sich nichts Hypothetisches, wol aber: daß die Erde durch eine Anziehungkraft nach denen in §. 12, 5. genannten Gesetzen, auf die Körper würke. — Wenn einzelne Erscheinungen der Allgemeinheit jener Erfahrung zu widersprechen scheinen, wie z. B. das Erheben gewisser Körper in anderen flüssigen Körpern (§. 10. Zusatz 2.); so läßt sich doch jedenfalls der mechanische Grund hiervon nachweisen, wie dies in der Hydromechanik gezeigt werden soll. — Wie weit aber die Erde ihre Gravitation (die Schwere) um sich verbreitet, kann und muß hier ganz dahingestellt bleiben, ist jedoch unbedingt als unbestimmbar zu setzen, wie das Ende der Würkung einer jeden würkenden Kraft (§. 6, 7.).

Anmerk. 2. Durch die überwiegend größere Masse der Erde gegen die Masse der einzelnen zu ihr gehörenden Körper, wird es erklärlich, warum die gegenseitige Anziehung der Körper nicht so leicht zur Erscheinung kommt (obgleich sie beobachtet werden kann), oder warum man die Erde nicht von den kleineren auf ihr befindlichen Körpern angezogen finden.

2) Die Schwere ist eine Totalkraft (§. 6, 2, d) für alle materiellen Körper *), und kein Körper kann sich ihrer Einwürkung irgend wie entziehen, wenn man auch augenblicklich von ihr abstrahiren kann. Sie durchdringt alle Theile der Materie, würkt also nicht blos zur Oberfläche, und ist, als dem Wesen der Materie ursprünglich eigen, für alle gleich große und gleich dichte Theile

---

*) Ob auch für die Inponderabilien (Licht, Wärme, Electricität, Magnetismus, rc.) bleibt dahingestellt; die Erfahrung scheint dies nicht zu bestätigen.

der Materie, unter übrigens gleichen Umständen, als vollkommen gleich würkend anzusehen.

3) Kann ein Körper sich nicht gegen die Erde (vermöge der Schwere) bewegen, indem ein Hinderniß (§. 5, 6.) vorhanden ist; so muß die Kraft der Schwere sich durch einen Druck auf das Hinderniß äußern. Dieser entstehende Druck, heißt das Gewicht des Körpers, und die Erfahrung lehrt, daß das Gewicht des Körpers, dessen Größe oder Menge der Materie man nicht ändert, von unveränderlicher Größe bleibt, wie auch die einzelnen Theile des Körpers gegenseitig liegen mögen. — Hieraus, so wie aus dem in Nr. 2. Gesagtem, folgt sofort der wichtige Satz:

Das Gewicht der Körper ist der Masse derselben proportionirt, oder das Gewicht ist das Maaß der Masse,

welchen Satz wir durch die Proportion $M' : M'' = G' : G''$ bezeichnen können, wenn M' und M'' die Massen zweier, so wie G' und G'' die Gewichte derselben Körper bedeuten. Es können also die Dichtigkeiten und die Volumen mit den Gewichten sogleich verglichen, oder die Proportionen des §. 11. hier unmittelbar übertragen werden, so daß man erhält:

(I.) $G' : G'' = D' : D''$, wenn $V' = V''$ ist *),

(II.) $G' : G'' = V' : V''$, wenn $D' = D''$ ist,

(III.) $G' : G'' = D'.V' : D''.V''$, wenn V und D verschieden sind;

(IV.) $D' : D'' = G'.V'' : G''.V'$

$$\left(\text{oder wie } \frac{G'}{V'} : \frac{G''}{V''}\right)$$

---

*) Hiernach dient also das Gewicht zum Maaße der Dichtigkeit (Vgl. §. 11.), so wie (bei homogenen Körpern) als Maaß des Volumens, laut Proportion (II.).

(V.) $V' : V'' = G' . D'' : G'' . D'$

$\left(\text{oder wie } \frac{G'}{D'} : \frac{G''}{D''}\right)$, und

(VI.) $D' : D'' = V'' : V'$ (wenn $G' = G''$ ist).

Zusatz. Wie man die Größe des Gewichts ausmittelt, kann hier durchaus dahingestellt bleiben, während sich sehr viele Mittel ausdenken lassen, die Gleichheit oder Verschiedenheit der Gewichte zweier (und mehrerer) Körper zu vergleichen, also irgend einen als Maaß der übrigen anzusehen. Die Wage als Maschine, deren Theorie zur praktischen Mechanik gehört, kann in ihrer vollständigen Beschaffenheit natürlich hier noch nicht vorausgesetzt werden, es sei denn in einer völlig einfachen Form, in der ihre Grundzüge auf die allgemeinen Sätze des §. 4. zurückzuführen sind. Es kann aber auch als Maaß der Schwere, die Elasticität einer Feder angewendet werden, denn man sieht leicht ein, daß die Größe der Gegenkraft der Feder gegen das auf sie einwürkende Gewicht eines Körpers, also die Elasticität der Feder, mit dem Gewichte gleich sein muß, also damit verglichen werden kann (Vergl. §. 12, 3.). Was man für eine Einheit beim Gewichte annimmt, ist an sich ganz gleichgültig; gewöhnlich wird das Pfund dafür gesetzt, wobei man natürlich annimmt, daß man sich über die Größe dieses Gewichts, vereinigt hat. Daß man nunmehr für jede Kraft, nach welcher Richtung sie auch würke, das Gewicht als Maaß ansehen kann; ist aus dem Gesagtem und aus mancherlei hierbei leicht zu erdenkenden (auch später noch vorkommenden) Vorrichtungen, leicht einzusehen. Hiernach wird das Gewicht, das allgemeinste und sicherste Maaß aller Kräfte, und wir können von diesem Maaße bei Vergleichung der Kräfte schon

Gebrauch machen, wenn wir auch von der Ermittelung des Gewichts noch abstrahiren wollen *).

4) Man stellt sich die Anziehungkraft der Erde, als in einem gewissen Punkte innerhalb derselben vereinigt vor; daß man hierzu den Mittelpunkt der Erde wählt, kann und muß hier dahingestellt bleiben, da zu dieser Annahme selbst mechanische Gesetze erforderlich sind. — Wenn also ein Körper ganz ungehindert, durch die Schwere angeregt, sich gegen die Erde bewegt; so ist sein Weg (§. 5, 4) gegen jenen Punkt gerichtet, und diese Richtung, d. h. die Lage der Linie welcher jeder Punkt jenes Körpers (oder der Körper selbst als ein Punkt gedacht) beschreibt, heißt die vertikale oder die lothrechte Richtung. Es ist also deutlich, daß ein an einem vollständig bewegbaren Faden befestigter und ruhender Körper, diesen Faden von selbst in die vertikale Richtung lenkt, der Faden also jene Richtung angiebt. Eine, durch eine Vertikallinie beliebig gelegte, hierdurch in ihrer Lage aber noch nicht völlig bestimmte Ebene, heißt eine Vertikalebene; eine Ebene auf der eine Vertikallinie senkrecht steht, heißt eine Horizontalebene, so wie jede in dieser Ebene gezogene Linie, eine Horizontallinie heißt. — Man sagt ein bewegter Körper fällt, in so fern seine Bewegung durch die Schwere veranlaßt wird, und er steigt, wenn eine bewegende Kraft ihn nach der entgegengesetzten Richtung des Fallens treibt. Hierbei sind noch manche, in der Dynamik speciell zu behandelnde Unterschiede zu berücksichtigen, welche den freien (oder ungehinderten) und den bedingten Fall betreffen. Dies zu erläutern gehört noch nicht her.

5) So weit genaue Untersuchungen es bestätigt haben,

---

*) Ein noch anderes Maaß der Schwere, lehrt die Bewegunglehre, wie wir später sehen werden, kennen.

sind die Richtungen der Vertikallinien durch alle in einem Körper, wie wir ihn auf der Erde finden und in der Mechanik betrachten, anzunehmenden Punkte, als parallel anzusehen; dies gilt auch für mehrere Punkte, die nicht zu weit von einander entfernt liegen. Wenn auch aus der Annahme in Nr. 4. folgt, daß diese Richtungen gegen den Mittelpunkt der Erde geneigt sind oder convergiren; so ist diese Convergenz dennoch so unbedeutend, und die Erfahrung giebt so durchaus keinen Ausschlag hierfür, daß wir berechtigt sind, in den genannten Fällen die Vertikallinien als parallel anzusehen, welche Annahme (§. 2.) in diesen Elementen auch stets gemacht wird.

6) Zufolge des Satzes II. in §. 12, 5. nimmt die Schwere (als Gravition) der Erde gegen die Körper ab, wenn diese sich von der Erde entfernen, so daß strenge genommen die Schwere, selbst verschieden auf die höher oder tiefer liegenden Theile eines Körpers würkt. Dieser Unterschied aber, der um so geringer wird, je weiter der in Nr. 4. erwähnte Punkt unter der Oberfläche der Erde liegt, wird nicht weiter beachtet, und wir nehmen bei den künftigen Untersuchungen, wenn es nicht ausdrücklich anders gesagt werden sollte, an: daß die Schwere auf alle Theile eines Körpers gleich, oder auf einen etwa bewegten Körper, in allen Punkten seiner Bahn unverändert stark würkt.

Anmerk. 3. Durch Mittel die in der Dynamik besonders angeführt werden sollen, kann man die Veränderungen der Schwere bei verschiedenen Entfernungen von der Erde, beobachten; ja es findet sich selbst, daß die Schwere nicht für alle Punkte der Erde gleich groß ist, indem sie vom Aequator nach den Polen zu wächst. In der Astronomie werden die Untersuchungen hierüber geführt.

Anmerk. 4. Die Größe der Schwerkraft und deren Vergleichung mit anderen Kräften, gehört für die künftigen

Untersuchungen der Dynamik. — Ueber die Natur der Schwere, nicht übereinstimmend mit dem hier Gesagtem, ist in Erinnerung an §. 2. Anmerk. nachzulesen: Wolf, Widerstands-System, oder Theorie der wirkenden Schwere, als Ursache und Kraft aller Bewegungen etc. (2 Theile, 1819).

§. 14. Erfahrung.

Es ist eine unbestreitbare Thatsache, daß verschiedene Körper von gleichem Volumen, ungleiches Gewicht (§. 13, 3.) haben können, ja daß sich selten zwei Körper finden, deren Gewicht gleich ist, wenn sie gleichen Inhalt haben. Diese Erscheinung ist für die Anwendungen der Mechanik sehr wichtig, und die Hydrostatik besonders lehrt Mittel kennen, das Verhältniß der Gewichte unter den verschiedensten Körpern zu bestimmen. — Man kömmt bei denen, hierdurch so häufig nöthigen Vergleichungen, am leichtesten zum Ziele, wenn man einen bestimmten Körper festsetzt, dessen Gewicht bei beliebigem Volumen als Einheit angenommen wird, und mit ihm die Gewichte der übrigen Körper bei demselben Volumen vergleicht *). Man nennt alsdan den Exponenten des Verhältnisses, zwischen dem als 1 gesetztem Gewichte und dem sich ergebenden Gewichte des anderen Körpers: das eigenthümliche oder specifische Gewicht, auch Eigengewicht dieses Körpers; es soll durch S bezeichnet werden. — Daher ist S unabhängig von jedem besonderen Maaße, nemlich nur eine unbenannte Zahl. Man sieht hierbei die Körper als homogene Körper (§. 11.) an. Ist ein Körper A nicht homogen, sondern heterogen, oder hat er Räume, die man als von der Materie unerfüllt ansehen muß; so heißt mittleres Eigenge-

*) Hierdurch wird die gedachte Bestimmung, ganz unabhängig von der Größe des Volumens der Körper in Beziehung auf ein bestimmtes Maaß, wenn sie nur gleiches Volumen haben.

wicht dieses Körpers, das Eigengewicht eines anderen gedachten Körpers B, welcher an sich homogen, von gleicher Größe und von geichem würklichen Gewichte mit dem Körper A ist. Dieses würkliche Gewicht der Körper (nach §. 13, 3.), heißt auch wol das absolute Gewicht, im Gegensatze des specifischen Gewichts.

Anmerk. Der Sprachgebrauch gestattet z. B. zu sagen: Gold ist schwerer als Holz, anstatt zu sagen: Gold hat größeres Eigengewicht als Holz. — Eigentlich sind alle Körper gleich schwer, sofern sie alle ein gleiches Bestreben zeigen, sich gegen die Erde zu bewegen. Auch in der Dynamik wird noch ein Grund für diese Behauptung angeführt werden.

§. 15. Zusätze.

1) Als Einheit des specifischen Gewichts der Körper, ist das Wasser allgemein angenommen. Ueber den hierzu erforderlichen reinen Zustand des Wassers, das sich uns in so verschiedenen Modificationen zeigt, gehört das Nähere in die Physik hinein; es muß selbst eine bestimmte Wärmebeschaffenheit des Wassers (Temperatur) angenommen werden (wegen der in §. 11. genannten Erscheinung), wozu gewöhnlich 15° R (Reaumür'sche Scale) angenommen werden *).

2) Wenn S′ und S″ die specifischen Gewichte zweier Körper sind; so folgt aus dem Gesagtem unmittelbar, daß sich verhält:

$$S' : S'' = D' : D'',$$

denn der Begriff des specifischen Gewichts, ist nach dem Angeführtem und nach der Proportion (I.) in §. 11. und §. 13, 3, genau entsprechend dem Begriffe der Dichtigkeit; beide sind unabhängig von einem bestimmten Volumen.

---

*) Die Kenntniß des Thermometers, wird hierbei als bekannt vorausgesetzt.

Nach der Erklärung im vorigen §. ist nun auch deutlich, was mittlere Dichtigkeit eines nicht homogenen (heterogenen) Körpers ist.

3) Nunmehr erhält man wieder durch §. 13, 3. die Proportionen:

(I.) $S' : S'' = G' : G''$, wenn $V' = V''$ bei zwei Körpern ist;

(II.) $V' : V'' = G' : G''$, wenn $S' = S''$ ist,

(III.) $S'.V' : S''.V'' = G' : G''$, wenn S und V verschieden sind,

(IV.) $S' : S'' = G'.V'' : G''.V' \left(= \frac{G'}{V'} : \frac{G''}{V''}\right)$

(V.) $V' : V'' = G'.S'' : G''.S' \left(= \frac{G'}{S'} : \frac{G''}{S''}\right)$, und

(VI.) $V' : V'' = S'' : S'$, wenn $G' = G''$ ist.

Statt der Gewichte kann man überall die Massen M' und M'' beider Körper einführen (§. 13, 3.).

4) Um das absolute Gewicht G eines Körpers, dessen Inhalt V und spezifisches Gewicht S man kennt, zu erfahren; hat man nur nöthig, das absolute Gewicht eines Wasserkörpers, dessen Größe die Cubikeinheit, z. B. ein Cubikfuß ist, zu kennen. Man nenne dies Gewicht z. B. γ *); so ist deutlich daß (I.) $G = VS\gamma$ ist; eine wichtige Gleichung, aus der sich auch wieder ergiebt:

(II.) $V = \frac{G}{S\gamma}$, (III.) $S = \frac{G}{V\gamma}$ und (IV.) $\gamma = \frac{G}{VS}$,

vier Gleichungen, welche auch in praktischen Fällen sehr wichtig werden.

---

*) Die Bezeichnung γ ist allgemein für das absolute Gewicht der Cubikeinheit des Wassers, bei der in Nr. 1. genannten Beschaffenheit, angenommen. Beiläufig sei hier bemerkt, daß ein Cubikfuß Wasser 66 ℔. (Preußisch Maaß) wiegt. — Siehe Eytelwein's Vergleichung der in den königl. preußischen Staaten eingeführten Maaße und Gewichte ꝛc. (2te Aufl. 1810) nebst dem Nachtrage dazu (1817).

Anmerk. Für die Geomechanik ist die Kenntniß der specifischen Gewichte verschiedener Körper weniger wesentlich, als für die Mechanik flüssiger Körper, in welcher (wie §. 14. schon erwähnt ist) verschiedene Methoden zur Erforschung der Eigengewichte gelehrt werden. — Tabellen über Eigengewichte aller bekannten Körper, gehören nicht hierher; man findet dergleichen in fast allen physikalischen Werken angegeben. Für einige Metalle merke man z. B. die folgenden Angaben: Platina 23, 5, Gold 19, 5, Quecksilber 13, 6, Blei 11, 4, Silber 10, 8, Kupfer 8, 9, Messing 8, 4, Eisen 7, 8, Zinn 7, 3, Zink 6, 8; u. dgl. m. Abweichungen von diesen Zahlen, ergeben sich bei den Modificationen eines und desselben Metalls, sehr leicht. Bei Holzarten hat man eben so: frisches Eichenholz 0, 93, altes Eichenholz 1, 67, Büchenholz 0, 85, Tannenholz 0, 55, Korkholz 0, 24, u. s. w. — Der bekannte specifisch schwerste Körper ist die Platina, der leichteste das Wasserstoffgas ($S = 0, 0732$). Methoden zur Bestimmung des specifischen Gewichts der luftförmigen Körper, werden in der Aerostatik gegeben. Daß die angegebenen Zahlen alle irrational sind, läßt sich erwarten.

Drittes Kapitel.

Allgemeine Grundlehren der mathematischen Relationen der Würkungen der Kräfte in mechanischer Beziehung.

---

§. 16. Grundsätze *).

Bei den folgenden Sätzen wird blos vom Begriffe der Kraft ausgegangen, und keine Rücksicht auf die besondere als würksam gedachte Kraft genommen.

*) Zur etwa nöthigen Erläuterung dienen die Sätze §. 4.

1) Zwei gleiche (gleich große) Kräfte auf einen freien Punkt würkend (§. 5, 9. und §. 6, 6.), halten einander das Gleichgewicht (§. 6, 5.), sobald sie in derselben Richtung aber nach entgegengesetzten Seiten (§. 7, 2.) würken. — Hiernach ist auch deutlich, in wiefern man einen Zug und einen Druck gegen einander vertauschen kann, wenn beide auf denselben Punkt würken und von gleicher Größe sein sollen.

2) Halten zwei Kräfte unter der in Nr. 1. gemachten Voraussetzung einander das Gleichgewicht, so sind sie gleich (groß). Hierdurch ergiebt sich ein Mittel, eine mit einer gegebenen Kraft gleich große andere Kraft zu bestimmen, also auch eine Kraft zu vern fachen (n Mal zu nehmen).

3) Würken zwei ungleiche Kräfte unter der in Nr. 1. gemachten Voraussetzung, so erhält der Punkt durch eine Kraft welche gleich dem Unterschiede jener beiden Kräfte ist, eine Bewegung nach der Richtung der größeren Kraft. Die Gesetze der alsdann erfolgenden Bewegung, gehören der Bewegunglehre zu untersuchen an. — Jener Unterschied der beiden Kräfte, heißt auch wol das Uebergewicht der größeren über die kleinere Kraft.

4) Nach Nr. 3. läßt sich sogleich die größere zweier Kräfte beurtheilen, welche unter den näher erwähnten Bedingungeu (Nr. 1.) würken.

5) Würken zwei Kräfte auf einen festen Punkt (§. 5, 8.), so läßt sich die Größe und Richtung des Zugs oder Drucks welchen der Punkt erhält, aus der Größe und Richtung der beiden Kräfte, sobald diese in derselben Richtung würken, einfach bestimmen. Sind die Kräfte gleich und die Richtungen entgegengesetzt, so ist der Druck gleich Null.

6) Erhält ein fester Punkt einen bestimmten Druck oder Zug, und man bringt nach der entgegengesetzten Richtung eine, jener ersten Kraft gleich große Kraft an; so kann der feste Punkt frei gemacht werden, und die letztere Kraft vertritt die Stelle des festen Punktes.

7) Ist ein freier Punkt durch das Zusammenwürken mehrerer Kräfte im Gleichgewichte, und man macht ihn fest; so kann derselbe keinen Druck oder Zug erhalten. Wird aber alsdann eine der würkenden Kräfte weggenommen, so erhält der feste Punkt einen Druck oder Zug gleich jener weggenommenen Kraft, aber nach der ihr entgegengesetzten Richtung. Indem der feste Punkt als solcher, keine Bewegung nach der erwähnten Richtung annehmen kann, und die Stelle der weggenommenen Kraft vertritt; so ist das Gleichgewicht sämmtlicher Kräfte keineswegs aufgehoben.

8) Würken zwei Kräfte auf einen freien Punkt in Richtungen die sich unter einen schiefen Winkel schneiden; so kann kein Gleichgewicht erfolgen, der Punkt aber auch keiner von beiden Richtungen allein folgen, sondern, wenn man sich beide Kräfte ziehend denkt, so wird eine Bewegung des Punktes nach einer Richtung erfolgen, welche in der Ebene des Winkels beider Richtungen, zwischen diesen Richtungen, liegt*). — Daß der Erfolg ein völlig bestimmter ist, d. h. nur einer sein kann, ist einleuchtend; wiewol seine Bestimmung erst in §. 26. untersucht werden wird.

9) Ist der Punkt in Nr. 8. fest; so erhält er unter den dort erwähnten Umstände einen Zug, dessen Größe und Richtung gleich der Kraft ist, welche nach Nr. 8.

*) Würken beide Kräfte drückend, oder die eine drückend und die andere ziehend; so ist der Erfolg nunmehr leicht zu finden.

die Bewegung des Punktes bedingt, jedoch noch zu untersuchen bleibt.

10) Die Würkung von m Kräften, sie mögen im Gleichgewichte sein oder nicht, bleibt ungeändert, d. h. es bleibt Gleichgewicht oder die etwa stattfindende bestimmte Bewegung, wenn man von ihnen n Kräfte die im Gleichgewichte sind trennt, oder sie um n Kräfte welche im Gleichgewichte sind vermehrt.

11) Eben so leicht erkennt man den Satz: die Vereinigung oder die Trennung von Kräften welche im Gleichgewichte sind, mit anderen Kräften welche es nicht sind; kann kein Gleichgewicht erzeugen. — Daß Kräfte die nicht im Gleichgewichte sind, mit anderen Kräften welche es auch nicht sind, vereinigt oder von ihnen getrennt, Gleichgewicht erzeugen können; ist deutlich.

12) Sind mehrere Kräfte welche in einer freien Ebene würken, nicht im Gleichgewichte; so kann diese Ebene nur eine Drehung in ihrer Lage (Richtung) erhalten. —

Zusatz 1. Aus den ersten Sätzen dieses §'s ist deutlich, in wiefern man Kräfte als positiv und negativ bezeichnen, sie summiren oder sie von einander abziehen kann. — In wiefern der Gegensatz der positiven und negativen Kräfte, auch auf parallele Kräfte (§. 7, 2.) zu übertragen ist, ist einleuchtend.

Zusatz 2. Bei den genannten Sätzen ist es im Allgemeinen gleichgültig, ob man die Kräfte als Momentankräfte oder als fortwürkende Kräfte (§. 6, 2, c) ansieht. In wiefern die eine oder die andere solcher Kräfte den Erfolg einfacher darstellt, oder in wiefern etwa nähere Modificationen eintreten können, ist bald zu finden; so z. B. müssen, wenn in Nr. 8. fortwürkende Kräfte vorausgesetzt werden, nach erfolgter Bewegung des Punktes, die Richtungen der beiden würkenden Kräfte sich stets parallel bleiben. Ferner ist deutlich, daß in Nr. 9. der Druck den der feste Punkt durch eine fortwürkende Kraft erhält, keineswegs wächst, weil dieser Druck in jedem Augenblicke durch den festen Punkt wieder aufgehoben wird; u. dgl. m.

§. 17. Erklärungen.

1) Der Punkt in welchem man eine Kraft unmittelbar würkend denkt oder annimmt; heißt der Angriffpunkt der Kraft. — Dieser Punkt, die Größe und Richtung der ihm entsprechenden Kraft, sind die Hauptelemente bei den Untersuchungen der Statik; während für die Dynamik noch die Zeit als wesentliches Element hinzukömmt (Vergl. §. 8, 3.).

2) Eine Kraft kann mittelbar dadurch auf einen Punkt (oder Gegenstand) würken, daß man sich an demselben eine gerade Linie befestiget, in irgend einen Punkt derselben die Kraft angebracht und längs dieser Linie würkend denkt. Solche Linien werden dann zunächst als rein mathematische Linien, also als unbiegbar, unzerreißbar, unausdehnbar, unzerdrückbar, unschwer u. dgl. m. angenommen, d. h. man abstrahirt von allen physischen Eigenschaften die einer materiellen Linie, nemlich einer Schnur oder Stange, u. s. w. zukommen, welche man sich zur Versinnlichung der rein mathematischen Linien denken kann, während es in der praktischen Mechanik dergleichen physische Linien sind, welche an die Stelle der mathematischen Linien gesetzt werden müssen, wenn auch jene physischen Eigenschaften mancherlei Anomalien der rein mechanischen Lehren, in der Technik veranlassen (Vergl. §. 2.). Solche gedachte Linien sollen künftig feste, steife oder starre Linien heißen, oder blos durch die Benennung Linie bezeichnet werden, wo diese kürzere Bezeichnung keinen Irrthum veranlassen kann. Hiernach

ist auch deutlich was eine feste Fläche, welche zur Vereinigung mehrerer Angriffpunkte gedacht werden kann, ist. Von festen Körpern pflegt man in dieser Bedeutung nicht zu reden.

Anmerk. Die Begriffe fest, wie sie in Nr. 2., in §. 5, 8. und §. 9, 1. gegeben sind, dürfen nicht verwechselt werden; der Gebrauch dieser Benennungen, schützt in der Regel an den Stellen wo sie vorkommen, vor der Verwechslung.

3) Der Winkel unter welchen sich die Richtungen zweier Kräfte schneiden; heißt der Richtungwinkel der Kräfte.

4) Ist eine Kraft gleich dem Resultate der Würkungen mehrerer, irgend wie in Verbindung würkender Kräfte; so heißt sie die resultirende Kraft, Resultante oder Mittelkraft jener Kräfte (bei Maschinen auch wol die Ueberwucht dieser Kräfte), welche selbst die Composanten oder Seitenkräfte jener einen Kraft (welche dann als die bewegende Kraft des Gegenstandes worauf die übrigen Kräfte würken, erscheint) heißen. — Eine der Mittelkraft gleich große, aber ihr gerade entgegengesetzt würkende Kraft, heißt die Aequipollente der Mittelkraft oder der Seitenkräfte. — Im Zustande des Gleichgewichts von n Kräften, ist natürlich ihre Mittelkraft und die Aequipollente, Null. — Die näheren Untersuchungen über die Relationen zwischen den Seitenkräften und der Mittelkraft, sind der Hauptgegenstand der Statik (Vergl. §. 16, 8.).

5) Aus gegebenen Seitenkräften die Mittelkraft bestimmen, heißt jene Kräfte zusammensetzen. Eine Kraft zerlegen, heißt mehrere Seitenkräfte finden, deren Mittelkraft jene gegebene Kraft ist. — Diese zwei Aufgaben sind demnach die Hauptaufgaben der Statik (Vergl. Nr. 4.). Nach §. 16, 8. ist die Zusammensetzung und Zerlegung einer Kraft in zwei Seitenkräfte, immer mög-

lich; die näheren Bestimmungen hierfür bleiben aber noch dahingestellt.

6) Ein System von Kräften oder von Punkten, ist die Verbindung mehrerer Kräfte, oder der Punkte auf welche Kräfte würken, dergestalt, daß jede Kraft von Einfluß auf die Würkung aller übrigen Kräfte ist; gleichgültig ob Gleichgewicht oder Bewegung das Resultat der Würkungen ist.

§. 18. Grundsätze.

1) Würkt eine Kraft längs einer (festen) geraden Linie, deren Bewegbarkeit durch nichts gehindert wird (welche also frei ist, §. 5, 9.); so erfolgt die Bewegung der geraden Linie, in ihrer Richtung oder in ihrer Verlängerung. Würkt die Kraft aber in einer gegen die Linie geneigten Richtung; so erfolgt die Bewegung der Linie dergestalt, daß sie stets mit ihrer ersten Lage parallel bleibt; denn es ist kein Grund vorhanden, weshalb die Linie (unter Voraussetzung der in §. 17, 2. genannten Eigenschaften), eine drehende Bewegung oder eine verschiedene Bewegung zur einen oder der anderen Seite, annehmen sollte (Vergl. §. 4, 3.).

2) Würken in zwei beliebigen Punkten einer freien geraden Linie, zwei Kräfte nach den entgegengesetzten Seiten dieser Linie; so finden folgende Sätze statt:

a) Sind die Kräfte gleich, so halten sie sich, mithin auch die Linie im Gleichgewichte.

b) Halten sich die Kräfte im Gleichgewichte, so sind sie gleich groß. — Auch hierdurch erhält man ein Mittel, auf andere (wiewol analoge) Weise als nach §. 16, 2, die Größe einer Kraft zu bestimmen.

c) Sind die Kräfte ungleich, so erhält die Linie eine Bewegung nach der Richtung der größeren Kraft; die

die bewegende Kraft (§. 17, 4.) ist dann gleich dem Unterschiede beider würkenden Kräfte.

3) Würken zwei gleiche Seitenkräfte unter einen schiefen Winkel auf einen Punkt; so giebt die Halbirunglinie des Winkels, die Richtung der Mittelkraft an (§. 17, 4. und §. 4, 3.). Wenn also nach der Bedeutung in §. 8, 1, durch zwei zusammenstoßende Seiten eines gleichseitigen Parallelogramms, die Seitenkräfte dargestellt werden, und die entsprechende Winkelspitze den Angriffpunkt bezeichnet; so giebt die, dieser Winkelspitze entsprechende Diagonale des Parallelogramms, die Richtung der Mittelkraft an (Die Größe derselben wird erst §. 26. bestimmt werden).

4) Hat man zwei Systeme von Kräften (§. 17, 6.), deren jedes nur zwei, in beiden Systemen wechselseitig gleiche Seitenkräfte unter gleichen Neigungwinkeln auf einen Punkt würkend hat; so sind in beiden Systemen die Mittelkräfte gegenseitig gleich, und wechselseitig unter gleichen Winkeln gegen die homologen Seitenkräfte geneigt (Siehe §. 4, 2.).

5) Kräfte die zu einem Systeme vereinigt sind, können nur eine Mittelkraft haben. — Ob eine solche aber überhaupt vorhanden ist; kann erst für die verschiedenen Fälle künftig gelehrt werden.

§. 19. Lehrsatz (Fig. 1.).

Für die Würkung einer Kraft ist, unter übrigens gleichen Umständen, der Angriffpunkt der Kraft in der Richtung derselben, ganz gleichgültig.

Beweis. Dieser für die Mechanik so wichtige Satz, ist eine unmittelbare Folge von §. 18, 2, a und b. Denn: würkt eine Kraft, deren Größe K sei, in der Richtung AB; so mögen D, C, B, oder andere Punkte zu Angriffpunkten angenommen werden, es wird stets eine, z. B. in A mit der K gleich große entgegengesetzte Kraft — K, der K das Gleichgewicht halten, solche Kraft also in jedem jener Punkte, gleiche Würkung ausüben. — Welches zu beweisen war.

Zusatz. Ist z. B. in A ein Gegenstand auf welchen Kräfte in verschiedenen Punkten D, C, B, u. s. w. nach der Richtung BA (also drückend) oder AB (also ziehend) würken*); so ist der Widerstand, den der Gegenstand als Hinderniß ausübt, immer derselbe, wie man auch die Angriffpunkte in der Linie AB verlegen mag. Hierdurch werden viele Verlegungen, Vereinigungen, Theilungen oder Verwandlungen der Kräfte (durch andere ihnen gleiche), in der Mechanik bedingt, wenn der neue Angriffpunkt nur in gehörige Verbindung mit dem Gegenstande worauf die Kräfte würken, gesetzt, und auf das Vorzeichen oder auf die Eigenschaft der Kräfte (§. 16. Zusatz 1.) Rücksicht genommen wird, so daß man also blos durch Summirung der einzelnen Kräfte, die Resultante (§. 17, 4.) derselben findet. — Die Art der vorzunehmenden Aenderungen der Angriffpunkte, ergiebt sich im vorkommenden Falle, dem Bedürfnisse entsprechend, sehr bald, so wie der Beweis für oder gegen die Richtigkeit einer solchen gemachten Aenderung, nie Schwierigkeit hat.

§. 20. Zusätze.

1) Zwei Kräfte können sich nur auf die in §. 16, 1. und §. 18, 2, a. erwähnte Weise das Gleichgewicht halten. — Denn, außer den Voraussetzungen in jenen Sätzen, sind bei zwei Kräften nur noch folgende zwei

---

*) Dieser Gegenstand kann auch ein in der Linie AB befindlicher fester (fixer) Punkt (§. 5, 8.) sein.

Arten ihrer Würkung möglich; entweder sie schneiden sich (d. h. ihre Richtungen) unter einen schiefen Winkel, und dann kann nach §. 16, 8. kein Gleichgewicht stattfinden; oder sie schneiden sich nicht, dann mögen aber die Richtungen parallel sein oder auch gar nicht in einer Ebene liegen, so denke man sich zwei beliebige Punkte wechselseitig in den zwei Richtungen, durch eine feste Linie verbunden (zu welchen Punkten die Angriffpunkte gewählt, oder nach welchen Punkten die Angriffpunkte verlegt werden können); nunmehr giebt jede der zwei Kräfte der Linie eine Bewegung, welche durch die andere Kraft nicht aufgehoben, also kein Gleichgewicht erzeugt werden kann. — Soll daher einer Kraft durch eine andere Kraft das Gleichgewicht gehalten werden, so kann dies nur auf eine der beiden (in §. 16, 1. und §. 18, 2, a.) erwähnten Arten geschehen. Folglich können Kräfte, sobald sie eine Mittelkraft haben (§. 18, 5.), auch nur eine Aequipollente (§. 17, 4.) haben.

2) Sind n Kräfte eines Systems nicht im Gleichgewichte, und es entsteht durch die Verbindung mit einer $(n+1)$ten Kraft K Gleichgewicht; so haben jene n Kräfte eine Mittelkraft, deren Aequipollente die Kraft K ist. — Die für diese Behauptung etwa nöthige Erläuterung ist folgende: Vereinigt man mit den $(n+1.)$ im Gleichgewichte befindlichen Kräften, noch eine Kraft K′, gleich aber entgegengesetzt mit der Kraft K; so halten sich K′ und K das Gleichgewicht (§. 16, 1.), die Würkung der zu den n ersten Kräften gekommenen Kraft K wird wieder vernichtet, und das Resultat ist genau wieder die Würkung der n ersten Kräfte für sich betrachtet (§. 16, 11.). Weil nun die K′ unter den angeführten Bedingungen nur eine Würkung hervorbringen kann; diese Würkung aber, da die K′ auf Kräfte welche im Gleichgewichte standen würkt, auch nur die Aeußerung dieser K′ selbst

sein kann; so ist auch jene wieder entstehende erste Würkung der n Kräfte, die Würkung der K', diese also die Mittelkraft, folglich K die Aequipollente der ersten n Kräfte.

3) Eine jede unter (n + 1.) im Gleichgewichte befindlichen Kräften, ist die Aequipollente der n übrigen Kräfte. — Nemlich: weil die n übrigen Kräfte nicht im Gleichgewichte sein können, die (n + 1)ste Kraft aber laut Annahme das Gleichgewicht wieder hergestellt; so muß nach Nr. 2. diese letztere Kraft die Aequipollente der übrigen Kräfte sein.

4) Wenn n in einer Ebene E würkende Kräfte, eine Mittelkraft, also auch eine Aequipollente haben; so liegt diese auch in jener Ebene E *). — Denn: gesetzt eine gegen die Ebene E geneigte Kraft K, könnte Aequipollente sein; so bliebe das erzeugte Gleichgewicht auch bestehen, wenn man durch die Richtungen sämmtlicher Kräfte in der Ebene E, eine beliebige Linie D legt (Was offenbar auf unendlich mannigfaltige Art geschehen kann). Verlegt man einen der Angriffpunkte aller jener Kräfte in der Ebene E, nach dieser Durchschnittlinie, so ändert sich im Gleichgewichte nichts (§. 19.), und dies bleibt auch noch bestehen, wenn man diese Linie dergestalt fix macht, daß sich die Ebene E um sie drehen kann. Aber nunmehr muß auch durch jene gegen die Ebene geneigte Kraft K, eine Drehung der Ebene erfolgen, also ist kein Gleichgewicht vorhanden, und jene Kraft K ist nicht Aequipollente; daher ist auch keine Mittelkraft vorhanden. — Wäre die Kraft K gegen jene Durchschnittlinie

---

*) Der Satz kann auch so ausgesprochen werden: Eine gegen eine Ebene geneigte Kraft, kann Kräften welche in dieser Ebene würken und nicht im Gleichgewichte sind, auch nicht das Gleichgewicht halten (Vergl. §. 16, 12.).

D gerichtet gewesen, so würde zwar keine Drehung erfolgen, die Durchschnittlinie könnte aber sogleich gegen eine andere D′ vertauscht werden, gegen welche die Kraft K nicht geneigt ist.

§. 21. Lehrsatz.

Die Richtung einer Mittelkraft bleibt ungeändert, wenn man die Seitenkräfte alle m Mal nimmt; die Größe der Mittelkraft aber vermfacht sich hierdurch.

Beweis. Ist m eine ganze Zahl; so ist der Satz unmittelbar eine Folge von §. 16, 11. und §. 4, 2. Ist aber m der echte Bruch $\frac{1}{n}$, und es könnte sich, gegen die Behauptung, die Richtung der Mittelkraft ändern; so müßte nach dem so eben Gezeigtem, die alsdann erfolgende Richtung dieselbe bleiben, die Kraft der Resultante aber n Mal wachsen, wenn man die n Mal verkleinerten Kräfte wieder n Mal vergrößerte, nnd man hätte bei letzteren, den ersten Seitenkräften in Größe und Richtung vollkommen gleichen Kräften, eine andere als die erste Mittelkraft, was unmöglich ist (§. 4, 2.). Man sieht nunmehr die Richtigkeit des Satzes auch für jeden anderen Werth welchen m haben kann, sogleich ein. — W. z. b. w.

Zusatz 1 *). Erzeugen in einem Systeme die Seitenkräfte Q′ und Q″, welche unter dem $\angle \alpha$ auf einen Punkt würken, die Mittelkraft Q, welche mit den Richtungen der Q′ und der Q″ wechselseitig die Winkel α' und α'' bildet; und in einem anderen Systeme würken die Seitenkräfte K′ und K″ unter einem gleichen Win-

*) Eine etwa nöthige Figur, ist hier so wie für den folgenden §. sehr leicht zu entwerfen.

kel α, erzeugen hier die Mittelkraft K, und man weiß überdies, daß sich verhält:

$$K' : K'' = Q' : Q'' \text{ (oder } K' : Q' = K'' : Q''\text{)};$$

so bildet die K mit ihren Seitenkräften Winkel, gleich jenen Winkeln α' und α'', und es ist $K : Q = K' : Q' = K'' : Q''$. Denn: zufolge der angenommenen Proportion, sind die Kräfte K′ und K″ als das m fache der Kräfte Q′ und Q″ (oder diese von jenen Kräften) anzusehen.

Zusatz 2. Der genannte Lehrsatz könnte unter den mehrerwähnten Bedeutungen auch so ausgesprochen werden: Wenn bei irgend einem Parallelogramme, zwei zusammenstoßende Seiten, die Größe und Richtung zweier Seitenkräfte, und die entsprechende Diagonale die Größe und Richtung der Mittelkraft darstellen; so giebt auch die Diagonale des, durch Ver n fachung der Seiten entstehenden Parallelogramms, die Größe und Richtung der Mittelkraft an, wenn die Seiten desselben die neuen Seitenkräfte (also unter demselben Richtungwinkel) darstellen.

§. 22. Lehrsatz.

Haben zwei, unter dem Richtungwinkel α auf einen Punkt würkende Kräfte K′ und K″, nicht dasselbe Verhältniß zu einander als zwei andere Seitenkräfte Q′ und Q″, welche unter einem dem Richtungwinkel α gleichen Winkel auf einander würken; so können die Mittelkräfte K und Q, nicht wechselseitig gleiche Lage gegen die Seitenkräfte haben.

Beweis. Da laut Annahme sich K′ : K″ nicht wie Q′:Q″ verhalten soll; so läßt sich für irgend eine dieser vier Kräfte, nach arithmetischen Regeln eine Kraft finden, die zu jener einen addirt, alsdann eine Proportion giebt. Gesetzt x sei eine solche für K′ gesuchte Kraft, wonach sich verhält:

$$K' \mp x : K'' = Q' : Q''.$$

Nun bringe man nach derselben Richtung in welcher die Kraft K′ würkte, die Kraft $K' \mp x$ für die K′ an; dann muß die aus den Kräften $K' \mp x$ und K″ entstehende Mittelkraft, sie heiße M, eine andere Lage gegen ihre Seitenkräfte haben, als die aus den Kräften K′ und K″ entstehende Mittelkraft K. Da nun zufolge der angenommenen Proportion und nach §. 21. Zusatz 1, die Mittelkräfte M und Q, wechselseitig gleiche Lagen gegen ihre Seitenkräfte haben; so können die K und die Q nicht solche wechselseitig gleiche Lagen gegen ihre Seitenkräfte haben, d. h. diese Richtungen müssen gegenseitig verschieden sein. — W z. b. w.

Zusatz. Wenn in einem Systeme zwei Seitenkräfte K′ und K″ die Mittelkraft K, und in einem anderen Systeme die Seitenkräfte Q′ und Q″ die Mittelkraft Q erzeugen, und man weiß daß die Lagen der Mittelkräfte gegen ihre Seitenkräfte wechselseitig gleich sind; so verhält sich:

$$K' : Q' = K'' : Q'' = K : Q \text{ oder } K' : K'' : K = Q' : Q'' : Q.$$

Denn: wären die Verhältnisse $K' : Q'$ und $K'' : Q''$ nicht gleich; so könnten zufolge des Lehrsatzes, auch die laut Annahme wechselseitig gleichen Lagen nicht stattfinden. Ist aber nunmehr $K' : Q' = K'' : Q''$ (und sind dabei laut Annahme die ganzen Richtungwinkel gleich, weil ihre Theile wechselseitig gleich sind); so ist auch nach §. 21. Zusatz 1. $K : Q = K' : Q' = K'' : Q''$, welches man auch als $K : K' : K'' = Q : Q' : Q''$, darstellen kann. —

§. 23. Lehrsatz (Fig. 2.).

Würken zwei Kräfte deren Größe K′ und K″ sei, unter einem rechten Richtungwinkel

K'OK'' auf den Punkt O, nach den Richtungen OK' und OK''; so ist die Größe der Mittelkraft K, gleich $\sqrt{(K'^2 + K''^2)}$.

Beweis. Bezeichnet OK die noch unbestimmte Richtung der Mittelkraft, deren Größe $K = \sqrt{(K'^2 + K''^2)}$ sein soll; so errichte man in O auf OK den Perpendikel M' N', und stelle sich die Kraft K' in zwei Seitenkräfte M' und M'' nach den Richtungen OM' und OM'', so wie die Kraft K'' in zwei Seitenkräfte N' und N'' nach den Richtungen ON' und ON'' zerlegt vor (§. 17, 5.), ohne die (hier noch nicht zu bestimmende) Größe dieser Seitenkräfte näher anzugeben. Dann würken die vier Kräfte M', N', M'' und N'' (M'' und N'' in der Richtung der Kraft K liegend) vereint, dasselbe wie die zwei Kräfte K' und K'' oder deren eine Mittelkraft K. Nun hat man drei Systeme von Kräften, nemlich: 1) M', M'' und deren Mittelkraft K', dann 2) K'', K' und ihre Mittelkraft K, und 3) N', N'' und ihre Mittelkraft K''; in allen drei Systemen würken die Kräfte gegenseitig unter gleichen Winkeln (Wie aus den laut Annahme rechten Winkeln M'OK, K'OK'' und N''ON', einfach folgt). Daher hat man nach §. 22. Zusatz, für die beiden ersten Systeme:

$M' : K' : M'' = K'' : K : K'$, also ist:

$M' = \frac{K' . K''}{K}$, $M'' = \frac{K'^2}{K}$. Ferner hat man für die zwei letzten Systeme:

$N' : K'' : N'' = K' : K : K''$, folglich ist:

$N' = \frac{K' . K''}{K}$ und $N'' = \frac{K''^2}{K}$.

Hiernach hat man $M' = N'$ $\left(\text{beide gleich } \frac{K' . K''}{K}\right)$, und kann daher von den vier Kräften M', N', M'' und N'', jene beiden gleichen Kräfte M' und N', ganz außer

Acht lassen (§. 16, 1 und 10.), daher die zwei bleibenden Kräfte M'' und N'' zusammen, dasselbe als die zwei Kräfte K' und K'' oder als deren Mittelkraft K würken. Folglich ist:

$M'' + N'' = K$; dann für M'' und N'' ihre gleichen Werthe gesetzt, giebt $K = \frac{K'^2}{K} + \frac{K''^2}{K}$, woraus folgt: $K^2 = K'^2 + K''^2$ oder $K = \sqrt{(K'^2 + K''^2)}$. — W. z. b. w.

Zusatz 1. Würken zwei Kräfte, deren (verhältnißmäßige) Größe durch zwei Seiten eines rechtwinklichen Parallelogramms dargestellt wird (§. 8, 1.), in den Richtungen dieser Seiten (also rechtwinklich) auf die entsprechende Winkelspitze; so giebt die Diagonale dieses Parallelogramms, die Größe der Mittelkraft an (Die Richtung der Mittelkraft bleibt noch dahingestellt).

Zusatz 2. Nach §. 18, 3. und dem eben Gesagtem, stellt die Diagonale eines Quadrats, die Größe und Richtung der Mittelkraft zweier Seitenkräfte dar, welche selbst in den Richtungen der Seiten des Quadrats würken, und deren Größen durch die Seiten des Quadrats dargestellt werden; also wenn die Seitenkräfte gleich sind.

§. 24. Lehrsatz (Fig. 3.).

Wird das rechtwinkliche Parallelogramm BADE, durch eine beliebige Linie CO in zwei Parallelogramme BC und OD getheilt, und man weiß, daß die Diagonalen AO und CE, welche nach §. 23. Zusatz 1. die Größen zweier Mittelkräfte darstellen, deren Seitenkräfte die Linien AB und AC, so wie CO und CD sind, auch die Richtungen dieser Mittelkräfte darstellen; so ist auch die Linie AE die Richtung der Mittelkraft *) für zwei, durch die Linien AB und AD dargestellten Seitenkräfte.

Beweis. Ist AO die Mittelkraft für die Seitenkräfte AB und AC; so ist nur zu untersuchen, in wiefern die Richtung derselben durch die in C angebrachte Kraft CD, oder durch eine der CD gleiche in A nach der Richtung AD würkende Kraft (§. 19.), geändert wird; alsdann hat man die Richtung der Mittelkraft der Kräfte AB und AD (§. 19. Zusatz). — Da nun die Würkung der zwei Kräfte AB und AD, oder der drei Kräfte AB, AC und CD, oder der zwei Kräfte AO (für AB und AC laut Annahme zu setzen) und CD, bereits durch den Punkt A geht; so ist nur noch ein zweiter Punkt in dieser Richtung zu bestimmen nöthig, um die Richtung der Mittelkraft zu kennen. — Zu dem Ende verlängere man die Seiten BO und CO, um OH = BO = AC, und um OF = CO = AB; so ist, wenn man das Parallelogramm FOHG vollendet, auch OG = AO die Mittelkraft zweier, durch die Linien OF und OH der Größe und Richtung nach dargestellten Seitenkräfte **). Verlegt man nun den Angriffpunkt der Kraft AO nach O, nimmt also für die AO die Kraft OG an; so ist die Lage der Mittelkraft der Kräfte OG und CD zu suchen, für welche man bereits den einen Punkt A kennt. — Für OG kann man aber, weil laut Voraussetzung OG die Mittelkraft der Kräfte OF und OH ist, diese Seitenkräfte setzen, und hat daher die Lage der resultirenden Kraft der drei Kräfte OF,

---

*) Nach §. 23. Zusatz 1. ist AE bereits die Größe der Mittelkraft.

**) Man erkennt die vollkommene Gleichheit der Elemente beider Parallelogramme BC und FH, also auch der gleichen Würkungen aus gleichen Ursachen (§. 4, 2.).

OH und CD zu suchen. Verlegt man nun die Kraft OF nach CO (= OF); so ist wiederum für die drei Kräfte CO, CD und OH, die Lage der resultirenden Kraft zu bestimmen, und weil laut Voraussetzung im Satze, CE die Mittelkraft der Seitenkräfte CO und CD ist; so bleibt nur für die zwei Kräfte CE und OH, die mehrerwähnte Bestimmung zu suchen übrig. Aber nach §. 19. Zusatz geht die vereinte (resultirende) Würkung der Kräfte CE und OH durch den Punkt E, dieser ist folglich der gesuchte zweite Punkt, indem A der erste war; daher ist AE die Richtung der Mittelkraft der Kräfte CE und OH, oder CD, CO und OH, oder OF, OH und CD, oder OG und CD, oder AO und CD, oder AB, AC und CD, oder endlich der AB und der AD; die Linie AO stellt also die Mittelkraft der Seitenkräfte AB und AD völlig dar, während nach §. 23. Zusatz 1. die Größe derselben bereits durch AE dargestellt wird. — W. z. b. w.

Zusatz. Verhalten sich zwei Kräfte P und H, wie die unbenannten Zahlen p und h, ferner zwei andere Kräfte P′ und K wie die Zahlen p und k*), und man weiß daß bei zwei rechtwinklichen Parallelogrammen, die Seiten jene Kräfte, die Diagonalen aber die den Kräften entsprechenden Mittelkräfte darstellen; so stellt auch die Diagonale eines rechtwinklichen Parallelogramms, dessen Seiten sich wie p zu (h+k) verhalten, die Mittelkraft für die, jenen Seiten entsprechenden Seitenkräfte dar. — Dieser Satz in nemlich der Lehrsatz selbst, nur

*) Sollte die Kraft P′ nicht gleich der Kraft P sein; so kann man dennoch wie bekannt, das Verhältniß der P′ : K, auf ein Verhältniß zurückführen, wo der Kraft P′ die Zahl p (aus dem Verhältniß p : h) homolog ist. Dies geschieht wegen der Zusammentragung beider Seiten in dem folgenden Parallelogramme.

anders ausgedrückt, und was die erwähnten Verhältnisse erschweren könnten, wird sich durch §. 21. Zusatz 2. leicht erläutern lassen.

§. 25. Lehrsatz.

Die Diagonale eines rechtwinklichen Parallelogramms, stellt die Mittelkraft zweier Seitenkräfte dar, welche selbst durch die Seiten dargestellt werden.

Beweis. Daß die Diagonale die Größe der Mittelkraft darstellt, ist schon aus §. 23. Zusatz 1. bekannt. Ist das rechtwinkliche Parallelogramm ein Quadrat, d. h. verhalten sich die Seiten wie 1 : 1; so giebt nach §. 23. Zusatz 2. auch die Diagonale die Richtung der Mittelkraft an. Stellt man sich nun beliebig viele Quadrate zu einem Oblongum gehörig an einander getragen vor, so gilt für dieses Oblongum laut §. 24. Zusatz, nunmehr auch die Behauptung des Lehrsatzes, da dieser Satz für zwei, dann für drei, u. s. w. solcher zusammengetragenen Quadrate gilt, sobald man nemlich in §. 24. Zusatz p = 1, ferner h nach und nach gleich 1, 2, 3, 4 ...., k aber immer gleich 1 setzt. — Wenn hiernach der Satz für jedes Oblongum dessen Seiten sich wie 1 : m verhalten gilt, wo m jede ganze Zahl bedeutet; so setze man wiederum in den Zusatz zum vorigen §., für p die m, für h nach und nach 1, 2, 3 .... und k gleich 1; dann gilt der Satz, weil er für m : 1 und m : 1 gilt, auch für m : (1 + 1) d. h. für m : 2, dann für m : (2 + 1) d. h. für m : 3, dann für m : 4, u. s. w., also allgemein für m : n, wenn n eine ganze Zahl bedeutet. Ist nun hierdurch der Satz für zwei Seiten (eines rechtwinklichen Parallelogramms) welche sich wie zwei beliebige ganze Zahlen verhalten, bewiesen; so gilt er auch, wenn zwei rationale Brüche

$\frac{a}{b} : \frac{c}{d}$ jenes Verhältniß darstellen; denn dieses ist gleich dem Verhältniß der ganzen Zahlen $a \cdot d : b \cdot c$, für welches der Satz bereits bewiesen ist, und welches dann wieder auf jenes Verhältniß der Brüche zurück zu führen ist. — Wird das Verhältniß der Seiten durch zwei irrationale, oder durch eine rationale und eine irrationale Zahl dargestellt; so gilt der Satz auch dann noch, indem nach bekannten arithmetischen Lehren, solche Verhältnisse hier keine Aenderungen in dem Bewiesenen veranlassen. — Der Lehrsatz gilt also völlig allgemein für jedes rechtwinkliche Parallelogramm. — W. z. b. w.

§. 26. Lehrsatz (Fig. 4, a und b).

Die Diagonale eines jeden Parallelogramms, stellt die Mittelkraft zweier Seitenkräfte dar, welche selbst durch die entsprechenden Seiten*) des Parallelogramms dargestellt werden.

Beweis. Für die rechtwinklichen Parallelogramme, ist der Satz im §. 25. bewiesen. — Nun mögen OK′ und OK″ (Fig. 4, a) zwei, unter einem beliebig großen Winkel K′OK″ auf den Punkt O würkende Kräfte sein, und OK′KK″ sei das durch jene drei Stücke bestimmte Parallelogramm. — Man ziehe die Diagonale OK, errichte in O auf OK die Senkrechte MN, und fälle von K′ und K″ auf MN und OK die Perpendikel K′A, K′C, K″B und K″D; dann ist deutlich daß AC und BD rechtwinkliche Parallelogramme,

*) Da die Diagonalen der schiefwinklichen Parallelogramme ungleich sind; so ist die, dem Angriffpunkte beider Kräfte entsprechende Diagonale, von der anderen wol zu unterscheiden.

und daß die Triangel OK′C und DK″K congruent sind, daher ist AO = K′C = DK″ = OB. — Denkt man sich nun nach §. 25. OK′ als Mittelkraft zweier Seitenkräfte OA und OC, so wie OK″ für die Seitenkräfte OB und OD; dann würken die vier Kräfte OA, OC, OB und OD dasselbe, was die zwei Kräfte OK′ und OK″ würken. Läßt man von jenen vier Kräften die zwei gleich großen entgegengesetzten Kräfte OA und OB weg (§. 16, 1 und 10.); so würken die zwei Kräfte OC und OD, wofür die eine Kraft OK (= OC + CK = OD + DK) welche K heiße, gesetzt werden kann, dasselbe was die Kräfte OK′ und OK″, oder die Kräfte K′ und K″ würken. — Wäre die Lage der Seitenkräfte wie (Fig. 4, b.) OK′ und OK″ gegeben; so würde eine analoge Construction und Beweis wie eben gezeigt ist, auch auf OK als Mittelkraft führen, indem nunmehr die beiden Kräfte OD (= KC) und OC sich zum Theil getilgt hätten (§. 16, 3 oder 5.). Die Figur 4, b zeigt alles analog wie Fig 4, a. — W. z. b. w.

Zusatz. Weiß man von einer auf einen Punkt würkenden Kraft, daß sie das Resultat zweier anderen auf denselben Punkt würkenden Kräfte ist; so findet zwischen diesen drei Kräften genau die in diesem §. erwähnte Relation, in Hinsicht des Parallelogramms, statt (Vergl. das Ende von §. 16, 8.).

§. 27. Zusätze (Fig. 5 und 6.).

1) Der Lehrsatz des vorigen §'s, nach welchem nunmehr allgemein für zwei Seitenkräfte die Mittelkraft bestimmt oder gefunden werden kann; heißt: der Satz vom Parallelogramm der Kräfte, oder blos: das Parallelogramm der Kräfte. — Es wird sich in der Folge zeigen, daß dieser Satz ein Hauptsatz der gan=

zen Mechanik ist, und da er der Statik wie der Dynamik gleich wesentlich ist, so gehört er für diese allgemeine Einleitung in die Mechanik. — Ueber verschiedene Beweise dieses wichtigen Satzes, gehört das Nähere anzuführen nicht hierher.

2) Der vorige Satz lehrt nicht blos die Zusammensetzung zweier Kräfte, sondern auch die Zerlegung einer Kraft (§. 17, 5.), welche Aufgabe auf mannigfaltige Art zu lösen ist, so daß gewisse Bedingungen dabei gegeben sein können, die sich als solche einfach ergeben, wenn man nur untersucht, ob sich unter diesen Bedingungen ein Parallelogramm, in welchem die gegebene Kraft als Linie die Diagonale wird, construiren läßt. Man wird als Hauptbedingungen leicht erkennen, daß bei der Zerlegung einer Kraft in zwei Seitenkräfte, gegeben sein können:

a) Die Richtungen der beiden Seitenkräfte (Wenn sie nur einen concaven Winkel einschließen).

b) Die Richtung und Größe einer Seitenkraft (Ohne Einschränkung).

c) Die Größe beider Seitenkräfte (Hierbei ist die Bedingung, daß von den drei Größen, nemlich: die Mittelkraft und die zwei Seitenkräfte, die Summe je zweier größer als die dritte sein muß; weil sich sonst kein Triangel, also hier auch kein Parallelogramm ergiebt).

Noch andere Fälle findet man leicht, da sie analog den Fällen für die Bestimmung eines Triangels aus gegebenen Stücken sind.

3) Der Satz vom Parallelogramme der Kräfte, läßt sich auch schon hier ganz allgemein für die Zusammensetzung jeder beliebigen Menge auf einen Punkt, nach ganz beliebigen Richtungen in einer Ebene würkende

Kräfte, erweitern. — Denn, da die Mittelkraft sobald sie vorhanden ist nur Eine sein kann; so setze man zwei beliebige jener Kräfte zusammen, dann die Mittelkraft derselben mit einer dritten jener Kräfte (stets nach §. 26.), hierauf die zuletzt erhaltene Mittelkraft mit einer vierten jener Kräfte, u. s. w., bis alle Kräfte auf diese Weise zusammengesetzt sind, wonach die sich zuletzt ergebende Mittelkraft, die gesuchte Eine Mittelkraft sämmtlicher Kräfte ist. Man sieht, daß die Folge in welcher man die einzelnen Kräfte hierbei nimmt, sehr mannigfaltig sein kann, und daß stets eine Mittelkraft für beliebig viele auf einen Punkt würkende Kräfte vorhanden ist (Vergl. §. 17, 5.), deren Construction demnach gezeigt ist. — Man kann hierbei auch auf folgende erleichternde Weise verfahren, wovon der Grund im eben Gesagtem liegt, indem man die Construction nur nicht immer ganz ausführt. Nemlich: In Fig. 5. seien OA, OB, OC, OD und OE (oder noch mehr) Kräfte in einer Ebene, auf den Punkt O würkend gegeben; dann ziehe man durch den Endpunkt der einen (die Kraft vorstellenden) Linie, z. B. durch A, die Linie AK′ ⋕ der OB und mache AK′ = OB; dann ziehe man durch K′ die K′K″ ⋕ und = OD, dann durch K‴ die K‴K ⋕ und = OE (u. s. w. wenn noch mehr Kräfte vorhanden sind). Nun giebt die Linie OK die gesuchte Mittelkraft. —

4) Es ist deutlich, daß sich eine Kraft auf unendlich viele Arten in mehr als zwei Kräfte zerlegen läßt, und daß man überhaupt durch Zusammensetzung und Zerlegung der Kräfte, die Würkungen gewisser Kräfte gleichsam in einander verwandeln, oder die Kräfte versetzen (verlegen) kann.

5) Auch ist schon hier ganz allgemein deutlich: daß drei oder jede größere Menge auf einen Punkt

nach

nach ganz beliebigen Richtungen im Raume würkende Kräfte, nicht nur eine Mittelkraft haben, sondern daß auch diese Mittelkraft ganz analog wie in Nr. 3. gezeigt ist, gefunden wird, wenn dies auch durch würkliche Construction (im Gegensatze der später zu zeigenden Rechnung) schwieriger ist, als bei der Lage sämmtlicher Kräfte in einer Ebene*). — Man überzeugt sich nemlich sogleich aus der Ansicht der zugehörenden Figur 6., daß, wenn OK′, OK″ und OK‴ drei solche (nicht in einer Ebene liegende) Kräfte sind, die Diagonale OK des Parallelepipedums welches jenen drei Kräften als Linien zugehört, die Größe und Richtung der Mittelkraft darstellt. Auch hierbei kann man in verschiedener Ordnung die Kräfte zusammensetzen; die Figur zeigt zuerst OK′ und OK″ durch OA (nach §. 26.), und dann eben so OA und OK‴ durch OK (mittelst des Parallelogramms K‴OAK) zusammengesetzt. — Man nennt diesen Satz auch wol: das Parallelepipedum der Kräfte. — Die Zerlegung einer Kraft in drei andere Kräfte, oder die Verwandlung mehrerer Kräfte in einander, ist auch hiernach höchst mannigfaltig.

§. 28. Aufgabe (Fig. 7.).

Die Relationen zwischen zwei Seitenkräften, der Mittelkraft und den zugehörenden Winkeln, durch Formeln allgemein darzustellen.

Auflösung und Beweis. Man nenne die zwei Seitenkräfte OK′ und OK″ kurz K′ und K″, die Mittelkraft OM (laut §. 26. bestimmt) hieße M; der Rich-

---

*) Durch Hülfe der Projectionslehre, ist solche Construction in einer Ebene ausführbar.

tungwinkel K′OK″ heiße μ, und die Winkel welche die Seitenkräfte mit der Mittelkraft bilden, seien α' (= K′OM) und α'' (= K″OM). Nun ist zuerst ohne Erläuterung deutlich, daß

$$\left.\begin{aligned} \mu &= \alpha' + \alpha'' \\ \alpha' &= \mu - \alpha'' \\ \alpha'' &= \mu - \alpha' \text{ ist.} \end{aligned}\right\} \text{(I.)}$$

Betrachtet man nun einen der beiden Triangel K′OM oder K″OM, so ergeben sich sofort nach den bekannten trigonometrischen Regeln folgende Proportionen *):

$$\left.\begin{aligned} K' &: K'' = \sin\alpha'' : \sin\alpha' \\ K' &: M = \sin\alpha'' : \sin\mu \\ K'' &: M = \sin\alpha' : \sin\mu \end{aligned}\right\} \text{(II.)}$$

Hiernach ergeben sich folgende Gleichungen:

$$\left.\begin{aligned} K' &= K'' \cdot \frac{\sin\alpha''}{\sin\alpha'} = M \cdot \frac{\sin\alpha''}{\sin\mu} \\ K'' &= K' \cdot \frac{\sin\alpha'}{\sin\alpha''} = M \cdot \frac{\sin\alpha'}{\sin\mu} \\ M &= K' \cdot \frac{\sin\mu}{\sin\alpha''} = K'' \cdot \frac{\sin\mu}{\sin\alpha'} \end{aligned}\right\} \text{(III.)}$$

Anmerk. Zu bemerken ist hier, und analog bei den folgenden Formeln, daß von diesen Werthen einige schon aus anderen derselben folgen, so daß immer nur gewisse Werthe wesentlich von einander verschieden sind; z. B. die Formeln $K' = K'' \cdot \frac{\sin\alpha''}{\sin\alpha'}$, $= M \cdot \frac{\sin\alpha''}{\sin\mu}$, wonach eine Seitenkraft schon aus der anderen Seitenkraft oder aus der Mittelkraft (nebst zweien Winkeln) bestimmt wird, enthalten auch schon die anderen Formeln nach welchen K″ aus K′ oder aus M zu bestimmen ist; und die Formel $M = K' \cdot \frac{\sin\mu}{\sin\alpha''}$, enthält auch schon die Formel $M = K'' \cdot \frac{\sin\mu}{\sin\alpha'}$. Man kann übrigens diese Formeln in leicht auszusprechende Sätze wörtlich übertragen, welche das Behalten

*) Zu bemerken ist daß, da $\angle OK'M = \angle OK''M = 180° - \mu$ ist, auch $\sin\mu = \sin OK'M = \sin OK''M$ ist.

dieser Formeln erleichtern. Dergleichen Sätze werden aber nur dann hier angeführt, wenn sie als besonders eigenthümlich erscheinen.

Ferner erhält man aus den Proportionen (II.):

$$\left.\begin{aligned} \sin \alpha' &= \sin \alpha'' \cdot \frac{K''}{K'} = \sin \mu \cdot \frac{K''}{M} \\ \sin \alpha'' &= \sin \alpha' \cdot \frac{K'}{K''} = \sin \mu \cdot \frac{K'}{M} \\ \sin \mu &= \sin \alpha'' \cdot \frac{M}{K'} = \sin \alpha' \cdot \frac{M}{K''} \end{aligned}\right\} \text{(IV.)}$$

Nach trigonometrischen Regeln ist weiter bekannt:

$$\left.\begin{aligned} M &= \sqrt{(K'^2 + K''^2 - 2K'K'' \cos(180^\circ - \mu)} \text{ oder} \\ M &= \sqrt{(K'^2 + K''^2 + 2K'K'' \cos \mu)}; \text{ ferner:} \\ K' &= \sqrt{(M^2 + K''^2 - 2M K'' \cos \alpha'')}, \text{ und} \\ K'' &= \sqrt{(M^2 + K'^2 - 2M K' \cos \alpha')}. \end{aligned}\right\} \text{(V.)}$$

Endlich ist:

$$\left.\begin{aligned} \cos \mu \; (= -\cos OK'M = -\cos (180 - \mu)) & \\ = \frac{M^2 - K'^2 - K''^2}{2\, K'\, K''} & \\ \cos \alpha' = \frac{M^2 + K'^2 - K''^2}{2\, M'\, K'} & \\ \cos \alpha'' = \frac{M^2 + K''^2 - K'^2}{2\, M\, K''}. & \end{aligned}\right\} \text{(VI.)}$$

Andere Formeln die aus Verbindungen dieser Formeln hervorgehen, sind leicht zu bilden, und ihre Richtigkeit im vorkommenden Falle bald zu beurtheilen.

Zusatz 1. Wenn auch aus den allgemeinen Formeln die Modificationen für besondere Fälle sich sogleich ergeben; so sind doch zwei Fälle noch kurz zu erwähnen, weil sie häufig vorkommen. Nemlich:

1) Für gleiche Seitenkräfte, d. h. wenn $K' = K''$, hat man auch nach §. 18, 3. $\alpha' = \alpha''$ und $\mu = 2\alpha'$; also:

$$K' = K'' = M \cdot \frac{\sin \alpha'}{\sin 2\alpha'} = M \cdot \frac{\sin \alpha'}{2 \sin \alpha' \cos \alpha'}$$
$$= \tfrac{1}{2} M \sec \alpha' \ (I.),$$

$$M = K' \cdot \frac{\sin \mu}{\sin \alpha'} = K' \cdot \frac{2 \sin \alpha' \cos \alpha'}{\sin \alpha'}$$
$$= 2 K' \cos \alpha' \ (II.),$$

$\sin \alpha' = \sin \mu \cdot \frac{K'}{M} = 2 \sin \alpha' \cos \alpha' \cdot \frac{K'}{M}$, hiernach

$\cos \alpha' = \tfrac{1}{2} \cdot \frac{M}{K'}$ (III.); und dann

$\cos \mu = \frac{M^2 - 2K'^2}{2 K'^2}$ (IV.). Noch verschiedene Aenderungen lassen sich leicht finden.

2) Für einen rechten Neigungwinkel μ bei ungleichen Seitenkräften K' und K'', wobei also $\sin \alpha = 1$, $\cos \mu = 0$ und $\sin \alpha' = \cos \alpha''$ ist. Man erhält:

$$K' = K'' \cdot \frac{\sin \alpha''}{\cos \alpha''} = K'' \operatorname{tang} \alpha'' = K'' \cdot \frac{\cos \alpha'}{\sin \alpha'}$$
$$= K'' \cot \alpha' \ (I.),$$ oder

$K' = M \sin \alpha'' = M \cos \alpha'$ (II.); eben so findet man:

$K'' = K' \operatorname{tang} \alpha' = K' \cot \alpha'' = M \sin \alpha' = M \cos \alpha''$,

$$M = K' \cdot \frac{1}{\cos \alpha'} = K' \sec \alpha' = K'' \cdot \frac{1}{\cos \alpha''} = K'' \sec \alpha''$$
$$= K' \operatorname{cosec} \alpha'' = K'' \operatorname{cosec} \alpha' \ (III.);$$

$\operatorname{tang} \alpha' \left(= \frac{\sin \alpha'}{\cos \alpha'}\right) = \frac{K''}{K'}$ (IV.), $\sin \alpha' = \frac{K''}{M}$ (V.);

eben so:

$\operatorname{tang} \alpha'' = \frac{K'}{K''}$ und $\sin \alpha'' = \frac{K'}{M}$. Endlich

$K' = \sqrt{(M^2 - K''^2)}$ (V.), $K'' = \sqrt{(M^2 - K'^2)}$ und
$$M = \sqrt{(K'^2 + K''^2)} \ (VI.).$$

Wollte man noch den Fall aussondern, wenn gleiche Seitenkräfte und ein rechter Winkel vorhanden sind; so sind die Formeln ohne besondere Anführung deutlich.

Zusatz 2. Bleibt die Größe der Seitenkräfte ungeändert, nimmt man aber die Nebenwinkel des Richtungwinkels μ, und nennt die daraus hervorgehende Mittelkraft M′; so ist (nach Formel (V.)):
$M' = \sqrt{(K'^2 + K''^2 + 2 K' K'' \cos(180^\circ - \mu))}$; weil aber nach trigonometrischen Lehren $\cos(180^\circ - \mu) = -\cos\mu$ $= \frac{K'^2 + K''^2 - M^2}{2 K' K''}$ ist, so ist auch nach gehöriger Umwandlung: $M' = \sqrt{(2 K'^2 + 2 K''^2 - M^2)}$, wonach die neue Mittelkraft, unmittelbar aus den drei zuerst gegebenen Kräften entwickelt wird. — Dergleichen Formeln kann man noch manche entwickeln.

Anmerk. Zahlenbeispiele über die entwickelten Formeln, sind ungemein leicht zu finden, da sie hier fast rein mathematische Relationen betreffen. — Ueber die Benennung der Größe der Kräfte nach einem bestimmten Maaße, siehe §. 13, 3, Zusatz.

Zusatz 3. Auf ganz analoge Art, kann man auch die Relationen für die Mittelkraft dreier nicht in einer Ebene würkenden Kräfte, aus dem Parallelepipedum der Kräfte (§. 27, 5.) entwickeln. Denn: nennt man die Größe der Mittelkraft OK (Fig. 6.) z. B. M, und sind α', α'' und α''' die Winkel welche die drei Seitenkräfte K′, K″ und K‴ mit der OK bilden, dagegen μ', μ'' und μ''' die drei Winkel welche die Seitenkräfte gegenseitig bilden; so sind die stattfindenden Relationen unter diesen Stücken, nach den Regeln der ebenen und sphärischen Trigonometrie, leicht zu entwickeln, was hier um so mehr auszuführen übergangen werden kann, weil im 1sten Kapitel des folgenden Hauptstücks, dieser Gegenstand weiter ausgeführt wird. — Nur der Fall sei kurz erwähnt, wenn die drei Seitenkräfte eine rechtwinkliche Ecke bei O bilden, das Parallelepipedum also rechtwinklich ist. Denn alsdann hat man sogleich: OK oder $M = \sqrt{(K'^2 + K''^2 + K'''^2)}$, so wie

$K' = M \cos \alpha'$, $K'' = M \cos \alpha''$ und $K''' = M \cos \alpha'''$, woraus folgt:

$$\cos \alpha'^2 = \frac{K'^2}{M^2}, \cos \alpha''^2 = \frac{K''^2}{M^2}, \cos \alpha'''^2 = \frac{K'''^2}{M^2}, \text{ also}$$

$$\cos \alpha'^2 + \cos \alpha''^2 + \cos \alpha'''^2 = \frac{K'^2 + K''^2 + K'''^2}{M^2},$$

oder für M^2 den Werth aus der ersten Formel gesetzt, erhält man $\cos \alpha'^2 + \cos \alpha''^2 + \cos \alpha'''^2 = 1$. Mannigfaltige Bemerkungen die sich hierbei machen lassen, ergeben sich leicht, und werden, sofern sie wesentlich sind, an den geeigneten Stellen vorkommen.

Der erste Haupttheil der Mechanik,

enthaltend:

die Gleichgewichtlehre oder die Statik.

Erster Abschnitt.

Die allgemeinen statischen Lehren.

Erstes Kapitel.

Vom Gleichgewichte der auf einen freien Punkt würkenden Kräfte.

§. 29. Einleitung.

Indem wir in diesem Abschnitte nur vom Begriffe der Kraft ausgehen, ohne Rücksicht auf die besonderen würkenden Kräfte zu nehmen, also auch von den materiellen Körpern ganz abstrahiren; scheint der zweckmäßigste Weg der zu sein, zunächst in diesem Kapitel nur von solchen Kräften zu reden, welche sämmtlich auf einen freien Punkt (§. 5, 9.) würken, und in den drei folgenden Kapiteln das Gleichgewicht beliebig vieler, zu einem Systeme (§. 17, 6.) verbundener Kräfte zu betrachten.

Der Grundzug zur Aufsuchung der Bedingungen für das Gleichgewicht von m Kräften, ist nun ein zwiefacher Weg; nemlich: man sucht entweder für (m — 1) jener Kräfte die Mittelkraft, und setzt diese Mittelkraft gleich und entgegengesetzt der einen (der mten) jener Kräfte; oder: man sucht die Mittelkraft jener m Kräfte und setzt dieselbe gleich Null, eben weil sie beim Gleichgewichte der m Kräfte nicht vorhanden ist *) Welchen dieser Wege man einschlägt, ist im Allgemeinen gleichgültig. — Wenn man die Relationen für das Gleichgewicht einer gewissen Menge von Kräften, in Gleichungen bringt, so heißen diese Gleichungen: die Bedingunggleichungen für das Gleichgewicht in dem betrachteten Falle, so daß diese Bedingunggleichungen zweierlei erfüllen, nemlich: 1) wenn unter m Kräften, unter der besonderen Bedingung des vorliegenden Falls, Gleichgewicht ist, so müssen diese Gleichungen stattfinden; und 2) wenn diese Gleichungen gegeben sind, so müssen die m Kräfte im Gleichgewichte sein. Gewöhnlich wird die erste Bedingung direct aus den Voraussetzungen der Aufgaben entwickelt, und die zweite auf indirecte Art durch Hülfe der ersten Bedingung, erwiesen. Die folgenden Lehren werden dies sogleich erläutern. —

Zu bemerken ist für diesen Abschnitt noch besonders, daß die Kräfte deren Gleichgewicht untersucht wird, allgemein durch K', K'', K''', K^{IV} u. s. w. bezeichnet werden sollen; die Richtungwinkel welche sie mit gewissen Hülflinien (Axen im rein mathematischen Sinne des Wortes) oder Flächen bilden, sollen diesen Kräften entsprechend durch α', α'', α''', ... oder durch β', β'', β''', ..., u. dgl. m. bezeichnet werden; K, α, β, ... (also ohne Abzeichen) bleiben allgemeine Bezeichnungen

---

*) Vergl. §. 20, besonders Nr 3. daselbst.

für jene Kräfte oder diese Winkel. Wenn jene Kräfte durch irgend eine Bestimmung in mehrere Klassen oder Gruppen zerfallen, so ist es gut jeder Klasse besondere Abzeichen zu geben, z. B. bei zwei Klassen, die eine durch K', K''', K^{v}, ... die andere durch K'', K^{iv}, K^{vi}, ... zu bezeichnen. Dergleichen Bezeichnungen ergeben sich leicht, und sind, wenn sie auch ohne nähere Bestimmung eingeführt werden, sogleich zu erkennen.

Noch sei bemerkt, daß die in diesem Kapitel betrachteten Kräfte im Allgemeinen, sämmtlich positiv sind (§. 16. Zusatz 1.), wenn nicht durch besondere Bestimmungen der Gegensatz nothwendig eintritt.

§. 30. Aufgabe.

Die Bedingunggleichung für das Gleichgewicht von m Kräften zu finden, die sämmtlich auf einen Punkt nach gerade entgegengesetzten Richtungen würken.

Auflösung. Heißen die sämmtlichen nach der einen Richtung würkenden Kräfte K', K''', ... und die nach der anderen Richtung würkenden K'', K^{iv}, ...; so muß für das Gleichgewicht unter den sämmtlichen Kräften sein:

$$K' + K''' + K^{v} + \ldots = K'' + K^{iv} + K^{vi} + \ldots \text{ (I.)},$$

oder, läßt man die Eigenschaften der besonderen Kräfte dahingestellt sein, so kann man auch allgemein setzen:

$$K' + K'' + K''' + K^{iv} \ldots = 0 \text{ (II.)},$$

indem sich die entgegengesetzten Eigenschaften der, nach den entgegengesetzten Seiten würkenden Kräfte, von selbst versteht. Wenn eine dieser Gleichungen unter den Bedingungen der Aufgabe gegeben ist, so ist wiederum Gleichgewicht, daher jede von diesen Gleichungen die, für diese Aufgabe stattfindende eine Bedingunggleichung ist.

Beweis. Der Beweis liegt unmittelbar in §. 16, 1 und 2. — Winkel kommen natürlich hier nicht weiter in Betracht.

Zusatz. Daß zwei auf einen freien Punkt würkende Kräfte nur dann im Gleichgewichte sein können, wenn sie gleich groß sind und nach entgegengesetzten Richtungen würken; ist aus §. 20, 1. bekannt.

§. 31. Aufgabe (Fig. 7.).

Die Bedingunggleichungen für drei auf einen freien Punkt nach verschiedenen Richtungen würkende, im Gleichgewicht befindliche Kräfte zu finden.

Auflösung und Beweis. Sind K', K'' nnd K''' drei im Gleichgewichte befindliche Kräfte, und μ', μ'', μ''' die Richtungwinkel nach Figur 7; so ist z. B. K''', die Aequipollente von K' und K'' (§. 20, 3.). Nun ist die Mittelkraft M der K' und K'' (§. 28.), $M = \sqrt{(K'^2 + K''^2 + 2\,K'\,K'' \cos \mu''')}$, und $\sin \alpha' = \sin \mu'' = \sin \mu''' \cdot \frac{K''}{M}$, oder auch $\sin \alpha'' = \sin \mu' = \sin \mu''' \cdot \frac{K'}{M}$; daher für das Gleichgewicht sein muß:

(I.) $K''' = \sqrt{(K'^2 + K''^2 + 2\,K'K'' \cos \mu''')}$ und

(II.) $\sin \mu'' = \sin \mu''' \cdot \frac{K''}{K'''}$, oder $\sin \mu' = \sin \mu''' \cdot \frac{K'}{K'''}$,

wonach die Relationen für die Größen und Richtungen dieser im Gleichgewichte befindlichen Kräfte sich ergeben. Daß die Kräfte in einer Ebene liegen müssen, ergiebt sich aus §. 16, 8. und daraus daß die K''' die Verlängerung der Richtung der Kraft M ist. — Um sich zu überzeugen, ob aber auch, wenn jene zwei Gleichungen gegeben sind, Gleichgewicht stattfindet; nehme man an, irgend eine Kraft X sei mit zweien jener, unter $\angle \mu'''$ würkenden Kräfte z. B. mit K′ und K″ im Gleichgewichte, und bilde mit der K″ den Winkel λ'; so hat man, zufolge der für vorhandenes Gleichgewicht allgemein gefundenen obigen Formeln, nunmehr:

$$X = \sqrt{(K'^2 + K''^2 + 2\,K'K'' \cos \mu''')} \text{ und}$$

$\sin \lambda' = \sin \mu''' \cdot \frac{K'}{X}$. Vergleicht man diese zwei Gleichungen mit den zwei gegebenen Gleichungen:

$$K''' = \sqrt{(K'^2 + K''^2 + 2\,K'K'' \cos \mu''')} \text{ und}$$

$\sin \mu' = \sin \mu''' \cdot \frac{K'}{K'''}$; so sieht man daß zuerst $X = K'''$ und dann $\sin \lambda' = \sin \mu'$ oder $\angle \lambda' = \angle \mu'$ ist, d. h. die X ist genau dieselbe Kraft als die K‴, oder es ist Gleichgewicht unter den Kräften K′, K″ und K‴ vorhanden *). —

Zusatz. Betrachtet man z. B. Δ K′OM; so verhält sich: $OK' : OM : K'M\ (= OK'') = \sin OMK' : \sin OK'M : \sin K'OM$, oder $K' : M : K'' = \sin \alpha'' : \sin (180^0 - \mu''') : \sin \alpha'$, oder für $\sin \alpha''$ und $\sin \alpha'$ gesetzt $\sin \mu'$ und $\sin \mu''$, so wie für M die K‴, hat man:

$$K' : K'' : K''' = \sin \mu' : \sin \mu'' : \sin \mu''',$$

d. h. die drei Kräfte verhalten sich wie die Sinus der, von den Richtungen der je zwei anderen unter ihnen, gebildeten Winkel.

Anmerk. Siehe Anmerk. 1. zum folgenden §.

§. 32. Aufgabe (Fig. 8.).

Die Bedingunggleichungen für das Gleichgewicht beliebig vieler auf einen Punkt, in einer Ebene würkenden Kräfte, zu entwickeln.

---

*) Von einigen trigonometrischen Bemerkungen über die Vorzeichen der Sinus kann hier abstrahirt werden, weil über die Lage

Es mögen für diesen ersten ganz allgemeinen Fall, dessen Entwicklungmethode oft angewendet wird, die zwei Auflösungen welche in §. 29. allgemein angedeutet wurden, folgen.

Erste Auflösung. Gesetzt die vier Kräfte K′, K″, K‴ und K^{IV} wären im Gleichgewichte*). — Man lege in der Ebene dieser Kräfte durch den Punkt O zwei beliebige, doch senkrecht auf einander stehende Axen AB und CD**), und nehme die Winkel $\alpha' = \angle AOK'$, $\alpha'' = \angle AOK''$, α''' = dem convexen $\angle AOK'''$, so wie α^{IV} = dem convexen $\angle AOK^{IV}$, alle von der Linie OA aus. — Nun zerlege man jede der gegebenen Kräfte in zwei, in die Axen AB und CD fallende Seitenkräfte (laut §. 27, 2, a); also z. B. die K′ in die OM′ und ON′, die K″ in die OM″ und ON″, die K‴ in die OM‴ und ON‴, u. s. w., und nenne endlich der Kürze wegen diese Seitenkräfte blos M′, M″, M‴, ..., N′, N″, N‴, ... Nunmehr ist:

die Kraft

$M' = K' \cos \alpha', M'' = K'' \cos \alpha'', M''' = K''' \cos \alpha''', \ldots.$

die Kraft

$N' = K' \sin \alpha', N'' = K'' \sin \alpha'', N''' = K''' \sin \alpha''', \ldots.$

Es ist deutlich, daß die Summe der Kräfte $M' + M'' + M''' + \ldots$, so wie auch die Summe der $N' + N'' + N''' + \ldots.$, Null sein muß, widrigenfalls eine solche Summe eine resultirende Kraft nach den Richtungen der Axen AB oder CD hat, was alsdann auch

---

der dritten Kraft gegen die zwei andere Kräfte, hier keine Schwierigkeit entstehen kann (d. h. über die Wahl zwischen einem Winkel und dessen Nebenwinkel).

*) Wie die Auflösung für vier Kräfte ist, ist sie es fortgesetzt für jede größere Menge von Kräften.

**) Siehe Zusatz 2. zu gegenwärtigem §.

für sämmtliche Seitenkräfte, oder für die durch sie repräsentirten Kräfte K′, K″, ... stattfindet, und doch gegen die Voraussetzung ist. Es müssen daher, **wenn** Gleichgewicht unter n Kräften K′, K″, ..., also auch solches unter den Kräften M′, M″, ... N′, N″, ... ist, die **zwei** Gleichungen stattfinden:

$$\left.\begin{array}{l}\text{(I.)}\ 0 = K'\sin\alpha' + K''\sin\alpha'' + K'''\sin\alpha''' + \ldots \\ \text{u. (II.)}\ 0 = K'\cos\alpha' + K''\cos\alpha'' + K'''\cos\alpha''' + \ldots\end{array}\right\}\ \begin{array}{l}\text{Vergl.}\\ \text{§.30.(II.)}\end{array}$$

Damit diese zwei Gleichungen aber auch **Bedingunggleichungen** sind, ist noch zu beweisen, daß wenn sie **gegeben** sind, auch unter den n auf **einen** Punkt, in einer Ebene würkenden Kräften, Gleichgewicht stattfindet. — Gesetzt es wäre dasselbe **nicht** vorhanden; so haben die Kräfte eine Mittelkraft (§. 27, 3.) also auch eine Aequipollente X, deren Winkel mit der, wiederum zu ziehenden Linie AO, durch λ bezeichnet werde. Indem nun laut Annahme die Kräfte X, K′, K″ ... im Gleichgewichte sind, erhält man zufolge der, so eben für das Gleichgewicht gefundenen Gleichungen:

$$0 = X\sin\lambda + K'\sin\alpha' + K''\sin\alpha'' + \ldots \text{ und}$$
$$0 = X\cos\lambda + K'\cos\alpha' + K''\cos\alpha'' + \ldots$$

Werden diese Gleichungen von den zwei **gegebenen** Gleichungen subtrahirt; so bleibt: $0 = X\sin\lambda$ **und** $0 = X\cos\lambda$. Schon zufolge dieser **zwei** Gleichungen gemeinschaftlich, kann die Kraft X nicht vorhanden sein; aber man hat auch nach ihnen:

$$0 = X^2 \sin\lambda^2 \text{ und } 0 = X^2 \cos\lambda^2, \text{ daher auch}$$
$$0 = X^2 (\sin\lambda^2 + \cos\lambda^2) = X^2 \cdot 1 = X^2, \text{ also } X = 0,$$

d. h. die Kraft X ist nicht vorhanden, oder: die Aequipollente der K′, K″, ... ist 0, oder diese Kräfte sind im Gleichgewichte. — Es sind also die zwei gefundenen Gleichungen, die **zwei Bedingunggleichungen** für den, durch die Aufgabe festgestellten Fall. —

Zweite Auflösung. Man suche die Mittelkraft oder die Resultante R für die Kräfte K′, K″, K‴,..., und setze dieselbe gleich Null; so hat man die Bedingung für den Fall, wo die Kräfte im Gleichgewichte sind. — Nimmt man die Zerlegung genau wie in der ersten Auflösung vor, und bedient sich auch derselben Bezeichnungen; so ist die Mittelkraft der sämmtlichen Kräfte M′, M″,... gleich der Summe derselben, welche durch S_M bezeichnet werden mag, und eben so ist S_N die Mittelkraft der sämmtlichen Kräfte N′, N″,... (laut §. 19. Zusatz.). Also: $S_M = M' + M'' + \ldots = K' \cos\alpha' + K'' \cos\alpha'' + \ldots$

$$S_N = N' + N'' + \ldots = K' \sin\alpha' + K'' \sin\alpha'' + \ldots$$

Weil die Kräfte M und N senkrecht auf einander stehen, so ist ihre Mittelkraft gleich $\sqrt{(M^2 + N^2)}$ (§. 28. Zusatz 1. Nr. 2.), und dies ist dann auch die Mittelkraft R der Kräft K′, K″,...;

also $R = \sqrt{\begin{pmatrix}(K'\cos\alpha' + K''\cos\alpha'' + \ldots)^2 + \\ (K'\sin\alpha' + K''\sin\alpha'' + \ldots)^2\end{pmatrix}}$ (I.),

wonach man also die Mittelkraft, wenn eine solche, oder wenn kein Gleichgewicht vorhanden ist, berechnen kann. — Soll diese Mittelkraft aber Null sein, so ist auch $R^2 = 0$, also: $0 = (K'\cos\alpha' + K''\cos\alpha'' + \ldots)^2$

$$+ (K'\sin\alpha' + K''\sin\alpha'' + \ldots)^2;$$

und da die Summen zweier (stets positiver) Quadrate nur dann Null sein kann, wenn jedes Quadrat einzeln Null ist, so sind auch die Wurzeln gleich Null, d. h. es ist

$$0 = K'\cos\alpha' + K''\cos\alpha'' + \ldots \text{ und}$$

$$0 = K'\sin\alpha' + K''\sin\alpha'' + \ldots,$$

welches genau die in der ersten Aufgabe gefundenen Bedingunggleichungeu sind, von denen ausgehend, man auch sogleich wieder auf $0 = \sqrt{\begin{pmatrix}K'\cos\alpha' + K''\cos\alpha'' + \ldots)^2 + \\ K'\sin\alpha' + K''\sin\alpha'' + \ldots)^2\end{pmatrix}}$ kömmt, welcher Ausdruck, da er laut Entwicklung die

Mittelkraft repräsentirt, diese gleich Null, d. h. die Kräfte im Gleichgewichte giebt.

Zusatz 1. Die Größe der Mittelkraft oder Resultante R, für m Kräfte, ergiebt sich auch aus den zwei Bedingunggleichungen der ersten Auflösung. Nemlich: wenn die Kräfte — R*), K', K'',... im Gleichgewichte sind, und φ der Richtungwinkel für die Mittelkraft ist, also die zwei Gleichungen:

$0 = -R\cos\varphi + K'\cos\alpha' + K''\cos\alpha'' + \ldots$ und

$0 = -R\sin\varphi + K'\sin\alpha' + K''\sin\alpha'' + \ldots$ stattfinden;

so ist $+R$ die Mittelkraft der Kräfte K', K'',... (§.20,3.). Nun ist nach diesen Gleichungen:

$+R\cos\varphi = K'\cos\alpha' + K''\cos\alpha'' + \ldots$ und

$+R\sin\varphi = K'\sin\alpha' + K''\sin\alpha'' + \ldots$. Um daraus R zu finden, quadrire man beide Gleichungen, addire sie und ziehe die Wurzel aus, so hat man genau wie in der 2ten Auflösung

$$\sqrt{(R^2\cos\varphi^2 + R^2\sin\varphi^2)} = \sqrt{(R^2(\cos\varphi^2 + \sin\varphi^2))} =$$
$$R = \sqrt{\begin{pmatrix}(K'\cos\alpha' + K''\cos\alpha'' + \ldots)^2 + \\ (K'\sin\alpha' + K''\sin\alpha'' + \ldots)^2\end{pmatrix}}.$$

Will man nun auch die Lage der Mittelkraft gegen die Axen bestimmen, so kann dies durch Hülfe der zwei Gleichungen für $R\cos\varphi$ und $R\sin\varphi$, nachdem K schon gefunden ist, sogleich geschehen, wobei zu bemerken ist, daß $K'\cos\alpha', \ldots, K'\sin\alpha', \ldots$ die Seitenkräfte $M', \ldots N'$, repräsentiren. Indem man also hat: $R\cos\varphi = S_M$ und $R\sin\varphi = S_N$, so ist für die der Aequipollente — R gleiche aber entgegengesetzte Mittelkraft + R, nunmehr $\cos\varphi = +\frac{S_M}{R}$ und $\sin\varphi = +\frac{S_N}{R}$, oder auch:

$\tan\varphi = \frac{\sin\varphi}{\cos\varphi} = \frac{S_N}{S_M}$. Diese Formeln erhält man

---

*) Wenn R die Mittelkraft ist, so ist — R die Aequipollente der Kräfte K', K'',....

auch sogleich durch eine rein geometrische Betrachtung, wenn man die Mittelkraft R in ihre zwei Seitenkräfte welche in die Axen AB und CD fallen, zerlegt. Zu beachten ist aber aus rein trigonometrischen Gründen wol, daß außer dem $\angle \varphi$ an sich, er mag nun durch sin, cos, tang oder sonst durch eine Linie berechnet sein, zur Entscheidung des Quadranten in welchen die Richtung der R fällt, noch eine zweite Linie in ihrer Eigenschaft (+ oder — Zeichen) zu bestimmen ist, was aber ohne Schwierigkeit sich sogleich ergiebt *).

Zusatz 2. Es erleichtert oft die Rechnung, wenn man die eine, oder wenn es angeht beide Axen so legt, daß sie in einige der Richtungen der Kräfte fallen, da alsdann einer oder mehrere der Winkel α verschwinden. — Wie sich die Bedingunggleichungen hiernach modificiren, ist ohne Erläuterung sogleich zu finden. — Auch kann man die Winkel welche die Richtungen der Kräfte mit der zweiten Axe (CD) bilden, besonders, etwa durch β bezeichnen, wonach die Bedingunggleichungen die Formen:

$$0 = K' \cos \alpha' + K'' \cos \alpha'' + \dots \text{ und}$$
$$0 = K' \cos \beta' + K'' \cos \beta'' + \dots$$

erhalten. — Eben so ist deutlich, daß nur die beiden Linien OA und OC (als Theile der ganzen Axen) eingeführt zu werden brauchen. — Auf dergleichen Einführungen ist nur beiläufig aufmerksam zu machen nöthig.

Anmerk. 1. Zufolge der allgemeinen Auflösung dieses §'s, kann nun auch die Auflösung des §. 31. als eines besonderen Falls, geschehen; doch ist die dort gegebene Auflösung nicht zu übersehen.

Anmerk. 2. Ein Zahlenbeispiel ist hier nicht überflüssig. — Es sei: $K' = 100$ ℔. (siehe §. 13, 3. Zusatz), $K'' = 80$ ℔., $K''' = 60$ ℔., $K^{IV} = 200$ ℔.; $\angle \alpha' = 60°$, $\angle \alpha'' = 150°$, $\angle \alpha'''$

*) Siehe das Beispiel in der Anmerk. 2.

$\angle \alpha''' = 225°$, $\angle \alpha^{\text{IV}} = 300°$ *). Es ergiebt sich $S_M = +38{,}2916$ u., $S_N = -89{,}0289$ u., $R = \sqrt{(S^2_M + S^2_N)} = +96{,}915$ u.; ferner $\tang \varphi = \frac{S_N}{S_M} = \frac{-89{,}0289}{+96{,}915} = -2{,}325029$, wozu der Winkel von 113° 16′ oder von 293° 16′ gehört; da aber $\cos \alpha = \frac{+M}{K} = \frac{+38{,}2916}{+96{,}915} = +q$ (wobei nicht auf die Größe, sondern nur auf das Zeichen + vor q zu achten ist), so gehört der $\angle \alpha'$ zum vierten Quadranten (negative Tangente und positive Cosinus), oder $\sin \varphi = \frac{S_N}{R} = \frac{-89{,}0289}{+96{,}915} = -p$, also nebst der negativen Tangente wiederum der vierte Quadrant sich ergiebt, der auch durch den positiven Cosinus und negativen Sinus sich findet. Der Winkel ist also 293° 16′ (oder $-\angle$ 66° 44′).

Anmerk. 3. Siehe Zusatz 1. zum folgenden §.

§. 33. Aufgaben (Fig. 9.).

Es sollen die Bedingunggleichungen für das Gleichgewicht beliebig vieler, auf einen freien Punkt nach beliebigen Richtungen im Raume würkende Kräfte, entwickelt werden.

Auflösung und Beweis. Man lege durch den Punkt O drei, gegenseitig auf einander senkrechte Axen OA, OB und OC (deren Ebenen also bei O eine rechtwinkliche Ecke bilden), und nenne die Winkel welche diese Axen mit den einzelnen Kräften K′, K″, ... bilden, α', β', γ'; α'', β'', γ''; u. s. w. Dann zerlege man jede der Kräfte in drei Seitenkräfte welche in die gewählten Axen fallen (siehe §. 27, 5.); so werden die in die Axe OA fallenden Seitenkräfte sein: $K' \cos \alpha'$, $K'' \cos \alpha''$, ..., die in OB fallenden Seitenkräfte sind $K' \cos \beta'$, $K'' \cos \beta''$, ..., und eben so die in OC

*) Unter denen in gegenwärtigem Werke vorkommenden Zahlenbeispielen, sind mehrere aus verschiedenen mechanischen Schriften entlehnt, deren jedesmalige Anführung nicht nöthig scheint.

fallenden Seitenkräfte $K' \cos\gamma'$, $K'' \cos\gamma''$, ..., wobei die Vorzeichen der cos wol zu beachten sind. Hier ist, aus denselben Gründen wie im vorigen §. deutlich, daß jede Klasse dieser Seitenkräfte (die einer bestimmten jener drei Axen entsprechenden Seitenkräfte) für sich, in Summa gleich Null sein muß. Man erhält daher sofort die drei Gleichungen:

$$\text{(I.)}\quad 0 = K' \cos\alpha' + K'' \cos\alpha'' + K''' \cos\alpha''' + \ldots$$
$$\text{(II.)}\quad 0 = K' \cos\beta' + K'' \cos\beta'' + K''' \cos\beta''' + \ldots$$
$$\text{(III.)}\quad 0 = K' \cos\gamma' + K'' \cos\gamma'' + K''' \cos\gamma''' + \ldots$$

Um zu beweisen daß diese Gleichungen auch würklich drei Bedingunggleichungen sind; verfährt man wieder völlig analog wie im vorigen §, und bedient sich dabei des in §. 28. Zusatz 3. erwiesenen Satzes: $1 = \cos\lambda'^2 + \cos\lambda''^2 + \cos\lambda'''^2$, wenn λ', λ'' und λ''' die drei Winkel sind, welche die zum Beweise eingeführte Kraft X (die als nicht vorhandene Mittelkraft zu zeigen ist) mit den drei Axen bildet.

Zusatz 1. Die Auflösung dieser Aufgabe ist völlig unabhängig vom vorigen §, welcher selbst nur als ein besonderer Fall des gegenwärtigen §'s, d. h. der allgemeinsten Aufgabe dieses Kapitels erscheint *). — Man kann aber auch eine andere Auflösung des gegenwärtigen §'s, aus dem vorigen §. herleiten, worüber einige Andeutungen folgen mögen, da es wichtig ist dergleichen verschiedene Methoden zu kennen. — Man lege nemlich durch den Punkt O eine Ebene GE, und errichte in O eine senkrechte Linie OC zur Ebene; die Kraft OQ oder Q, repräsentire hierbei die gegebenen Kräfte. Nun zerlege man Q in zwei Seitenkräfte OD und OF, deren

*) Der vorige §. ist einmal deshalb besonders angeführt, um die Auflösung des gegenwärtigen §'s durch einen leichteren Fall vorzubereiten, und dann aus dem noch folgendem Grunde.

eine in die Linie OC (oder in deren Verlängerung zur anderen Seite der Ebene GE) und die andere in die Ebene GE fällt. Indem nun die Summe sämmtlicher Seitenkräfte welche in die OC fallen und durch $Q' \cos \delta'$, $Q'' \cos \delta''$, ... bezeichnet werden mögen, Null sein muß, ferner die Bedingunggleichungen für die in die Ebene GE fallenden Seitenkräfte (die auch im Gleichgewichte sind) aus dem vorigen §. bekannt sind; so erhält man sehr einfach die obigen drei Bedingunggleichungen, deren zwei letztere unter etwas abweichenden Formen von denen in der vorstehenden Auflösung gefundenen Gleichungen erscheinen können, wenn man nemlich zuerst die Kräfte wie OF,... durch $Q' \cos \varphi'$,... bezeichnet, sobald φ', φ'',... die Neigungwinkel der Kräfte gegen die Ebene bedeuten, welche Winkel auch wol zuweilen die Einfallwinkel der Kräfte heißen. Weil nun die Kräfte $Q' \cos \varphi'$, $Q'' \cos \varphi''$, ... die im vorigen §. durch K', K'', ... bezeichneten Kräfte sind; so hat man von neuem erst in der Ebene GE, zwei auf einander senkrechte Axen zu wählen, in deren Richtungen die Seitenkräfte fallen, in welche die Kräfte $Q' \cos \varphi'$, ... zerlegt werden. Heißen die Winkel der Kräfte $Q \cos \varphi$ mit diesen Axen z. B. ψ und μ; so sind diese neuen Seitenkräfte $Q' \cos \varphi' \cos \psi'$, $Q' \cos \varphi'' \cos \psi''$, ... $Q' \cos \varphi' \cos \mu'$, $Q'' \cos \varphi'' \cos \mu''$, ... daher die drei Bedingunggleichungen sind:

$$0 = Q' \cos \delta' + Q'' \cos \delta'' + \ldots$$

$$0 = Q' \cos \varphi' \cos \psi' + Q'' \cos \varphi'' \cos \psi'' + \ldots$$

$$0 = Q' \cos \varphi' \cos \mu' + Q'' \cos \varphi'' \cos \mu'' + \ldots$$

Verschiedene Betrachtungen, analog denen im vorigen §, lassen sich hier leicht anstellen und beantworten.

Zusatz 2. Sucht man die Größe der Mittelkraft R, für m auf einen Punkt würkende nicht im Gleichgewichte befindliche Kräfte K', K'',....; so erhält man für die $(m+1)$ im Gleichgewichte befindlichen Kräfte $-R, K', K'', \ldots$, sogleich nach der Auflösung dieses §'s die drei Bedingunggleichungen, aus denen sich auf ganz analoge Weise wie in Zusatz 1. zum vorigen §, ergiebt:

$$R = \sqrt{((K' \cos \alpha' + K'' \cos \alpha'' + \ldots)^2 + (K' \cos \beta' + K'' \cos \beta'' + \ldots)^2 + (K' \cos \gamma' + K'' \cos \gamma'' + \ldots)^2)}.$$

Die Lage dieser Mittelkraft ergiebt sich dann aus den drei Gleichungen*) $R \cos \alpha = K' \cos \alpha' + K'' \cos \alpha'' + \ldots$, $R \cos \beta = K' \cos \beta' + \ldots$ und $R \cos \gamma = K' \cos \gamma' + \ldots$, von welchen drei Gleichungen eine jede hinreicht, den Winkel mit der entsprechenden Axe allgemein zu berechnen, die zwei anderen Gleichungen aber dienen, erst die eine Lage unter den zufolge der ersten Gleichung noch möglichen Lagen der R auf der Oberfläche eines Kegels, zu bestimmen. — Auch kann die Mittelkraft durch Hülfe der in Zusatz 1. erwähnten Entwicklung, gefunden werden. — Auf gleiche Weise findet man den resultirenden Druck mehrerer, auf einen fixen Punk würkenden Kräfte.

§. 34. Erklärung (Fig. 10.).

Das Produkt zweier unbenannten Zahlen, deren eine die Größe einer Kraft, und die andere die Größe einer dieser Kraft auf irgend eine Weise entsprechenden Linie (nach gewissen Einheiten gemessen) darstellt; heißt allgemein: ein statisches Moment, oder hier blos ein Moment genannt. Je nachdem die Linien mit den Kräften verknüpft werden, erhalten die Momente wieder verschiedene Namen, die an den gehörigen Orten anzuführen sind. Hier sind zunächst die Momente der Kräfte in

---

*) α, β und γ, mögen die gehörig genommenen Winkel der R mit den drei Axen sein.

Beziehung auf einen Punkt zu werken, welche man erhält, wenn von einem Punkte Q auf die Richtungen OK′, OK″,... sämmtlicher Kräfte K′, K″,... oder auf die Verlängerungen dieser Richtungen, Perpendikel QA′, QA″,... gefällt werden. Es ist also z. B. QA′·K′, das Moment der Kraft K′ in Beziehung auf den Punkt Q; wir wollen die Perpendikel kurz durch p′ p″,... bezeichnen, wonach also p′ K′, p″ K″,... diese Momente sind. Der Punkt Q selbst, heißt hier der Mittelpunkt der Momente. — Die Linien OA′, OA″,... welche durch a′, a″,... bezeichnet werden mögen, sind die Projectionen der Linie OQ auf den Richtungen der Kräfte, und die Produkte a′ K′, a″ K″,... aus diesen Projectionen und den entsprechenden Kräften, nennt man die Energien der Kräfte, eine Benennung die jedoch nicht allgemein üblich ist (Siehe auch §. 46.).

§. 35. Lehrsatz (Fig. 10.).

Sind n nach beliebigen Richtungen in einer Ebene auf einen Punkt würkende Kräfte im Gleichgewichte; so ist für einen irgend wo in dieser Ebene angenommenen Mittelpunkt der Momente, die Summe der Momente sämmtlicher Kräfte, gleich Null *).

Beweis. Es seien K′, K″, K‴,... die auf den Punkt O würkenden und in einer Ebene im Gleichgewichte befindlichen Kräfte, und Q sei der gewählte Mittelpunkt der Momente, also p′ K′, p″ K″,... zufolge der durch den vorigen § angenommenen Bezeichnung, die Momente der Kräfte in Beziehung auf den Punkt Q, hier blos Momente

*) Bei dieser Summe ist auf die verschiedenen Eigenschaften der Momente zu achten. Man nennt daher auch wol diese Summe: die algebraische Summe der Momente.

genannt*). — Die Entfernung OQ ist als bekannt oder als bestimmt anzusehen, und werde durch e bezeichnet. Nennt man nun die Winkel, welche die Richtungen der Kräfte mit der Linie OQ ($= e$) in der laut Annahme durch sämmtliche Kräfte zu legenden Ebene bilden, a', a'', a''',...; so kann man die OQ als eine jener in §. 32. gelegten Axen ansehen. Weil nun laut Annahme die n Kräfte im Gleichgewichte sind, so hat man nach der ersten Bedingunggleichung in §. 32.:

$0 = K' \sin a' + K'' \sin a'' \ldots.$, folglich auch

$0 = K' e \sin a' + K'' e \sin a'' \ldots$ Da nun $e \sin a' = p'$, $e \sin a'' = p''$,... ist, wobei zu merken ist, daß die Werthe von p', p'',... positiv oder negativ werden, je nachdem die Werthe der sin a es sind (so fern nemlich die Richtungen der Kräfte zur einen oder zur andern Seite der Linie OQ (oder deren Verlängerung) fallen); so hat man:

$0 = K' p' + K'' p'' + K''' p''' + \ldots$ W. z. b. w.

Anmerk. Wenn der Punkt Q in der Richtung einer der Kräfte liegt, so verschwindet das entsprechende Glied in jener Summe. Siehe auch §. 37, 3.

Zusatz. Als ein besonderer Fall, der aber seine Anwendung finden kann, dient das Folgende. — Sind in einer Ebene drei Kräfte K', K'' und K''' im Gleichgewichte, und man nimmt den Mittelpunkt der Momente in der Richtung der einen Kraft z. B. der K''' an; so hat man $K' p' + K'' p'' = 0$, oder wenn man nur auf die Größe und nicht auf die Zeichen der Kräfte achtet, so ist $K' p' = K'' p''$, oder es verhält sich $K' : K'' = p'' : p'$.

Man kann diese Gleichung und Proportion, leicht als besonderen Satz aussprechen, den man auch unabhängig

*) Es ist zu beachten daß sämmtliche von Einem Punkte ausgehende Linien p', p'',..., so wie sämmtliche Kräfte K', K'',... an und für sich, ohne entgegengesetzte Eigenschaften zu nehmen sind.

von unserem allgemeinen Satze, einfach geometrisch beweisen kann, wenn man das Parallelogramm der Kräfte betrachtet welches entsteht, sobald man die den Kräften K′ und K″ gleich großen entgegengesetzten Kräfte construirt, dergestalt, daß der gewählte Punkt eine Winkelspitze des Parallelogramms wird. Die, durch die Perpendikel p′ und p″ sich ergebenden ähnlichen Triangel, zeigen dann sogleich die Richtigkeit der genannten Proportion und Gleichung. Auch könnte man statt der Perpendikel, andere Linien nehmen, welche nach gehörig genommenen Richtungen, gleiche Winkel mit den Richtungen der Seitenkräfte bilden.

§. 36. Lehrsatz (Fig. 10.).

Bei n Kräften welche auf einen Punkt nach beliebigen Richtungen im Raume würken, ist für einen irgend wo angenommenen Punkt Q, die Summe der Energien (§. 34.) gleich Null.

Beweis. Bedeuten laut §. 34, a′ K′, a″ K″,... die im Satze erwähnten Produkte; so ist die Summe derselben gleich Null zu zeigen, sobald Kräfte K′, K″, ... nach beliebigen Richtungen im Raume würken. — Ist nemlich OQ oder e, eine durch den Punkt O gelegte Axe, so hat man, bei bekannter Bedeutung der Winkel α', α'', ... nach §. 33.:

$0 = K' \cos\alpha' + K'' \cos\alpha'' + \ldots$, also auch

$0 = K' e \cos\alpha' + K'' e \cos\alpha'' + \ldots$; aber

$e \cos\alpha' = OA' = a'$, $e \cos\alpha'' = a''$, ..., wobei die Vorzeichen der a sich aus den $\cos\alpha$ ergeben (Nemlich je nachdem die Richtungen der Kräfte zu einer oder der anderen Seite der, durch den Punkt O senkrecht zur Linie OQ zu legenden Ebene, fallen). Man hat also:

$0 = K' a' + K'' a'' + K''' a''' + \ldots$. W. z. b. w.

Anmerk. Wenn die Linie OQ senkrecht auf der Richtung einer der Kräfte steht, so verschwindet das entsprechende a, also auch ein Glied in der angeführten Summe.

§. 37. Zusätze (Fig. 10 und 11.).

1) Für den Fall daß die Kräfte in einer Ebene würken, hätte der vorige §. auch, analog wie es so eben geschah, aus der 2ten Bedingunggleichung §. 32. (1ste Auflösung) entwickelt werden können. Stellt man die hiernach gefundene Gleichung (Fig. 10.)

$0 = a' K' + a'' K'' + \ldots$ und die in §. 35. gefundene Gleichung

$0 = p' K' + p'' K'' + \ldots$ zusammen; so erhält man auch durch diese zwei Gleichungen, zwei Bedingunggleichungen für das Gleichgewicht von n in einer Ebene auf einen Punkt würkenden Kräften. Denn man sieht, daß man aus diesen zwei Gleichungen, sogleich wieder die zwei in §. 32. erhaltenen Bedingunggleichungen erzeugen kann, indem man nemlich durch e dividirt, und für $\frac{a}{e}$ setzt $\cos a$, so wie $\frac{p}{e} = \sin \alpha$ zu setzen ist.

2) Aus den beiden in Nr. 1. genannten Gleichungen kann man, wenn die Größen von n im Gleichgewichte befindlichen Kräften bekannt sind, durch die entsprechenden Größen a und p, die Lage der einen dieser Kräfte K sehr einfach bestimmen, sobald die Lagen der anderen Kräfte durch die denselben entsprechenden Linien a und p bekannt sind. Auch kann man, wenn die Lage aller Kräfte (mithin die sämmtlichen Linien a und p) bekannt sind, die Größe der einen dieser Kräfte berechnen. Die Beantwortung einiger Bemerkungen ergiebt sich hierbei sehr leicht, wenn man beachtet, daß für (n — 1) nicht im Gleichgewichte befindliche Kräfte, die Aequipollente bereits bestimmt ist (§. 32. Zusatz 1.).

3) Wenn der Punkt O (Fig. 11.) nebst den Richtungen sämmtlicher, in der Größe ungeändert bleibenden Kräfte, dergestalt nach Q verlegt wird (sich nach Q bewegt), daß die neuen Richtungen $QP' \# OK'$, $QP'' \# OK''$,.... sind; so nennt man die Projection der Linie OQ auf den ersten Richtungen der Kräfte (oder deren Verlängerungen) genommen, also die Linien OA', OA'',...: die nach parallelen Richtungen zurückgelegten Wege der Kräfte. Der häufig als besonderer Satz angeführte Satz:

Die Summe der Producte von n im Gleichgewichte befindlichen auf einen Punkt würkenden Kräften, mit den von ihnen nach parallelen Richtungen zurück gelegten Wegen, ist gleich Null;

ist also nur ein besonderer Fall des §. 36, indem es gar nicht nöthig ist, daß die Richtungen der Kräfte sich parallel bleiben, sondern das System kann sich während der Fortrückung beliebig gedreht haben.

4) Nimmt man nur drei Kräfte K', K'' und K''' an, und läßt den Punkt O sich nach einer Richtung bewegen welche senkrecht auf einer der drei Richtungen der Kräfte ist, z. B. daß OQ senkrecht auf K''' ist; so verschwindet die Projection a''', und man behält: $a' K' + a'' K'' = 0$, oder wenn man von den Vorzeichen abstrahirt:

$$a' K' = a'' K'', \text{ oder } K' : K'' = a'' : a'.$$

Man nennt dann auch wol die eine der Kräfte: die Kraft und die andere die Last, und es ergiebt sich nunmehr der Satz:

Unter der gemachten Voraussetzung (des Gleichgewichts und der Bewegung) verhalten sich die Kraft zur Last, umgekehrt wie die von ihnen nach parallelen Richtungen zurückgelegten Wege.

Dieser Satz führt den Namen: der Cartesische Grundsatz (Grundsatz des Decartes).

5) Es sind n Kräfte im Gleichgewichte, wenn bei der Fortbewegung des freien Punktes auf den sie würken, die Summe der Energien gleich Null ist. — Denn: hat man

$$0 = K' a' + K'' a'' + K''' a''' + \ldots,$$

und die Kräfte K', K'', K''', ... wären nicht im Gleichgewichte; so sind sie es bei Hinzufügung ihrer Aequipollente X. Also hat man nach §. 36.:

$0 = X y + K' a' + K'' a'' + \ldots$ (wenn y der a entspricht); folglich giebt diese Gleichung mit der vorigen verglichen $0 = Xy$. Wäre nun y nicht Null, so muß $X = 0$ sein, d. h. die Kräfte sind bereits im Gleichgewichte; ist aber y gleich Null, was allerdings sein kann (§. 36. Anmerk.), so könnte X eine bestimmte Größe haben. Um dann das Gleichgewicht zu prüfen, würde man noch eine zweite Gleichung, analog der ersten nöthig haben, bei welcher der Punkt Q eine Bewegung nach einer noch anderen Richtung erhält.

Anmerk. Die Sätze Nr. 4 und 6, welche gegenseitig umgekehrte Sätze sind, lassen sich auf jede beliebige Menge irgend wie würkende Kräfte erweitern, und enthalten dann einen höchst merkwürdigen allgemeinen Satz der Statik, welcher unter dem Namen: das Prinzip der virtuellen Geschwindigkeit bekannt ist, jedoch für die Lehren dieses Werkes außer Acht bleiben kann, wenn er sich auch mittelst der folgenden Lehren, über die Fälle in Nr. 4 und 6. hinaus vortragen läßt. — Es sei also nur das Folgende hier erwähnt. Die laut Nr. 4. durch: nach parallelen Richtungen zurückgelegten Wege der Kräfte bezeichneten Linien, nennt man auch: die auf den Richtungen der Kräfte genommenen virtuellen Geschwindigkeiten der Angriffpunkte, sobald man sich bei einem Systeme beliebig vieler irgend wie verbundener Kräfte, also auch bei mehreren Angriffpunkten, eine Fortrückung sämmtlicher Kräfte dergestalt denkt, daß die Verbindung der Kräfte und ihre Richtungen, sich nicht ändern. Jene veränderte Lage wird eigentlich als unendlich klein gedacht, dergestalt also, daß die Angriffpunkte unendlich kleine Wege oder virtuelle Geschwindigkeiten erlangen (zurücklegen), so daß nur ein Streben nach Bewegung ohne wirkliche Ortveränderung stattfindet. Die Bedingunggleichung des erwähnten Satzes ist also: $0 = K' a' + K'' a'' \ldots$, so daß, wenn im Systeme Gleichgewicht vorhanden ist, diese Gleichung stattfindet, oder das Stattfinden dieser Gleichung, Gleichgewicht des Systems giebt. — Eines Theils ist das genannte Gesetz ein Mittel, den Zustand des Gleichgewichts eines Systems von Kräften zu prüfen, anderen Theils kann es, wenn es als ein Grundgesetz vorausgesetzt wird, zur Herleitung aller mechanischen Gesetze dienen, wie dies in Lagrange's analytischer Mechanik (§. 10. Zusatz 2, II.) dargethan ist. — Der Anfänger welcher sich von der unendlich kleinen Veränderung einer Bewegung, eine richtige Vorstellung machen kann, wird in den späteren Sätzen Gelegenheit finden, das genannte Princip auf einzelne Fälle anzuwenden (Siehe z. B. §. 62. Anmerk. 2.).

Zweites Kapitel.

Vom Gleichgewichte der Kräfte, welche auf ein freies System unveränderlich verbundener Punkte würken.

---

§. 38. Einleitung.

Die Verbindungen der Angriffpunkte der in diesem Kapitel betrachteten Kräfte, können durch feste Linien oder Flächen (§. 17, 2.) erzeugt sein; die Form dieser Linien und Flächen ist völlig gleichgültig, doch wählt man sie den Umständen angemessen, und wenn keine Ursach vorhanden ist sie anders zu wählen, so sind gerade Linien und Ebenen am natürlichsten hierzu geeignet, können jedoch jeden Falls, ohne die Würkungen der Kräfte zu ändern, gegen andere Linien oder Flächen vertauscht werden, wenn die Angriffpunkte nur in gegenseitig unveränderlicher Lage durch die Verbindungen erhalten werden (§. 19.). Da wir in den hier betrachteten Systemen (§. 17, 6.) keinen Punkt fest (fix), d. h. das System nicht als um eine Linie oder um einen Punkt drehbar annehmen; so heißen sie freie Systeme (§. 5, 8 und 9.)*). — Um eine bestimmte Ordnung in den folgenden Untersuchungen zu befolgen, mögen zuerst parallele Kräfte (§. 7, 2.), und dann Kräfte welche in beliebigen Richtungen würken, in jedem dieser beiden Fälle aber zuerst solche Kräfte betrachtet werden, deren Richtungen in einer Ebene liegen. — Bei den parallelen Kräften ist an das in §. 16. Zusatz 1. Gesagte, nemlich in Betreff der entgegengesetzten Bezeichnung der Kräfte zu errinnern; auch können sie dadurch unterschie-

---

*) Siehe das folgende Kapitel.

den werden, daß wir sie nach gleicher oder nach entgegengesetzter Richtung würkend, benennen (§. 7, 2.), also für die zwei Gruppen, die Bezeichnungen K′, K‴, K^{v}, ... und K″, K^{iv}, K^{vi}, ... wählen.

§. 39. Lehrsatz.

Zwei Kräfte K′ und K″, durch deren Richtungen keine Ebene gelegt werden kann, können auch keine Mittelkraft haben, oder es kann ihnen durch keine einzelne Kraft das Gleichgewicht gehalten werden.

Beweis. Gesetzt die Kräfte K′ und K″ hätten eine Mittelkraft oder Resultante R; so haben sie auch eine Aequipollente R′ (= — R), und die Kräfte K′, K″ und R′ stehen im Gleichgewichte. Wird in der Richtung der R′ ein fester Punkt P angenommen; so kann man die R′ wegnehmen ohne das Gleichgewicht zu stöhren (§. 16, 7, weil P zuerst auch frei war). Legt man nun durch P und die Richtung der einen Kraft z. B. der K′ eine Ebene E, so bleibt wiederum Gleichgewicht (§. 38.). Da jedoch laut Annahme die K″ gegen die Ebene E geneigt ist, die K′ aber der Ebene eine Drehung um den Punkt P giebt; so kann das erwähnte Gleichgewicht nicht stattfinden (§. 20, 4.). Daß übrigens die Richtung der R oder der R′, keine der Richtungen der Kräfte K′ oder K″ schneiden, der Punkt P also nicht auch in der Richtung K′ liegen kann (widrigenfalls die Ebene um den festen Punkt P im Gleichgewichte wäre), ist deutlich; denn alsdann hätten K′ und R′ eine Mittelkraft (§. 26.), und diese müßte sich mit der K″ das Gleichgewicht halten, welches nach §. 20, 1. nicht möglich ist. — W. z. b. w.

Zusatz. Drei Kräfte deren Richtungen nicht in einer Ebene liegen, können nicht im Gleichgewichte sein.

Denn: liegen alle 3 in verschiedenen Ebenen und könnten im Gleichgewichte sein; so wäre jede dieser Kräfte die Aequipollente der zwei anderen, diese hätten also auch eine (der Aequipollente gleiche und entgegengesetzte) Mittelkraft, was nach dem Lehrsatze unmöglich ist. Liegen zwei jener drei Kräfte in einer Ebene, und schneiden sich; so haben sie zwar eine Mittelkraft, welche aber mit der dritten Kraft sich nicht das Gleichgewicht halten kann (Laut Lehrsatz wenn diese zwei Kräfte sich nicht schneiden, oder wenn sie sich schneiden nach §. 20, 1.). Gehen jene zwei Kräfte parallel, so erhält die Ebene durch sie eine Bewegung (§. 20, 1 und §. 16, 12.), welche die dritte Kraft nicht aufheben kann (§. 20, 4.).

§. 40. Aufgabe (Fig. 12.).

Für zwei parallele (also in einer Ebene würkende) Kräfte K′ und K‴, welche nach gleicher Richtung würken, die etwa vorhandene Mittelkraft zu finden.

Auflösung und Beweis. Ist AB eine Verbindunglinie zweier Punkte in den Richtungen AK′ und BK‴ der zwei parallelen Kräfte K′ und K‴; so können jene Punkte als die Angriffpunkte dieser Kräfte angesehen werden. Die Linien AK′ und BK‴ mögen die Größen der zwei Kräfte darstellen. — Man vereinige mit den Kräften K′ und K‴ in den Punkten A und B, zwei gleich große entgegengesetzte Kräfte P′ und P‴ in der Richtung der Linie AB; so ändert sich die Würkung der Kräfte K′ und K‴ nicht. Für die zwei Kräfte P′ und K′, so wie für P‴ und K‴, setze man (nach der Construction der Parallelogramme der Kräfte) die Kräfte AQ′ und BQ‴, oder blos Q′ und Q‴ genannt; die Richtuugen dieser Kräfte verlängere man bis zum Schneidungpunkte K″, und indem man sich die Angriffpunkte der Kräfte Q′ und Q‴ nach K″ verlegt denkt, suche man die Mittelkraft dieser zwei auf den Punkt K″ würkenden Kräfte nach §. 26; so ist diese auch die gesuchte Mittelkraft der Kräfte K′ und K‴ welche also als vorhanden hierdurch bewiesen ist. Am einfachsten erhält man diese Mittelkraft, wenn man durch K″, die Linie K″C ⧣ AK′ (also auch ⧣ BK‴) zieht, und auf K″C die Summe der beiden Linien AK′ und BK‴ aufträgt; denn die Mittelkraft, sie heiße K″, kann man durch Zerlegung der nach dem Punkte K″ verlegten Kräfte Q′ und Q‴, in zwei Seitenkräfte nach der Richtung der K″C und den Richtungen K″P, und K″P‚‚‚ wenn die P‚P‚‚‚ durch K″ parallel AB gezogen wird, sogleich erhalten, indem man K″P‚ = AP′ und K″P‚‚‚ = BP‴, also K″P‚ = K″P‚‚‚ macht, wonach alsdann die in die Richtung K″C fallenden Seitenkräfte, wechselseitig gleich K′ und K‴ werden, so daß, da P‚ und P‚‚‚ sich aufheben, nur die Summe K′ + K‴ nach der Richtung K″C bleibt *).

Zusatz 1. Nachdem durch Construction die Mittelkraft K″ erzeugt, und bereits die Größe derselben als gleich K′ + K‴ gefunden, auch bestimmt ist, daß die Richtung der K″ parallel den Richtungen der Seitenkräfte geht; ist noch die Lage des Durchschnittpunktes O (der Richtung der K″ mit der Linie AB), auf folgende Weise näher zu bestimmen. Wie man sogleich sieht, ist $\Delta\, AK'Q' \backsim \Delta\, AK''O$, und $\Delta\, BK'''Q''' \backsim \Delta\, BK''O$; folglich hat man:

$AK' : K'Q'$ d. h. $K' : P' = K''O : AO$, und

$BK''' : K'''Q'''$ d. h. $K''' : P''' = K''O : BO$. Daher ist

$K' \cdot AO = P' \cdot K''O$ und $K''' \cdot BO = P''' \cdot K''O$. Weil aber

*) Man hat also gleichsam die Parallelogramme P′K′ und P‴K‴, nach K″ verlegt.

$P' = P'''$ ist, so ist auch $P' \cdot K''O = P''' \cdot K''O$, also auch $K'.AO = K''' \cdot BO$, oder man hat $K' : K''' = BO : AO$.

Diese Proportion oder die letzte Gleichung, bestimmt nunmehr die Lage des Punktes O zwischen A und B, und man erhält den wichtigen Satz:

Die zwei Kräfte K' und K''' verhalten sich umgekehrt wie die Abschnitte der Linie AB, in welche die Richtung der Mittelkraft K'' diese Linie theilt.

Für die demnach gefundene ganz bestimmte Mittelkraft K'', finden nunmehr folgende 3 Bedingungen statt, wodurch ihre Größe und Richtung sich ergiebt: 1) die genannte Gleichung oder Proportion giebt den Punkt O durch welchen die K'' geht, 2) die Lage der K'' ist parallel und in derselben Ebene mit den Seitenkräften, und 3) die Größe der K'' ist gleich der Summe $K' + K'''$ der Seitenkräfte.

Zusatz 2. Ohne Erläuterung ergiebt sich nunmehr der Satz: drei Kräfte welche parallel aber nicht in einer Ebene würken, können nicht im Gleichgewichte stehen (Vergl. §. 18, 5 und §. 39. Zusatz.).

Zusatz 3. Für jede beliebige Menge nach derselben Richtung in einer Ebene parallel würkende Kräfte, ist eine Mittelkraft vorhanden, welche man findet, wenn man die Mittelkraft zweier Kräfte mit einer dritten Kraft, die neue Mittelkraft mit der vierten Kraft u. s. w. verbindet.

§. 41. Aufgabe (Fig. 13.).

Die Bedingunggleichungen für das Gleichgewicht dreier paralleler in einer Ebene würkenden Kräfte zu entwickeln.

Auflösung und Beweis. Sind drei Kräfte K', K'' und K''' im Gleichgewichte (unter den bestimmten Annah-

Annahmen); so ist zunächst deutlich, daß zwei nach einer, die dritte aber nach der entgegengesetzten Richtung jener zwei, würken müssen, und daß diese dritte Kraft zwischen den beiden anderen Kräften liegt, weil widrigenfalls eine Drehung des Systems erfolgen muß. — Legt man nun eine beliebige Linie MN durch die Richtungen der drei Kräfte, und verlegt nach A′, A″ und A‴ die Angriffpunkte der Kräfte; so ist K″ die Aequipollente der anderen zwei Kräfte (§. 20, 2.), also gleich und entgegengesetzt der Mittelkraft jener zwei Kräfte. Man hat also nach dem vorigen §, sofort die zwei Gleichungen:

(I.) $K' + K''' = - K''$ oder $K' + K'' + K''' = 0$,

(II.) $K' \cdot A''A' = K''' \cdot A''A'''$ od. $K' : K''' = A''A''' : A'A''$.

Um diese zwei Gleichungen auch als Bedingunggleichungen zu zeigen, bleibt noch zu beweisen: daß wenn sie gegeben sind, auch Gleichgewicht stattfindet. Gesetzt nun dies sei nicht der Fall, sondern eine andere Kraft X welche in einem Punkte Y irgend wo zwischen A und B die Linie AB schneidet (aber laut Annahme parallel den Seitenkräften geht), halte den Kräften K′ und K‴ das Gleichgewicht; so hat man $0 = X + K' + K'''$ und $K' \cdot YA' = K''' \cdot YA'''$. Diese zwei Gleichungen verglichen mit den gegebenen zwei Gleichungen $0 = K' + K'' + K'''$ und $K' \cdot A''A' = K''' \cdot A''A'''$, geben $X = K''$ und den Punkt Y auf A″ fallend, es entsteht also bei der Annahme einer Verschiedenheit der Identität der Kräfte K″ und X, ein Widerspruch (indem $A''A' + A''A''' = A'A''' = A'Y + YA'''$ ist). Es sind mithin die gefundenen Gleichungen, zwei Bedingunggleichungen für das Gleichgewicht im angenommenen Falle.

Zusatz. Aus der Proportion $K' : K''' = A''A''' : A''A'$, folgt: $K' + K''' : A''A''' + A''A'$ oder $K'' : A'A'''$

$= K' : A''A''' = K''' : A''A'$, oder als

$K' : K'' : K''' = A''A''' : A'A''' : A''A'$ geschrieben, erhält man den Satz:

drei parallele im Gleichgewichte befindliche Kräfte (ohne auf ihre Vorzeichen zu achten), verhalten sich stets zu einander, wie die Linien zwischen den Angriffpunkten der zwei anderen Kräfte unter ihnen.

Auch kann man aus diesen drei gleichen Verhältnissen, wenn man sie sich in die zwei Proportionen aufgelöset vorstellt:

$K' : K'' = A''A''' : A'A'''$ und $K'' : K''' = A'A''' : A''A'$,

die Gleichungen bilden:

$K' . A'''A' = K'' . A'''A''$ und $K'' . A'A'' = K''' . A'A'''$.

Jede dieser zwei Gleichungen nebst der Gleichung $K'' = K' + K'''$, oder nebst einer der Gleichungen $K' = K'' - K'''$ und $K''' = K'' - K'$, dienen gleichfalls als Bedingunggleichungen dreier paralleler in einer Ebene würkenden Kräfte, weil man sogleich die ersten Bedingunggleichungeu aus ihnen wieder herleiten kann. Diese Gleichungen dienen noch mit zur allgemeinsten Beantwortung der Aufgabe dieses §'s.

Anmerk. Es ist zu erinnern nöthig, daß, im Falle die drei (in einer Ebene liegenden) Kräfte durch eine krumme Linie verbunden sind, zur Untersuchung der obigen Relationen, eine beliebige gerade Linie durch die Richtungen der drei Kräfte zu legen nöthig ist (Vergl. §. 38.).

§. 42. Zusätze (Fig. 13.).

1) Aus denen im vorigen § gefundenen Gleichungen, ergeben sich neue Gleichungen zur Berechnung der einzelnen Größen welche darin vorkommen, aber ohne Rücksicht auf die Vorzeichen, welche man leicht einführen kann. Die wichtigsten dieser Formeln sind folgende, wo-

bei als abgekürzte Bezeichnung der Linien, diese Bezeichnungen dienen mögen:

$A'A''' = a''$, $A'A'' = a'''$ und $A'''A'' = a'$, wonach man also hat $K' : K'' : K''' = a' : a'' \; a'''$. Nunmehr ist:

$K' = \frac{a'}{a''} \cdot K'' = \frac{a'}{a'''} \cdot K'''$, $K'' = \frac{a''}{a'''} \cdot K''' = \frac{a''}{a'} \cdot K'$,

$K''' = \frac{a'''}{a'} \cdot K' = \frac{a'''}{a''} \cdot K''$, und

$a' = a'' \cdot \frac{K'}{K''} = a''' \cdot \frac{K'}{K'''}$, $a'' = a''' \cdot \frac{K''}{K'''} = a' \cdot \frac{K''}{K'}$

$a''' = a' \cdot \frac{K'''}{K'} = a'' \cdot \frac{K'''}{K''}$. Diese Formeln sind leicht zu behalten, und erforderlichen Falls aus den Gleichungen $K'' = K' + K'''$ und $a'' = a' + a'''$, die Werthe für die besonderen a oder K zu setzen

2) Ist $K' = K''$, d. h. soll zwei gleichen parallelen nach entgegengesetzten Richtungen würkenden Kräften das Gleichgewicht gehalten werden; so erhält man für die Größe der dritten Kraft $K''' = K'' - K' = 0$; für die Entfernung a'', in welcher diese dritte Kraft vom Angriffpunkte A' aus würkt, giebt die eine der in Nr. 1. entwickelten Formeln, $a'' = a''' \cdot \frac{K''}{0} = \infty$, d. h. der Angriffpunkt (A''') dieser dritten Kraft ist **unendlich** entfernt, also nicht vorhanden, während die andere Formel für a'', nemlich $a' \cdot \frac{K''}{K'}$ hier nicht brauchbar ist, weil sie die Kenntniß der, mit a'' auch unbekannten Linie $a' = A''A'''$ voraussetzt. — Diese Resultate enthalten den sehr wichtigen Satz:

Zwei parallelen gleich großen, nach entgegengesetzten Richtungen würkenden Kräften, kann durch keine dritte Kraft das Gleichgewicht gehalten werden.

Daß den zwei parallelen Kräften, auf keine andere Weise durch eine dritte Kraft das Gleichgewicht gehalten werden kann, ist aus §. 20, 4. deutlich. Die Betrachtung zweier Kräfte von der eben erwähnten Eigenschaft, ist in der Statik sehr wichtig; wir wollen sie durch die Benennung: ein Paar gekoppelte Kräfte bezeichnen.

Anmerk. In der höchst eigenthümlichen Behandlung der Statik von Poinsot (a. d. Französischen von Lambert, Giessen 1828), werden die gekoppelten Kräfte (welche Benennung der Uebersetzer zweckmäßig für forces couplées einführt) die Grundlage der wichtigsten statischen Lehren (Siehe §. 43.).

3) Fällt man vom Punkte A'' auf die Richtungen der Kräfte K' und K''' die Perpendikel $A''B'$ und $A''B'''$, durch p' und p''' bezeichnet (welche Perpendikel selbst in einer geraden Linie liegen), und nennt $B'B''' = p''$; so läßt sich sofort sehr einfach beweisen *), daß sich verhält:
$K' : K'' : K''' = p' : p'' : p'''$. Nennt man $K' \cdot p'$ und $K''' \cdot p'''$: die Momente der Kräfte für den Punkt A'' (§. 34.); so findet man leicht die, mit §. 35. Zusatz und anderen Sätzen zu bildenden analogen Sätze. Uebrigens können auch die Produkte $K' \cdot a'''$ und $(=)$ $K''' a'$ (Nr. 1.), Momente für den Punkt A'' genannt werden.

4) Es ist nun auch deutlich, wie man eine Kraft in zwei andere Kräfte welche ihr parallel würken, zerlegen kann, wobei verschiedene der Bestimmungstücke gegeben sein können. Die unbekannten Stücke zu finden, geschieht alsdann nach rein mathematischen Entwicklungen, durch Hülfe der zwei Bedingunggleichungen, oder der Formeln in Nr. 1. d. §'s.

---

*) Aus der Aehnlichkeit der zwei entstandenen Triangel, oder allgemein aus dem in der Entwicklung des §. 41. Gesagtem.

Anmerk. Durch Hülfe des in §. 35. Zusatz genannten Satzes, kann man den Satz §. 40, also auch §. 41, beweisen, wenn man den Winkel den die beiden dort erwähnten Perpendikel mit einander bilden, gleich 2 R (d. h. als gelegten Winkel) annimmt, wonach dann die zwei Kräfte sich nicht, oder erst in unendlicher Entfernung, schneiden. —

§. 43. Lehr- und Zusätze (Fig. 14.).

Von den gekoppelten Kräften (§. 42, 2.) mögen einige Sätze hier angeführt, und die leicht auszuführenden Beweise dafür kurz angedeutet werden.

1) **Einem Paare gekoppelter Kräfte, kann auf unendlich mannigfaltige Weise durch ein anderes Paar solcher Kräfte, das Gleichgewicht gehalten werden** (Fig. 14, a).

Denn: sind K′ und K″ gekoppelte Kräfte, so wähle man in einer, ihre Richtungen beliebig schneidenden Linie, irgend einen Punkt O; dann lassen sich nach §. 42, 1. sehr einfach zwei Kräfte P′ und Q″ finden, dergestalt daß K′, P′ und Q″ sich das Gleichgewicht halten ($Q'' = K' + P'$, $K' \cdot A'O = P' \cdot B'O$, und die drei Richtungen parallel). Eben so leicht ist die Kraft P″ zu bestimmen, welche einer Kraft Q′ = der Q″, nebst der K″ das Gleichgewicht hält. Da dann $Q' = K'' + P''$ $= Q'' = K' + P'$, und laut Annahme $K' = K''$, also auch $P' = P''$ ist; so sind P′ und P″ gekoppelte Kräfte. Aber die sechs Kräfte sind im Gleichgewichte (§. 16, 10.), und die zwei Q′ und Q″ ebenfalls (§. 16, 1.), daher auch die vier Kräfte K′, K″, P′ und P″; d. h. zwei Paare gekoppelte Kräfte sind im Gleichgewichte.

Zusatz 1. Nimmt man zwei, den Kräften P′ und P″ gleich große entgegengesetzte Kräfte (— P′ und —P″); so würken diese natürlich dasselbe als die zuerst gegebenen Kräfte K′ und K″. Hiernach kann man ein Paar gekoppelte Kräfte K′ und K″, auf unendlich verschiedene

Art in zwei andere gekoppelte Kräfte — P′ und — P″ verwandeln, wobei wol zu merken ist, daß man die Entfernung der Angriffpunkte der neuen Kräfte beliebig groß, oder gleich einer gegebenen geraden Linie machen kann, da B′B″ keineswegs gleich A′A″ zu sein braucht, sondern beliebig groß gemacht werden kann, wie aus dem Gelehrtem sich leicht ergiebt *).

2) Zwei Paare gekoppelte Kräfte in derselben Ebene, lassen sich stets, entweder auf ein Paar gekoppelte Kräfte, oder auf ein Paar gleich große entgegengesetzte Kräfte zurückführen (Fig. 14, b).

Man nehme M′ und M″, N′ und N″, als zwei Paar gekoppelte Kräfte an. Zunächst mögen beide Paare unter sich parallel sein. — Sucht man für M′ und N′, die unbedingt vorhandene Mittelkraft R′ (= M′ + N′, §. 40.), und eben so für M″ und N″ die Mittelkraft R″ (= M″ + N″); so sind R′ und R″ die gesuchten gekoppelten Kräfte. Hätten beide Kräfte denselben Angriffpunkt erhalten, was möglich ist (vergl. Nr. 1.), so würden gleich große entgegengesetzte Kräfte das Resultat sein. — Liegen aber nicht alle vier Richtungen parallel (jedoch zwei und zwei), so verlängere man je zwei bis sie sich schneiden; dann erhält man vier Durchschnittspunkte, von welchen zwei Paare (gleichsam in der Diagonale liegende) als Angriffpunkte der Mittelkräfte jener Kräfte anzusehen sind, deren Richtungen sich schneiden. Man erhält dann gleiche Winkel (der parallelen Schenkel wegen) und wechselseitig gleiche Seitenkräfte, daher die Mittelkräfte sich sofort als gleich, entgegengesetzt und parallel, d. h. als gekoppelte Kräfte zeigen

---

*) Aus §. 42. sieht man sogleich, daß A′A″ . K = B′B″ . P ist (wenn K = K′ = K″ und P = P′ = P″ ist).

(Vergl. §. 18, 4.). Auch bei diesem Falle ist es möglich, daß man zwei gleich große entgegengesetzte Kräfte erhält, die, wie man leicht sieht, alsdann nach §. 18, 2, a würkend, im Gleichgewichte sind. — Der Satz gilt auch für jede größere Menge von Paaren gekoppelter Kräfte in einer Ebene.

3) **Ein Paar gekoppelte Kräfte und eine einzelne Kraft in derselben Ebene, lassen sich stets auf eine Kraft zurückführen.**

Die einzelne Kraft mag parallel den gekoppelten Kräften gehen oder nicht, so ist der Beweis nach dem Gesagtem ohne Hülfe zu führen.

4) **Die Würkung eines Paares gekoppelter Kräfte bleibt ungeändert***) (Fig. 14, c):

a) **Wenn die Verbindunglinie der Angriffpunkte mit sich selbst parallel fortgerückt wird, so daß die Kräfte in ihren Richtungen bleiben.** —

In diesem Falle sind nur die Angriffpunkte verlegt.

b) **Wenn die Verbindunglinie AB längs ihrer Richtung beliebig, z. B. nach A′B′ verlegt wird.** —

Wenn die Kräfte X' und (=) X'' nach $X_,$ und $X_{,,}$ verlegt sind, so ist $AB = A'B'$, also ist die Mitte O von BA', auch die Mitte von AB'. Nun vereinige man mit den Kräften $X_,$ und $X_{,,}$, die gleich großen entgegengesetzten Kräfte $-X_,$ und $-X_{,,}$; so ändert die Vereinigung der vier Kräfte $X_,$, $-X_,$, $X_{,,}$ und $-X_{,,}$ mit den Kräften X' und X'', nicht die Würkung der Kräfte X' und X''. Für X'' und $-X_,$ kann man in O die Y'', und für X' und $-X_{,,}$ in O die Y' setzen

*) Es versteht sich, daß die Kräfte in den neuen Lagen mit den erstern in festen Verbindungen stehen müssen.

(§. 40.); dann ist $Y'' = Y'$, und die vier Kräfte Y', Y'', $X_,$ und $X_{,,}$ würken dasselbe wie die erwähnten sechs, oder wie die zwei zuerst gegebenen Kräfte X' und X''. Nimmt man nun die Kräfte Y' und Y'' weg, so bleiben $X_,$ und $X_{,,}$ in der eben erwähnten Würkung, d. h. sie würken dasselbe wie die Kräfte X' und X''.

c) Wenn man die Verbindunglinie der Angriffpunkte um ihre Mitte, in der Ebene der Kräfte beliebig dreht.

Der Beweis ist ganz analog wie in Nr. b, nur daß die Tilgung der Mittelkräfte (vorher Y' und Y''), zufolge §. 18, 2, a geschieht, nachdem man sich überzeugt hat, daß die Richtungen jener sich tilgenden Kräfte, durch die erwähnte Mitte gehen.

d) Wenn die gekoppelten Kräfte beliebig in ihrer Ebene verlegt werden.

Denn: jede neue Lage ist als successive aus den Lagen in Nr. a, b, c, entstanden zu denken.

e) Wenn die gekoppelten Kräfte dergestalt nach einer anderen, der ersteren Ebene E' parallele Ebene E'' verlegt werden, daß die Verbindunglinie der Angriffpunkte sich parallel bleibt. —

Auch hier ist der Beweis ganz analog dem Beweise in Nr. c, sobald man eine dritte Ebene E''' durch die beiden (parallelen) mehrerwähnten Verbindunglinien legt, und in ihr Verbindunglinien zwischen den Endpunkten jener ersteren Verbindunglinien dergestalt zieht, daß sie sich (in der Ebene E''') schneiden. Der zwei entstehenden congruenten Triangel wegen, halbiren sich diese gezogenen Linien, und der fernere Beweis ist wie vorher.

f) Wenn die gekoppelten Kräfte nach einer mit ihrer Ebene parallelen Ebene ganz beliebig verlegt werden.

Denn: die neue Lage ist anzusehen, als successive aus den Aenderungen laut e und d erzeugt.

5) **Eine beliebig große Menge von Paaren gekoppelter Kräfte in lauter parallelen Ebenen, lassen sich entweder auf ein Paar gekoppelte Kräfte, oder auf ein Paar gleich große, gerade entgegengesetzte Kräfte zurück führen.**

Man führe nemlich laut Nr. 4, f, die verschiedenen Paare auf eine Ebene, parallel jenen gegebenen Ebenen (wozu also jede dieser Ebenen dienen kann) zurück, und dann in dieser einen Ebene die erhaltenen Paare nach Nr. 2., auf das eine im Satze behauptete Paar gekoppelte Kräfte, oder wenn es der besondere Fall mit sich bringt, auf ein Paar gerade entgegengesetzte Kräfte zurück. —

6) **Zwei Paare gekoppelte Kräfte, wechselseitig in zwei gegen einander geneigten Ebenen, können auf ein Paar gekoppelte Kräfte (in einer dritten Ebene) zurückgeführt werden.**

Denn: werden beide Ebenen bis zur gemeinschaftlichen Durchschnittlinie D erweitert, und die vier Angriffspunkte nach dieser Linie D verlegt (§. 19.)*); so kann man nach Nr. 1. Zusatz, auf unendlich mannigfaltige Weise, die Durchschnittpunkte beider Paare (durch Verwandlung des einen oder beider Paare) wechselseitig in einander bringen. Daß nun die Mittelkräfte der wechselseitig entstehenden Paare von Kräften, wiederum ein Paar gekoppelte Kräfte geben, ist sogleich deutlich.

7) **Ein Paar gekoppelte Kräfte** K′ und K″

---

*) Sollten die Richtungen des einen Paares, parallel der Linie D gehen; so kann dies Paar nach Nr. 4, d dergestalt verlegt werden, daß die Durchschnitte alsdann erfolgen.

nebst einer Kraft K außerhalb der Ebene jener Kräfte, haben keine Mittelkraft.

Denn: das Paar gekoppelte Kräfte nach Nr. 4, f dergestalt verlegt, daß sich eine der Kräfte z. B. die K′ mit der K schneidet; geben eine Mittelkraft M, welche mit der K″ (laut §. 39. und zufolge der Annahme) keine neue Mittelkraft geben kann. — Die drei Kräfte können also auf zwei Kräfte zurückgeführt werden, welche in zwei verschiedenen Ebenen liegen.

Zusatz 2. Die eigenthümliche Würkung der gekoppelten Kräfte zur erzeugten Bewegung, nennt man die Energie der gekoppelten Kräfte. Diese Benennung Energie, ist von der zu Ende §. 34. gegebenen Erklärung wol zu unterscheiden.

§. 44. Lehrsatz (Fig. 13.).

Legt man durch einen beliebigen Punkt in der Ebene dreier parallelen im Gleichgewichte befindlichen Kräfte, willkührlich eine Linie, welche die drei Richtungen durchschneidet; so ist die Summe der Produkte der Kräfte mal den Entfernungen jenes Punktes von den Durchschnittpunkten (in den Richtungen der Kräfte), gleich Null.

Beweis. Sind K′, K″ und K‴ die Kräfte; so nehme man zuerst außerhalb der Richtung sämmtlicher Kräfte den Punkt M an, und ziehe die Linie MN, wo dann die Entfernungen $MA' = e'$, $MA'' = e''$, $MA''' = e'''$ gesetzt werden mögen. Nun ist, bei Berücksichtigung der Eigenschaften der Kräfte, wegen des angenommenen Gleichgewichts (§. 41. Formel I.):

(I.) $0 = K' + K'' + K'''$, daher auch

(II.) $0 = MA' \cdot K' + MA' \cdot K'' + MA' \cdot K'''$;

ferner ist (§. 41. Zusatz)

(III.) $0 = A'A'' \cdot K'' + A'A''' \cdot K'''$, daher auch

$0 = MA' \cdot K' + MA'' \cdot K'' + MA''' \cdot K'''$, d. h.

$0 = e'K' + e''K'' + e'''K'''$.

addirt.

Wenn aber der Punkt zwischen den Richtungen z. B. in M' liegt; so ist deutlich daß die Entfernungen ($e''' = M'A'''$, $e'' = M'A''$, u. s. w.), der Lage dieser Linien vom Punkte M' aus gemäß, entgegengesetzt zu nehmen sind, was jedoch auf die Form der bewiesenen Gleichung weiter keinen Einfluß hat. Selbstständig wäre der Beweis für diesen Fall der, daß man, nachdem mit $M'A'$ (statt mit MA') multiplicirt ist, die zwei Gleichungen jetzt von einander subtrahirt; dann erhält man, zunächst ohne Rücksicht auf die entgegengesetzte Lage der $M'A'''$ gegen $M'A'$ und $M'A''$:

$$0 = M'A' \cdot K' + (M'A' - A'A'')\,K'' + (M'A' - A'A''')\,K''',$$ d. h.

$0 = M'A' \cdot K' + M'A'' \cdot K'' - M'A''' \cdot K'''$; folglich bei Berücksichtigung der entgegengesetzten Lage, ist wieder $0 = e'K' + e''K'' + e'''K'''$ (Indem $e''' = -M'A'''$ ist). W. z. b. w.

Zusatz 1. Für die Mittelkraft oder Resultante R zweier nach derselben Richtung würkenden parallelen Kräfte, ist $xR = e'K' + e''K''$, wenn x der Linie e entspricht.

Zusatz 2. Wenn man einen der Angriffpunkte zum Punkte M wählt; so ist einleuchtend, daß das zugehörige Produkt verschwindet. — Gewöhnlich zieht man die Linie MN senkrecht zu den Richtungen der Kräfte, und nennt die Produkte eK: Momente der Kräfte in Beziehung zum Punkte M. Diese Benennung können die Produkte aber auch erhalten, selbst wenn die

Linie MN schief zu den Richtungen der Kräfte liegt. Es ist der Punkt M also auch hier ein Mittelpunkt der Momente (Vergl. §. 34.).

§. 45. Aufgabe *).

Die Bedingunggleichungen für das Gleichgewicht von n, in einer Ebene in parallelen Richtungen würkenden Kräften zu bestimmen.

Auflösung und Beweis. Sind die nach der einen Richtung würkenden Kräfte K', K''',... mit denen nach der anderen Richtung würkenden K'', K^{IV},...., im Gleichgewichte; so lege man eine beliebige, sämmtliche Richtungen schneidende Linie durch einen, irgend wo in der Ebene sämmtlicher Kräfte angenommenen Punkt (M), und bezeichne mit e', e'',... die Entfernungen des angenommenen Punktes, von denen als Angriffpunkte angenommen Durchschnittpunkten der einzelnen Richtungen. — Da nun Gleichgewicht vorhanden ist, so müssen die Mittelkräfte der, nach jeder der zwei Richtungen würkenden Kräfte (§. 40. Zusatz 2.), gleich und entgegengesetzt auf einen und denselben Punkt würken (§. 20, 1.). Nun ist die Mittelkraft R' der Kräfte K', K''',... gleich der Summe dieser Kräfte, eben so $R'' = K'' + K^{\text{IV}} + \ldots$; also zuerst mit Rücksicht auf die entgegengesetzte Lage: $0 = R' + R'' = K' + K''' + \ldots + K'' + K^{\text{IV}} + \ldots$. (I.). Stellt man sich nun die Mittelkraft $R_{,}$ der zwei Kräfte K' und K''' vor, und nennt $x_{,}$ die ihr entsprechende Entfernung (ihres Angriffpunktes vom Punkte M); so ist nach §. 44. Zusatz 1. $x_{,} R_{,} = e'K' + e'''K'''$. Dann sei $R_{,,}$ die Mittelkraft der Kräfte $R_{,}$ und K^{V}; so ist $x_{,,} R_{,,} = x_{,} R_{,} + e^{\text{V}} K^{\text{V}} = e'K' + e'''K''' + e^{\text{V}} K^{\text{V}}$, u. s. w. Also für die Mittelkraft R' sämmtli-

*) Eine Figur ist nöthigenfalls leicht zu entwerfen.

licher Kräfte K', K''', K^{v}, ... ist $x'R' = e'K' + e'''K''' + e^{v}K^{v} + \ldots$. Eben so findet man für die Mittelkraft R'', die Gleichung $x''R'' = e''K'' + e^{iv}K^{iv} + e^{vi}K^{vi} + \ldots$. Da aber, wie erwähnt $x' = x''$ und $R' = R''$ ist; so ist auch

$$e'K' + e'''K''' + \ldots = e''K'' + e^{iv}K^{iv} + \ldots$$

oder bei Berücksichtigung der entgegengesetzten Lage der Kräfte ist

$$0 = e'K' + e'''K''' + \ldots + e''K'' + e^{iv}K^{iv} + \ldots \text{ (II.)}.$$

Für vorhandenes Gleichgewicht erhält man also die zwei Gleichungen:

$$\text{(I.)}\quad 0 = K' + K'' + K''' + K^{iv} + \ldots$$

$$\text{(II.)}\quad 0 = e'K' + e''K'' + e'''K''' + e^{iv}K^{iv} + \ldots$$

Um diese zwei Gleichungen auch als Bedingunggleichungen zu beweisen; wird die öfter erwähnte Methode angewendet, wodurch man sich sogleich davon überzeugt, daß sie Bedingunggleichungen sind.

Zusatz 1. Soll man für n, nicht im Gleichgewichte befindliche Kräfte, die Mittelkraft R bestimmen; so ergiebt sich ihre Größe und Lage aus den zwei obigen Gleichungen sehr einfach. Denn, weil die Aequipollente $-R$ nebst deren entsprechendem e eingeführt, Gleichgewicht erzeugt; so hat man:

$0 = -R + K' + K'' + \ldots$ und $0 = -eR + e'K' + e''K'' + \ldots$ oder $eR = e'K' + e''K'' + \ldots$, oder $R = K' + K'' + \ldots$ und $e = (e'K' + e''K'' + \ldots) : R$; durch e ist aber die Lage der R, mithin auch der Aequipollente $-R$ völlig bestimmt, wobei zu beachten ist, daß der Angriffpunkt der $\mp R$ in der bestimmten Richtung, beliebig anzunehmen ist.

Zusatz 2. Wird nur die erste aber nicht die zweite der beiden obigen Bedingunggleichungen erfüllt; so ist deutlich, daß kein Gleichgewicht vorhanden sein kann. Da aber die Summen der, nach den entgegengesetzten Richtungen würkenden Kräfte alsdann gleich sind; so können diese Kräfte auf ein Paar gekoppelte Kräfte zurück geführt werden *). Wird dagegen nur die zweite Gleichung erfüllt, so kann dies durch mannigfaltige Bedingungen unter denen nicht im Gleichgewichte befindlichen Kräfte erzeugt sein; daher für jeden Fall ein besonderes Resultat erfolgt.

Anmerk. Ein Zahlenbeispiel mag hier folgen (Fig. 15.). Den Kräften K', K'', K''', K^{v}, K^{iv} und K^{vii}, welche in parallelen Richtungen in einer Ebene liegen, und deren Angriffpunkte A', A'', ... sich auf der krummen Linie GH befinden **), soll das Gleichgewicht durch eine zu suchende Kraft gehalten werden. — Man lege eine gerade Linie ST beliebig durch sämmtliche Richtungen der Kräfte, und stelle sich die Angriffpunkte nach dieser Linie, also nach B', B'',... verlegt vor. In der ST wähle man einen beliebigen Punkt M, und messe die Entfernungen $MB' = e'$, $MB'' = e''$ nach irgend einem Maaßstabe, z. B. nach Fußen. Die Größe der Kräfte muß gegeben, oder doch irgend wie bestimmt sein. Es sei demnach:

$K' = 6$ ℔., $K'' = 4$ ℔., $K''' = 10$ ℔., $K^{v} = 2$ ℔., $K^{iv} = 8$ ℔., $K^{vii} = 12$ ℔.

$e' = 16'$, $e'' = 13'$, $e''' = 9'$, $e^{v} = 4'$, $e^{iv} = 5$, und $e^{vii} = 8'$.

Bei gehöriger Berücksichtigung der Richtungen der Kräfte und der Entfernungen, hat man nun zunächst:

$6 - 4 + 10 + 2 - 8 + 12 = 30 - 12 = 18$, daher die resultirende Kraft 18 ℔., die Aequivollente also — 18 ℔. ist. Ferner ist:

$(+16 . +6) + (+13 . -4) + (+9 . +10) + (+4 . +2) + (-5 . -8) + (-8 . +12)$

$= +96 - 52 + 90 + 8 + 40 - 96 = +234 - 148 = +86$, also ist e (für die Mittelkraft und Aequivollente gleich an Werth

*) Dies giebt auch die Formel $(e'K' + e''K'' + \ldots) : K$; denn wenn $K = 0$ ist, so wird der Quotient, d. h. e (Zusatz 1.) unendlich (Vergl. §. 42, 2.).

**) Die Theile der krummen Linie zwischen den, in einer Ebene liegenden Angriffpunkten, können außerhalb der gemeinschaftlichen Ebene sich befinden (Siehe §. 28.).

und Eigenschaft) $\frac{+86}{+18} = 4\frac{7}{9}$ (Fuß), welche Linie von M nach der Richtung MS, z. B. bis B zu tragen, und dann BK parallel den übrigen Richtungen zu ziehen ist. Zuletzt verlängere man KB bis zur ursprünglich krummen Linie in A; so ist die Kraft K welche den übrigen Kräften das Gleichgewicht hält, völlig bestimmt (Nach Ausrechnung der Zahl + 18, hätte man auch sagen können: wenn K die Aequipollente ist, so ist $K+18=0$ also $K=-18$; dann ist $+86+Ke=0=86-18.e$, also $e = \frac{+86}{+18} = +4\frac{7}{9}$).

§. 46. Erklärung.

Wenn man vom Angriffpunkte A einer Kraft K, auf eine irgend wo angenommene Ebene E, einen Perpendikel p fällt; so heißt das Produkt pK (d. h. aus dem, durch die Ebene E und den Punkt A begrenzten Perpendikel, multiplicirt mit der entsprechenden Kraft): das Moment der Kraft K in Beziehung zur Ebene E. Man erkennt sogleich den Unterschied zwischen diesem, und dem in §. 34. erwähnten Momente. — Stellt man sich drei, eine rechtwinkliche Ecke bildende Ebenen (drei Coordinatenebenen) X, Y und Z vor, deren Lage also als bekannt anzunehmen ist, und fällt vom Punkte A auf die drei Ebenen die Perpendikel x, y und z; so sind xK, yK und zK, die Momente der Kraft K zu diesen drei Ebenen. Bei mehreren Kräften K′, K″,... ist deutlich, was die Ausdrücke x′K′, y′K′, z′K′; x″K″, y″K″, z″K″; u. s. w. bedeuten. Auch wählt man wol statt der drei Ebenen, nur drei senkrecht zu einander stehende Linien (Coordinatenaxen), welche die Durchschnittlinien jener drei Ebenen sind. Man benennt diese Axen gewöhnlich durch X, Y und Z, und sagt dann: die Ebene der Axen X und Y (welche durch diese Linien zu legen ist), die Ebene der Axen X und Z, und die Ebene der Axen Y und Z, oder bezeichnet diese Ebenen kurz durch: Ebene X Y, X Z und Y Z. Die Perpendikel, welche man von den Angriffpunkten der Kräfte auf diese Ebene fällt, gehen dann auch den Axen wieder wechselseitig parallel, so daß der Perpendikel welcher auf die Ebene der X Y gefällt wird, parallel der Axe Z geht, und durch z bezeichnet wird, wonach dann die Ausdrücke $x'K'$, $y'K'$, $z'K'$; $x''K''$, $y''K''$,... wiederum deutlich sind. — Die gewählten Ebenen selbst, führen die Namen: Momentenebenen oder Ebenen der Momente. — Aus dem Gesagtem erhellet nun auch, was Momente der Kräfte in Beziehung auf eine (gerade) Linie, und was eine Momentenlinie oder eine Linie der Momente, auch Momentenaxe genannt, ist, welche Benennungen besonders dann gebraucht werden, sobald die Richtungen mehrerer Kräfte in einer Ebene liegen, in welcher man eine Linie beliebig wählt, auf welche man alsdann die Perpendikel von den Angriffpunkten der Kräfte, fällt. —

Anmerk. Es ist aufmerksam darauf zu machen, daß wenn man die Angriffpunkte zu entgegengesetzten Seiten der Momentenebenen oder der Momentenaxe liegend annimmt, und keine Verlegung jener Punkte vornehmen will, auch die entgegengesetzten Lagen der Perpendikel zu berücksichtigen sind In der Regel steht die Wahl der Coordinatenebenen und Axen, dergestalt frei, daß man die Angriffpunkte alle zu einer und derselben Seite liegend, annehmen kann.

§. 47. Lehrsatz (Fig. 16.).

Sind n parallele in einer Ebene würkende Krafte im Gleichgewichte, und man nimmt ihre Angriffpunkte in einer, sämmtliche Richtungen durchschneidenden geraden Linie an; so ist die Summe der Momente der Kräfte in Beziehung auf eine beliebige Momentenebene, gleich Null.

Beweis.

Beweis. Die drei Kräfte K', K'' und K''' nebst der Linie $A'A'''$, repräsentiren jede andere Menge Kräfte unter den Bedingungen des Lehrsatzes. Man stelle sich die Ebene durch die zwei Linien OY und OZ, oder Ebene YZ genannt, vor, auf welche die drei Perpendikel $A'B'$, $A''B''$, $A'''B'''$, blos x', x'', x''' genannt, gefällt sind. — Verlängert man die Linie $A'A'''$ bis die Ebene YZ in Q geschnitten wird *), so liegen die sämmtlichen Punkte B', B'',.... mit Q in einer geraden Linie, wie dies sogleich erhellet, wenn man sich z. B. durch $\angle B'A'Q$ eine (zur Ebene YZ senkrecht stehende) Ebene gelegt denkt. Nun ist nach §. 45.:

$0 = QA' \cdot K' + QA'' \cdot K'' + QA''' \cdot K'''$ (u. s. w. wenn es noch mehr Kräfte sind). Aber man hat auch

$$QA' : QA'' : QA''' = A'B' : A''B'' : A'''B''',$$

oder $e' : e'' : e''' = x' : x'' : x'''$; daher auch

$$0 = A'B \cdot K' + A''B'' \cdot K'' + A'''B''' \cdot K''',$$ oder

$0 = x'K' + x''K'' + x'''K'''$. Daß diese Gleichung für jede größere Menge von Kräften fortgesetzt werden kann, ist deutlich. — W. z. b. w.

Zusatz 1. Betrachtet man auch noch die zwei, mit der Ebene YZ eine rechtwinkliche Ecke (bei O) bildenden Ebenen XY und XZ; so wird man die analogen Gleichungen auch für die anderen Ebenen finden **). Also erhält man die drei Gleichungen:

$$\text{(I.)}\quad 0 = x'K' + x''K'' + \ldots$$
$$\text{(II.)}\quad 0 = y'K' + y''K'' + \ldots$$
$$\text{(III.)}\quad 0 = z'K' + z''K'' + \ldots$$

---

*) Geht die $A'A''$ parallel der Ebene, so sind die Perpendikel einander gleich; also geht aus der Gleichung $0 = K' + K'' + K''' + \ldots$ sogleich $0 = K'x + K''x + K'''x + \ldots$ hervor.

**) Ob die Linie $A'A'''$ die anderen Ebenen innerhalb der betrachteten Ecke, oder in ihren Erweiterungen schneidet; ist bei

Diese Gleichungen würden auch stattfinden, wenn die Ebenen keine rechtwinkliche Ecke bilden; nimmt man aber die Ecke rechtwinklich an, dann ist deutlich, daß, nachdem die Perpendikel x', x'', x''',... auf die Ebene YZ gefällt sind, die Perpendikel von den Punkten B', B'', B''',... nach den Linien (Axen) OZ und OY in der Ebene YZ gefällt, gleich den Perpendikeln y', y'',..., z', z'',... sind, so daß die Ebene YZ nebst jenen Perpendikeln, statt der drei Ebenen dienen kann. Uebrigens sind die Perpendikel $B'D'$, $B''D''$,... auch gleich den Linien OC', OC'',..., so, daß man nur auf eine der Axen (OY oder OZ) die Perpendikel (in der Ebene YZ) zu fällen braucht, wonach sich die anderen Perpendikel alsdann, durch jene ihnen gleichen Linien vom Punkte O aus auf der gewählten Linie, ergeben. — Diese rein mathematischen Beziehungen, können als bekannt vorausgesetzt werden, da sie die ersten Grundzüge der Coordinaten-Systeme enthalten.

Zusatz 2. Sind zwei Kräfte K' und K'' in der erwähnten Art würkend, gegeben; so erhält man für ihre Mittelkraft R, die drei Gleichungen:
$xR = x'K' + x''K''$, $yR = y'K' + y''K''$ und $zR = z'K' + z''K''$ (außer der Gleichung $R = K' + K''$, wobei wie bekannt K' nicht gleich K'' sein darf, sobald sie nach entgegengesetzter Richtung würken; §. 42, 2.). Man erhält hiernach die Werthe für x, y und z, wonach die Lage des Angriffpunktes der Mittelkraft R, mithin auch der Aequipollente $(-R)$ gegen die drei Coordinatenebenen, völlig bestimmt ist.

---

vorstehendem Beweise ganz einerlei. Geht sie einer der Ebenen parallel, so hindert auch dies (wie erwähnt ist) den behaupteten Erfolg nicht.

§. 48. Aufgabe.

Die Bedingunggleichungen für das Gleichgewicht von n parallelen, aber nicht in einer Ebene würkenden Kräften, zu bestimmen.

Auflösung und Beweis. Die Auflösung ist durch Hülfe des vorigen §'s, ganz analog wie die Auflösung in §. 45. durch Hülfe von §. 44. Indem man also $K', K''', K^{v}, \ldots$ so wie $K'', K^{iv}, K^{vi}, \ldots$ die zwei Gruppen von Kräften, welche nach den entgegengesetzten Richtungen würken, nennt, und die drei (rechtwinkliche) Coordinatenebenen legt; erhält man bei bekannter Bezeichnung für die Mittelkraft R, der zwei Kräfte K' und K''' die, denen in §. 47. Zusatz 2. angeführten Gleichungen entsprechenden Gleichungen. Dann sucht man für R, und K^{v} die resultirende Kraft $R_{,,}$, u. s. w., so erhält man zuletzt für die Mittelkraft R' der sämmtlichen Kräfte $K', K''', \ldots$ die Gleichungen:

$$\left.\begin{aligned} R' &= K' + K''' + K^{v} + \ldots \\ xR' &= x'K' + x'''K''' + \ldots \\ yR' &= y'K' + y'''K''' + \ldots \\ zR' &= z'K' + z'''K''' + \ldots \end{aligned}\right\} \text{ und analog: } \left\{\begin{aligned} R'' &= K'' + K^{iv} + K^{vi} + \ldots \\ xR'' &= x''K'' + x^{iv}K^{iv} + \ldots \\ yR'' &= y''K'' + y^{iv}K^{iv} + \ldots \\ zR'' &= z''K'' + z^{iv}K^{iv} + \ldots, \end{aligned}\right.$$

denn beide resultirende Kräfte R' und R'', haben laut Annahme des stattfindenden Gleichgewichts, denselben Angriffpunkt (Oder ihre möglicherweise verschiedene, aber alsdann mit beiden Richtungen in derselben Linie liegenden Angriffpunkte, können nach demselben Punkte verlegt werden). Bei Berücksichtigung der entgegengesetzten Lage der zwei Gruppen von Kräften, erhält man also die vier Gleichungen:

$$\text{(I.)}\quad 0 = K' + K'' + K''' + K^{iv} + \ldots$$
$$\text{(II.)}\quad 0 = x'K' + x''K'' + x'''K''' + \ldots$$
$$\text{(III.)}\quad 0 = y'K' + y''K'' + y'''K''' + \ldots$$
$$\text{(IV.)}\quad 0 = z'K' + z''K'' + z'''K''' + \ldots$$

welche vier Gleichungen sich nach der Führung des Beweises vermöge der mehrerwähnten Methode, sogleich als Bedingunggleichungen ergeben.

Zusatz 1. Man erhält für n nicht im Gleichgewichte befindliche Kräfte, die etwa vorhandene Mittelkraft R, aus den vier Bedingunggleichungen (nach bekannten Schlüssen; siehe §. 45. Zusatz 1.):

$$R = K' + K'' K''' + \ldots,$$ und alsdann:

$$x = (x'K' + x''K'' + \ldots) : R$$

$$y = (y'K' + y''K'' + \ldots) : R$$

$$z = (z'K' + z''K'' + \ldots) : R$$

Auch kann man die drei letzten Gleichungen als:

$$xR = x'R' + x''R'' + \ldots$$

$$yR = y'R' + y''R'' + \ldots$$ und

$$zR = z'R' + z''R'' + \ldots$$ darstellen. —

Diese Gleichungen enthalten den wichtigen Satz: Das Moment der Resultante zu jeder der Ebenen, ist gleich der Summe der Momente der einzelnen Kräfte zu dieser Ebene. — Ferner ist die Resultante gleich der Summe aller einzelnen Kräfte.

Die drei Coordinaten x, y und z, bestimmen demnach genau die Lage der, den Kräften parallelen Resultante R, also auch der Aequipollente ($-R$). Der Angriffspunkt der Kraft $\mp R$, ist in der gefundenen Richtung dieser Kraft, beliebig zu wählen.

Zusatz 2. Die Betrachtungen über den Erfolg: wenn nur die erste der vier Bedingunggleichungen, oder wenn nur die drei letzteren stattfinden; geben analoge Resultate mit dem in §. 45. Zus. 2. erwähnten Erfolge. Zu bemerken ist noch, daß, wenn man die Angriffpunkte der Kräfte alle nach der einen Ebene verlegt denkt (z. B. nach der YZ), alsdann die eine Bedingunggleichung, welche die jener Ebene entsprechenden Perpendikel (x', x'', ...) enthält, verschwindet, während die anderen Coordinaten

($y', y'' \ldots z', z'', \ldots$) sich in der Größe ändern; diese anderen Coordinaten fallen alsdann in jene eine Ebene. Wenn man dabei auch alle Kräfte in einer Ebene würkend annimmt; so verschwindet auf gewisse Weise noch eine der Gleichungen, und man erkennt dann leicht den eintretenden Fall des §. 45. (Vergl. das in §. 47. Zusatz 1. Gesagte).

Zusatz 3. Nichts hindert, die eine der drei (rechtwinklichen) Coordinatenebenen sogleich dergestalt zu legen, daß sie sämmtliche Richtungen der Kräfte senkrecht durchschneidet. Es ist einleuchtend daß, indem man die Angriffpunkte nun auch nach dieser Ebene verlegt denkt, die entsprechende Bedingunggleichung verschwindet, während die anderen Coordinaten (in der gewählten Ebene nun fallend) ihre Größe jetzt nicht ändern, man mag die Verlegung der Angriffpunkte nach der Ebene vornehmen oder nicht. Man sieht, daß für diesen Fall die zwei anderen Ebenen parallel den Richtungen der Kräfte gehen, unter diesem Umstande daher nur drei Bedingunggleichungen nöthig sind: Nemlich: 1) die Summe aller Kräfte ist Null 2) und 3) die Summe der Momente aus den Kräften in Beziehung zu jeder der zwei Ebenen, ist Null.

Anmerk. 1. Es ist nicht zu übersehen, daß der mögliche Fall, in welchem die gegebenen Kräfte keine Mittelkraft haben, sich also auf ein Paar gekoppelte Kräfte zurück führen lassen (Zusatz 2. verglichen mit §. 45. Zusatz 2.), nie eintreten kann, sobald sämmtliche Kräfte nach gleicher Richtung (z. B. alle in vertikaler Richtung abwärts) würken, weil in diesem Falle immer eine Resultante vorhanden sein muß.

Zusatz 4. Ergiebt sich bei der Berechnung der Resultante (R) zwar ein Werth, aber man erhält eine oder mehrere der Summen $x'K' + x''K'' + \ldots$, $y'K' + y''K'' + \ldots$ und $z'K' + z''K'' + \ldots$, gleich Null; so ist die eine oder mehrere der Coordinaten (x, y oder z, entsprechend jener verschwindenden Summe) auch Null

(Z. B. $x = \frac{x'K' + x''K'' + \ldots}{R} = \frac{0}{R} = 0$). Man erkennt dann leicht, daß der berechnete Angriffpunkt in einer der Ebenen (wenn ein Werth Null ist), oder in einer der Coordinatenaxen, also in zwei Ebenen (wenn zwei Werthe Null sind), oder im Scheitel der Ecke selbst, also in allen drei Ebenen (wenn alle drei Werthe Null sind) liegt. Dies ist auch für die zwei Fälle in Zusatz 2 und 3. zu merken, während der Fall wenn $R = 0$ ist, sich aus Zusatz 1. (und aus der vorstehenden Anmerkung) ergiebt.

Anmerk. 2. Obgleich durch die drei Gleichungen in Zusatz 1. die Mittelkraft in Größe und Richtung völlig bestimmt ist, und es nur einen Punkt giebt dem die drei Coordinaten x, y und z zugleich zukommen; so ist es doch noch die Frage: ob bei veränderter Lage der Coordinatenebenen gegen die Richtungen der Kräfte, wobei sich die Coordinaten auch ändern, jene Entwicklung auch einen und denselben Punkt, trotz der verschiedenen Coordinaten giebt; oder ob man nicht dadurch andere Punkte erhalten könnte, welche dann allerdings in der einen geraden Linie liegen müßten, durch welche die Richtung der (doch nur stattfindenden einen) Mittelkraft bestimmt ist (Siehe den folgenden §. und §. 50.).

§. 49. Zusatz.

Wenn die Lage der Coordinatenebenen ungeändert bleibt, und man denkt sich sämmtliche parallele Kräfte um ihre ungeänderten Angriffpunkte beliebig gedreht, doch so, daß ihre Richtungen wieder parallel gehen und ihre Größen ungeändert bleiben; so geben die Berechnungen in §. 48. Zusatz 1, genau dieselben Coordinaten x, y und z, welche man bei der ersten Lage der Kräfte erhielt, weil auch durchaus keine Aenderung in den Größen $x', x'', \ldots\ y', y'', \ldots\ z', z'', \ldots$ eingetreten ist. Man bekömmt daher auch immer denselben Punkt, er heiße C, welcher alsdann die neue Lage der (in der

Größe ungeänderten) neuen Mittelkraft (parallel den neuen Richtungen der gegebenen Kräfte) bestimmt.

Man nennt den Punkt C: den Mittelpunkt der parallelen Kräfte, auch wol blos den Mittelpunkt dieser Kräfte. Wie ungemein wichtig dieser Punkt für die Statik ist, wird sich künftig ergeben (Siehe §. 73.).

§. 50. Lehrsatz.

Für ein System paralleler Kräfte welche einen Mittelpunkt (§. 49.) haben*), ist dieser Punkt ein völlig bestimmter Punkt, wie auch die Lage der (rechtwinklichen) Coordinatenebenen gegen die Kräfte angenommen werden mag.

Beweis. Für eine erste Lage der parallelen Kräfte und der Coordinatenebenen, sei C der Mittelpunkt der parallelen Kräfte. Gesetzt nun, bei einer zweiten Lage der Coordinatenebenen, aber ungeänderter erster Lage des Systems von Kräften, fände sich ein anderer Punkt C′ als Mittelpunkt (d. p. K.); so muß derselbe offenbar in der geraden Linie liegen, welche die Richtung der (einen) Mittelkraft bestimmt (vergl. §. 48. Anmerkung 2.); diese Richtung ist also durch CC′ zu bezeichnen. Nun bringe man die Coordinatenebenen in ihre erste Lage zurück (wonach alles wie ganz zuerst ist), und gebe sämmtlichen Kräften bei ungeänderten Angriffspunkten, laut §. 49. eine andere Richtung; so geht die neue Mittelkraft wiederum durch den Punkt C, kann also nicht auch durch C′ gehen (weil ihre Lage geändert ist). Man nenne die von der CC′ verschiedene, aber durch C gehende Linie, welche jetzt die Lage der Mittelkraft bestimmt, blos L. Nun bringe man von Neuem

*) Man erinnere sich an §. 48. Anmerk. 1.

die Coordinatenebenen in jene oben angenommene zweite Lage, lasse das System der Kräfte aber in seiner (gegen seine erste Lage geänderten) Lage; so muß die nunmehr stattfindende Mittelkraft, genau in der Linie L liegen, weil am Systeme der Kräfte nichts von neuem geändert ist. Zugleich muß aber auch die Mittelkraft durch den Punkt C′ gehen, weil bei der jetzt stattfindenden Lage des Systems gegen die Coordinatenebenen, gegen jene frühere Lage bei der sich C′ als Mittelpunkt ergeben sollte, nur die Lage der Kräfte nach §. 49. geändert ist. — Wir stoßen also auf einen Widerspruch, nemlich daß die nicht durch C′ gehende Linie L, doch durch C′ geht. — Der Mittelpunkt C der Kräfte, ergiebt sich also immer als ein und derselbe Punkt. — W. z. b. w.

Zusatz. Außer der beliebigen Lage der Coordinatenebenen gegen das System der Kräfte, kann man nunmehr mit diesem Systeme noch die Aenderung nach §. 49. vornehmen, der Mittelpunkt der parallelen Kräfte bleibt stets ein völlig bestimmter Punkt. Daß durch diesen Punkt C die Aequipollente des Systems geht, braucht nur erinnert zu werden. Denkt man sich den Punkt C fest gemacht, so ist das System im Gleichgewichte (siehe §. 16, 7.) und der Punkt erhält einen Druck, gleich der Summe aller Kräfte. Nun entspricht aber einer jeden geänderten Lage der Coordinatenebenen, eine Drehung des Systems um den fest gemachten Punkt C. Es bleibt daher das System um den fest gemachten Punkt C, in jeder beliebigen Lage im Gleichgewichte, sobald nur bei der neuen Lage, alle Kräfte wieder in parallelen Richtungen würken, und in ihrer Größe ungeändert bleiben. Dieses wichtige Resultat wird von größtem Einfluß auf die Statik fester Körper (Siehe §. 73, 3.).

§. 51. Aufgabe (Fig. 17.).

Die Bedingunggleichungen für das Gleichgewicht von n, in einer Ebene nach beliebigen Richtungen würkenden Kräften zu entwickeln*).

Auflösung und Beweis. Die Kräfte K′, K″,... werden an sich, hier nicht als entgegengesetzt angesehen. Nun nehme man in der Ebene der gegebenen Kräfte zwei, sich rechtwinklich durchschneidende Coordinatenaxen OX und OY, blos X und Y genannt an, und zerlege jede der gegebenen Kräfte in zwei Seitenkräfte, welche parallel den Axen X und Y gehen; die der Axe X parallelen Seitenkräfte sollen durch M′, M″,..., die anderen der Axe Y parallel gehenden Kräfte durch N′, N″,... bezeichnet werden. Die Größe dieser Seitenkräfte ergiebt sich sogleich nach §. 28, weil man die Winkel welche die Kräfte K′, K″,... mit den Coordinatenaxen, also auch mit ihren, jenen Axen parallelen Seitenkräften bilden, als bekannt ansehen kann. Weil aber bei den Seitenkräften M′, M″, ... so wie bei N′, N″, ... entgegengesetzte Lagen entstehen, so ist es gut diese Entgegensetzung schon aus den Eigenschaften der (trigonometrischen) Linien der Winkel zu erkennen. Man bestimme daher die Ordnung, in welcher die Winkel α', α'',... so wie β', β'',... d. h. diejenigen Winkel zu nehmen sind, welche die Richtungen der Kräfte K′, K″, ... mit den Axen X und Y bilden. Hierzu ist es am natürlichsten, und der Bezeichnung in §. 32. analog, wenn man die Angriffpunkte A′, A″,... nach B′, B″, ... d. h. nach der Axe X (oder in deren Verlängerung), oder nach C′, C″, ... nemlich nach der Axe Y verlegt, und sich hier die Zerlegung in die Sei-

*) Diese Aufgabe als allgemeinere Aufgabe, schließt eigentlich §. 45. in sich; doch scheint die Trennung beider Fälle zweckmäßig zu sein.

tenkräfte vorstellt; bei Bezeichnung der hier entstehenden, ebenfalls als bekannt anzunehmenden Winkel aber, stets den Schenkel welcher in der Axe liegt (dabei immer vom Punkte X oder Y an gerechnet) zuerst nimmt, und den anderen Schenkel immer nach derselben Richtung von jener Axe aus, nimmt, wie sich dies aus den Richtungen der Kräfte sogleich einfach ergiebt. Z. B. die K′ giebt in der Axe X den Angriffpunkt B′, und der hier erzeugte $\angle \alpha'$ ist der $\angle$ XB′K′; in der Axe Y erhält man den Angriffpunkt C′, und $\angle \beta'$ ist $= \angle$ YC′K′. Ferner: die K″ würkt nach der Verlegung nach B″ oder C″, nach der Richtung B″F oder C″F, und es ist $\angle \alpha'' = \angle$ XB″F (wie der Bogen in der Figur den convexen Winkel α'' zeigt) und $\angle \beta''$ ist der (convexe) $\angle$ YC″F. Für die übrigen Kräfte K‴, K^{IV}, ... wird man die entsprechenden Winkel α und β eben so leicht finden. Auch kann man sich die gegebenen Kräfte K, sogleich nach den Axen X und Y verlegt, und hier in ihre Seitenkräfte zerlegt vorstellen. Die Beziehungen zwischen den correspondirenden Winkeln α und β, sofern sie an den Axen X und Y liegen, sowol unter sich als auch mit den Winkeln α und β an den Angriffpunkten, ergeben sich sehr einfach. Die vier Kräfte K′, ... K^{IV}, repräsentiren durch ihre Lagen, die verschieden möglichen Lagen beliebig vieler Kräfte K. Nunmehr ist:

$M' = K' \cos \alpha'$, $M'' = K'' \cos \alpha''$, ... und
$N' = K' \cos \beta'$, $N'' = K'' \cos \beta''$, ...; oder auch
$M' = K' \sin \beta'$, $M'' = K'' \sin \beta''$, ... und
$N' = K' \sin \alpha'$, $N'' = K'' \sin \alpha''$, ...

Ist nun Gleichgewicht unter den Kräften K, so findet es auch unter den Kräften M und N statt *); also muß sein (§. 45.):

---

*) Wären diese zwei Gruppen nicht jede im Gleichgewichte, so

$0 = M' + M'' + \ldots$ und auch $0 = N' + N'' \ldots$; oder:

$$\left.\begin{array}{l} 0 = K' \cos \alpha' + K'' \cos \alpha'' + \ldots \text{ und} \\ 0 = K' \cos \beta' + K'' \cos \beta'' + \ldots . \end{array}\right\} \text{(I.)}$$

Die Formen dieser zwei Gleichungen, können leicht nach den anderen genannten Werthen für M', M'', ... N', N'', ... abgeändert, nemlich die Sinus eingeführt werden. — Es bleibt nun noch die Bedingung eines gemeinschaftlichen Durchschnittpunktes zu entwickeln übrig. Zu dem Ende denke man sich die Perpendikel von den Angriffpunkten A', A'', ... auf die Axen X und Y gefällt, und bezeichne sie durch x', x'',... y', y'',...*); so ist deutlich, daß diese Perpendikel gleich den Theilen der Axen, vom Anfangpunkte O aus bis dahin wo sie von den Perpendikeln getroffen werden ($OD' = y'$, $OE' = x'$, u. s. w.), sind. Man erhält daher, sobald Gleichgewicht vorhanden ist, sofort noch die zwei Gleichungen:

$0 = x' M' + x'' M'' + \ldots$ und $0 = y' N' + y'' N'' + \ldots$ oder:

$$\left.\begin{array}{l} 0 = x' K' \cos \alpha' + x'' K'' \cos \alpha'' + \ldots \text{ und} \\ 0 = y' K' \cos \beta' + x'' K'' \cos \beta'' + \ldots . \end{array}\right\} \text{(II.)}$$

Hiernach hat man zunächst vier Gleichungen (I.) und (II.), welche sich nach der mehrerwähnten Beweismethode, als Bedingunggleichungen ergeben. Die Einführung der Sinus statt der Cosinus, ist nach dem Gesagtem leicht zu vollziehen. — Nun ist aber zu bemerken, daß aus den zwei letzten Bedingunggleichungen, diese Gleichung folgt:

$$0 = K'(x' \cos \alpha' - y' \cos \beta') + K''(x'' \cos \alpha'' - y'' \cos \beta'') + \ldots \text{(III.)}$$

---

könnte auch durch ihre vereinigte Würkung kein Gleichgewicht entstehen, da sie unter rechten Winkeln würken.

*) Hat man nur eine Axe z. B. die Y angenommen, und nach ihr die Angriffpunkte alle verlegt; so verschwindet die ganze Klasse der Coordinaten y.

welche Gleichung daher stets stattfindet, wenn Gleichgewicht vorhanden ist*). Aber es ist noch eine Frage: ob auch diese Gleichung nebst den zwei ersten Gleichungen, als drei Bedingunggleichungen erscheinen, da es immer noch zu beweisen bleibt, ob aus dieser Gleichung, auch die zwei Gleichungen (II.) sich wieder herleiten lassen**). Daß dies jedoch würklich hier der Fall ist, wird so bewiesen. Wenn man von Anfang an die Kräfte K', K'',... nach einer der Axen, z. B. nach der Y verlegt, und die Entfernungen der Angriffpunkte C', C'',... von O durch e', e'',... bezeichnet, alsdann in diesen Punkten die Zerlegungen der Kräfte in die Seitenkräfte M', M'',... N', N'',... vorgenommen hätte; so würde man (wie sich aus §. 45. und dem Gesagtem sogleich ergiebt) die drei Bedingunggleichungen erhalten haben:

$$\left.\begin{array}{l} 0 = M' + M'' + \ldots \\ 0 = N' + N'' + \ldots \\ 0 = e'M' + e''M'' + \ldots \end{array}\right\} \text{(IV.)}$$

worin man für M und N, die Werthe $K \cos \alpha$ und $K \cos \beta$ setzen kann. Daß $0 = e'N' + e''N'' + \ldots$ hier nicht stattfindet, ist deutlich, da N', N'',... in der Richtung der Y liegen.

Nun ist aber die letzte Gleichung ($e'M' + e''M'' + \ldots = 0$)

---

*) Daß man für diese Gleichung an sich, oder als Folge einer Subtraction der 1sten von der 2ten der obigen Gleichungen, auch setzen kann:
$0 = K'(y' \cos \beta' - x' \cos \alpha') + K''(y'' \cos \beta'' - x'' \cos \alpha'') + \ldots$, ist einleuchtend.

**) Wenn allgemein: $0 = a' + a'' + \ldots$ und $0 = b' + b'' + \ldots$ so ist $0 = (a' - b') + (a'' - b'') + \ldots$ Aber es ist nicht nöthig, daß hieraus wieder die zwei ersten Gleichungen folgen, weil hiernach die Summen $a' + a'' + \ldots = b' + b'' + \ldots$ ganz andere Werthe als Null haben können.

genau die Gleichung (III). Denn: es repräsentire die Kraft K jede der gegebenen Kräfte; eben so mögen dieser Kraft die Punkte A, B und C, ferner die Linien e, x und y, die Seitenkräfte M und N, und die Winkel α und β entsprechen. Dann ist

$$OC = e = OG + GC = x + AG \cdot \tan GAC, \text{ d. h.}$$

$$e = x - y \tan LBX = x - y \tan \alpha = x - y \frac{\sin \alpha}{\cos \alpha} =$$

$$\frac{x \cos \alpha - y \sin \alpha}{\cos \alpha} = \frac{x \cos \alpha - y \cos \beta}{\cos \alpha};$$ und hiernach

$eM = eK \cos \alpha = K(x \cos \alpha - y \cos \beta)$. Es ist also die dritte Gleichung in (IV.), genau die Gleichung

$$0 = K'(x' \cos \alpha' - y \cos \beta') + K''(x'' \cos \alpha'' - y'' \cos \beta'') + ..$$

Wir erhalten demnach die durch die Aufgabe gesuchten **drei Bedingungsgleichungen**:

$$\left.\begin{array}{l} \text{(I.)}\ 0 = K' \cos \alpha' + K'' \cos \alpha'' + \ldots \\ \text{(II.)}\ 0 = K' \cos \beta' + K'' \cos \beta'' + \ldots \\ \text{(III.)}\ 0 = K'(x' \cos \alpha' - y' \cos \beta') + \\ \qquad K''(x'' \cos \alpha'' - y'' \cos \beta'') + \ldots, \end{array}\right\} \text{(V.)}$$

in welche man die **Sinus** statt der Cosinus leicht einführen kann. Daß in der dritten dieser Gleichungen, auch die Differenzen in den Parenthesen umgekehrt werden können; ist schon vorher bemerkt worden.

Zusatz 1. Man kann auch sagen: die drei gefundenen Gleichungen sind die Bedingungsgleichungen für zwei verschiedene Systeme paralleler in einer Ebene würkenden Kräfte, welche wechselseitig parallel zweien senkrechten Axen in dieser Ebene gehen.

Zusatz 2. Sucht man für n **nicht** im Gleichgewichte befindliche Kräfte, **die etwa vorhandene Mittelkraft** R (oder die Aequipollente —R); so ist sie ihrer **Größe** nach:

$$R = \sqrt{((K' \cos \alpha' + K'' \cos \alpha'' + ..)^2 + (K' \cos \beta' + K'' \cos \beta'' + ..)^2)}$$

(siehe §. 32. Zusatz 1.) und für ihre Lage hat man

$$\text{tang } \alpha = \frac{\sin\alpha}{\cos\alpha} = \frac{K' \cos\beta' + K'' \cos\beta'' + \ldots}{K' \cos\alpha' + K'' \cos\alpha'' + \ldots}, \text{ oder}$$

$$\sin \alpha = \frac{K' \cos\beta' + K'' \cos\beta'' \ldots}{R} = \cos\beta, \text{ oder}$$

$$\cos \alpha = \frac{K' \cos\alpha' + K'' \cos\alpha'' \ldots}{R} = \sin\beta, \text{ wo } \alpha$$

und β die Winkel der Mittelkraft mit den Axen X und Y bedeuten. Der Punkt aber in diesen Axen, durch welchen man die Mittelkraft unter dem gefundenen Winkel zu ziehen hat, ergiebt sich aus der Gleichung:
$eM = e'M' + e''M'' + \ldots$, wenn $M = M' + M'' + \ldots$ $(= K' \cos\alpha' + K'' \cos\alpha'' + \ldots)$ ist, wo e die gesuchte Entfernung bedeutet. Eben so ist die Gleichung $fN = f'N' + f''N'' + \ldots$ zu benutzen, wenn $f', f'', \ldots$ die Entfernungen (entsprechend den e en) auf der anderen Axe sind. Am allgemeinsten aber ist es wol, die Coordinaten x und y des Angriffpunktes der Mittelkraft zu suchen; denn weil
$xM = x'M' + x''M'' \ldots$ und $yN = y'N' + y''N'' + \ldots$ ist, so ist für $M, M', \ldots N, N', \ldots$ die Werthe gesetzt:

$$X = \frac{x'K' \cos\alpha' + x''K'' \cos\alpha'' + \ldots}{K' \cos\alpha' + K'' \cos\alpha'' + \ldots} \text{ und}$$

$$y = \frac{y'K' \cos\beta' + y''K'' \cos\beta'' + \ldots}{K' \cos\beta' + K'' \cos\beta'' + \ldots}.$$

Auch ergiebt sich hiernach wiederum die dritte Bedingungsgleichung:

$$xM - yN$$
$$= (x'M' - y'N') + (x''M'' - y''M'') + \ldots$$
$$= K'(x' \cos\alpha' - y' \cos\beta') + K''(x'' \cos\alpha'' - y'' \cos\beta'') + \ldots,$$

als Gleichung für die resultirende Richtung. Andere Gleichungen für diese Richtung, welche auf der allgemeinen geometrisch-analytischen Gleichung einer geraden Linie beruhen, können hier übergangen werden. — Findet sich x oder y, oder beide Werthe gleich Null; so ist die

Deutung dieser Resultate bekannt; eben so wenn R bereits Null ist; u. dgl. m., wobei nicht zu übersehen ist, daß wenn nur der eine der Werthe $M(=K' \cos\alpha' + K'' \cos\alpha'' + \ldots)$ oder $N(=K' \cos\beta' + K'' \cos\beta'' + \ldots)$ Null ist, der andere Werth die Mittelkraft angiebt, so wie daß, wenn man für die eine Gruppe der Seitenkräfte auf gekoppelte Kräfte, für die andere Gruppe aber auf eine resultirende Kraft stößt, diese drei Kräfte stets auf eine Mittelkraft führen (§. 43, 3.), und daß, weil zwei Paar gekoppelter Kräfte in einer Ebene, sich auf ein Paar solcher Kräfte zurück führen lassen (§. 43, 2.), keine Mittelkraft vorhanden ist, sobald beide Gruppen auf gekoppelte Kräfte führen. — Daß es außerhalb der gemeinschaftlichen Ebene keine Mittelkraft für die, etwa nicht im Gleichgewichte befindlichen Kräfte giebt; ist aus §. 39. Zusatz bekannt.

Anmerk. In §. 54, 4. ist eine ausführliche Betrachtung der sämmtlichen Fälle, wenn kein Gleichgewicht hier vorhanden ist; deren umständliche Erläuterung jedoch hier nicht nothwendig ist.

§. 52. Lehrsatz.

Wenn die sämmtlichen Kräfte eines Systems A in einer Ebene liegen, die eines zweiten Systems B aber alle parallel gehen und gegen jene Ebene geneigt sind; so kann das aus beiden Systemen entstehende System (A, B), nur dann im Gleichgewichte sein, wenn jedes der zwei Systeme einzeln im Gleichgewichte ist*).

Beweis. Jeder der folgenden vier hier allein möglichen Fälle, zeigt die Unmöglichkeit des Gleichgewichts

*) Daß für diesen Fall Gleichgewicht besteht, ist für sich klar; eben so: daß kein Gleichgewicht im System (A, B) sein kann, wenn nur bei einem der beiden Systeme Gleichgewicht stattfindet.

im Systeme (A, B), wenn nemlich nicht in jedem Systeme für sich Gleichgewicht ist. —

1) Jedes der zwei Systeme hat eine Mittelkraft. — Da diese Mittelkräfte in zwei verschiedenen Ebenen liegen, so ist das Gleichgewicht unmöglich (§. 20, 1.).

2) Das System A hat eine Mittelkraft R, aber das System B hat keine Mittelkraft. — Dann lassen sich die Kräfte des B auf ein Paar gekoppelte Kräfte zurückführen (§. 48. Anmerk. 1.). Noch §. 42, 2. ist im Systeme (A, B) kein Gleichgewicht möglich.

3) Das System A hat keine, aber B hat eine Mittelkraft. — Nach §. 51. Zusatz 2. führe man die Kräfte des A auf ein Paar gekoppelte Kräfte zurück, so ergiebt sich (wie vorher aus §. 42, 2.) die Unmöglichkeit des Gleichgewichts in (A, B).

4) Keines der beiden Systeme hat eine Mittelkraft. Die zwei Paare gekoppelter Kräfte welche sich ergeben, können nach §. 43, 6. auf ein Paar gekoppelte Kräfte zurückgeführt werden. Daher wiederum in (A, B) kein Gleichgewicht ist. — W. z. b. w.

§. 53. Aufgabe (Fig. 18.).

Die Bedingunggleichungen für das Gleichgewicht von n, nach beliebigen Richtungen im Raume würkenden Kräften zu finden*).

Auflösung und Beweis. Man nehme drei rechtwinkliche Coordinatenebenen XY, XZ und YZ an. K′ sei eine der gegebenen Kräfte; x, y und z die Coordinaten

*) Es ist einleuchtend daß diese Aufgabe, die Aufgabe des §. 48, ja selbst die Aufgaben §. 45, §. 51. und §. 31. in sich schließt; doch ist die successive Aufsteigung zu dieser allgemeinsten Aufgabe, hier vorzuziehen.

ten ihres Angriffpunktes A′. Nun zerlege man K′ in drei Seitenkräfte, welche wechselseitig parallel den Durchschnittlinien der Coordinatenebenen gehen, also auch wechselseitig parallel und senkrecht zu diesen Ebenen sind. Man erhält nach §. 28. Zusatz 3. für diese Seitenkräfte, bei gehöriger Bezeichnung der Winkel, die Ausdrücke:

$K' \cos \alpha'$ für die der Axe X
$K' \cos \beta'$ — — — — Y } parallelen Seitenkräfte.
$K' \cos \gamma'$ — — — — Z

Dasselbe Verfahren wird bei allen übrigen Kräften angewendet, daher für die erhaltenen Seitenkräfte, die Ausdrücke sich ergeben:

$K'' \cos \alpha''$, $K'' \cos \beta''$, $K'' \cos \gamma''$; $K''' \cos \alpha'''$, u. s. w.

Von den drei Gruppen paralleler Kräfte, behalte man die eine, z. B. die der Axe X parallel gehenden, ungeändert bei, die zwei anderen Gruppen aber bringe man auf folgende Weise in die Ebene YZ, welcher diese beide Gruppen parallel gehen. Man verbinde mit der Kraft K′ im Punkte A′, zwei beliebig gleich große entgegengesetzte Kräfte + P′ und — P′, in die Richtung der Seitenkraft $K' \cos \alpha'$ (welche senkrecht zur Ebene YZ steht) fallend, die + P z. B. nach der Richtung A′P′. Nun suche man die Mittelkraft R′ der Kräfte + P′ und $K' \cos \gamma'$, und verlängere die Richtung der R′ bis die Ebene YZ in C′ geschnitten wird. Wird die + P′ bis zur Ebene YZ in B′ verlängert; so ist deutlich, daß die Verbindunglinie B′C′ verlängert in D′, die Axe Y senkrecht schneidet *), daß also $B'D' = z'$ ist (Siehe §. 46.). Nun zerlege man wieder die im Punkte C′ nach der Richtung C′A′R′ würkende, d. h. nach C′ in der Richtung

*) Die durch ∠ P′A′K′ $\cos \gamma'$ oder durch ∠ C′A′B′ zu legende Ebene, geht parallel der Axe Z, auch parallel der Ebene XZ, und steht senkrecht zur Ebene YZ.

der R′ verlegte Kraft, in zwei Seitenkräfte nach der Richtung C′B′ in der Ebene YZ, und nach der Richtung C′F′ senkrecht zur Ebene YZ; so gehen die erhaltenen Seitenkräfte wieder parallel den Kräften $K' \cos \gamma'$ und P′. Denkt man sich nemlich das Parallelogramm der Kräfte A′B′C′F′, in welchem C′A′ die Kraft R′ vorstelle, construirt; so repräsentiren C′B′ und C′F′, die Größen der Seitenkräfte, welche durch B′ und F′ bezeichnet werden mögen. Dann hat man:

$B' : F'$ oder $K' \cos \gamma' : P' = C'B' : C'F'$, daher ist die Linie $C'B' = \frac{C'F' \cdot K \cos \gamma'}{P'}$, oder für C′F′ gesetzt $x' (= A'B')$, giebt $C'B' = \frac{x' K' \cos \gamma'}{P'}$. Auf analoge Weise findet man durch ähnliches Verfahren bei den anderen Kräften $K'', K''' \ldots$ die (in der Figur nicht vorhandenen) Linien:

$$C''B'' = \frac{x'' K'' \cos \gamma''}{P''},\ C'''B''' = \frac{x''' K''' \cos \gamma'''}{P'''}, \ldots$$

Man hat nunmehr die Linie:

$$D'C' = D'B' - C'B' = z' - \frac{x' K' \cos \gamma'}{P'},$$ welche Linie die Coordinate des Punktes C′ in der Ebene YZ ist, während die andere Coordinate für C′ zur Axe Z, die Linie C′E′ (senkrecht zur Z) $= y'$ ist. Eben so ergeben sich die zwei Coordinaten

des Punktes C″, als $= z'' - \frac{x'' K'' \cos \gamma''}{P''}$ und $= y''$

— — C‴, als $= z''' - \frac{x''' K''' \cos \gamma'''}{P'''}$ und $= y'''$,

u. s. w.

Nun werden noch zusammengesetzt die Kräfte $- P$ und $K' \cos \beta'$; man nenne ihre Mittelkraft M′ (Fig. 18, b.), diese würkt in der Richtung gegen die Ebene YZ. Verlegt man nun auch diese Mittelkraft M′ (so wie die anderen ihr analogen Kräfte M″, M‴, ...) nach der Ebene YZ; so schneide A′M′ (oder M′) verlängert in G′ diese Ebene. In G′ zerlege man die M′ wieder in zwei, in die Ebene YZ fallende Seitenkräfte, G′S′ oder S′ parallel und gleich der $K' \cos \beta'$, und G′U′ oder U′ parallel und gleich $-P'$; so würken die parallelen Kräfte U′, U″, U‴, ... in entgegengesetzter Richtung mit den vorher erhaltenen parallelen Kräften F′, F″, F‴, ... Es bleiben nun noch die Coordinaten des Punktes G′ in der Ebene YZ, zu bestimmen. Die Perpendikel zur Y, als G′I′, G″I″, ... sind gleich den Coordinaten z′, z″, ...; aber die Perpendikel G′H′, G″H″, ... senkrecht zur Z, werden folgendermaßen bestimmt. Die Richtung der Kraft $-P'$, schneidet die Ebene YZ in der Linie G′H′, z. B. in L′, und L′H′ ist gleich y′, so wie $L''H'' = y''$, ... wird. Um die absolute Größe von G′L′ zu bestimmen, betrachte man jetzt das Parallelogramm der Kräfte G′L′A′K′ $\cos \beta'$ *); so verhält sich: L′(d. h. S′) : V′(d. h. U′) od. $K' \cos \beta' : P' = G'L' : G'V'$, also $G'L' = \frac{G'V' \cdot K' \cos \beta'}{P'} = \frac{x'K' \cos \beta'}{P'}$, indem G′V′ gleich der Coordinate x′ des Punktes A′ zur Ebene YZ ist. Also ist:

$G'H' = L'H' + G'L' = y' + \frac{x'K' \cos \beta'}{P'}$. Eben so würde sich ergeben $G''H'' = y'' + \frac{x''K'' \cos \beta''}{P''}$, u. s. w.

---

*) Die Kraft M′ in ihre Seitenkräfte nach obiger Bestimmung zerlegt, giebt eigentlich das, zur anderen Seite der Ebene YZ liegende Parallelogramm S′G′U′T′; aber für die absolute Größe der Linie G′L′, kann man auch das, diesem Parallelogramme congruente oben genannte Parallelogramm betrachten.

Um von den gemachten Bestimmungen nunmehr zu den Bedingungen des Gleichgewichts überzugehen, ist zu beachten: Die sämmtlichen Kräfte K′, K″, ... sind in zwei Klassen von Kräften verwandelt, von denen die eine Klasse die Kräfte sind, welche in der Ebene YZ liegen, die andere Klasse besteht aus lauter Kräften, welche senkrecht zur Ebene YZ stehen. Die erste Klasse enthält die Kräfte deren Angriffpunkte die Punkte C′, C″, ... und G′, G″ ... sind. Diese Kräfte sind in ihrer Größe:

$K' \cos\gamma', K'' \cos\gamma'', \ldots, K' \cos\beta', K'' \cos\beta'', \ldots;$

ihre Coordinaten sind:

$y', y'', y''' \ldots$ (von den Punkten C′, C″, C‴,... zur Axe Z) und $z', z'', z''' \ldots$ (von den Punkten G′, G″, G‴,... zur Axe Y). Für diese Kräfte hat man also sofort nach §. 51. Zus. 1. die drei Bedingunggleichungen:

$$0 = K' \cos\beta' + K'' \cos\beta'' \ldots$$

$$0 = K' \cos\gamma' + K'' \cos\gamma'' \ldots$$

$$0 = K'(y' \cos\gamma' - z' \cos\beta') + K''(y'' \cos\gamma'' - z'' \cos\beta'') + \ldots$$

Die andere Klasse von Kräften, enthält wieder drei Gruppen von Kräften, welche sämmtlich auch unter sich parallel sind; die erste Gruppe hat die Kräfte $K' \cos\alpha', K'' \cos\alpha'', \ldots$ deren Coordinaten die Linien $x', y', z', x'', y'', z'', \ldots$ sind, oder wenn man auch diese Kräfte nach der Ebene YZ verlegt denkt, so verschwinden die Coordinaten $x', x'', \ldots$ (§. 48. Zusatz 3.); die andere Gruppe enthält die Kräfte $+P', +P'', \ldots$ mit den Coordinaten

$$y', y'', \ldots z' - \frac{x' K' \cos\gamma'}{P'}, z'' - \frac{x'' K'' \cos\gamma''}{P''}, \ldots, \text{ und}$$

die dritte Gruppe hat die Kräfte $-P', -P'' \ldots$ mit den Coordinaten

$$z', z'', \ldots y' + \frac{x' K' \cos\beta'}{P'}, y'' + \frac{x'' K'' \cos\beta''}{P''}, \ldots$$

Wenn wir daher auch diese drei Gruppen zusammen=

fassen, so erhalten wir unmittelbar nach §. 48. Zusatz 3, die drei Bedingunggleichungen:

1) $K' \cos\alpha' + K'' \cos\alpha'' + \ldots + P' + P'' + \ldots - P' - P'' \ldots = 0$

d. h. $0 = K' \cos\alpha' + K'' \cos\alpha'' \ldots\ldots$ Ferner, wenn man zuerst die Summe der Momente in Beziehung zur Ebene XY betrachtet:

2) $0 = z' \cdot K' \cos\alpha' + z'' \cdot K'' \cos\alpha'' + \ldots\ldots$

$+ P'\left(z' - \frac{x'K' \cos\gamma'}{P'}\right) + P''\left(z'' - \frac{x''K'' \cos\gamma''}{P''}\right) + \ldots$

$- P'z' - P''z'' - \ldots\ldots$ Dies gehörig ausgerechnet und vereinigt, giebt zuerst:

$0 = \left\{ \begin{array}{l} z'K' \cos\alpha' + z''K'' \cos\alpha'' + \ldots \\ - x'K' \cos\gamma' - x''K'' \cos\gamma'' - \ldots \end{array} \right\}$ und dann addirt:

$0 = K'(z' \cos\alpha' - x' \cos\gamma') + K''(z'' \cos\alpha'' - x'' \cos\gamma'') + \ldots$

Endlich die Momente in Beziehung zur Ebene XZ betrachtet, giebt:

3) $0 = y' \cdot K' \cos\alpha' + y''K'' \cos\alpha'' + \ldots\ldots$

$- P'\left(y' + \frac{x'K' \cos\beta'}{P'}\right) - P''\left(y' + \frac{x''K'' \cos\beta''}{P''}\right) + \ldots$

$+ P'y' + P''y'' + \ldots\ldots$ Dies wieder aufgelöset und gehörig vereinigt, erhält man:

$0 = K'(y' \cos\alpha' - x' \cos\beta') + K''(y'' \cos\alpha' - x'' \cos\beta'') + \ldots\ldots$

Sobald im Systeme der Kräfte K', K'', K''', ... Gleichgewicht stattfindet, so muß es auch in den zwei Systemen stattfinden, welche durch Verwandlung des ersten Systems entstehen (vergl. §. 52.), und es müssen alsdann die sechs genannten Gleichungen stattfinden; umgekehrt aber bedingen die sechs Gleichungen, wenn sie gegeben sind, wiederum Gleichgewicht, da die drei ersten das Gleichgewicht der gegen die Ebene senkrecht geneigten Kräfte, zufolge der genannten Paragraphe (§. 51 und §. 48.), bedingen, und wenn in beiden Systemen einzeln Gleichgewicht ist, muß solches auch im ganzen Systeme stattfinden. — Wir erhalten demnach sechs Bedingunggleichungen für das Gleichgewicht von n, nach beliebigen Richtungen im Raume würkenden Kräften, und zwar:

(I.) $0 = K' \cos \alpha' + K'' \cos \alpha'' + \ldots$

(II.) $0 = K' \cos \beta' + K'' \cos \beta'' + \ldots$

(III.) $0 = K' \cos \gamma' + K'' \cos \gamma'' + \ldots$

(IV.) $0 = K' (z' \cos \alpha' - x' \cos \gamma') + K'' (z'' \cos \alpha'' - x'' \cos \gamma'') + \ldots$

(V.) $0 = K' (y' \cos \alpha' - x' \cos \beta') + K'' (y'' \cos \alpha'' - x'' \cos \beta'') + \ldots$

(VI.) $0 = K' (y' \cos \gamma' - z' \cos \beta') + K'' (y'' \cos \gamma'' - z'' \cos \beta'') + \ldots$.

Zu beachten ist hierbei, daß die 1ste, 4te und 5te Gleichung, die Bedingunggleichungen für das System paralleler Kräfte (parallel den Ebenen XY und XZ), und die 2te, 3te und 6te Gleichung, die Bedingunggleichungen für das System der, in der Ebene YZ liegenden Kräfte ist, wonach aus diesen sechs Gleichungen, das Gleichgewicht des ganzen Systems sich wieder ergiebt. Die drei letzten Gleichungen können hierbei auch in Hinsicht der in den Parenthesen stehenden Differenzen umgekehrt geschrieben werden, doch ist es besser sie in dieser Form beizubehalten, da sich hierin auch leicht erkennen läßt, in wiefern ihre Formen zu ändern sind, wenn die Ebene XY oder die XZ zu derjenigen Ebene gewählt wird, in welche das eine System verlegt wird.

Anmerk. Wenn kein Gleichgewicht stattfindet, sei es in dem ganzen oder in den einzelnen Systemen, und einer oder die anderen der drei letzten Werthe ist nicht Null, sondern z. B. gleich $\mp F$; so ist wol zu beachten, daß alsdann auch jener Ausdruck mit den umgekehrt geschriebenen Differenzen, gleich $\pm F$ gesetzt werden muß.

§. 54. Zusätze.

1) Es bleiben noch die Untersuchungen zur Bestimmung des Resultats übrig, das sich ergiebt, wenn kein

Gleichgewicht im ganzen Systeme vorhanden ist. Um hierbei Gelegenheit zu geben, die Sätze dieses Kapitels noch einmal genau in ihrem Zusammenhange zu übersehen, und alle besondere Fälle eines allgemeinen Falls zusammen zu stellen; sollen diese Untersuchungen ausführlich geführt werden. Die Bezeichnungen bleiben durchaus wie im vorigen §, und weil nunmehr jene sechs Gleichungen nicht mehr alle stattfinden können, so sollen die durch sie bedingten Werthe, durch A, B, C, D, E und F folgendergestalt angegeben werden:

(I.) $A = K' \cos \alpha' + K'' \cos \alpha'' + \ldots$

(II.) $B = K' \cos \beta' + K'' \cos \beta'' + \ldots$

(III.) $C = K' \cos \gamma' + K'' \cos \gamma'' + \ldots$

(IV.) $D = K' (z' \cos \alpha' - x' \cos \gamma') + K'' (z'' \cos \alpha'' - x'' \cos \gamma'') + \ldots$

(V.) $-E$*) $= K' (x' \cos \beta' - y' \cos \alpha') + K'' (x'' \cos \beta'' - y'' \cos \alpha'') + \ldots$

(VI.) $F = K' (y' \cos \gamma' - z' \cos \beta') + K'' (y'' \cos \gamma'' - z'' \cos \beta'') + \ldots$

Bemerkt sei noch, daß sich die Werthe A, D und E, auf das System der zur Ebene YZ senkrechten Kräfte, die Werthe B, C und F aber auf das System der in der Ebene YZ liegenden Kräfte beziehen. Jenes System mag durch erstes, dieses durch zweites, das der Kräfte K', K'',... aber durch ganzes System bezeichnet werden.

2) Die beiden Systeme mögen jedes eine Mittelkraft haben. Schneiden sich beide Mittelkräfte nicht in einem Punkte, so können sie auch nicht auf eine Mittelkraft für das ganze System zurückgeführt werden (§. 39.); schneiden sie sich aber in einem Punkte,

*) Ueber die Umkehrung der Differenzen in den Parenthesen für E, siehe die Anmerkung zum vorigen §.

so haben sie eine Mittelkraft R, welche dann auch die Mittelkraft des ganzen Systems ist. Da nun die Mittelkraft des ersten Systems, laut §. 48. Zusatz 1, gleich A, die des zweiten Systems aber nach §. 51. Zusatz 2, gleich $\sqrt{(B^2 + C^2)}$ ist; so ist die Größe der Mittelkraft R des ganzen Systems: $R = \sqrt{(A^2 + B^2 + C^2)}$ (§. 28. Zusatz 3.), und für die Richtung der R, hat man die drei Gleichungen $\cos\alpha = \frac{A}{R}$, $\cos\beta = \frac{B}{R}$ und $\cos\gamma = \frac{C}{R}$, worin die Bedeutung der Winkel deutlich ist.

3) Um eine Gleichung zu finden, welche für den Fall daß jene Mittelkraft vorhanden ist, stattfindet; bemerke man, daß für den Fall Nr. 2, $F = yC - zB$ ist, wie sich aus §. 51. Zusatz 2, als Gleichung für die Richtung der Mittelkraft des zweiten Systems ergiebt, wenn man $F = K'(y'\cos\gamma' - z'\cos\beta') + K''(y''\cos\gamma'' - z''\cos\beta'') + ..$ auflöset, indem dann $F = K'y'\cos\gamma' + K''y''\cos\gamma'' + ...$
$- K'z'\cos\beta' - K''z''\cos\beta'' - ... = yC - zB$ wird *). Nach §. 48. Zusatz 1 und 3. hat man hier, da y und z auch die Coordinaten der Mittelkraft des ersten Systems (für den vorausgesetzten Durchschnittpunkt) sind:

$$D = zA = K'(z'\cos\alpha' - x\cos\gamma') + K''(z''\cos\alpha'' - x''\cos\gamma'') + ...$$

und $$-E = yA = K'(x'\cos\beta'' - y'\cos\alpha') + K''(x''\cos\beta'' - y''\cos\alpha'') + ...$$

also $y = \frac{-E}{A}$ und $z = \frac{D}{A}$. Diese Werthe in die obige Gleichung für F substituirt, giebt:

---

*) Die Werthe in §. 51. Zusatz 2. von x, y, M und N, sind hier y, z, C und B.

$F = -\frac{E}{A} \cdot C - \frac{D}{A} \cdot B$, welche Gleichung wiederum giebt: $0 = A \cdot F + B \cdot D + C \cdot E$; man nenne sie U*).

Es entsteht bei dieser Gleichung die Frage: ob sie auch stattfindet, wenn die Mittelkraft des ganzen Systems daher kommt, daß nur eins der beiden Systeme eine Mittelkraft hat, was beim zweiten Systeme wieder ein Erfolg verschiedener besonderer Fälle sein kann. Ferner: ob, wenn diese Gleichung (U) stattfindet, auch immer eine Mittelkraft vorhanden ist, denn erst durch Erfüllung dieser sämmtlichen Bedingungen, wird jene Gleichung zu einer allgemeinen Bedingunggleichung. — Die Betrachtung aller einzelnen möglichen Fälle, mag dies näher zeigen.

4) Wenn nicht beide Systeme eine Mittelkraft haben; so können für den Fall des, im ganzen Systeme nicht vorhandenen Gleichgewichts, nur folgende drei Fälle stattfinden:

I. Das erste System ist im Gleichgewichte, nicht aber das zweite System (§. 16, 11.). Aus gleichem Grunde:

II. Das erste System ist nicht im Gleichgewichte, wol aber das zweite System.

III. Keines der beiden Systeme ist im Gleichgewichte (§. 52.). Diese Fälle sind einzeln zu untersuchen.

5) Ist das erste System im Gleichgewichte, so ist $A = D = E = 0$ (§. 48. Zusatz 3.); ist es das zweite aber nicht, so können die drei Werthe B, C und F nicht alle Null sein. Die einzelne Fälle sind folgende, wobei wir der Kürze wegen:

*) Hätte man $+ E = K' (y' \cos \alpha' - x' \cos \beta') + \ldots$ gesetzt, so würde die Gleichung U diese Form $0 = AF + BD - CE$ erhalten haben.

$F = K' y' \cos\gamma' - K' z' \cos\beta' + K'' y'' \cos\gamma'' - K'' z'' \cos\beta'' + \ldots$
$= K' y' \cos\gamma' + K'' y'' \cos\gamma'' + \ldots - K' z' \cos\beta' - K'' z'' \cos\beta'' \ldots$
$= C_y - B_z$ setzen wollen. Man kann nun haben:

I) $B = 0$, $B_z = 0$, $C = 0$, C_y nicht $= 0$, also auch F nicht $= 0$. In diesem Falle ist das eine der zwei in der Ebene YZ liegenden Systeme (das der Kräfte $K' \cos\beta'$, $K'' \cos\beta''$, ...) im Gleichgewichte, das andere System ist aber auf ein Paar gekoppelte Kräfte zurück zu führen*). Auf dieses Paar gekoppelte Kräfte, ist demnach auch nur das ganze System (der K', K'', ...) zurück zu führen. Analog ist das Resultat, wenn $B = 0$, B_z nicht $= 0$, $C = 0$ und $C_y = 0$ gesetzt wird. — Die Gleichung U wird 0 ($A = D = E$ u. s. w. $= 0$), und doch ist kein Gleichgewicht vorhanden, woraus man schon sieht, daß U keine allgemeine Bedingunggleichung für eine Mittelkraft ist. Die Formel $R = \sqrt{(A^2 + B^2 + C^2)}$ giebt hier auch 0, wie dies unbedingt erfolgen muß.

II. $B = 0$, $B_z = 0$, C nicht $= 0$, $C_y = 0$, also $F = 0$. Dann ist das System der Kräfte $K \cos\beta$ (in der Ebene YZ) im Gleichgewichte, das andere dieser Systeme (der Kräfte $K \cos\gamma$) hat aber die resultirende Kraft C, welche dann zugleich die R des ganzen Systems ist, wie das auch die Formel $R = \sqrt{(A^2 + B^2 + C^2)}$, da $A = B = 0$ ist, giebt. Die Gleichung U wird hier erfüllt, wie es auch sein muß wenn sie eine Bedingunggleichung ist. Analog ist der Erfolg für B nicht $= 0$, $B_z = 0$, $C = 0$ und $C_y = 0$, also auch $F = 0$.

III. $B = 0$, B_z nicht $= 0$, C nicht $= 0$, $C_y = 0$, also

---

*) Alle diese Behauptungen liegen in den mehrerwähnten Sätzen §. 48 und §. 51. begründet.

F nicht 0. Hier ist das System der Kräfte K cos β auf ein Paar gekoppelte Kräfte zurück zu führen, das andere System K cos γ hat aber eine Mittelkraft. Diese zwei Systeme, d. h. das zweite System, hat also eine Mittelkraft (§. 43, 3.), deren Grösse C auch die R giebt. Die Gleichung U wird erfüllt, wie es sein muß. Analog ist der Erfolg für B nicht $= 0$, $B_z = 0$, $C = 0$, C_y nicht $= 0$.

IV. $B = 0$, $B_z = 0$, C nicht $= 0$, C_y nicht $= 0$; oder B nicht $= 0$, B_z nicht $= 0$, $C = 0$ und $C_z = 0$. In beiden Fällen ist F nicht $= 0$. Dann ist das eine System in der Ebene YZ im Gleichgewichte, und das andere hat eine resultirende Kraft, welche die R des ganzen Systems ist; ihre Grösse ergiebt sich als C oder B. Die Gleichung U wird erfüllt, wie auch erforderlich ist.

V. $B = 0$, B_z nicht $= 0$, C nicht $= 0$, C_y nicht $= 0$; oder B nicht $= 0$, B_z nicht $= 0$, $C = 0$, C_y nicht $= 0$; F kann, braucht aber hier nicht 0 zu sein. Das Resultat ist analog dem im Falle III.; die R wird gleich C oder gleich B. Die Gleichung U ist erfüllt, wie es hier nöthig ist.

VI. $B = 0$, B_z nicht $= 0$, $C = 0$, C_y nicht $= 0$; diesem Falle entspricht kein analoger Fall. An und für sich könnte wol $B_z = C_y$, also $F = 0$ sein; dann wäre aber das System in der Ebene YZ (da $B = C = F = 0$) im Gleichgewichte, was mit der Annahme (dieser Nummer VI.) streitet; also ist F nicht $= 0$. Hier werden die zwei Systeme in der Ebene YZ auf zwei, also vereinigt auf ein Paar gekoppelte Kräfte zurückgeführt, d. h. es ist kein R vorhanden, wie es auch die Gleichung für R giebt. Die Gleichung U giebt 0, obgleich keine Mittelkraft vorhanden ist, folglich wiederholt sich die Bemerkung im Falle I. In beiden Fällen ist wol zu beachten, daß $A = B = C = 0$ ist, und das Resultat ein Paar gekoppelte Kräfte werden.

VII. B nicht$=0$, B_z nicht $=0$, C nicht $=0$, $C_y = 0$, oder
B nicht$=0$, $B_z=0$, C nicht$=0$, C_y nicht$=0$, und
B nicht$=0$, B_z nicht $=0$, C nicht$=0$, C_y nicht $=0$;
in den beiden ersten Fällen ist F nicht $= 0$, im dritten Falle könnte $F = 0$ sein. In jedem dieser drei Fälle, hat jedes der zwei Systeme in der Ebene YZ, mithin auch das zweite, und daher auch das ganze System eine R, deren Größe $\sqrt{(B^2 + C^2)}$ ist. Die Gleichung U welche auch hier erfüllt wird, giebt die vorhandene R an.

Daß diese Fälle die hier allein möglichlichen sind, findet man leicht, und daß $F = yC - zB$ die Gleichung für die Mittelkraft (in den Fällen II, III, IV, V und VII.) ist, ist bereits in Nr. 3. gezeigt. Die Modificationen dieser Gleichung in den einzelnen dieser Fälle, ergeben sich sehr einfach.

6) Im Falle II. Nr. 4, ist $B = C = F = 0$, weil das zweite System im Gleichgewichte ist; weil das erste System aber nicht im Gleichgewichte sein soll, so können A, D und E nicht sämmtlich Null sein. Da die Kräfte $K \cos \alpha$ dieses Systems alle parallel gehen, so sind nur die zwei Fälle hier möglich:

I. Das erste System hat eine resultirende Kraft, welche alsdann auch die R des ganzen Systems ist. Dann ist aber A nicht $= 0$, D und E aber sind den Umständen nach einzeln oder beide, gleich oder ungleich Null. Die Gleichung $R = \sqrt{(A^2 + B^2 + C^2)}$ giebt die $R = A$, und die Gleichung U wird erfüllt wie es, sobald sie eine Bedingunggleichung ist, sein muß. Die verschiedenen Fälle für D $(= A_z - C_x)$

und E $(= A_y - B_x)$, geben nur für die Lage der R einen Ausschlag.

II. Das erste System ist auf ein Paar gekoppelte Kräfte zurück zu führen. Dann ist $A = 0$, aber die Werthe D und E können nicht beide gleich 0 sein (sonst wäre Gleichgewicht), wiewol sie beide verschieden von 0 sein können. Jene gekoppelten Kräfte sind also das Resultat für das ganze System, dessen R sich, wie es sein muß $= 0$ ergiebt. Die Gleichung U findet hier statt, obgleich keine Mittelkraft vorhanden ist, daher die Anmerkung in Nr. 5, I und VI. zu wiederholen, und ebenfalls zu bemerken ist, daß hier $A = B = C = 0$ ist. — Die Ursachen aus denen D oder E nicht beide gleich Null sein können, sind leicht zu finden, wenn man die Werthe für D und E (siehe Fall I.) näher betrachtet, indem A_z $(= K'z' \cos \alpha' + K''z'' \cos \alpha'' + \ldots)$ und A_y $(= K'y' \cos \alpha' + K''y'' \cos \alpha'' + \ldots)$ die Summe der Momente der Kräfte $K \cos \alpha$, zu den Ebenen XY und XZ, so wie C_x $(= K'x' \cos \gamma' + K''x'' \cos \gamma'' + \ldots)$ und B_x $(= K'x' \cos \beta' + K''x'' \cos \beta'' + \ldots)$ die Summe der Momente der Kräfte $+ P', + P'', + \ldots - P', - P'', - \ldots$ zu den Ebenen XY und XZ sind. Es kann also entweder jedes der zwei Systeme (der Kräfte $K \cos \alpha$ und $\mp P$) auf ein Paar gekoppelte Kräfte, also auch beide auf ein solches System zurückgeführt werden, oder es ist das eine von ihnen im Gleichgewichte, das andere aber auf ein Paar gekoppelte Kräfte zu bringen.

7) Im Falle III. Nr. 4. sollte keines der zwei Systeme im Gleichgewichte sein. Nehmen wir also den Fall, wo jedes dieser Systeme eine Mittelkraft hat, und beide Mittelkräfte sich in einem Punkte schwinden, als be-

reits in Nr. 2. untersucht, hier aus; so bleiben folgende drei Fälle übrig:

I. Das erste System hat eine Mittelkraft und das zweite System ist auf ein Paar gekoppelte Kräfte zurückzuführen. — Nach §. 43, 7. ist keine Mittelkraft vorhanden. Aus der eben gemachten Annahme und dem in Nr. 6, I. so wie in Nr. 4, I und VI. Gesagtem, folgt nun, daß A nicht = 0 sein kann, wol aber B und C = 0 sind. Weil nun aber F nicht 0 sein kann (Nr. 4, I und VI.), so giebt die Gleichung U, den Werth $A \cdot F + B \cdot D + C \cdot E = A \cdot F$ d. h. nicht 0; für diesen Fall dient sie also als Bedingunggleichung. Das ganze System ist hier auf zwei Kräfte in zwei verschiedenen Ebenen zurück zu führen (§. 43, 7.).

II. Das erste System ist auf ein Paar gekoppelte Kräfte zurück zu führen, das zweite aber hat eine Mittelkraft. Es kann wiederum keine gemeinschaftliche Mittelkraft vorhanden sein, und das ganze System wird auch hier auf zwei, in verschiedenen Ebenen liegende Kräfte zurückgeführt. — Man hat bei dieser Annahme A = 0, D und E aber nicht beide gleich 0. Nun sind die Fälle, in denen das zweite System eine Mittelkraft hat, zu betrachten, wie solche in Nr. 5, in den Fällen II, III, IV, V und VII. aufgestellt sind. Im Falle VII. ist weder B noch C gleich Null; es mag also D oder E = Null sein, so bleibt in der Gleichung U, der Werth $C \cdot E$ oder $B \ D$, und $C \cdot E + B \cdot D$ bleibt, wenn zugleich weder B noch C gleich Null ist. In den vier anderen Fällen, ist einer der Werthe B oder C gleich Null, wie dies die nähere Betrachtung jener Fälle sogleich zeigt, die man leicht zur

Uebersicht zusammenstellen kann *). Ist hierbei weder D noch E gleich Null; so giebt die Gleichung U, die Werthe C·E oder B·D, sie wird also nicht erfüllt, wie es hier auch sein muß. Ist aber einer von beiden Werthen z. B. D = 0, also E nicht = 0; so sieht man, daß in jedem ersten Falle der vier mehrerwähnten Fälle, wo B = 0 ist, die Gleichung U den Werth C·E giebt, also nicht erfüllt wird; dagegen in jedem der vier zweiten Fälle, wo C = 0 ist, auch U = 0 wird. Die Gleichung (U) dient also auch hier nicht als Bedingunggleichung. Analog ist es, wenn E = 0 (also D nicht = 0) angenommen wird, wonach in den vier zweiten Fällen U = B·D, in den vier ersten Fällen aber U = 0 wird. Die Gleichung U wird also wieder in mehreren Fällen erfüllt, ohne daß eine Mittelkraft vorhanden ist, und dies sind hier die zwei Fälle: wo A = D = C = 0, oder wo A = E = B = 0 ist; das Resultat aber sind zwei, nicht in einer Ebene liegende Kräfte.

III. Jedes der zwei Systeme ist auf ein Paar gekoppelte Kräfte zurückzuführen. — Hier hat man A = B = C = 0, es mag nun jedes der zwei in der Ebene YZ liegenden Systeme, oder nur eines derselben auf ein Paar gekoppelte Kräfe zurückzuführen sein. Die Gleichung U wird wiederum erfüllt, obgleich keine Mittelkraft vorhanden ist, sondern das ganze System auf ein Paar gekoppelte Kräfte zurück geführt wird (§. 43, 6.).

*) Die vier Fälle haben in Hinsicht von B und C, alle den doppelten Fall, daß entweder B = 0 und C nicht = 0, oder daß B nicht = 0 und C = 0 ist. Die Werthe von F sind dabei bald 0 (in Nr. II.), bald nicht 0 (Nr. III. und IV.) oder können eines von beiden sein (Nr. V.).

IV. Jedes der zwei Systeme hat eine Mittelkraft, beide Mittelkräfte schneiden sich aber nicht in einem Punkte. Hier ist wiederum keine weitere Zurückführung des Systems möglich. Uebrigens ist $D = E = 0$; F kann, braucht aber nicht $= 0$ zu sein, wie die Fälle Nr. 5, II, III, IV, V und VII. zeigen. Also kann die Gleichung U allerdings erfüllt werden (wenn $F = 0$ ist) ohne daß eine Mittelkraft vorhanden ist, braucht es aber nicht (Wenn F nicht $= 0$ ist; denn A kann bei dieser Annahme nicht $= 0$ sein).

8) Nach allen diesen Untersuchungen, in welchen sämmtliche mögliche Fälle betrachtet sind, erhalten wir demnach diesen Schluß:

Wenn eine beliebig große Menge irgend wie im Raume würkende Kräfte, nicht im Gleichgewichte ist; so sind folgende Resultate möglich. Entweder:

I. Die sämmlichen Kräfte haben eine Mittelkraft, deren Größe und Richtung durch die Formeln in Nr. 2. und deren Modificationen, bestimmt ist. Für diesen Fall wird die Gleichung U $(= A \cdot F + B \cdot D + C \cdot E = 0)$ immer erfüllt. — Oder:

II. Die Kräfte haben keine Mittelkraft; dann sind sie immer zurück zu führen, entweder: auf ein Paar gekoppelte Kräfte, oder auf zwei nicht in einer Ebene liegende Kräfte. Die Gleichung U dient hier nicht allgemein zur Bedingunggleichung, man nehme denn die zwei Fälle aus: wenn $A = B = C = 0$ ist, wobei dann das Resultat immer ein Paar gekoppelte Kräfte ist (Nr. 5, I und VI, und Nr. 7, III.), und: wenn $A = D = C = 0$, oder wenn $A = E = B = 0$, oder wenn $D = E = F = 0$ ist, in welchen drei Fällen die Kräfte, auf ein Paar nicht in einer Ebene liegende Kräfte zurück zu führen sind (Nr. 7, II.).

§. 55.

§. 55. Anmerkung.

Indem hiermit die Bedingungen für das Gleichgewicht der zu einem freien Systeme verbundenen Kräfte, oder die stattfindenden Beziehungen wenn kein Gleichgewicht bei solchem Systeme vorhanden ist, sämmtlich untersucht sind; soll nur noch angeführt werden, daß die Momente der Kräfte in Beziehung zu Ebenen, in sehr genauem Zusammenhange mit den Projectionen der Flächen und Linien stehen, und dieser Zusammenhang elementar dargestellt werden kann. Es erscheinen hier sehr merkwürdige Relationen, die theils zur Vereinfachung oder Verallgemeinerung mehrerer der bisher gelehrten statischen Relationen, theils zur Veränderung der Coordinatenebenen (bei den gehabten Sätzen) dienen. Es kann jedoch die hieraus hervorgehende Lehre, welche man auch wol: Lehre von den Momenten im Raume nennt, hier übergangen werden, da sie für die Folge in diesem Buche nicht gebraucht wird, und mehr interessante Speculationen, als wesentlich statische Lehren enthält. Man kann unter anderen darüber nachlesen: Poisson, Lehrbuch der Mechanik (2 Theile; aus dem Französischen übersetzt von E. Schmidt; Stuttgart und Tübingen 1825), und andere neuere mechanische Werke.

Drittes Kapitel.

Vom Gleichgewichte eines Systems von Kräften, welches um einen festen Punkt oder eine feste Linie drehbar ist. Oder: vom Hebel und der Drehaxe.

---

§. 56. Einleitung.

Wenn ein System irgend wie verbundener Kräfte (§. 38.), im Falle kein Gleichgewicht vorhanden ist, genöthigt wird sich um einen festen (fixen) Punkt oder um eine feste (fixe) Linie (§. 5, 8.), zu drehen; so ist das System nicht mehr frei, sondern auf gewisse Weise gebunden und drehbar. Auch kann die Drehung eines Systems um eine Ebene d. h. in der Richtung der Ebene erfolgen, wobei aber, wie sich leicht ergiebt, in der Ebene ein Punkt, oder eine gegen die Ebene geneigte Linie, um deren einen Punkt die Drehung erfolgt, gedacht werden muß*); doch werden Drehungen dieser letzteren Art weniger, als die Drehungen um fixe Punkte und Linien, worauf überdies jene zurück zu führen sind, betrachtet. — Die sämmtlichen hierher gehörenden Untersuchungen, sind nur als eine Erweiterung des vorigen Kapitels zu betrachten, indem sie durch Hülfe von §. 16, 6 und 7. aus jenen Lehren hergeleitet werden. Weil aber in der Anwendung der statischen Lehren, besonders auf feste Körper, fast nur jene drehbare Systeme erscheinen; so ist es der vielen merkwürdigen Modificationen der allgemeinen Lehren des vorigen Kapitels we-

---

*) Nimmt man z. B. an, daß bei zwei concentrischen Kreisen, der äußere sich um den inneren als fix angenomenen Kreis dreht; so geschieht jene Drehung doch auch um den Mittelpunkt dieses letzten Kreises.

gen zweckmäßig, diesen Systemen ein besonderes Kapitel zu widmen.

§. 57. Erklärungen.

1) Ist eine (gerade oder krumme) Linie um einen festen Punkt drehbar, dergestalt, daß Kräfte welche gegen jene Linie würken, entweder keine Drehung veranlassen, oder eine Drehung erfolgt, sobald in der Größe oder Richtung irgend einer jener Kräfte eine Veränderung eintritt; so nennt man jene drehbare Linie: einen Hebel. Wenn diese Linie, wie es in diesem Kapitel stets geschieht, nur als eine mathematische Linie (§. 17, 2.) angesehen wird; so nennt man den Hebel auch wol einen mathematischen Hebel, von welchem hier zunächst immer nur bei der Benennung Hebel, die Rede ist (Siehe §. 92.).

Anmerk. 1. Daß der Hebel in der hier genommenen Bestimmung, sich nur um einen Punkt drehen kann, und daß er selbst eine feste (starre) Linie (§. 17, 2.) sein muß; ist deutlich. Daß die, durch die erwähnte Aenderung bei einer der Kräfte erfolgte Drehung, durch mehrere solcher Aenderungen wieder aufgehoben werden kann; ist für sich deutlich, doch wol zu beachten.

2) Jener feste Punkt in Nr. 1, heißt der Drehpunkt oder das Hypomochlion (auch wol Ruhe= oder Stützpunkt) des Hebels.

3) Der in Nr. 1. erwähnte Zustand der Kräfte vor der erfolgten Drehung, heißt das Gleichgewicht der Kräfte am Hebel oder das Gleichgewicht des Hebels. — Das Bestreben zur Drehung, ist demnach auch im Zustande des Gleichgewichts vorhanden.

4) Die Entfernung vom Drehpunkte bis zu den Angriffpunkten der Kräfte, heißen die Hebelarme. Die Angriffpunkte heißen auch wol zuweilen: die An= oder Aufhängepunkte des Hebels.

5) Mann theilt die Hebel in geradlinigte und krummlinigte (oder gebogene) Hebel ein, welche Benennungen für sich deutlich sind. Auch nennt man einen aus zwei, unter einem schiefen Winkel zusammengesetzten Hebeln bestehenden Hebel, dessen Drehpunkt der Scheitel dieses Winkels ist, einem Winkelhebel, wonach die Benennung: Schenkel des Winkelhebels, deutlich ist. Die bloße Benennung Hebel, bezieht sich, wenn der Zusammenhang es nicht anders bedingt, immer auf einen geraden Hebel.

Anmerk. 2. Nur bei einem geraden Hebel sind die in Nr. 4 erwähnten Entfernungen oder Hebelarme, unmittelbar Theile des Hebels.

6) Würken alle Kräfte zu einer und derselben Seite des Drehpunktes, so heißt der Hebel ein einarmiger Hebel, würken sie aber zu beiden Seiten jenes Punktes, so hat man einen zweiarmigen (doppelarmigen) Hebel.

7) Ist eine Ebene um eine fixe Linie drehbar (wobei die Ebene also ihre Lage im Raume stets ändert), so heißt sie eine Drehebene, und jene Linie: die Drehaxe, oder blos Axe genannt. — Was Gleichgewicht der Drehebene heißt, ist nach Nr. 1. und 3. deutlich.

Anmerk. 3. Daß eine Ebene nach der eben bestimmten Bedeutung, sich nur um eine gerade Linie drehen kann, ist für sich deutlich. — Bemerkt sei nur noch, daß man auch wol die Drehebenen, mit unter die allgemeine Benennung der Hebel begreift, und dann von Hebellinie und Hebelebene redet: doch ist die obige Eintheilung wol vorzuziehen. — Die Theorie beider Vorrichtungen ist, wie in §. 56. gesagt wurde, in denselben allgemeinen Sätzen des vorigen Kapitels gegründet.

8) Der Begriff der Momente beim Hebel und der Drehaxe, ist in seinen verschiedenen Bedeutungen aus §. 34. und §. 46. deutlich, wie sich aus dem Gebrauche dieser Benennung an den gehörigen Stellen, immer so-

gleich ergiebt. Auch ist aus jenen §§ deutlich, in wiefern der Drehpunkt des Hebels zum Mittelpunkt der Momente, und die Drehaxe bei der Drehebene zur Axe der Momente dienen können.

9) Da man den Hebel so wie die Drehaxe beliebig erweitern kann, so erhalten diese Linien erst ihre Länge durch bestimmte, den Umständen angemessene Grenzpunkte.

§. 58. Grund- und Zusätze (Fig. 19.).

1) Würken sämmtliche Kräfte zum Hebel in einer Ebene, in welcher zugleich der Hebel, von welcher Form dieser auch sei, liegt; so kann die Drehung des Hebels, nur in dieser Ebene erfolgen (Vergl. §. 16, 12). Der Erfolg unter anderen Bedingungen, ist aus diesen Bedingungen künftig zu entwickeln, oder ist bei gewissen einfachen Fällen leicht zu erkennen.

2) Man kann einen Hebel auf unendlich viele Arten gegen einen anderen Hebel, nach welchem die Angriffpunkte laut §. 19. verlegt werden, und welcher durch den unveränderten Drehpunkt geht, vertauschen, ohne die Würkung der Kräfte zu ändern. Dies erhellet sogleich aus denen in §. 38. erwähnten Betrachtungen. Hiernach kann man z. B. den krummen Hebel MON, auf welchen die in einer Ebene würkenden Kräfte K′, K″, ... zu den Angriffpunkten A′, A″, ... würken, gegen den Hebel SOT vertauschen, wenn B′, B″, ... die Angriffpunkte werden. Auch hätte man vom Drehpunkte O nach allen Punkten A′, A″, ... gerade Linien ziehen können; sind diese (feste) Linien in fester Verbindung, so daß sie nur gemeinschaftlich eine Drehung um O machen können; so entsteht gleichsam ein vielarmiger Hebel, der alsdann die Stelle der anderen Hebel völlig vertritt. — Man kann hiernach die Untersuchungen bei

den verschiedenen Hebeln, auf die Relationen beim geraden Hebel zurückführen, sobald alle Kräfte in einer Ebene würken, und leicht finden, wie die Verbindung bei Kräften, oder bei Hebeln welche nicht in einer Ebene liegen, abgeändert werden kann.

3) Eine auf den Drehpunkt gerichtete Kraft, kann für das Gleichgewicht ganz außer Acht gelassen werden, da sie zur Drehung des Hebels nichts beitragen kann. Dagegen ist diese Kraft von Bedeutung für den Druck *), welchen der Drehpunkt erhält (Vergl. §. 16, 5.). Bei mehreren solcher Kräfte, ist das Resultat ihres Drucks, nach §. 33. Zusatz 2. zu bestimmen.

4) Der Zustand des Gleichgewichts beim Hebel, kann von der Art sein, daß er ungestöhrt erhalten wird, wenn man den Drehpunkt wegdenkt oder wegnimmt. Denn ein jedes freie System (wie solches im vorigen Kapitel immer betrachtet wurde), ist als ein Hebel jener Art anzusehen, wenn man bei diesem Systeme laut §. 38. einen Hebel anbringt, und einen beliebigen Drehpunkt annimmt. In diesem Falle erhält der Drehpunkt von den Kräften keinen Druck. Man nennt ihn dann auch wol einen freien Hebel **). — Wenn aber bei einem freien Hebel, irgend ein Angriffpunkt (oder ein beliebiger anderer Punkt in der Richtung einer Kraft, sobald er nur gehörig in feste Verbindung mit den übrigen Kräften gesetzt worden ist) fest (fix) gemacht, und diese Kraft weggenommen wird; so bleibt das Gleichgewicht beim nunmehr um jenen Punkt drehbaren Hebel, unge-

*) In wiefern hier und in der Folge für Druck, Zug gesetzt werden kann, ist bekannt.

**) Das Gleichgewicht eines freien Systems, wird hiernach auch wol ein vollkommnes, das beim Hebel und der Drehaxe aber ein unvollkommnes Gleichgewicht genannt.

stöhrt, nur erhält dieser Drehpunkt jetzt einen Druck, gleich der wegenommenen Kraft, aber nach der ihr entgegengesetzten Richtung (Vergl. §. 16, 7.). — In diesem Satze liegt zunächst die Zurückführung der Hebellehre, auf die Sätze des vorigen Kapitels.

5) Würken alle Kräfte in der Richtung eines geraden Hebels; so ist dieser im Gleichgewichte, und der Druck auf den Drehpunkt, ergiebt sich aus der Summe sämmtlicher Kräfte bei Berücksichtigung ihrer Richtungen (Vergl. §. 19. Zusatz). Ist der Hebel krumm, so findet ebenfalls Gleichgewicht statt, sobald alle Kräfte in einer Richtung auf den Drehpunkt zu, würken (Vergl. auch Nr. 3. d. §'s).

6) Bei der Drehaxe einer Drehebene, kann man jede zwei beliebige Punkte als fest ansehen, und hierdurch ist die Drehaxe völlig bestimmt. Aber auch jeden anderen Punkt in dieser Axe kann man als fest ansehen, und ihn den Umständen gemäß in Verbindung mit den Angriffpunkten der würkenden Kräfte setzen.

7) Beim Hebel so wie bei der Drehaxe, kann man zweckmäßig solchen Kräften, welche jenen oder diese nach entgegengesetzten Richtungen zu drehen streben, entgegengesetzte Vorzeichen geben. Diese entgegengesetzten oder auch den Umständen nach gleichen Vorzeichen, ergeben sich nebst der Wahl anderer zweckmäßiger Bezeichnungen, in vorkommenden Fällen sehr einfach.

8) In wiefern man statt der Drehebene, auch eine krumme Fläche als Drehfläche annehmen kann; ergiebt sich sogleich, sobald nur die Drehaxe eine gerade Linie bleibt (§. 38 und §. 57, 7. Anmerk. 3.).

§. 59. Aufgabe (Fig. 20.).

Die Bedingunggleichungen für das Gleichgewicht von n in einer Ebene, nach parallelen

Richtungen auf einen Hebel würkenden Kräften zu finden.

Auflösung und Beweis. Wenn der Hebel kein gerader Hebel ist, so verwandele man ihn nach §. 58, 2. in den geraden Hebel MN. Dann stelle man sich den gegebenen Kräften parallel, auf den Drehpunkt O würkend, eine Kraft R, gleich und entgegengesetzt dem Drucke vor, welchen der Drehpunkt von jenen n Kräften erhält, also dergestalt, daß der Drehpunkt weggenommen werden kann, ohne das vorausgesetzte Gleichgewicht zu stöhren (§. 58, 4.). Nun wähle man im Hebel einen beliebigen Mittelpunkt der Momente, wozu der Drehpunkt, als ein von Anfang an bestimmter Punkt, sehr zweckmäßig dient. Die Bedingunggleichungen ergeben sich nunmehr sogleich aus §. 45., wobei wiederum e', e'', ... die Entfernungen jenes Punktes von den Punkten A, bedeuten. Nimmt man die Kraft R wieder weg, indem man den Drehpunkt wieder herstellt; so trägt dieser als fester Punkt jeden Druck, daher die erste Bedingunggleichung in §. 45. nunmehr wegbleiben kann, jedoch dazu dient, die Größe des Druckes zu bestimmen, den der Drehpunkt von jenen Kräften erhält. Dieser Druck, er heiße D, ist demnach

(I.) $D = K' + K'' + K''' + \ldots$, wobei die nach gleichen Richtungen würkenden Kräfte K' und K''', so wie K'', K^{IV} und K^{VI} gleiche Vorzeichen haben. Das Vorzeichen jener Summe, bezeichnet dann die Richtung des Drucks D. Hieraus ergiebt sich nun sogleich der Satz:

Der Druck welchen der Drehpunkt nach einer den Kräften parallelen Richtung erhält, ist genau so groß, als er sein würde, wenn sämmtliche Kräfte in Richtungen, welche parallel ihrer ersten Richtungen gehen, un-

mittelbar auf den Drehpunkt würkten (Siehe §. 19. Zusatz).

Jene erste Gleichung hört demnach auf: **Bedingunggleichung** für das Gleichgewicht beim Hebel zu sein, so wichtig sie auch an sich ist; und es bleibt demnach die **einzige hier stattfindende Bedingunggleichung übrig** (laut §. 45.):

(II.) $0 = e'K' + e''K'' + e'''K''' \ldots$

Achtet man bei dieser Gleichung auf die entgegengesetzten Vorzeichen der Werthe e und K; so kann man die Bedingunggleichung für das Gleichgewicht auch so ausdrücken:

$$e'K' + e^{vi}K^{vi} = e''K'' + e^{iv}K^{iv} + e'''K'''$$

wobei alsdann alle Werthe e als **positiv** erscheinen, diejenigen Momente von K aber zu derselben Seite des Gleichheitzeichens kommen, welche **den** Kräften entsprechen, die den Hebel nach derselben Richtung zu drehen streben, wie K' nebst K^{vi}, und K'', K^{iv} nebst K'''. In Worten erhält man den Satz:

Wenn Gleichgewicht beim Hebel (unter der Bedingung der Aufgabe) vorhanden ist, so sind die Summen der Momente von denen Kräften gleich, welche den Hebel nach gleichen Richtungen zu drehen streben. Und: sind diese Summen der Momente beim Hebel gleich, so findet Gleichgewicht statt (Welche Linien zur Bestimmung der Momente gewählt werden, ist erwähnt).

Anmerk. Es ist nicht zu übersehen, daß wenn man einen andeeren Mittelpunkt der Momente wählt als den Drehpunkt, auch auf die Entfernung desselben vom Drehpunkte Rücksicht zu nehmen, so wie zu beachten ist, daß man sich im Drehpunkte eine Kraft, gleich dem Drucke welchen dieser Punkt erhält (also gleich der Summe der sämmtlichen Kräfte) vorstellen muß. Andere Bemerkungen lassen sich leicht hier anknüpfen und beurtheilen: z. B. wenn einer der Angriffpunkte zum Drehpunkte gemacht wird; oder wenn man statt des Hebels MN, einen auf sämmtlichen Richtungen senkrechten Hebel genommen hätte (d. h. wenn man von O auf alle Richtungen Perpendikel gefällt denkt): u. dgl. m. — Der zuletzt genannte Satz wird auch wol: der Satz von der Gleichheit der Momente beim Hebel, genannt.

Zusatz. Findet unter den angenommenen Bedingungen der Würkung der Kräfte, kein Gleichgewicht statt, sondern es entsteht eine Drehung des Hebels (in der Ebene der Kräfte); so ist aus §. 45. Zusatz 1. das Resultat leicht zu beurtheilen. Eben so ist zu beachten, daß aus der Gleichung (II.), die Größe einer der fehlenden Kräfte, oder der Angriffpunkt einer Kraft u. dgl. m. berechnet werden kann. Besonders wichtig aber kann es werden, den etwa fehlenden Drehpunkt zu bestimmen, wenn sämmtliche übrige Größen gegeben sind. Wie diese Bestimmung durch Hülfe eines beliebig angenommenen Mittelpunktes der Momente geschieht; ist nunmehr deutlich (Siehe auch das Beispiel in §. 45. Anmk.).

§. 60. Zusätze (Fig. 21, 22 und 23.).

1) Sind n Kräfte welche in einer Ebene und in paralleler Richtung auf den Hebel würken, im Gleichgewichte; so kann man den Hebel beliebig um den Drehpunkt drehen, d. h. ihn in eine andere Lage bringen; sobald die Angriffpunkte nicht geändert werden, und die Kräfte in der neuen Lage des Hebels wieder alle in paralleler Richtung würken, so wird auch wiederum Gleichgewicht sein. Dieser wichtige Satz ist eine unmittelbare Folge aus der gefundenen Bedingunggleichung. Denn: sobald Gleichgewicht stattfand, ist die Gleichung erfüllt, und weil der Voraussetzung gemäß, bei der neuen Lage des Hebels wiederum die Gleichung stattfindet, so muß auch Gleichgewicht vorhanden sein.

Ueberhaupt ist der Drehpunkt des Hebels hierbei, ein Mittelpunkt der parallelen Kräfte (Vergl. §. 49 und §. 50.).

2) Ein für die Anwendung gewöhnlicher Fall ist, daß nur zwei Kräfte in parallelen Richtungen auf einen geraden Hebel würken*). Wenn die alsdann stattfindenden Relationen auch bereits im vorigen §. enthalten sind, so sind sie doch besonders wichtig, und um im vorkommenden Falle sogleich richtig beurtheilt werden zu können, sollen die vorzüglichsten Modificationen angeführt werden.

a) Sind K′ und K″ (Fig. 21.) die zwei in parallelen Richtungen zum Hebel M′N′ würkenden, und im Gleichgewichte befindlichen Kräfte; so hat man:
die Proportion $OA' : OA'' = K'' : K'$, oder die Bedingunggleichung $K' \cdot OA' = K'' \cdot OA''$. Ferner ist der Druck auf O, d. h. $D = K' + K''$ nach der Richtung und in der Ebene der würkenden Kräfte K. Aus dem eben Genanntem und §. 42, 1, hat man nun auch: $A'A'' : A'O : A''O = D : K'' : K'$. Die Formeln welche sich hieraus für die einzelnen Werthe jeder dieser sechs Größen ergeben, sind sogleich zu finden.

b) Kommt der Hebel M′N′ aus seiner Lage, in die Lage $M_{,}N_{,}$, indem er sich in der Ebene der Kräfte dreht; so beschreiben die Angriffpunkte die Bogen $A'A_{,}$ und $A''A_{,,}$. Nach Nr. 1. ist unter den dort erwähnten Bedingungen, auch in der neuen Lage wiederum Gleichgewicht vorhanden (Sobald es in der ersten Lage stattfand). Nun verhalten sich die beschriebenen Bogen wie die Radien A′O und A″O, also auch umgekehrt wie die Kräfte, d. h. $A'A_{,} : A''A_{,,} = OA' : OA'' = K'' : K' (= K_{,,} : K_{,})$**).

---

*) Die noch gewöhnlichere Annahme: daß die zwei Kräfte senkrecht zum Hebel würken; ist zu eingeschränkt um hier angenommen zu werden.

**) Fällt man von N und M auf M′N′ die Perpendikel $N_{,}P'$

c) Auch beim **einarmigen** Hebel (Fig. 22.) finden die Sätze a und b, mit gehöriger Berücksichtigung der Lage des Drehpunktes gegen die Angriffpunkte, statt. Nemlich:

$OA' : OA'' = K'' : K'$, und $D = K' - K''$ (da $K' > K''$ sein muß)*), oder $D : K' : K'' = A'A'' : OA'' : OA'$ (siehe auch §. 41. Zusatz) indem man den Druck auf den Drehpunkt, stets als eine Kraft ansehen kann. Bringt man den Hebel aus der Lage OA'' in die Lage $OA_{,,}$, so hat man in Beziehung auf die Bogen $A'A_,$ und $A''A_{,,}$, die Proportion:

$$A'A_, : A''A_{,,} = K'' : K' \; (= K_{,,} : K_,) = OA' : OA''.$$

d) Macht man in einer geraden festen Linie $A'A''$ (Fig. 23.) **zwei** Punkte A' und A'' **fest**, und läßt irgend wo zwischen ihnen z. B. in O, eine Kraft K nach der Richtung OK würken; so vertheilt sich der Druck den die K auf die beide Punkte A' und A'', nach Richtungen parallel der K ausübt, nach den umgekehrten Verhältnissen der Entfernungen von O, d. h. $D' : D'' = OA'' : OA'$. Dies ergiebt sich sogleich, wenn man (laut Nr. a.) in den Drehpunkt eine Kraft, gleich dem Drucke den er erhält anbringt, und ihn dann frei, dagegen die Angriffpunkte der Kräfte fest macht, und die Kräfte dann wegnimmt.

Anmerk. 1. Diese Vertheilung des Drucks, ist eine einfache Folge aus §. 40. Man untersuche nun, wie die Vertheilung

---

und $M_,P''$; so kann man (weil $\Delta ON_,P' \sim \Delta OM_,P''$ ist) leicht beweisen, daß: $N'P' : M'P'' = K' : K''$, oder $K''.NP' + K'.M'P'' = 0$ ist (Vergl. §. 37, 4.).

*) Die **Richtung** des **Drucks** D ist offenbar (parallel und) nach der Richtung der K' d. h. nach $OS \# M'K'$; dies giebt das Zeichen der Differenz $K' - K''$, oder auch die Betrachtung, daß wenn man statt des festen Punktes eine Kraft gleich D anbringen und Gleichgewicht erhalten wollte, die Richtung dieser Kraft nach $OT \# K'$ angebracht werden muß (Siehe §. 40 und §. 16, 6.)

lung auf jeden der zwei Punkte erfolgen würde, wenn bei den festen Punkten A' und A'', die Kraft in der Richtung der Linie zwischen beiden Punkten, würkte. — —

e) Analog findet man auch die Vertheilung des Druckes, wenn die Kraft K außerhalb der zwei festen Punkte A' und A''' würkt, wonach sich alsdann verhält D' : D''' = OA''' : OA'; der Druck D''' aber würkt nun entgegengesetzt mit dem Drucke D'.

Würken mehrere Kräfte auf eine, in zwei Punkten fixe Linie; so erhält man den Druck nach dem bereits Vorgetragenem, indem man entweder den, von jeder einzelnen Kraft, den besonderen Umständen gemäß herrührenden Druck auf jeden der zwei festen Punkte sucht, oder indem man die Resultante sämmtlicher würkenden Kräfte sucht, und deren Druck alsdann gehörig vertheilt.

Anmerk. 2. So leicht es ist, die Vertheilung des von einer Kraft auf zwei feste Punkte herrührenden Druckes zu bestimmen; so schwierig wird es, diese Vertheilung bei mehreren Kräften und mehr als zwei festen Punkten zu berechnen. Und doch sind die Gesetze dieser Vertheilung, in den Anwendungen der Statik sehr wichtig (Siehe auch §. 66. Zusatz).

f) Das Gleichgewicht beim Hebel wird nicht gestöhrt, wenn man eine (oder auch beide) der Kräfte zu derselben Seite des Hebels wo sie würkt, unter einen Winkel würken läßt, welcher der Nebenwinkel des ersten Richtungswinkels ist (Die Richtung der Kraft wird also wieder dieselben Winkel wie zuerst, nnr in der vertauschten gegenseitigen Lage mit dem Hebel, bilden). Man überzeugt sich hiervon sogleich, wenn man die ursprüngliche und die neue Kraft in zwei Seitenkräfte zerlegt, von denen die eine senkrecht zum Hebel, die andere aber in der Richtung des Hebels würkt. In wiefern sich jedoch der Druck auf den Drehpunkt ändert, ergiebt sich auch sogleich aus jener Zerlegung. Aus gleichen Gründen kann die analoge Zerlegung beliebig vieler Kräfte bei jedem Hebel, geschehen.

g) Sind die beiden gegebenen Kräfte gleich groß und würken in entgegengesetzten (wiewol parallelen) Richtungen; so sind es gekoppelte Kräfte, welche also, auch wenn sie allein beim Hebel würken sollen, keinen Drehpunkt, oder kein Gleichgewicht des Hebels erzeugen (Vergl. §. 42, 2.) *).

§. 61. Aufgabe (Fig. 24.).

Die Bedingunggleichungen für das Gleichgewicht von n in einer Ebene, aber nach beliebigen Richtungen auf den Hebel würkenden Kräften zu finden **).

Auflösung und Beweis. Ist der gegebene Hebel nicht gerade, so verwandle man ihn nach §. 58. in einen geraden Hebel; CE sei derselbe. Stellt man sich nun jede der würkenden Kräfte K, in zwei Seitenkräfte M und N zerlegt vor, von denen die eine M senkrecht zum Hebel, die andere N aber in der Richtung des Hebels würkt; so ist deutlich, daß der Drehpunkt O, den Druck sämmtlicher Kräfte N trägt, die Würkung dieser Sei-

---

*) Bei gekoppelten Kräften nennt man auch wol die senkrechte Entfernung der beiden Richtungen: den Hebelarm der gekoppelten Kräfte, und das Produkt aus dieser Linie mit einer der Kräfte: das Moment der gekoppelten Kräfte. Daß das Moment das Maaß der Energien ist (§. 43. Zusatz 2.), ist ein leicht zu beweisender Satz in der Lehre der gekoppelten Kräfte (Siehe das in §. 42. Anmerk. genannte Werk, §. 51.).

**) Wenn auch die Aufgabe dieses §'s, die Aufgabe des §. 59. mit enthält; so ist doch die Folge dieser Aufgaben aus denen, in analogen Fällen angeführten Gründen, wie sie hier steht, zweckmäßiger.

tenkräfte in Beziehung auf das Gleichgewicht, daher verschwindet. Wenn also die Seitenkräfte M im Gleichgewichte sind, so besteht dasselbe beim Hebel CE. Bezeichnet wieder e die Entfernungen der Angriffpunkte A vom Drehpunkte als Mittelpunkt der Momente; so ist nach §. 59. die Bedingung fürs Gleichgewicht, daß

$e'M' + e''M'' + e'''M''' + \ldots = 0$, oder daß

$e'M' + e^{IV}M^{IV} + \ldots = e''M'' + e'''M'''$ ist, in welchen zwei gleichbedeutenden Gleichungen die Werthe e, den mehrerwähnten Bedingungen gemäß, zu nehmen sind *). Setzt man aber die in der Figur bezeichneten Winkel, nach den gehörigen Richtungen genommen, gleich α; so ist deutlich, daß $N' = K' \cos \alpha'$, $N'' = K'' \cos \alpha''$,... so wie $M' = K' \sin \alpha'$, $M'' = K'' \sin \alpha''$,... ist, und die so eben genannten Gleichungen, bei Berücksichtigung der Lage der e en, nunmehr werden:

$0 = e'K' \sin \alpha' + e''K'' \sin \alpha'' + e'''K''' \sin \alpha''' + \ldots$, oder

$$e'K' \sin \alpha' + e^{IV}K^{IV} \sin \alpha^{IV} + \ldots =$$
$$e''K'' \sin \alpha'' + e'''K''' \sin \alpha''' + \ldots$$

Diese letzte Bedingunggleichung ist die üblichste, und man wird leicht hiernach einen, dem in §. 59. genannten 2ten Satze analogen Satz bilden können. Der von den Kräften $K \sin \alpha$ oder M, auf den Drehpunkt ausgeübte Druck, heiße D_m; er ist (laut §. 59.) gleich $M' + M'' + M''' + \ldots = D_m$, und würkt nach einer den Kräften M parallelen Richtung auf O. Der von den Kräften N', N'', ... ausgeübte Druck auf O, heiße D_n; dieser würkt in der Richtung des Hebels und ist gleich $N' + N'' + N''' \ldots = D_n$. Setzt man beide Kräfte D_m und D_n in O zusammen,

*) Nemlich: in der ersten Gleichung sind die Werthe von e entgegengesetzt zu nehmen, sofern sie zu entgegengesetzten Seiten des Drehpunktes liegen; in der 2ten Gleichung werden aber die Werthe von e, alle von gleicher Eigenschaft angenommen.

so ergiebt sich der resultirende Druck D, den der Drehpunkt überhaupt von sämmtlichen Kräften K erhält; die Richtung der Kraf D, hängt natürlich von den Richtungen der Kräfte D_m und D_n ab, und in der Figur ist eine solche Richtung beispielweise angenommen. — Man erkennt nunmehr sogleich den, mit dem in §. 59. genannten analogen Satz:

Der Druck auf den Drehpunkt ist genau derselbe, welcher (nach §. 32.) entstehen würde, wenn sämmtliche Kräfte unmittelbar auf den Drehpunkt, nach Richtungen die parallel den ersten Richtungen gehen, würkten.

Die gefundene höchst einfache Bedingunggleichung:

$$\text{(I.)}\quad e'K'\sin\alpha' + e^{IV}K^{IV}\sin\alpha^{IV} + \ldots = e''K''\sin\alpha'' + e'''K'''\sin\alpha''' + \ldots$$

hätte aber auch sogleich aus den drei Bedingunggleichungen des §. 51. abgeleitet werden können; denn jene zwei ersten Gleichungen verschwinden beim Hebel, weil der Drehpunkt jeden Druck trägt, dagegen jene dritte Gleichung:

$$0 = K'(x'\cos\alpha' - y'\cos\beta') + K''(x''\cos\alpha'' - y''\cos\beta'') + \ldots$$

giebt, sobald man den Hebel als die, dort durch Y bezeichnete Axe ansieht, zunächst:

$$0 = K'x'\cos\alpha' + K''x''\cos\alpha'' + \ldots,$$

indem die Linien y hier verschwinden. Jene Werthe x sind aber hier die Linien e, denn O ist hier als Drehpunkt des Hebels, der Anfangpunkt der Coordinaten für die Axe X, welche Coordinaten hier in die Axe Y, d. h. in den Hebel fallen. Aber jene Winkel α welche sich dort auf eine, zur Axe Y senkrecht stehende Axe bezogen, verwandeln sich hier, wo sie in die Axe Y (in den Hebel) fallen, in ihre Complemente, daher statt $\cos\alpha$ dort, hier $\sin\alpha$ zu setzen ist. Mithin erhalten wir wieder die Bedingunggleichung $0 = e'K'\sin\alpha' + e''K''\sin\alpha'' + e'''K'''\sin\alpha'' + \ldots$,

oder

oder wenn wir auf die Kräfte Rücksicht nehmen, welche den Hebel zu derselben Seite zu drehen streben, so erhalten wir die vorher genannte Bedingunggleichung:

$$e'K' \sin \alpha' + e^{IV}K^{IV} \sin \alpha^{IV} + \ldots =$$
$$e''K'' \sin \alpha'' + e'''K''' \sin \alpha''' + \ldots$$

Uebrigens sieht man auch sogleich, daß diese Gleichung die Bedingunggleichung des vorigen §'s einschließt, indem alle $\sin \alpha$ einander gleich sind, wenn die Kräfte parallel würken, daher die Factoren $\sin \alpha$ in der eben genannten Gleichung, verschwinden.

Zusatz. Die in §. 59. gemachten Bemerkungen, lassen sich unmittelbar auch hier übertragen. — Will man die Größe und Richtung des Drucks auf den Drehpunkt allgemein darstellen; so liegen die Gleichungen hierfür in den Formeln des §. 32., indem man, wie erwähnt, die Kräfte alle unmittelbar im Drehpunkte (ihren ersten Richtungen parallel) würkend denkt. Man hat daher für die Größe des Drucks D:

$$D = \sqrt{\begin{pmatrix}(K' \cos \alpha' + K'' \cos \alpha'' + \ldots)^2 + \\ (K' \sin \alpha' + K'' \sin \alpha'' + \ldots)^2\end{pmatrix}},$$ und für

die Richtung, wenn φ dem Winkel mit dem Hebel entspricht, die Formeln:

$$\cos \varphi = \frac{N' + N'' + N''' + \ldots}{D}$$ oder

$$\sin \varphi = \frac{M' + M'' + M''' + \ldots}{D},$$ u. dgl. m., wobei die

Werthe für die Kräfte N und M bekannt sind. Die Bemerkungen welche in §. 32. über die Richtung der Kraft D gemacht sind; sind auch hier zu beachten.

§. 62. Zusätze (Fig. 24 und 25.).

1) Um das Gleichgewicht unter der Voraussetzung des vorigen §'s zu untersuchen, fällt man auch wol vom Drehpunkte nach den Richtungen sämmtlicher Kräfte

(oder deren Verlängerungen) Perpendikel OP (Fig. 24.). Nennt man sie kurz p, so ist allgemein $p = e \sin \alpha$, wobei dann die Linien p auch entgegengesetzte Zeichen bekommen können (Sofern die Kräfte denen sie entsprechen, zu entgegengesetzten Seiten des Hebels würken). Setzt man diese Werthe von p in die, im vorigen §. gefundene Bedingunggleichung; so wird sie diese:

$$0 = p'K' + p''K''' + p'''K''' + \ldots \text{ oder}$$

$$p'K' + p^{IV}K^{IV} + \ldots = p''K'' + p'''K''' + \ldots,$$

wo denn auf jeder der beiden Seiten die Kräfte erscheinen, welche den Hebel nach gleichen Seiten um den Drehpunkt zu drehen streben, und wobei sowol die Werthe von p als von K, ohne weiteren Gegensatz, d. h. als absolut erscheinen. Uebrigens sieht man ein, daß man alle die Perpendikel p, als Hebelarme annehmen kann, welche um den Drehpunkt O eine gemeinschaftliche Drehung haben, sobald sie nur unter sich in fester Verbindung stehen; der Hebel CE kann alsdann ganz weggelassen werden. Diese und manche andere Verlegung der Hebelarme bei ungeänderter Größe und Richtung der würkenden Kräfte, ergiebt sich aus §. 38., und erzeugt gleichsam einen vielarmigen Hebel.

2) Nunmehr ist auch die Theorie des Winkelhebels (§. 57, 5.) deutlich. Ist A′OA″ (Fig. 25.) ein Winkelhebel, dessen Arme (Schenkel) OA′ und OA″ durch a′ und a″, so wie durch α' und α'' die Winkel welche die Kräfte K′ und K″ mit diesen Armen bilden, bezeichnet werden mögen; so denke man sich entweder durch O den geraden Hebel C′C″ gelegt, und untersuche nach §. 61. das Gleichgewicht bei diesem, für den Winkelhebel zu setzenden geraden Hebel, oder man fälle die Perpendikel OP′ und OP″ (p′ und p″) zu den Richtungen der Kräfte; so ist $p'K' = p''K''$ die Bedingunggleichung für das Gleichgewicht, wofür man $a' \sin \alpha' K'$

$= a'' \sin \alpha'' K''$ setzen kann. Die Richtung und Größe des Drucks auf den Drehpunkt, wird analog wie bisher, nemlich dadurch bestimmt, daß man die Kräfte ihren Richtungen parallel nach dem Drehpunkte verlegt, und hier (durch das Parallelogramm der Kräfte) die resultirende Kraft bestimmt. Eben so würde die Entfernung OA″ (= a″) als Hebelarm eingeführt werden, wenn z. B. der eine Arm ODA″ gebogen wäre. Besteht der Winkelhebel aus mehr als zwei Schenkeln, oder würken mehr als zwei Kräfte auf ihn; so sind die Untersuchungen für das Gleichgewicht, nunmehr ohne nähere Erläuterung leicht zu führen. Auch kann man aus gleichen Gründen wie in den analogen erwähnten Fällen, die eine (oder beide) der Kräfte unter den Nebenwinkel ihres ersten Richtungwinkels würken lassen, ohne das Gleichgewich zu stöhren (Siehe §. 60, 2, f).

3) Ist Gleichgewicht bei einem Winkelhebel A′OA″, und man verlegt den einen Arm z. B. OA′ nach $OA_{,}$, so daß $OA_{,}$ in fester Verbindung mit OA″ steht, und die Kraft K′ nach der Richtung $A_{,}K_{,}$ unter demselben Winkel gegen den Hebelarm würkt wie zuerst; so ist auch der Winkelhebel $A_{,}OA''$ im Gleichgewichte. Denn: verlängert man die Richtung $A_{,}K_{,}$ nach $A_{,}{}'K$; so ist $'K$ ($= K_{,} = K'$) im Gleichgewichte mit K′ (Nr. 2.) *), also, da auch $K_{,}$ und $'K$ im Gleichgewichte sind, so würkt $K_{,}$ dasselbe als K′, d. h. die Verlegung der Kraft stöhrt das Gleichgewicht, oder überhaupt die Würkung der K′ nicht. — Durch die Verlegung der Arme, zeigt sich ein neues Mittel für die Verlegung einer Kraft bei irgend einem Hebel.

Anmerk. 1. Hiermit sind die Bedingungen des Gleichgewichts für den Hebel alle genannt. Nimmt man die Kräfte zwar auf

---

*) $\sin \angle\, 'KA_{,}O = \sin \angle\, K_{,}A_{,}O = \sin \angle\, K'A'O.$

eine um einen Drehpunkt bewegbare Linie, aber nicht in einer Ebene unter sich würkend an; so sollen die Relationen für das Gleichgewicht im folgenden §. Zusatz 1. erwähnt werden; die Idee des Hebels, geht jedoch hierbei eigentlich verloren. Eben so könnte man sich Kräfte die ganz beliebig im Raume würken, durch eine feste krumme Linie verbunden, und diese sich um einen Drehpunkt drehend denken, und diesem ganzen Systeme die Benennung: Hebel geben; jedoch ist dies nicht üblich, und man untersucht die Bedingungen des Gleichgewichts hierfür lieber allgemein, ohne das System einen Hebel zu nennen (Siehe den folgenden §.).

Anmerk. 2. Um den Satz vom Princip der virtuellen Geschwindigkeit (§. 37 Anmerk.) beim Hebel zu zeigen; nehme man in Fig. 21. die beschriebenen Bogen $A'A_{\prime}$ und $A''A_{\prime\prime}$ als unendlich klein, oder so an, daß man sie als garade Linien ansehen kann. Fällt man nun von $A_{\prime}$ und $A_{\prime\prime}$ auf die ursprünglichen Richtungen der Kräfte die Perpendikel $A_{\prime}B'$ und $A_{\prime\prime}B''$; so sind die (in ihren Eigenschaften entgegengesetzten) Linien $A'B'$ und $A''B''$, die; nach den Richtungen der Kräfte genommenen virtuellen Geschwindigkeiten der Angriffpunkte, welche durch a' und a'' bezeichnet werden mögen. Nun soll $0 = a'K' + a''K''$ sein. — Fällt man die Perpendikel OC' und OC'', so ist $\Delta\, OA'C' \backsim \Delta\, A'B'A_{\prime}$ ($A'A_{\prime}$ als gerade Linie angesehen), weil $\angle\, OC'A' = \angle\, A'B'A_{\prime}$ (als recht) und weil $\angle\, OA'C' = \angle\, B'A_{\prime}A'$ ist (Indem nemlich $\angle\, A_{\prime}A'C' = \angle\, A_{\prime}A'O + \angle\, OA'C' = R + \angle\, OA'C'$ (und auch als Außenwinkel des Triangels $A_{\prime}A'B'$) $= \angle\, A'B'A_{\prime} + \angle\, B'A_{\prime}A' = R + \angle\, B'A_{\prime}A'$ ist). Aus der Aehnlichkeit dieser Triangel folgt nun $OC' : B'A' = OA' : A'A_{\prime}$. Eben so findet man leicht, daß $\Delta\, OA''C'' \backsim \Delta\, A''A_{\prime\prime}B''$ ist (Die rechten Winkel bei C'' und B'', so wie die gleichen Winkel $OA''C''$ und $A''A_{\prime\prime}B''$ (als Ergänzungen des Winkels $B''A''A_{\prime\prime}$ zum rechten Winkel) zeigen die Aehnlichkeit dieser Triangel). Man hat also wieder $OC'' : B''A'' = OA'' : A''A_{\prime\prime}$. Vergleicht man diese Proportion mit der vorigen, so hat man, weil die letzten Verhältnisse einander gleich sind (§. 60, 2, b), auch

$OC' : B'A' = OC'' : B''A''$; und weil beim Winkelhebel $C'OC''$ $OC' : K'' = OC'' \cdot K'$ (Nr. 2. des §'s); so hat man hiernach $B'A' : B''A'' = K'' . K'$, also $K' . B'A' = K'' . B''A''$ oder $K'a' = K''a''$. Und endlich, wenn man auf die entgegengeletzte Eigenschaft der Linien a' und a'' Rücksicht nimmt, ist $a'K' + a''K'' = 0$. W. z. b. w.

§. 63. Aufgabe.

Es sollen die Bedingunggleichungen für das Gleichgewicht einer, beliebig im Raume würkenden Menge von Kräften gesucht werden, wenn nach aufgehobenem Gleichgewichte, das System sich um einen Drehpunkt dreht.

Auflösung und Beweis. Die Bedingunggleichungen sind eine unmittelbare Folge aus §. 53. Denn, legt man den gemeinschaftlichen Anfangpunkt der Coordinaten, oder den Durchschnittpunkt der drei Coordinatenebenen (§. 53.), in den Drehpunkt O des Systems der Kräfte K', K'',...; so erhellet aus §. 53., bei gleichen Bezeichnungen wie dort, daß, weil die resultirenden Kräfte der, durch Zerlegung der würkenden Kräfte erhaltenen Seitenkräfte $K \cos \alpha$, $K \cos \beta$ und $K \cos \gamma$, alle durch den Drehpunkt gehen müssen (weil widrigenfalls kein Gleichgewicht möglich ist, da diese Kräfte, wenn sie Resultanten haben, sich nicht gegenseitig tilgen können), die drei letzten Gleichungen statt finden müssen. Dagegen sind die drei ersten Gleichungen wiederum unwesentlich, weil der Drehpunkt den Druck D der Resultanten trägt. Was den Druck D anbetrifft, so ergiebt sich seine Größe allgemein gleich $D = \sqrt{(A^2 + B^2 + C^2)}$, wo A, B und C die Werthe der drei ersten Gleichungen, wenn sie alle oder einige nicht Null sind, bedeuten, ganz wie in §. 54, 1. diese Annahme gemacht, und über den Werth dieses allgemeinen Ausdrucks schon dort das Ausführliche gesagt wurde. Ist $D = 0$, so ist der Drehpunkt unnöthig, wiewol nicht hinderlich für das Gleichgewicht des, dann stattfindenden freien Systems. Die Richtung der Kraft D, erhellet eben so aus §. 54, 2.

Die Frage: nach welcher Richtung die Drehung erfolgt, wenn das Gleichgewicht gestöhrt wird? ergiebt sich aus der Bestimmung der Kraft, durch deren Aenderung oder Hinzukommen die Stöhrung entsteht, indem nach den gehabten Sätzen in §. 54. die nunmehr vorhandene Resultante zu suchen ist, welche sich aber den dort erwähnten Betrachtungen gemäß, keineswegs zu ergeben braucht, in welchem letzteren Falle das Resultat gekoppelte Kräfte, oder Kräfte welche nicht in einer Ebene liegen, giebt.

Zusatz 1. Die Relationen für das Gleichgewicht bei einem geraden Hebel, auf welchen in ganz beliebigen Richtungen Kräfte würken*), zu bestimmen; ist nur ein besonderer Fall des gegenwärtigen §'s, indem, wenn man durch den Drehpunkt den Anfangpunkt der Coordinaten, und die eine Durchschnittlinie (zweier Ebenen) in den gegebenen Hebel legt, zwei der Coordinaten nunmehr verschwinden. Also, wenn z. B. y und z diese verschwindenden Coordinaten sind, werden die Gleichungen

$0 = x'K' \cos\beta' + x''K'' \cos\beta'' + \ldots$ und

$0 = x'K' \cos\gamma' + x''K'' \cos\gamma'' + \ldots$, die Relationen für das Gleichgewicht bedingen (Man sehe die drei letzten Gleichungen in §. 53., und setze $y = z = 0$). Auch ergiebt sich das nothwendige Verschwinden einer der drei Gleichungen schon daraus, daß, wenn man jede der Kräfte K in drei Seitenkräfte zerlegt, von denen die eine in den Hebel fällt; diese Seitenkräfte für das Gleichgewicht unwesentlich sind, die anderen zwei Seitenkräfte aber dergestalt bestimmt oder in ihrer Lage gewählt werden können, daß sie zwei Systeme von Kräften bilden, deren jedes parallele Kräfte in einer Ebene giebt, daher nach §. 59. sich ebenfalls jene zwei Gleichungen ergeben. — Die Bestimmung des Drucks auf den Dreh-

*) Siehe die Anmerkung zum vorigen §.

punkt, und andere anzunehmende Modificationen, ergeben sich nunmehr ohne Erläuterung.

Zusatz 2. Man erkennt leicht was der Erfolg ist, wenn von den drei letzten Gleichungen in §. 53. oder 54., eine oder mehrere nicht 0 sind, d. h. nicht erfüllt werden. Denn: ist z. B. der Werth D, oder $K'(z'\cos\alpha' - x'\cos\gamma') + K''(z''\cos\alpha'' - x''\cos\gamma'') + \ldots$ nicht $= 0$, und die der freien Axen XO parallelen Kräfte sind auch nicht 0; so geben diese Kräfte der Ebene YZ, wenn die Axe OY fest und die OZ frei ist, die Kräfte in der Ebene YZ aber im Gleichgewichte sind, eine Drehung um die OY. Analog ist es bei einem der anderen Werthe, wenn er nicht Null ist. Jene drei letzten Gleichungen nennt man auch wol Rotationsgleichungen, weil sie die Drehung des Systems um feste Axen bestimmen, dagegen die drei ersten Gleichungen Translationsgleichungen heißen, weil sie, wenn ihre Werthe nicht 0 sind, die Fortschreitung des Systems sobald es frei ist, bedingen, indem alsdann eine Resultante stattfindet. — Die Drehungen um feste Axen, sollen im folgenden §. näher betrachtet werden. — Daß keine Drehung jenes Systems möglich ist, wenn zwei oder gar wenn alle drei Axen fest sind; ist für sich deutlich.

Zusatz 3. Nimmt man blos parallele Kräfte in einem um einen Drehpunkt drehbarem Systeme an; so ist nunmehr deutlich, welche zwei der mehrerwähnten drei Gleichungen oder Werthe (D, E und F) jetzt Null werden müssen. — Ueberhaupt sind die sich ergebenden Modificationen jener sechs Gleichungen, zum Behufe eines Drehpunktes, leicht zu beurtheilen.

§. 64. Aufgabe (Fig. 26.).

Die Bedingunggleichungen für das Gleichgewicht der, auf eine Drehebene (§. 57, 7.) würkenden Kräfte, oder eines um eine Drehaxe drehbaren Systems zu finden.

Auflösung und Beweis. Ist MN die Ebene welche um die Drehaxe OQ drehbar ist; so ist bereits bekannt, daß diejenigen Kräfte welche gegen die Axe, also auch die welche in der Ebene MN würken, für das Gleichgewicht außer Acht bleiben können, wohin auch die, in jener Ebene der Axe parallel würkenden Kräfte, gehören. Den von allen diesen Kräften auf die Axe ausgeübten Druck zu finden, wird sich sogleich ergeben. — Was die übrigen Kräfte betrifft, welche ein Bestreben zur Drehung der Ebene äußern; so kann man sie entweder danach eintheilen, in so fern sie zu den beiden Seiten der Axe OQ gegen die Ebene würken, oder auch in so fern sie das Bestreben haben, die Ebene nach entgegengesetzten Richtungen zu drehen, wodurch diese Kräfte dann mit den entgegengesetzten Eigenschaften (Vorzeichen) eingeführt werden müssen, wie dies auf analoge Weise bei den allgemeinen, auf Null reducirten Bedingunggleichungen des Hebels (§. 59., u. a. O.) geschah. — Dann könnte man als besondere Modificationen in Beziehung auf die Lage der Kräfte K auch unterscheiden: ob sie alle in einer Ebene, oder ob sie in verschiedenen Ebenen liegen, und in jedem dieser Fälle wäre wieder zu unterscheiden: ob die Kräfte alle parallel, oder in beliebigen Richtungen würken. — Wir können aber alle diese verschiedenen Fälle auf eine allgemeine Weise auflösen. Nemlich: man suche die resultirende Kraft aller zu der einen Seite der Axe z. B. zur Seite OQN würkenden Kräfte, sie heiße S; eben so die Resultante T der sämmtlichen zur anderen Seite OQM würkenden Kräfte. Die Bestimmung der S und der T, geschieht nach den Sätzen des vorigen Kapitels, welche den Lagen der Kräfte K entsprechen. Sind C und E die Angriffpunkte der Kräfte S und T; so ist die Lage dieser Punkte, mithin auch die Linie CE und deren Durchschnitt D mit der Axe OQ, bekannt. Man hat also nur zu untersuchen nöthig, ob die Kräfte S und T im Gleichgewichte stehen, wonach sich das Gleichgewicht der Drehebene richtet, so wie die Mittelkraft dieser zwei Kräfte wenn kein Gleichgewicht vorhanden ist, auch die Mittelkraft der sämmtlichen Kräfte K, ist. — Der Druck D, den die Axe offenbar im Punkte D erhält, ergiebt sich gleichfalls nach den Sätzen des vorigen Kapitels, als gleich der Resultante der Kräfte S und T, wozu dann noch der Druck jener Anfangs erwähnten (für das Gleichgewicht nicht wesentlichen) Kräfte kommt, der sich auf eine Kraft, oder auf ein Paar gekoppelte Kräfte zurückführen läßt. Ihre Vereinigung mit der Kraft D, geschieht nach dem Parallelogramme der Kräfte, oder diese Drücke haben keine Mittelkraft. Es können diese letzten Kräfte also keine neue Schwierigkeiten erzeugen.

Anmerk. Die wichtigsten Fälle mögen im folgenden §. besonders betrachtet werden, wobei sich dann auch einige wesentliche Bemerkungen anknüpfen lassen.

§. 65. Zusätze.

1) Man bezeichne die zu der einen Seite der Drehaxe würkenden Kräfte durch K', K''',... und K'', K^{iv},... insofern sie die Ebene nach entgegengesetzten Seiten zu drehen streben; analog seien die Bezeichnungen $K_{,}$, $K_{,,,}$,... und $K_{,,}$, K_{iv}, ..., so, daß K' und $K_{,}$, so wie K'' und $K_{,,}$, nach einer und derselben Seite der Drehebene würken, also die Ebene nach entgegengesetzten Richtungen zu drehen streben. Die Angriffpunkte mögen durch A mit den entsprechenden Abzeichen, und die Perpendikel von A zur Axe OQ, durch x, so wie durch B die Punkte wo diese x die Axe treffen, bezeichnet werden. Hiernach

werden die Produkte xA, Momente der Kräfte zur Axe OQ. Endlich nehme man in der Axe OQ noch einen beliebigen Mittelpunkt der Momente, z. B. den Punkt O an, und benenne die Entfernungen von ihm bis zu den Punkten B, mit y (mit den entsprechenden Abzeichen).

2) Der am häufigsten bei Drehaxen vorkommende Fall ist der, daß die sämmtlichen Kräfte K in parallelen Richtungen (gewöhnlich sogar senkrecht) zur Ebene würken. Dann ist die Resultante S der Kräfte K', K'', K''', ..., $S = K' + K'' + K''' + \ldots$, eben so $T = K_{,} + K_{,,} + K_{,,,} + \ldots$ (§. 48. Zusatz 1.). Die Coordinaten x und y des Angriffpunktes C (und analog für E) sind nach §. 48. Zusatz 1.

$x = (x'K' + x''K'' + x'''K''' + \ldots) : S$ und

$y = (y'K' + y''K'' + y'''K''' + \ldots) : S$, wodurch die Lage des Punktes C (und analog bei der Bestimmung von E) sich ergiebt. Da S und T auch (als parallel den sämmtlich parallelen Richtungen der Kräfte) unter sich parallel sind; so ist nunmehr, wenn beide Kräfte nach derselben Richtung zur Ebene gehen, also die Ebene nach entgegengesetzten Seiten zu drehen streben, Gleichgewicht vorhanden, sobald $S \cdot DC = T \cdot DE$ (§. 64., zurückgeführt auf §. 59. und §. 40.), oder wegen der Aehnlichkeit der Triangel CDU und EDV, wenn $S \cdot CU = T \cdot EV$ ist, wobei EU und EV die Coordinaten der Punkte C und E sind. Diese Gleichung läßt sich bei Berücksichtigung der Eigenschaften der Werthe für die vier darin vorkommenden Größen, auch so darstellen:

$x'K' + x''K'' + x'''K''' + \ldots = x_{,}K_{,} + x_{,,}K_{,,} + x_{,,,}K_{,,,} + \ldots$, so daß die Coordinaten y, hierbei ganz unwesentlich sind. In welchem Sinne diese Gleichung auf Null zu reduciren ist, ist bekannt.

3) Würken die gegebenen Kräfte **nicht parallel**; so ist es am einfachsten, sie in solche zwei Seitenkräfte zu zerlegen, deren eine Gruppe in die Ebene MN fällt, also außer Acht bleiben kann, die andere aber parallele Kräfte giebt, oder welche auch sogleich senkrecht zur Ebene stehen. Das Uebrige ist nun deutlich.

4) Es hindert durchaus nichts, daß die sämmtlichen Kräfte K zu einer und derselben Seite der Drehaxe würken, diese also z. B. eine Grenzlinie der Drehebene ist. Natürlich müssen alsdann einige der Kräfte, mit den anderen nach entgegengesetzten Richtungen würken. Die alsdann stattfindenden Relationen für das Gleichgewicht, bieten keine neue Betrachtung dar, nur erscheint hier gewissermaßen eine **ein**seitige Drehebene, analog dem **ein**armigen Hebel.

5) Sind die Kräfte bei einer Drehebene im Gleichgewichte; so wird dasselbe nicht gestöhrt, wenn die Ebene durch irgend eine Kraft veranlaßt wird, in eine andere Lage überzugehen, die Angriffpunkte und die Richtungen der Kräfte gegen die Ebene aber, ungeändert bleiben. Dies ist aus §. 60, 1. (oder §. 62, 3.) sogleich herzuleiten.

6) Hat man ein ganzes System von Drehebenen, die sich alle in der Drehaxe schneiden; so findet sich das Gleichgewicht des ganzen Systems, unter denselben Bedingungen, als wenn alle Ebenen in einer und derselben Ebene, bei unveränderter Würkung der Kräfte gegen die einzelnen Ebenen, lägen. Dies ergiebt sich unmittelbar aus §. 62, 3, indem ein solches System von Drehebenen, gewissermaßen dem Winkelhebel entspricht.

7) Was den resultirenden Druck betrifft, so folgt dessen Bestimmung aus dem in §. 64. Gesagtem. Gesetzt derselbe würke auf die Axe im Punkte D, so kann man ihn nach §. 60, 2, d und e auf **zwei**, statt der ganzen

fixen Axe, in ihr angenommene feste Punkte O und Q vertheilen. Die Schwierigkeit bei der Vertheilung auf mehr als zwei feste Punkte, findet sich auch hier, wie in §. 60, 2. Anmerk. 2. schon bemerkt wurde. — Uebrigens ist der resultirende Druck bei beliebigen Richtungen der Kräfte K, genau so groß als er es sein würde, wenn man alle Kräfte ihren Richtungen parallel, nach Punkten in der Axe verlegt denkt; wie sich dies aus dem Gesagtem und §. 59. und §. 61. einfach ergiebt. Die Kräfte welche parallel der Axe würken, veranlassen auch nur einen Druck der Axe in der Richtung der Axe.

8) In wiefern man statt der Drehebene, auch eine beliebig gekrümmte Fläche, die sich jedoch um eine gerade Linie als Axe drehen muß, annehmen kann; ist aus allem Gesagtem nunmehr einleuchtend (Vergl. auch §. 38.).

§. 66. Aufgabe (Fig. 27.).

Eine Ebene ABC ist in drei Punkten A, B und C fest. In der Ebene des Triangels ABC, würkt im Punkte O eine Kraft K nach der Richtung OK. Man sucht den Druck welchen jene drei feste Punkte durch die Kraft K erleiden.

Auflösung und Beweis. Die Richtung des Drucks welchen die drei Punkte A, B und C erleiden, ist gleich und parallel der Richtung der Kraft K, wie aus den Sätzen des §. 64. und §. 65. hinlänglich klar ist. Um die Größe des Drucks auf jeden der Punkte zu bestimmen, bedeute A_d den Druck auf A, B_d den auf B und C_d den auf C. Denkt man sich nun z. B. statt des Drucks A_d eine ihm gleiche entgegengesetzte Kraft; so kann der Punkt A frei gemacht werden, und die Drücke B_d und C_d ändern sich nicht. Hierdurch wird BC zur Drehaxe der Drehebene BCA, auf welcher in O und A zwei parallele Kräfte K und A_d (nach entgegengesetzten Richtungen) würken. Fällt man daher auf BC als Momentenaxe, die Perpendikel OE und AF; so hat man für das Gleichgewicht der Drehebene, laut §. 65, 4.

$$K \cdot OE = A_d \cdot AF, \text{ daher } A_d = \frac{OE}{AF} \cdot K.$$

Ganz analog bestimmt man B_d und C_d durch die entsprechenden Perpendikel von B nach AC, von C nach AB, so wie von O auf AC und AB, indem successive AC und AB als Drehaxen angenommen, also die Punkte B und C nach einander frei gemacht, und jene Drücke als Kräfte in Beziehung zur Drehebene angesehen werden. Man erkennt übrigens sogleich daß, da $\Delta ABC : \Delta BOC = AF : OE$ ist, auch $\frac{OE}{AF} = \frac{\Delta BOC}{\Delta ABC}$, also auch $A_d : K = \Delta BOC : \Delta ABC$ gesetzt werden kann. Man erhält also:

$$A_d : B_d : C_d = \frac{\Delta BOC}{\Delta ABC} : \frac{\Delta AOC}{\Delta ABC} : \frac{\Delta AOB}{\Delta ABC} \text{ oder}$$

$= \Delta BOC : \Delta AOC : \Delta AOB$*), welche Verhältnisse leicht als ein besonderer Satz ausgesprochen werden können, den man auch nach rein mathematischen Lehren noch umformen kann, wenn man z. B. $\Delta BOC = \frac{1}{2} BC \cdot OE$ setzt; u. d. dgl. Auch statische Modificationen lassen sich noch mehrere leicht finden und beurtheilen; z. B. wenn der Punkt O außerhalb des Triangels ABC liegt, wobei dann der eine Druck nach entgegengesetzter Richtung mit der Richtung der Kraft K geht; u. a. m. Daß die Summe $A_d + B_d + C_d = K$ ist; ist ohne nähere Erläuterung

*) In diese Verhältnisse kann man auch K, homolog mit Δ ABC einführen.

deutlich. Manche Uebertragung dieser Sätze auf practische Fälle, lassen sich leicht ausdenken.

Zusatz. So einfach die Lösung der vorstehenden Aufgabe ist, so schwierig wird die Auflösung, wenn mehr als drei Punkte gegeben sind; dann wird es nöthig, einige Voraussetzungen zu machen, deren Richtigkeit sich nicht strenge erweisen läßt. — Eben so schwierig ist die Vertheilung des Drucks auf drei (oder mehrere) Punkte in einer geraden Linie; denn wollte man die Punkte A und O nach der Linie BC verlegen, so leuchtet ein, daß, indem die Triangel welche zur Vergleichung der Drücke entstehen, nunmehr verschwinden, jene Verhältnisse unbestimmt werden *). — Alle fernere Untersuchungen über das wichtige Problem von der Vertheilung des Drucks auf Unterstützungs- oder auf feste Punkte, führen nunmehr über die für dieses Buch gesteckte Grenzen hinaus. Man findet sie unter anderen in Eytelwein's Statik fester Körper (3 Bände, Berlin 1808.), in Grunert's Statik fester Körper (Halle 1826, ein Band), u. a. m.

Anmerk. Das erstere der eben genannten beiden classischen Werke, nimmt besonders Rücksicht auf die Anwendungen der Statik im Leben, also auf die technische Statik; das letztere ist ein rein statisches Werk, sehr gründlich und vollständig, aber für den Anfänger viel zu umfassend.

---

*) Siehe auch §. 87. Anmerk. 3.

Viertes Kapitel.

Vom Gleichgewichte solcher Kräfte, welche auf absolut biegsame unausdehnbare Linien würken. Oder: von den Seilpolygonen.

---

§. 67. Erklärung.

Denken wir uns eine Linie auf welche Kräfte würken, als **absolut biegsam**, d. h. dergestalt beschaffen, daß sie in die Richtung jeder auf sie würkenden Kraft sich zu begeben strebt, also dieser Richtung auch folgt, sobald keine Kraft sie daran hindert; so nennen wir jene Linie ein **Seil** (oder eine **Schnur** ein **Faden**, u. dgl. m.). Wir abstrahiren in diesem Kapitel von allen physischen Eigenschaften der würklichen Seile, nehmen die hier betrachteten Seile daher als unschwer, unausdehnbar, unzerreißbar, u. dgl. m. an, so daß ihnen also nur eine vollständige Biegsamkeit zukommt. — Diejenigen Punkte in den Seilen, welche Angriffpunkte der würkenden Kräfte sind, werden **Knoten** genannt; können diese Knoten durch Einwürkung der Kräfte ihre Stelle im Seile ändern (also wenn man sich z. B. ein Seil durch einen Ring gesteckt denkt)*), so heißen sie **freie** oder **bewegliche Knoten**, im entgegengesetzten Falle aber **feste** oder **unbewegliche Knoten**. — Die Verbindung mehrerer Seile, an deren Endpunkten Kräfte würken, nennt man ein **Seilpolygon**, wenn diese Verbindung auch keine geschlossene Figur (Polygon) bildet. Diejenigen äußersten Punkte in den Seilen, an welchen man das ganze Seilpolygon gleichsam befestigt denken

---

*) Siehe auch §. 94., das Ende des Zusatzes daselbst.

kann, welche hiernach also ihren Ort nicht ändern können, während das Seil um sie völlig bewegbar ist; heißen feste (oder fixe) Punkte oder Endpunkte des Seilpolygons*). — Diejenige Kraft mit welcher das Seil längs seiner Richtung ausgedehnt zu werden strebt (ohne jedoch würklich ausgedehnt zu werden), heißt die Spannung des Seils. — Was man in Beziehung auf die erwähnten festen Endpunkte, äußerste Seile und Zwischenseile nennt; ist deutlich.

§. 68. Grundsätze (Fig. 28.).

1) Ist OA′ ein im Punkte O befestigtes Seil, in dessen Knoten A′ eine Kraft K nach der Richtung OK würkt; so hat im Zustande des Gleichgewichts, jeder Punkt des Seils nach A′ hin, gleich große Spannung, nnd zwar ist diese gleich der Größe der Kraft K.

2) Ist Gleichgewicht bei irgend einem Seilpolygone OA′A″Q vorhanden, so kann jeder Punkt in den Seilen (also auch jeder Knoten) fix gemacht werden, und als Endpunkt zweier, durch seine Annahme entstandenen Seilpolygone (indem das ursprüngliche Polygon nunmehr gleichsam getheilt ist) dienen, ohne daß das Gleichgewicht im Systeme gestöhrt wird (Vergl. §. 16, 7.).

3) Die Spannung jedes Zwischenseils bei einem im Gleichgewichte befindlichem Seilpolygone, ist nach beiden Endpunkten hin gleich groß. Wie groß? wird durch §. 70. Zusatz bestimmt werden. Und umgekehrt: ist in jedem Zwischenseile eines Seilpolygons die Spannung nach beiden Endpunkten hin gleich groß, so ist Gleichgewicht im Seilpolygone.

4) Wenn

*) Die Endpunkte der einzelnen Seile eines Seilpolygons, können entweder beide Knoten sein, oder einer derselben ist ein Knoten und der andere ein Endpunkt des Seilpolygons.

4) Wenn Gleichgewicht im ganzen Seilpolygone ist, so muß es auch unter den Kräften eines jeden Knotens sein (§. 16, 11.). Diese Kräfte sind aber theils die unmittelbar würkenden Kräfte, theils die Spannungen der bei den Knoten befindlichen Seile. Die Relationen für das Gleichgewicht der Kräfte an jedem Knoten, können hiernach unmittelbar auf die Gesetze des Gleichgewichts einer beliebig großen Menge von Kräften welche auf einen freien Punkt würken, zurückgeführt werden; sie liegen daher in den Relationen, welche im ersten Kapitel dieses Abschnitts entwickelt sind.

5) Sind die Kräfte bei jedem einzelnen Knoten im Gleichgewichte, so ist im ganzen Seilpolygone Gleichgewicht (§. 16, 10.). Das Polygon ist nunmehr als ein System von Kräften zu betrachten, welche auf verschiedene Punkte, die in gegenseitig unveränderlicher Lage mit einander verbunden sind, würken. Die Gesetze des Gleichgewichts des ganzen Systems, sind demnach auf die im zweiten Kapitel dieses Abschnitts vorgetragenen Relationen zurück zu führen.

6) Die Endpunkte des Seilpolygons können frei gemacht werden, wenn längs der Richtung der letzten Seile Kräfte, gleich dem Zuge welchen jene Punkte erhalten, nach der diesem Zuge entgegengesetzten Seite angebracht werden. Dann finden für diese äußersten Seile, auch die in Nr. 3. genannten Sätze statt.

Anmerk. Aus diesen Grundzügen erkennt man bald, daß auch die Lehren des gegenwärtigen Kapitels, nur eine Anwendung der Lehren der zwei ersten Kapitel, auf eine besondere Verbindung der Kräfte sind. Weil aber die Anwendung der Seilpolygone in der Technik wichtig wird; so erscheint es zweckmäßig, die vorzüglichsten Fälle die hierbei vorkommen, besonders zu betrachten.

§. 69. Zusätze (Fig. 29.).

1) Würkt an jedem Knoten*) eines Seilpolygons nur eine Kraft; so ist, wenn man diese Kraft nebst den zwei Spannungen der, zu diesem Knoten gehörenden Seile, als drei Kräfte ansieht, im Zustande des Gleichgewichts, jede dieser drei Kräfte die Aequipollente der beiden anderen Kräfte; daher auch jede von ihnen verlängert, die Richtung der Mittelkraft der beiden anderen Kräfte giebt (Vergl. §. 68, 4. und §. 31.). Die nunmehr stattfindenden Relationen, ergeben sich unmittelbar aus §. 31., wobei zu beachten ist, daß die beiden Seile A′O, A′A″ und die Richtung der Kraft K′, in einer Ebene liegen; ferner daß, wenn man S′ und S″ die Spannungen jener zwei Seile nennt, nach §. 31. Zusatz sich verhält:

$$K' : S' : S'' = \sin \angle OA'A'' : \sin \angle K'A'A'' : \sin \angle K'A'O.$$

Für gleiche Spannungen in beiden Seilen, muß daher die Richtung der K, den $\angle OA'A''$ halbiren (Siehe §. 18, 3.). Analog sind die Relationen bei jedem anderen Knoten.

2) Würken sämmtliche Kräfte auf ein Seilpolygon in parallelen Richtungen; so liegen sie alle in einer Ebene, in welcher auch die Endpunkte des Seilpolygons nebst den sämmtlichen Seilen liegen. — Denn: denkt man sich auch bei jedem Knoten mehrere Kräfte würkend; so liegen sie, da sie in parallelen Richtungen würken sollen, in sofern sie auf denselben Knoten würken, in einer geraden Linie, daher für sie nur eine Kraft an jedem Knoten befindlich gedacht zu werden braucht. Nun liegen laut Nr. 1. die Seile OA′, A′A″ und die Richtung der K′ in einer Ebene, in welcher, weil der Punkt A″

*) Diese Knoten können hier noch allgemein entweder beweglich oder unbeweglich sein.

in ihr liegt, und die K'' ⇸ der K' gehen soll, auch die Richtung der K'' liegt. Aber das Seil A''A''' liegt auch in der durch ∠ A'A''K'' zu legenden Ebene; folglich liegen die drei Seile OA', A'A'', A''A''' und die Richtungen der Kräfte K' und K'' in einer Ebene. Man fährt eben so fort, für alle übrige Seile und Kräfte, jene Ebene als gemeinschaftlich zu zeigen, was dann auch vom letzten Seile und dem festen Punkte Q gilt.

3) Würken die Kräfte alle in einer Ebene, wenn auch in ihr in beliebigen Richtungen; so liegen alle Seile und die festen Endpunkte in dieser Ebene. — Denn: daß die Seile außer den zwei äußersten, in der Ebene der Kräfte liegen, folgt sogleich aus der Voraussetzung; daß aber auch die zwei äußersten Seile, mithin auch die festen Endpunkte in dieser Ebene liegen, folgt aus der Bemerkung in Nr. 1., daß das Seil A'O in der Ebene des Winkels K'A'A'', d. h. in jener gemeinschaftlichen Ebene liegt. Dasselbe gilt vom anderen letzten Seile A'''Q.

4) Würken die Kräfte nicht in parallelen Richtungen; so brauchen sie auch keineswegs in einer Ebene zu würken, die Seile also auch nicht in einer Ebene zu liegen, obgleich hierbei sehr wol Gleichgewicht im Seilpolygone bestehen kann. — Dies ist für sich klar.

5) Würken an einem Knoten mehrere Kräfte; so kann man für sie, ihre nach §. 33. bestimmte Resultante setzen, daher auch nur bei Untersuchung der Bedingungen des Gleichgewichts, eine Kraft bei jedem Knoten würkend angenommen zu werden braucht. Die Spannung eines Seils z. B. S'', ist dann ebenfalls die Mittelkraft aller in A' würkenden Kräfte, zu welchen die Spannung S' auch zu rechnen ist.

§. 70. Lehrsatz (Fig. 29.).

Stellt man sich statt der festen Endpunkte irgend eines Seilpolygons das im Gleichgewichte ist, Kräfte würkend vor (§. 68, 6.); so bleibt das Gleichgewicht ungestöhrt, wenn man sämmtliche würkende Kräfte mit ihren Richtungen parallel, nach irgend einem Knoten verlegt denkt.

Beweis. Die zwei, statt der festen Endpunkte (O und Q) angenommenen Kräfte mögen, da sie gleich groß mit den Spannungen der letzten Seile sind (§. 68, 6.), durch S′ und S^{IV} bezeichnet werden. Nun bleibt offenbar das angenommene Gleichgewicht ungestöhrt, wenn man statt der zwei Kräfte S′ und K′, eine Kraft gleich der Spannung S″ des Seils A″A′ setzt (§. 69, 1.), was auch dann noch gilt, wenn in A′ beliebig viele Kräfte würken (§. 69, 5.). Wird diese, nach der Richtung A″A′ würkende resultirende Kraft S″, nach A″, also in die Richtung A″T (d. h. A″A′ verlängert) würkend versetzt; so bleibt wiederum Gleichgewicht (§. 19.). Setzt man aber in A″ statt der nach A″T würkenden Kraft S″, wiederum die zwei Seitenkräfte aus denen S″ entstand, d. h. bringt man in A″ nach Richtungen parallel den Kräften S′ und K′, diesen Kräften gleiche Kräfte an; so kann man die S″ weglassen ohne das Gleichgewicht zu stöhren, und man hat im Punkte A″, drei Kräfte K″, $K_{,}$ und $S_{,}$, von denen $K_{,}$ ⇸ und = K′, und $S_{,}$ ⇸ und = S′ ist. Man sieht nun leicht ein, daß man, weil die Spannung S‴ des folgenden Seils A″A‴, als Aequipollente der zwei Kräfte K″ und S″, oder der drei Kräfte K″, $K_{,}$ und $S_{,}$ anzusehen ist, die Verlegung der S‴ nach dem Punkte A‴ und der Richtung A‴A″, analog wie es vorher geschah, vornehmen kann, und daß diese Schlüsse und Verlegungen bis zum letzten Knoten, oder bis zum etwa wieder angenommenen festen Punkt Q, fortgesetzt werden können. Aber eben so deutlich ist auch, daß man, wenn man das genannte Verfahren mit allen Kräften zu beiden Seiten irgend eines Knotens vernimmt, sämmtliche Kräfte in diesen Knoten, nach Richtungen parallel ihren ursprünglichen Richtungen, verlegen kann. — W. z. b. w.

Zusatz. Aus dem eben geführten Beweise ist nunmehr deutlich, wie die Spannung eines jeden Seils, aus der Größe und Richtung der Kräfte, $S_{,}$, K', K'',... S^{IV}, nach §. 33. Zus. 2. zu berechnen ist *).

§. 71. Zusätze (Fig. 30. und 31.).

1) Findet bei einem Seilpolygone (Fig. 30.) Gleichgewicht statt, so denke man sich alle Kräfte K', K'',... nebst den beiden Kräften $S_{,}$ und $S_{,,}$, welche wir für die Spannungen der letzten Seile setzen wollen, nach irgend einem Knoten, ihren Richtungen parallel versetzt vor (§. 70.). Legt man durch diesen Knoten drei rechtwinkliche Axen, und nennt die Winkel der Kräfte K', K'',... mit diesen Axen α', β', γ'; α'', β'', γ'';... so wie die Winkel welche die Kräfte $S_{,}$ und $S_{,,}$ mit den Axen bilden $\alpha_{,}$, $\beta_{,}$, $\gamma_{,}$ und $\alpha_{,,}$, $\beta_{,,}$, $\gamma_{,,}$; so sind diese Winkel genau dieselben, welche an jedem Knoten und den beiden festen Endpunkten entstanden sein würden, wenn man durch alle diese Punkte drei Axen, parallel jenen drei Axen gelegt hätte. Da nun bei der Würkung der Kräfte $S_{,}$, $S_{,,}$, K', K'',... auf jenen auserwählten Knoten, Gleichgewicht stattfindet; so hat man für dieses Gleichgewicht, also auch für das Gleichgewicht beim Seilpolygone, unmittelbar nach §. 33., die drei Gleichungen:

*) Dies ist für die praktische Mechanik wichtig, um zu entscheiden, ob ein bestimmtes Seil, dessen größte Spannung welche es erträgt aus der Erfahrung bekannt ist, auch tauglich für das Polygon ist.

$0 = S_{,} \cos\alpha_{,} + S_{,,} \cos\alpha_{,,} + K' \cos\alpha' + K'' \cos\alpha'' + \ldots$
$0 = S_{,} \cos\beta_{,} + S_{,,} \cos\beta_{,,} + K' \cos\beta' + K'' \cos\beta'' + \ldots$ und
$0 = S_{,} \cos\gamma_{,} + S_{,,} \cos\gamma_{,,} + K' \cos\gamma' + K'' \cos\gamma'' + \ldots$

Finden diese drei Gleichungen also nicht statt, so ist auch kein Gleichgewicht beim Seilpolygon möglich.

2) Wenn diese drei Gleichungen gegeben sind, so findet zwar Gleichgewicht der Kräfte $S_{,}$, $S_{,,}$, K', K'',... auf den gedachten Knoten statt *), aber noch nicht unbedingt für das Seilpolygon. Denn es können jene drei Gleichungen auch erfüllt werden, wenn das Polygon nicht im Gleichgewichte ist, wovon man sich leicht überzeugt, wenn man bedenkt, daß jene Gleichungen, sobald sie für ein im Gleichgewichte befindliches Seilpolygon hergeleitet sind, auch stattfinden werden, wenn man sämmtlichen Kräften $S_{,}$, $S_{,,}$, K', K'',... zwar Lagen mit ihren ursprünglichen Richtungen parallel giebt, dagegen die Lagen der zwischen liegenden Seile, oder die Stellen der Knoten, u. dgl. m. ändert, bei welchen Aenderungen doch keineswegs wieder Gleichgewicht statt zu finden braucht. — Es sind also die erwähnten drei Gleichungen, hier keineswegs Bedingungsgleichungen.

3) Kennt man hingegen die Größen und Richtungen der einzelnen Kräfte, d. h. $S_{,}$, $S_{,,}$, K', K'',... und die Winkel α, β und γ; so kann man die Lage der Seile dergestalt bestimmen, daß Gleichgewicht in einem Polygone welches diese Größen enthält, erfolgt. Denn: die Richtungen OA' und $K'A'$, mithin der Punkt oder der Knoten A', sind gegeben. Sucht man die Mittelkraft der zwei in diesen Richtungen würkenden gegebenen Kräfte, so giebt deren Verlängerung die Richtung des Seils $A'A''$; durch die bekannte Lage der Kraft K'',

---

*) Denn nach §. 33. sind für diesen Punkt, jene drei Gleichungen Bedingungsgleichungen.

oder durch die Länge des Seils $A'A''$, kennt man also auch den Knoten A''. Da aber auch die Größe der Spannung S'' (als Mittelkraft der S' und K'') bekannt ist, so ergiebt sich wiederum die Mittelkraft der Kräfte K''' und S'', d. h. die Lage des Seils $A''A'''$, u. s. w. Will man die Größe der einzelnen hierbei vorkommenden Mittelkräfte nicht berechnen; so kann man nach den Knoten A'', A''',... immer die vorhergehenden Kräfte, ihren Richtungen parallel verlegen (§. 70.).

4) Man erkennt eben so leicht als es in der Berechnung weitläuftig wird, daß für ein bestimmtes im Gleichgewichte befindliches Seilpolygon, die bestimmtesten Relationen stattfinden: zwischen der Lage der festen Punkte O und Q, den Oertern der Knoten, den Längen der einzelnen Seile, den würkenden Kräften und den Winkeln die hierbei vorkommen. Nimmt man also z. B. die Punkte O und Q als gegeben an; dann ist, wenn die Kräfte K', K'',... so wie die ihnen entsprechenden Winkel gegeben sind, weder die Größe noch die Richtung der Kräfte $S_{,}$ und $S_{,,}$ willkührlich. Man hat also acht Größen, nemlich $S_{,}$, $S_{,,}$, $\alpha_{,}$, $\beta_{,}$, $\gamma_{,}$, $\alpha_{,,}$, $\beta_{,,}$ und $\gamma_{,,}$ zu bestimmen. Hierzu sind nun auch acht Gleichungen vorhanden, und zwar außer jenen drei Gleichungen in Nr. 2., noch die zwei Gleichungen (laut §. 28. Zus. 3.). $1 = \cos\alpha_{,}^2 + \cos\beta_{,}^2 + \cos\gamma_{,}^2$ u. $1 = \cos\alpha_{,,}^2 + \cos\beta_{,,}^2 + \cos\gamma_{,,}^2$, so wie drei Gleichungen, welche, wenn man die drei Axen durch den einen der äußersten Punkte z. B. durch O gelegt denkt, die diesen Axen entsprechenden drei Gleichungen für die Lage des anderen Endpunktes Q sind. Die weitläuftige Bestimmung dieser acht Größen, kann hier übergangen werden, da kein Gebrauch davon gemacht wird. Wesentlich ist es dagegen zu beachten, daß aus dem Gesagtem folgt, daß jedesmal Gleichgewicht erzeugt werden kann, wenn zwei feste Endpunkte und be-

liebig viele Kräfte am Seilpolygone würkend, gegeben sind.

5) Nimmt man die würkenden Kräfte alle in einer Ebene an; so kommt man auf folgende zwei Bedingunggleichungen, durch unmittelbare Uebertragung des §. 51. Man ziehe nemlich in der gemeinschaftlichen Ebene des ganzen Seilpolygons (§. 69, 3.), die willkührliche Linie oder Axe MN, (Fig. 30.), und stelle sich alle Kräfte $S_{,}$, K', K'',... $S_{,,}$, nach dieser Axe verlegt vor. Nennt man nun die hier entstehenden gehörig genommenen Winkel $\alpha_{,}$, α', α'', ... $\alpha_{,,}$; so müssen diese Gleichungen erfüllt werden:
$0 = S_{,}\cos\alpha_{,} + S_{,,}\cos\alpha_{,,} + K'\cos\alpha' + K''\cos\alpha'' + \ldots$ und
$0 = S_{,}\sin\alpha_{,} + S_{,,}\sin\alpha_{,,} + K'\sin\alpha' + K''\sin\alpha'' + \ldots$, indem man, weil hier nur eine Axe angenommen ist, statt der in §. 51. gehabten und gehörig übertragenen Gleichung $0 = S_{,}\cos\beta_{,} + S_{,,}\cos\beta_{,,} + K'\cos\beta' + \ldots$, jetzt die Sinus der Winkel erhält. Daß hier die Spannungen der Zwischenseile $A'A''$, $A''A'''$,... ganz außer Acht gelassen sind, hat seinen Grund sehr einfach darin, daß diese Spannungen, als in jedem Seile zwei mal gleich groß und entgegengesetzt (§. 68, 3.), auch bei der Verlegung aller Kräfte nach der Axe MN, ihrer gegenseitigen Tilgung wegen übergangen werden können. Ueberhaupt sind diese Zwischenseile, als die festen Verbindungen zwischen den Angriffpunkten (oder hier Knoten) der in §. 51. betrachteten Kräfte, anzusehen (Vgl. §. 68, 5.).

6) Nimmt man die Richtungen sämmtlicher Kräfte welche bei einem Seilpolygone würken, parallel an (Fig. 31.), und legt die in Nr. 5. betrachtete Axe MN durch einen der festen Punkte O oder Q, z. B. durch O, senkrecht zur Richtung aller (nach §. 69, 2. in einer Ebene liegenden) Kräfte; so werden die zwei in Nr. 5. betrachteten Gleichungen diese:

$0 = S_{,} \cos \alpha_{,} + S_{,,} \cos \alpha_{,,}$ u. $0 = S_{,} \sin \alpha_{,} + S_{,,} \sin \alpha_{,,} + K' + K'' + \ldots$ Setzt man $K' + K'' + \ldots = T$; so enthalten die zwei Gleichungen $0 = S_{,} \sin \alpha_{,} + S_{,,} \sin \alpha_{,,} + T$ und $0 = S_{,} \cos \alpha_{,} + S_{,,} \cos \alpha_{,,}$, die sämmtlichen Relationen, um aus dreien der fünf Größen $S_{,}$, $S_{,,}$, T, $\angle \alpha_{,}$ und $\angle \alpha_{,,}$, die anderen zwei zu berechnen. Achtet man darauf, daß die Sinus der Winkel $\alpha_{,}$ und $\alpha_{,,}$ negativ zu nehmen sind (wenn die Sinus der Winkel $\alpha', \alpha'', \ldots$ positiv gesetzt werden), so kann man auch die Winkel MOA' und MZA^{iv}, statt der bezeichneten convexen Winkel einführen, und die erste der zuletzt genannten Gleichungen so setzen:

$T = S_{,} \sin \alpha_{,} + S_{,,} \sin \alpha_{,,}$, welche Gleichung nebst der Gleichung $0 = S_{,} \cos \alpha_{,} + S_{,,} \cos \alpha_{,,}$, nunmehr die zwei Bedingunggleichungen werden. — Entwickelt man aus beiden Gleichungen z. B. die Werthe von $S_{,}$; so erhält man durch Gleichsetzung beider Werthe:

$$\frac{T - S_{,,} \sin \alpha_{,,}}{\sin \alpha_{,}} = \frac{- S_{,,} \cos \alpha_{,,}}{\cos \alpha_{,}}, \text{ also}$$

$T \cos \alpha_{,} = S_{,,} (\sin \alpha_{,,} \cos \alpha_{,} - \cos \alpha_{,,} \sin \alpha_{,}) = S_{,,} \sin (\alpha_{,,} - \alpha_{,})$. Hätte man $S_{,,}$ aus beiden Gleichungen entwickelt, so würde man eben so erhalten: $T \cos \alpha_{,,} = S_{,} \sin (\alpha_{,} - \alpha_{,,})$. Man kann beide Gleichungen auch in folgenden Proportionen darstellen:

$T : S_{,,} = \sin (\alpha_{,,} - \alpha_{,}) : \cos \alpha_{,}$ und

$T : S_{,} = \sin (\alpha_{,} - \alpha_{,,}) : \cos \alpha_{,,}$, welche Proportionen leicht als besondere Sätze auszusprechen sind.

7) Verlängert man, bei der Voraussetzung wie in Nr. 6. die Richtungen der äußersten Seile bis sie in D sich durchschneiden, zieht durch D die DE senkrecht zur MN, und nennt die bei D an der DE entstehenden Winkel $\beta_{,}$ und $\beta_{,,}$; so ist deutlich, daß bei der Annahme der Winkel $\alpha_{,}$ und $\alpha_{,,}$ wie in Nr. 6., nunmehr ist:

$\alpha_{,} = \alpha_{,,} + (\beta_{,} + \beta_{,,})$, also $\sin (\alpha_{,,} - \alpha_{,}) = - \sin (\beta_{,} + \beta_{,,})$,

ferner $\sin(\alpha_{,} - \alpha_{,,}) = + \sin(\beta_{,} + \beta_{,,})$, eben so $\cos\alpha_{,} = -\sin\beta_{,}$ und $\cos\alpha_{,,} = +\sin\beta_{,,}$. Demnach werden die beiden obigen Proportionen diese:
$T : S_{,,} = -\sin(\beta_{,} + \beta_{,,}) : -\sin\beta_{,} = \sin(\beta_{,} + \beta_{,,}) : \sin\beta_{,}$ und $T : S_{,} = \sin(\beta_{,} + \beta_{,,}) : \sin\beta_{,,}$; aus beiden Proportionen findet man sogleich $S_{,,} : S_{,} = \sin\beta_{,} : \sin\beta_{,,}$ oder $S_{,,}\sin\beta_{,,} = S_{,}\sin\beta_{,}$; so wie auch daraus folgt:
$T : S_{,} : S_{,,} = \sin(\beta_{,} + \beta_{,,}) : \sin\beta_{,,} : \sin\beta_{,}$, oder wenn man QD und OD über D hinaus verlängert:
$T : S_{,} : S_{,,} = \sin ODQ : \sin EDQ_{,} : \sin EDO_{,}$. Es repräsentirt also die DE die Richtung, und T die Größe der Mittelkraft der nach D verlegten, oder in O und Q bestehenden Spannungen $S_{,}$ und $S_{,,}$ der beiden äußersten Seile, und diese Spannungen verhalten sich wieder wie die Linien OD und QD zu einander (Siehe §. 31. Zusatz).

Anmerk. Es lassen sich aus diesen Betrachtungen noch manche Relationen herleiten, die jedoch mehr rein mathematische Formeln, als wesentlich neue oder merkwürdige statische Sätze enthalten, daher hier übergangen werden können. — Nur von der elementaren Entwicklung einer, für die weitere Ausführung der Statik sehr wichtigen Curve (krumme Linie), der sogenannten Kettenlinie, mag hier noch die Rede sein. — Man denke sich ein schweres, übrigens vollkommen biegsames Seil OLQ zwischen zwei festen Punkten O und Q, sich selbst überlassen und im Zustande der Ruhe befindlich, wobei die Spannungen aller seiner Theile sich alsdann ins Gleichgewicht gesetzt haben. Man kann ein solches Seil, als aus unendlich vielen schweren Punkten bestehend denken, welche alle in vertikaler Richtung (§. 13, 4.) würken, daher als parallele Kräfte an einem Seilpolygone von unendlich vielen Seilen anzusehen sind. Das ganze Seil, oder die gebildete Curve, befindet sich daher in einer Vertikalebene (Vergl. 69, 2.) *). Heißt das Gewicht des Seils P, so ist P gleich der Summe aller jener schweren Punkte oder

*) Eine Kette würde, wenn die Glieder als unendlich klein angenommen werden, unter den analogen Bedinguugen, auch jene Curve bilden; daher die Benennung Kettenlinie.

der würkenden Kräfte. — Zur Bildung der Gleichung der Kettenlinie, denke man sich an den Punkten O und Q, die Tangenten OH und QG zur Curve; ihr Durchschnittpunkt sei B. Denkt man sich das Gewicht des Seils (das übrigens hier ganz ungleichförmig dick sein kann) in B vertikal abwärts, nach der Richtung BD würkend; so folgt unmittelbar aus Nr. 7., daß die Spannungen S′ und S″ der unendlich kleinen letzten Seile, welche mit den Tangenten in ihren Richtungen übereinkommen, und die Kräfte angeben mit welchen die festen Punkte O und Q gezogen werden, sich wie die Längen der Linien OB und QD verhalten. Da wir die Linie DBE als eine Vertikale annahmen, so ist die MN oder die OZ eine Horizontale, deren man auch eine durch Q legen kann, nemlich die QI, wenn O und Q nicht bereits in einer horizontalen Linie liegen. Nennen wir die Winkel, welche die Tangenten OB und QB mit den Horizontalen OE und QI bilden, γ' und γ'' ($= \angle$ EOB und $\angle$ IQB); so erhält man unmittelbar nach Nr. 7. (jenes T hier gleich P gesetzt);

$$P : S' : S'' = \sin OBQ : \sin EBG : \sin EBH \text{ oder}$$
$$= \sin(\gamma' + \gamma'') : \cos\gamma'' : \cos\gamma'.$$

Nimmt man, wie es in der Regel geschieht, durch den tiefsten Punkt des Seils, er sei L, die alsdann horizontal gehende Tangente LR an; so wird $\angle \gamma'' = 0$. Heißt nun das Gewicht des Seils von O bis L, z. B. G; dann erhält man jene obigen Verhältnisse so: $G : S' : S'' = \sin\gamma' : 1 : \cos\gamma'$, woraus man diese wichtigen Gleichungen der Kettenlinie OL erhält:
$G = S' \sin\gamma'$ (I.), $G = S'' \tang\gamma'$ (II.) und $S'' = S' \cos\gamma'$ oder $S' = S'' \sec\gamma'$ (III.). Jede dieser (auch leicht in andere Formen umzuwandelnde) Gleichungen, enthält einen besondern leicht in Worte zu übertragenden Satz. — Die Gleichung (I.) (und analog die (II.)) zeigt, daß ein Seil zwischen zwei in einer horizontalen Linie liegenden Punkten, nie vollkommen gerade ausgespannt werden kann, weil in diesem Falle $\sin\gamma' = 0$, also $G = S' \sin\gamma' = 0$ werden müßte, was, da das Gewicht des Seils nie Null werden kann, auch nicht möglich ist. — Setzt man das Seil gleichförmig stark; so sind die Gewichte der Bogen, den Längen der Bogen, und diese mögen B heißen, proportionirt. Die beiden Gleichungen (I.) und (II.) geben dann $B = S' \sin\gamma' = S'' \tang\gamma'$, also für dieselbe Kettenlinie, wo γ' sich in den verschiedenen Punkten ändert, aber S″

ungeändert bleibt (weil der tiefste Punkt und die Länge des Seils sich nicht ändern), erhält man den Satz:

Die Längen der Bogen verhalten sich wie die Tangenten der Neigungen der einzelnen Theile gegen eine horizontal angenommene Axe.

Schon dieser Satz zeigt, daß die Kettenlinie einer fast rein mathematischen Behandlung fähig ist, wie sich denn aus den genannten Gleichungen unmittelbar interessante Folgerungen über die Eigenschaften der Kettenlinien herleiten lassen, die jedoch auch hier übergangen werden können.

§. 72. Lehrsatz (Fig. 32.).

Für das Gleichgewicht an einem beweglichen Knoten, ist erforderlich, daß die Spannungen in den beiden zugehörenden Seilen gleich groß ist; oder, was nach §. 69, 1. dasselbe sagt: die Richtung der am beweglichen Knoten würkenden Kraft, halbirt den Winkel der beiden zugehörenden Seile*).

Beweis. Gesetzt die am beweglichen Knoten O würkende Kraft K, halbire den $\angle$ S′OS″ nicht; so verhält sich dennoch bei bestehendem Gleichgewichte, nach §. 69, 1.:

(I.) $K' : S' : S'' = \sin S'OS'' : \sin S''OK : \sin S'OK$
$= \sin\gamma : \sin\alpha : \sin\beta$, wodurch wir kurz jene Winkel bezeichnen wollen. Nun nehme man die Halbirunglinie UN des Winkels S′OS″ ($= \angle\gamma$); so erkennt man unter den Winkel α, β, γ und $\frac{1}{2}\gamma$ ($= S'OU = S''OU$), die bestehenden Relationen sehr leicht, und und unter ihnen besonders die wesentlichen:

(II.) $\angle NOK = \angle NOS'' - \angle KOS'' = \frac{1}{2}(\alpha + \beta) - \alpha = \frac{1}{2}(\beta - \alpha)$, $\gamma = 360^\circ - (\alpha + \beta)$, also $\sin\gamma = -\sin(\alpha + \beta)$, und $\sin\frac{1}{2}\gamma = + \sin\frac{1}{2}(\alpha + \beta)$.

---

*) Siehe die Anmerkung zum §.

Nun zerlege man die Kraft (Spannung) des Seils S'', in die Seitenkräfte U und T nach den Richtungen OU und OT, indem OT die Verlängerung von S' ist; eben so zerlege man die K in die Seitenkräfte N und M*). Statt der drei Kräfte S', K und S'', kann man nunmehr die fünf Kräfte S', N, M, U und T setzen. Besteht also laut Annahme Gleichgewicht unter jenen dreien, also auch unter diesen fünf Kräften; so müssen sich U und N, so wie S', M und T, gegenseitig tilgen, weil, wenn in einem oder in beiden dieser zwei Systeme keine Tilgung also auch kein Gleichgewicht ist, der am beweglichen Knoten befindliche Ring, durch die alsdann stattfindende resultirende Kraft, das Bestreben zur Bewegung erhält, und ihn (weil er nicht fest ist) nichts hindert dieser Bewegung zu folgen, folglich kein Gleichgewicht stattfinden könnte. Nun bestimme man jene fünf Kräfte, als Function einer der drei zuerst würkenden Kräfte, z. B. der K; so ist:

$S' = \frac{K \sin \alpha}{\sin \gamma}$ (laut (I.)); $N = \frac{K \sin \beta}{\sin \frac{1}{2}\gamma}$ ($\angle NKO = \angle KOT$, also $\sin NKO = \sin KOT = \sin KOS' = \sin \beta$, und $\angle ONK = 180^\circ - NOT$, daher $\sin ONK = \sin NOT = \sin S'OU = \sin \frac{1}{2} S'OS'' = \sin \frac{1}{2}\gamma$);

$M = \frac{K \sin \frac{1}{2}(\beta - \alpha)}{\sin \frac{1}{2}\gamma}$ (laut (II.)), $U = \frac{S'' \sin \gamma}{\sin \frac{1}{2}\gamma}$ (weil $\sin US''O = \sin S''OT = \sin S''OS' = \sin \gamma$, und $\sin OUS'' = \sin UOT = \sin UOS' = \sin \frac{1}{2}\gamma$ ist); setzt man für S'' hierin seinen Werth aus (I.), nemlich $S'' = \frac{K \sin \beta}{\sin \gamma}$, so wird $U = \frac{K \sin \beta \sin \gamma}{\sin \gamma \sin \frac{1}{2}\gamma} = \frac{K \sin \beta}{\sin \frac{1}{2}\gamma}$. End-

---

**) Ob M > oder < T ist, kann hier ganz dahingestellt bleiben: die Zerlegung in der Figur, ist der besseren Anschauung wegen beiläufig gezeichnet.

lich ist $T = \frac{S'' \sin \frac{1}{2}\gamma}{\sin \frac{1}{2}\gamma} = S'' = \frac{K \sin \beta}{\sin \gamma}$. Nun sollte sein $U = N_{\prime}$, was die zwei hierfür entwickelten Werthe $\frac{K \sin \beta}{\sin \frac{1}{2}\gamma}$ auch zeigen; ferner soll sein $S = M + T$, oder wenn die Werthe hierfür gesetzt werden:
$\frac{K \sin \alpha}{\sin \gamma} = \frac{K \sin \frac{1}{2}(\beta - \alpha)}{\sin \frac{1}{2}\gamma} + \frac{K \sin \beta}{\sin \gamma}$, oder, wenn man durch K dividirt und für $\sin \gamma$ nebst $\sin \frac{1}{2}\gamma$ die ihnen gleichen Werthe laut (II_{1}) setzt, so soll sein:
$\frac{\sin \alpha}{-\sin(\alpha+\beta)} = \frac{\sin \frac{1}{2}(\beta - \alpha)}{\sin(\alpha+\beta)} + \frac{\sin \beta}{-\sin(\alpha+\beta)}$, woraus folgt $-\sin \alpha = \sin \frac{1}{2}(\beta - \alpha) - \sin \beta$, oder $\sin \beta - \sin \alpha = \sin \frac{1}{2}(\beta - \alpha)$, eine Gleichung, welche nur stattfinden kann, wenn $\angle \alpha = \angle \beta$ ist. Die Richtung der Kraft K muß also den Winkel S'OS'' halbiren, oder die Spannungen in beiden Seilen sind gleich groß. — W. z. b. w.

Zusatz. Die in den früheren Paragraphen genannten Sätze über die Knoten, galten allgemein für alle Knoten, und modificiren sich für die beweglichen Knoten nunmehr ganz einfach. In wiefern man einen beweglichen und einen festen Knoten gegenseitig vertauschen kann, ist demnach einleuchtend. Bemerkt sei nur noch, daß (wie man ohne Erläuterung erkennt) wenn der bewegliche Knoten oder der Ring eine Bewegung macht, und die Seile sind an festen Punkten B und F gebunden; der Ring (als Punkt gedacht) seine Bewegung stets auf der Oberfläche eines Ellipsoids macht, dessen Brennpunkte die Punkte F und B sind. Oder: geschieht die Bewegung stets in der Ebene des Winkels S'OS'', so beschreibt der Ring eine Ellipse. Hieraus ist deutlich, daß der Perpendikel im Knoten auf der Richtung der Kraft, stets eine Tangente zur Ellipse ist; u. dgl. m.

Aus der Eigenschaft der Ellipse, können auch noch andere Sätze hergeleitet werden.

Anmerk. Man pflegt auch wol den Satz d. §'s als Grundsatz aufzustellen, indem man sagt: weil das Seil frei durch den Ring geht, so ist kein Grund für eine ungleiche Spannung in beiden Seilen vorhanden (§. 4, 3.). Oder: ungleiche Spannungen der Seile, würden eine Bewegung des Ringes veranlassen; u. dgl. m.

Zweiter Abschnitt.

Die Statik fester Körper, oder die Geostatik.

Erstes Kapitel.

Vom Schwerpunkte fester Körper.

§. 73. Einleitung.

Die in diesem Kapitel betrachteten festen Körper (§. 9, 1.), werden als absolut fest und als homogen (§. 11.) angesehen; ohne auf die besondere Materie dieser Körper Rücksicht zu nehmen, betrachten wir nur ihre Schwere oder ihr Gewicht (§. 13.). Denkt man sich die festen Körper als aus unendlich vielen, durch die Cohäsionskraft (§. 9, 1.) mit einander verbundenen kleinen Körpern bestehend (vergl. §. 11.); so würken die Gewichte dieser Theile sämmtlich in vertikalen und unter sich parallelen Richtungen (§. 13, 4 und 5.). Sieht man nun diese Gewichte als lauter einzelne Kräfte an; so ist einleuchtend, daß sie eine resultirende Kraft haben, welche selbst das Gewicht aller Theile, d. h. das Gewicht des ganzen Körpers ist (Vergl. §. 48. Zusatz 1, und die Anmerk. 1. daselbst). — Daher ergiebt sich denn auch aus §. 50., daß jeder jeste Körper einen Mittelpunkt jener parallelen Kräfte hat, und dieser Mittelpunkt

punkt heißt für die festen Körper: der Schwerpunkt (centrum gravitatis) des Körpers.

Die unmittelbar mit dieser Erklärung zusammenhängenden Sätze, sind demnach zunächst folgende:

1) Jeder feste Körper hat einen, und nur einen Schwerpunkt (§. 50.). Ob dieser Punkt in der Masse des Körpers, oder außerhalb derselben liegt; ergiebt sich für jeden Körper besonders.

2) Wird der Schwerpunkt gehörig unterstützt, oder der Körper ist um diesen fest (fix) gemachten Punkt überall hin drehbar; so bleibt der Körper auch in jeder Lage um diesen Punkt gedreht, im Gleichgewichte (§. 50. Zusatz). Die Fixirung des Schwerpunkts selbst, kann theils auf verschiedene zu ersinnende Arten geschehehen, theils wird sie zum Behufe der Lehren über den Schwerpunkt, nur gedacht. Eben so muß ein, außerhalb des Körpers liegender Schwerpunkt, erst mit dem Körper selbst in feste Verbindung gebracht werden, ehe der Körper um ihn drehbar ist. Wie diese Verbindung zu veranstalten ist, muß wiederum in den besonderen Fällen erfunden, oder technisch entschieden werden.

3) Im Schwerpunkte kann man sich das Gewicht des ganzen Körpers vereinigt vorstellen; dann ist das Gewicht als eine ihm gleiche Kraft, im Schwerpunkte nach vertikaler Richtung würkend, anzusehen. Der fest gemachte (oder fixirt gedachte) Schwerpunkt, erhält hiernach einen Druck (oder Zug), gleich dem Gewichte des Körpers (§. 50. Zusatz).

Aus diesen Betrachtungen folgt, daß die Gesetze des Gleichgewichts der festen Körper, sobald Kräfte auf diese Körper würken, den allgemeinen Gesetzen des Gleichgewichts, wie solche im vorigen Abschnitte untersucht wurden, unterworfen sind, indem außer jenen Kräften, noch: das Gewicht des Körpers als Kraft, der Schwerpunkt als Angriffpunkt, und die vertikale Richtung als Richtung der Kraft, in Betracht kömmt.

Die Berechnung des Schwerpunkts, d. h. die Bestimmung der Lage dieses Punkts, ist für die Mechanik von größter Wichtigkeit. Man geht hierbei von dem Begriffe der schweren Punkte, Linien und Flächen, welchen man also Gewicht zuschreibt, aus; hat man den Schwerpunkt der Linien und Flächen bestimmt, so geht man zur Bestimmung des Schwerpunkts der Körper über. Linien, Flächen und Körper, können hier allgemein durch die Benennung: ein schweres System bezeichnet werden. — Nun ist es aber nur möglich, die Schwerpunkte gewisser schwerer Systeme zu berechnen, nemlich solcher, deren geometrische Beschaffenheit, sich durch Formeln (oder Gleichungen) bestimmen läßt; für völlig unregelmäßige Systeme, ist die Berechnung nicht möglich *). Von jenen Systemen welche die Berechnung des Schwerpunkts zulassen, können hier wiederum nur diejenigen betrachtet werden, deren Schwerpunkt sich elementar bestimmen lassen. Unter der großen Anzahl von Systemen deren Schwerpunkt berechenbar ist, sondert man aber wiederum einige Systeme aus, welche gewissermaßen als einfache Systeme zu betrachten sind, so daß die übrigen Systeme als aus diesen einfachen Systemen zusammengesetzt, erscheinen. Der allgemeine Grundzug für die Berechnung der Schwerpunkte der zusammengesetzten Systeme aus den Schwerpunkten der einfachen Systeme, ist der, allgemein in §. 48. Zusatz 1. bezeichnete und hier leicht zu übertragende Satz:

4) Das Moment eines ganzen Systems, ist gleich der Summe der Momente aller einzelnen Systeme. — Die Momente sind hierbei immer von der

*) Siehe Zusatz Nr. 1. Anmerk. 1.

in §. 46. erwähnten Art. — Es soll künftig das Moment eines Systems allgemein durch M bezeichnet werden, so daß z. B. M_{AB}, den Umständen gemäß, heißt: das Moment der Linie AB, oder der Fläche AB, oder des Körpers AB.

Endlich giebt es einige Systeme, deren Schwerpunkt sich aus der Natur dieser Systeme sogleich ergiebt, wie in §. 75. folgen wird. Diese Systeme liegen den einfachen Systemen, zur Bestimmung derer Schwerpunkte, zum Grunde. — Weil aber von der materiellen Beschaffenheit der Systeme hier ganz abstrahirt wird; so ist es zweckmäßig, auch die absoluten Gewichte nicht selbst einzuführen. Indem nun die Systeme homogen angenommen werden, so kann man:

5) Bei den gleichartigen Systemen (d. h. bei Linien und Linien, bei Flächen und Flächen, bei Körpern und Körpern) die Inhalte statt der Gewichte einführen, weil die Inhalte sich wie die entsprechenden Gewichte verhalten (§. 13, 3.); sobald es nemlich nur auf die Verhältnisse der Gewichte ankömmt.

Zusatz. Es ergeben sich aus dem Gesagtem noch einige Eigenschaften des Schwerpunkts, die für die Anwendungen der Mechanik wesentlich sind, daher hier angeführt werden sollen. Nemlich:

1) Wenn ein fester Körper an einem völlig biegsamen festen Faden, den man als nicht mit zum Körper gehörend betrachtet, befestiget, oder gleichsam daran aufgehängt wird; so kann der Zustand der Ruhe nur dann eintreten, wenn der Faden eine vertikale Richtung erlangt hat, in dessen Verlängerung der Schwerpunkt liegt. Jede andere Lage nemlich zeigt sogleich, daß die zwei Kräfte: a) die durch das Gewicht des Körpers erzeugte Spannung des Fadens, und b) das Gewicht selbst, sich in keiner anderen Lage das Gleichgewicht halten können.

Die Spannung des Fadens ist alsdann dem Gewichte des Körpers gleich. — Der Schwerpunkt selbst hat bei der erwähnten Lage, entweder den möglichst höchsten oder tiefsten Punkt (in Beziehung zur Erde) erlangt.

Anmerk. 1. Dies giebt ein practisches Mittel, den Schwerpunkt jedes Körpers, der unregelmäßig ist und selbst nicht homogen zu sein braucht, zu bestimmen. Denn: befestigt man ihn zu verschiedenen Malen an zweien Punkten an einen Faden, und läßt ihn beim freien Hängen zur Ruhe kommen; so gehen die Richtungen der Fäden beide Male durch den (einen) Schwerpunkt, der also hierdurch bestimmt ist. — Die Schwierigkeiten welche bei der Bestimmung der Richtung der Fäden eintreten; brauchen hier nicht näher betrachtet zu werden.

2) Man erkennt den, dem eben genannten entsprechenden Erfolg, wenn man den Körper anstatt ihn an einen Faden aufzuhängen, von unten unterstützt. Man kann hiernach neue Mittel erdenken den Schwerpunkt zu bestimmen, indem man den Körper so lange auf einer horizontalen Linie (oder scharfen Kante einer Fläche) hinwegführt, bis er zu keiner von beiden Seiten herabfällt (Bis er balancirt).

3) Wenn ein Körper sich mit einer seiner Außenflächen, oder mit mehreren Punkten der Außenfläche, gegen eine Fläche stützt, welche als fest und fix angenommen wird; so kann der Körper nur dann auf dieser Fläche ruhen, wenn die Vertikallinie durch seinen Schwerpunkt gezogen, jene Außenfläche, oder die durch die Verbindung der äußersten jener Stützpunkte erzeugte Fläche, schneidet. Ist dies nicht der Fall, so sieht man sogleich, daß der Körper umkippen oder umschlagen (umfallen) muß. — Viele Erscheinungen in der Würklichkeit lassen sich hierauf zurückführen*). — Der umgekehrte Satz:

---

*) Als ein Beispiel diene: Ein Blatt Papier wird als eine Ebene schwerlich auf einer Fläche zum Stehen gebracht werden kön-

daß ein Körper schon dann ruht, wenn jene Vertikallinie die Unterstützungsfläche trifft; ist keine nothwendige Folge der ersten Behauptung, indem der Körper sehr wol noch abgleiten kann ohne umzufallen (Siehe §. 96.). Die Kraft welche dazu gehört einen Körper, welcher unter jener Bedingung auf einer Fläche ruht, umzustoßen (ohne ihn dabei wegzuschieben); heißt die Standfestigkeit, Standfähigkeit oder Stabilität der festen Körper (Siehe §. 103.).

4) Es ist nicht zu übersehen daß, wenn die Theile eines Systems, also z. B. die eines Körpers, ihre gegenseitige Lage ändern, auch der Schwerpunkt in der Regel ein anderer Punkt wird, wenn sich auch Fälle finden lassen, wo er seine Lage behält. Dies ist aus §. 48. bis 50., nebst den ersten Sätzen des gegenwärtigen §'s, deutlich. Auch hieraus lassen sich viele Erscheinungen im Leben erklären und beurtheilen.

Anmerk. 2. Die Berechnung des Schwerpunkts, sofern diese durch Mittel der höheren Mathematik möglich ist; findet man in den genannten mechanischen und statischen Werken (von Poisson, Eytelwein, Grunert u. a. m.). Viele Bemerkungen über die Eigenschaften des Schwerpunkts, sofern sie nicht geradezu wichtig für die Mechanik werden (für welchen Fall sie natürlich anzuführen sind); findet man in den physikalischen Schriften.

§. 74. Erklärung.

Eine Linie welche durch den Schwerpunkt eines Systems geht, heißt ein Durchmesser der Schwere, und eine durch den Schwerpunkt gehende Ebene, heißt eine Ebene der Schwere.

Zusatz. Es ist deutlich daß zwei Durchmesser der

---

nen; knifft man es aber ein, so kann es als gebrochene Fläche (zwei Ebenen) sehr leicht stehen. — U. dgl. m.

Schwere, oder drei Ebenen der Schwere, oder eine Ebene und ein Durchmesser der Schwere, die Lage des Schwerpunkts bestimmen (§. 73, 1.). Zwei Ebenen der Schwere, geben einen Durchmesser der Schwere.

§. 75. Grundsätze*).

1) Der Schwerpunkt einer geraden (begrenzten) Linie, ist die Mitte dieser Linie.

2) Wenn in einer Ebene E irgend eine Curve L dergestalt liegt, daß sie von einer bestimmten geraden Linie D durchschnitten wird, und es findet sich daß, wenn man durch die D beliebig viele parallele Linien senkrecht zur D bis zur L zieht, die hierdurch getroffenen Punkte der L zu beiden Seiten der D, in jenen parallelen Linien gleich weit entfernt sind; so ist die D ein Durchmesser der Schwere für die Curve L, deren zwei alsdann den Schwerpunkt geben (Nemlich D theilt laut Annahme die L in zwei congruente Linien). Hiernach ergiebt sich:

a) Der Mittelpunkt eines Kreises oder einer regulären Figur, ist zugleich der Schwerpunkt der Peripherie oder des Umfangs der Figur (Dieser Schwerpunkt liegt also außerhalb des Systems).

b) Der Perpendikel im Mittelpunkte einer Sehne, ist ein Durchmesser der Schwere für den zugehörenden Kreisbogen. — Analog ist dies bei anderen symmetrischen krummen Linien.

3) Theilt eine gerade Linie D, eine irgend wie begrenzte Ebene E dergestalt, daß wenn man durch die D beliebig viele parallele Linien zieht, die Theile dieser Linien zu beiden Seiten der D gleich sind; so ist D ein Durchmesser der Schwere für die Ebene E (Die Fläche

*) Die zur Erläuterung etwa nöthigen Figuren, sind leicht zu entwerfen.

wird hierbei gleichsam als aus unendlich vielen parallelen Linien bestehend, gedacht, deren, durch die D bestimmte Theile, sich gegenseitig das Gleichgewicht halten). Auch hierdurch kann der Schwerpunkt einer Ebene, unter gewisse Bedingungen bestimmt werden. — Hieraus folgt:

a) Der Mittelpunkt eines Kreises oder einer regulären Figur, ist der Schwerpunkt der entsprechenden Fläche. Dasselbe gilt für den Durchschnittpunkt der beiden Diagonalen eines Parallelogramms.

b) Der in Nr. 1, b erwähnte Perpendikel, ist ein Durchmesser der Schwere des Kreisabschnitts, und auch des zugehörenden Kreisausschnitts. — Aehnlich ist dies bei anderen symmetrisch begrenzten Flächen.

4) Die Sätze Nr. 2. und 3. lassen sich analog auf gerade Linien und Ebenen übertragen, welche durch gewisse gekrümmte Ebenen oder durch Körper gelegt werden. Es ergeben sich daraus folgende Sätze:

a) Der Mittelpunkt einer Kugel, ist zugleich der Schwerpunkt der Kugel**oberfläche**, so wie des Kugel**körpers**. — Auch erkennt man leicht, welche Linie sich sogleich als einen Durchmesser der Schwere, für die Inhalte und für die Oberflächen der Zonen der Kugel, so wie für viele andere Körper ergiebt.

b) Der Schwerpunkt eines prismatischen Körpers, also sowol eines Prismas wie auch eines Cylinders, ist die Mitte der Verbindunglinie der Schwerpunkte beider Grundflächen, also beim Cylinder die Mitte der Axe. Dieser Punkt ist auch der Schwerpunkt für den Mantel des Cylinders, so wie für den Mantel des **regulären** Prismas (Keineswegs aber für den Mantel des **unregelmäßigen** Prismas).

Anmerk. Man erkennt leicht, daß auch z. B. der Mittelpunkt einer **Ellipse**, der Schwerpunkt der zugehörenden elliptischen Linie, Fläche, und des hieraus zu bildenden Ellipsoids ist. —

Ueberhaupt ist jede gerade Linie, um welche als Axe eine krumme Linie oder eine durch diese begrenzte Ebene, sich ganz herum bewegt, ein Durchmesser der Schwere für die erzeugte krumme Fläche und für den beschriebenen Körper. Dies dient zur Bestimmung der Schwerpunkte für die, nicht elementar zu behandelnden Systeme.

Zusatz. Sind die Kräfte welche zu beiden Seiten eines Hebels würken, Gewichte, und der Hebel ist im Gleichgewichte; so ist der Drehpunkt des Hebels, zugleich der Schwerpunkt des ganzen Systems (vergl. §. 60.), so daß der Hebel in allen Lagen im Gleichgewichte bleibt.

§. 76. Aufgabe (Fig. 33.).

Den Schwerpunkt einer in einer Ebene liegenden schweren gebrochenen Linie ABCD... zu zu finden.

Auflösung und Beweis. Nennt man die einzelnen Linien allgemein L, also z. B. $AB = L'$, $BC = L''$, $CD = L'''$,.. und bezeichnet die, den Längen der Linien proportionirten Gewichte durch P', P'',...*); so kann man sich diese Gewichte in den Mitten der Linien vereinigt vorstellen (§. 73, 3. und §. 75, 1.), und hat alsdann nur noch den Schwerpunkt von denen, in parallelen Richtungen würkenden Kräften P', P'',... zu bestimmen, welcher hier recht eigentlich ein Mittelpunkt der parallelen Kräfte wird. — Man kann nunmehr den Schwerpunkt dergestalt bestimmen, daß man die Linie zwischen zweien jener Mitten (welche auch durch P bezeichnet werden mögen) zieht, z. B. die $P''P'''$, und in dieser Linie den Punkt S'' dergestalt bestimmt, daß sich verhält $P'' : P''' = S''P''' : S''P''$, wonach der Punkt S'' der

*) Die Bezeichnung P (Pondus oder Gewicht) für Gewichte, oder für Kräfte welche in vertikalen Richtungen würken, ist allgemein angenommen (Vergl. §. 73, 5.).

Schwerpunkt der beiden Kräfte (oder Linien) P'' und P''' ist (§. 75. Zusatz und §. 60, 2, a). Dann sucht man, nachdem im Punkte S'' die Summe $P''+P'''$ der beiden Linien vereinigt worden ist, für die zwischen S'' und P' gezogene Linie, als Hebel angesehen, aufs neue den Drehpunkt S'; so ist S' für die Kräfte P' und $P''+P'''$ der Schwerpunkt. Man fährt mit dieser Verrichtung so lange fort, bis alle Linien berücksichtiget sind, wonach dann der letzte Drehpunkt, der gesuchte Schwerpunkt ist. Daß die Ordnung in welcher man hierbei verfahren kann, ganz gleichgültig ist, da man nur auf den einen Schwerpunkt kommen kann; ist deutlich. — Der genannten Methode ist aber wol im Allgemeinen vorzuziehen, daß man zwei sich einander schneidende Momentenaxen OX und OY (oder X und Y) in der Ebene jener gebrochenen Linie zieht, und die Coordinaten $x', x'', \ldots y', y'', \ldots$, bestimmt; denn alsdann ist unmittelbar nach §. 45. Zusatz 1., wenn x und y die Coordinaten des Schwerpunkts S sind:

$$x = \frac{x'P' + x''P'' + x'''P''' + \ldots}{P' + P'' + P''' + \ldots} \text{ und}$$

$$y = \frac{y'P' + y''P'' + y'''P''' + \ldots}{P' + P'' + P'''}$$

wobei man für $P' + P'' + \ldots$ das Gewicht P des ganzen Systems setzen kann. Hat man nur die eine Axe OX gezogen, so sind bei rechtwinklichen Axen, wie bekannt die Linien OZ', OZ'',... die Coordinaten y', y'',... Die Lage des gesuchten Schwerpunktes ist demnach völlig bestimmt.

Zusatz. Sollten die einzelnen Linien L', L'', ... nicht in einer Ebene liegen; so hindert dies die gegebene Auflösung durchaus nicht, nur muß man drei Momentenebenen, oder eine Momentenebene und in ihr eine Axe, in dieser aber einen Anfangpunkt der Coordinaten annehmen. Dies ergiebt sich unmittelbar aus §. 48. Zusatz 1., oder ist durch rein mathematische Sätze bedingt.

Anmerk. Die Modificationen für besondere Fälle, wenn sie nicht wesentlich sind, gehören nicht für den Vortrag; auch treten hierbei mancherlei Verkürzungen ein, die sich bald ergeben, z. B. daß man bei Aufsuchung des Schwerpunkts gebrochener Linien, eine der Linien als Momentenaxe ansieht, weil hierdurch ein Glied im Zähler der gedachten Brüche verschwindet. Zur Uebung kann die Formel $\frac{1}{2} h_a . \frac{c + b}{a + b + c}$ entwickelt werden, welche, wenn a, b und c die Seiten eines Triangels sind, die Entfernung des Schwerpunkts vom Umfange des Triangels angiebt, sobald h_a die der Seite a entsprechende Höhe bedeutet. Nennt man jene Entfernung e_a, so ist auch $e_a = \frac{1}{2} h_a . \frac{S - a}{S}$, wenn $a + b + c = S$ gesetzt wird. Eben so ist $e_b = \frac{1}{2} h_b . \frac{S - b}{S}$ und $e_c = \frac{1}{2} h_c \frac{S - c}{S}$. (Zur Entwicklung dieser Formel erinnere man sich, daß die Mitte (der Schwerpunkt) einer Seite, von einer anderen Seite des Triangels, um die Hälfte der Höhe welche dieser letzteren Seite entspricht, entfernt ist).

§. 77. Aufgabe (Fig. 34.).

Den Schwerpunkt S eines Kreisbogens zu bestimmen.

Auflösung und Beweis. Ist ACU ein Kreisbogen dessen Länge oder Gewicht b, und dessen Sehne AU, s heißt; so ist der Perpendikel EC in der Mitte E der Sehne AU, ein Durchmesser der Schwere (§. 75, 3, b), und es ist am einfachsten, die Entfernung des Schwerpunkts S vom Mittelpunkte O, d. h. die Linie OS (oder auch die CS) zu bestimmen. — Unter den elementaren Auflösungen dieser Aufgabe, mag die nachstehende hier folgen. — Man nehme zuerst statt des Kreisbogens, lauter gleiche Sehnen AB, BC, u. s. w.

an, und bestimme den Schwerpunkt dieser gebrochenen Linie ABC.... Zuerst ist das Moment irgend einer jener Sehnen, z. B. der BC, also M_{BC}*), wenn man die durch O mit der AU parallel gezogene Linie XY als Momentenaxe ansieht, gleich BC.PG (§. 46.). Aber wenn durch die Mitte P der BC, die Line PT ⧣ AU (⧣ XY) gezogen, und P mit O verbunden wird, so ist $\Delta\, PCT \sim \Delta\, PGO$, also verhält sich $PT : PC = PG : PO$, und es ist $PG = \frac{PT \cdot PO}{PC} = GO \cdot \frac{p}{\frac{1}{2} BC}$, wenn PO (das Apothema der gleichen Sehnen) = p gesetzt wird. Hiernach wird jenes Moment, nemlich $M_{BC} = BC \cdot GO \cdot \frac{2p}{BC} = 2p \cdot GO = p \cdot FO$, weil $FO = 2 \cdot GO$ ist. Da die Momente der anderen Sehnen auf analoge Weise bestimmt werden; so ist das Moment der ganzen gebrochenen Linie von A bis U, oder die Summe der Momente der einzelnen Sehnen, gleich $p \cdot XY = p \cdot AU$, indem XY oder AU die Summe aller Linien, welche bei den verschiedenen Sehnen der Linie FO entsprechen, ist. Nennen wir also die ganze gebrochene Linie ABC... U = L, so ist $L \cdot S'O$**) $= M_L$, oder $L \cdot S'O = p \cdot AU = p \cdot s$. Hiernach ist $S'O = \frac{p \cdot s}{L}$.

Setzt man nun endlich statt der Sehnen, den Bogen (nimmt also unendlich kleine Sehnen an); so verwandelt sich das Apothema p in den Radius r, und die Summe der Sehnen, d. h. L in den Bogen b. Folglich ist die gesuchte Entfernung des Schwerpunkts S (des Kreisbogens b) vom Mittelpunkte O:

$SO = \frac{r \cdot s}{b}$, oder man hat $SO : r = s : b$, welches

*) Für diese Bezeichnung des Moments, siehe §. 73, 4.

**) S' bedeutet hierbei den Schwerpunkt der sämmtlichen Sehnen

eine merkwürdige leicht in Worte zu übertragende Proportion ist.

Zusatz. Aus rein mathematischen Gesetzen, sind folgende Formeln nunmehr einfach herzuleiten:

1) Nennt man $\angle AOU = \alpha$, so ist $SO = \frac{2r \sin \frac{1}{2}\alpha}{\text{arc } \alpha}$.

2) Ist der Bogen $b = r\pi$, d. h. ein Halbkreis, so ist $s = 2r$; also $SO = \frac{2r}{\pi} = r \cdot 0{,}6366\ldots =$ beinahe $\frac{7}{11}r$.

3) Ist $b = \frac{1}{2} r\pi$ d. h. ein Quadrant, so ist $s = r\sqrt{2}$; daher $SO = \frac{2\sqrt{2} \cdot r}{\pi} = r \cdot 0{,}9003\ldots =$ beinahe $\frac{9}{10}r$.

Anmerk. Noch andere elementar zu behandelnde Fälle, können hier übergangen werden, und findet man sie in den genannten statischen Werken. Dasselbe gilt von den meisten der, in der Folge nicht weiter ausgeführten Modificationen einer allgemeinen Formel.

§. 78. Aufgabe (Fig. 35.).

Den Schwerpunkt eines Triangels zu bestimmen.

Auflösung und Beweis. Man halbire zwei Seiten des Triangels ABC, z. B. BC in D und AC in E; so sind die Linien AD und BE, Durchmesser der Schwere (§. 75. Zus. 2.), also ist ihr Durchschnittpunkt S, der Schwerpunkt des Triangels (§. 75. Zus. 1.). Daß die Verbindunglinie des Punkts C mit der Mitte der AB, auch durch S geht; ist bereits aus rein geometrischen Lehren bekannt.

Zusatz 1. Um zu bestimmen, wie weit S von A oder von D liegt; schließe man: Wird D mit E verbunden, so ist $CE : EA = CD : DB$ $(= 1 : 1)$, also $DE \# AB$ und $\Delta\, DSE \sim \Delta\, BSA$. Daher ist:

AS : SD = AB : DE; weil aber DE = $\frac{1}{2}$ AB (indem DE : AB = CD : CB = 1 : 2), so ist auch SD = $\frac{1}{2}$ AS, oder SD = $\frac{1}{3}$ AD, folglich AS = $\frac{2}{3}$ AD. Eben so ist auch SE = $\frac{1}{3}$ BE und BS = $\frac{2}{3}$ BE, oder es liegt auch S von C, um $\frac{2}{3}$ der Linie zwischen C (durch S gehend) und der Mitte der AB entfernt. Hiernach hat man ein Mittel, den Schwerpunkt eines Triangels auch durch eine jener Linien (AD, BE, u. s. w.) zu bestimmen.

Zusatz 2. Es ist deutlich, daß des Schwerpunkts S Entfernung von den Seiten des Triangels, ist: $e_a = \frac{1}{3} h_a$ (e_a ist die Entfernung des Schwerpunkts von der Seite a, und h_a ist die der Seite a entsprechende Höhe des Triangels), $e_b = \frac{1}{3} h_b$ und $e_c = \frac{1}{3} h_c$. Zieht man in der Ebene des Triangels eine beliebige Momentenaxe MN, und nennt die Perpendikel welche von A, B, C und S darauf zu fällen sind x_a, x_b, ...*); so ergiebt sich leicht, daß $x_S = \frac{1}{3}(x_a + x_b + x_c)$ ist (Zum Beweise fälle man auch von E den Perpendikel x_e zur MN, und ziehe dann durch B eine Parallele bis zum Perpendikel x_e).

Anmerk. Siehe die Anmerkung zum vorigen §.

§. 79. Zusätze (Fig. 36.).

1) Die Bestimmung des Schwerpunkts des Triangels, liegt der Berechnung des Schwerpunkts aller ebenen geradlinigten Figuren zum Grunde. Hiernach bestimmt man den Schwerpunkt eines Polygons, wenn man es in Triangel zerlegt, und nachdem man die Inhalte der einzelnen Triangel bestimmt, und diese statt der ihnen proportionirten Gewichte, in den Schwerpunkten der Triangel sich vereinigt denkt; findet man auf demselben Wege

*) Geht die Momentenaxe durch eine Winkelspitze des Triangels, oder wird gar eine Seite desselben dazu gewählt; so verschwindet eine oder zwei jener Entfernungen.

wie für Linien in §. 76., den Schwerpunkt des Polygons, da nichts hindert, genau die zwei dort angegebenen Methoden, auch hier wieder anzuwenden.

2) Soll man für ein beliebiges Vierseit den Schwerpunkt bestimmen, dann kann man auch so verfahren: Man ziehe eine Diagonale, suche für beide Triangel die Schwerpunkte, und verbinde diese mit einander; so ist diese Verbindunglinie offenbar ein Durchmesser der Schwere. Zieht man nun auch die andere Diagonale, und macht die analoge Construction bei den hierdurch entstehenden Triangeln; so bekömmt man einen zweiten Durchmesser der Schwere, welcher nebst dem erwähnten ersten Durchmesser, den Schwerpunkt giebt (§. 74. Zusatz). Es ist deutlich, wie man dies Mittel erweitert anwenden kann, um auch beim Fünfseit, dann beim Sechsseit, u. s. w. die Schwerpunkte durch Construction zu bestimmen. — Auch kann diese Construction mit der in Nr. 1., in besonderen Fällen mit Vortheil verbunden, angewendet werden.

3) Um einen besonderen Fall hier auszuführen, und durch ihn den in analogen Fällen zu nehmenden Weg zu zeigen; soll z. B. die Entfernung $SF = x$ des Schwerpunkts eines Paralleltrapezes ABCD, von der Seite DC berechnet werden. — Man nenne die Höhe $AE = h$, die Seite $AB = m$ und die $DC = n$. Sieht man die Seite DC als Momentenaxe an, so ist:

$M_{\triangle BDC} = \triangle BDC \cdot \frac{1}{3} BG = \frac{1}{2} nh \cdot \frac{1}{3} h = \frac{1}{6} nh^2$, eben so

$M_{\triangle DAB} = \triangle DAB \cdot \frac{2}{3} AE$*) $= \frac{1}{2} mh \cdot \frac{2}{3} h = \frac{2}{6} mh^2$; folglich

$$M_{ABCD} = M_{\triangle BDC} + M_{\triangle DAB} = \frac{nh^2 + 2\,mh^2}{6} =$$

*) Der Schwerpunkt des Triangels DAB, liegt $\frac{1}{3}$ AE von der Seite AB, also $\frac{2}{3}$ AB von der Momentenaxe DC (# AB) entfernt.

$\frac{1}{6} h^2 (n+2m)$. Aber es ist auch $M_{ABCD} = ABCD \cdot SF = \frac{1}{2} h (n+m) x$, folglich $\frac{1}{6} h^2 (n+2m) = \frac{1}{2} h (n+m) x$, woraus sich ergiebt: $x = \frac{1}{3} h \cdot \frac{n+2m}{n+m} = SF$. Es ist deutlich, daß man auf demselben Wege den Abstand des Punkts S von der Seite AB, gleich $\frac{1}{3} h \cdot \frac{m+2n}{m+n}$ findet. Wollte man auch den Abstand SH des Punkts S von einer, durch D senkrecht zur DC gezogenen Momentenaxe DN bestimmen; so setze man $SH = y$ und $DE = e$. Nun ist für diese Momentenaxe:

$$M_{\Delta ABD} = \Delta ABD \cdot \tfrac{1}{3}(BI + AI)^{*)} = \tfrac{1}{2} mh \cdot \frac{m+e+e}{3} = \tfrac{1}{6} mh(m+2e),$$

$$M_{\Delta BDC} = \Delta BDC \cdot \tfrac{1}{3}(BI + CD) = \tfrac{1}{2} nh \cdot \frac{m+e+n}{3} = \tfrac{1}{6} nh(m+n+e);$$

folglich $M_{ABCD} = \frac{mh(m+2e) + nh(m+n+e)}{6}$. Weil aber auch $M_{ABCD} = \frac{1}{2} h (m+n) \cdot y$ ist; so giebt die Gleichsetzung beider Werthe für das Moment des Paralleltrapezes, nunmehr:

$$y = \frac{m(m+2e) + n(m+n+e)}{3(m+n)} = \frac{m^2 + 2me + nm + n^2 + ne}{3(m+n)} = SH.$$

Auch mit diesem Ausdrucke lassen sich noch mancherlei Aenderungen und Modificationen vornehmen; z. B. wenn die Seite AD senkrecht zur DC steht, also AD mit der DN zusammenfällt, so ist $e = 0$; daher wird $y = \frac{m^2 + n^2 + mn}{3(m+n)}$. U. dgl. m.

4) Man überzeugt sich leicht, daß, weil bei dem Mantel einer geraden Pyramide, der Schwerpunkt jeder Seitenfläche um $\frac{2}{3}$ der Höhe dieser Seitenfläche von der Spitze entfernt ist; auch der Schwerpunkt des ganzen

---

*) Siehe §. 78. Zusatz 2; die Entfernung x_d verschwindet hier, x_a ist $= AI$ und $x_b = BI = BA + AI$.

Mantels, $\frac{2}{3}$ der Höhe (oder der Axe), von der Spitze der Pyramide in der Höhe entfernt liegt. Folglich liegt auch der Schwerpunkt des Mantels eines geraden Kegels, $\frac{2}{3}$ der Axe des Kegels von der Spitze in der Axe entfernt, indem man den geraden Kegel als eine gerade Pyramide von unendlich vielen Seiten ansieht. — Den Schwerpunkt der ganzen Oberfläche der geraden Pyramide so wie des geraden Kegels, findet man, wenn man auch den Schwerpunkt der Grundfläche sucht, und die Verbindunglinie der Schwerpunkte des Mantels und der Grundfläche, nach dem umgekehrten Verhältnisse der Inhalte des Mantels und der Grundfläche, theilt (Vergl. §. 76.).

§. 80. Aufgabe (Fig. 34.).

Den Schwerpunkt eines Kreissectors zu bestimmen.

Auflösung und Beweis. Es sei OACU der gegebene Sector, S der gesuchte Schwerpunkt; der Inhalt des Sectors werde durch a (Ausschnitt), seine Sehne AU durch s bezeichnet. — Wir wenden hier ein, dem in §. 77. analoges Verfahren an. Man stelle sich nemlich zuerst statt des Bogens ACU, lauter gleiche Sehnen, also statt des Sectors lauter Triangel vor, deren Grundlinien die gleichen Sehnen und deren gleiche Höhe, das Apothema = p wird. Nun ist, wenn wir irgend eines dieser Triangel, z. B. Δ BOC betrachten, dessen Schwerpunkt Q sei, für die Momentenaxe XY (⧺ der AU):

$$M_{\Delta BOC} = \Delta BOC \cdot QH = \tfrac{1}{2} BC \cdot PO \cdot \tfrac{2}{3} PG \text{ (weil } OQ = \tfrac{2}{3} OP \text{ ist)}$$

$$= \frac{p}{3} BC \cdot PG \text{ (weil } PO = p \text{ ist).}$$

Zieht man die BI ⧺ XY, so ist Δ BIC $\sim$ Δ POG; also:

$$BI : BC = PG : PO, \text{ folglich ist } PG = \frac{BI \cdot PO}{BC} = \frac{BI \cdot p}{BC},$$

und es wird das gefundene Moment hiernach

$M_{\Delta BOC}$

$M \triangle BOC = \frac{p}{3} \cdot BC \cdot \frac{BI \cdot a}{BC} = \frac{p^2}{3} \cdot BI = \frac{p^2}{3} \cdot FO$. Man sieht hieraus, daß das Moment des ganzen Polygons, welches aus den verschiedenen Triangeln besteht, durch das Apothema und die Sehne (welche letztere durch die Summe der verschiedenen Linien entsprechend der FO, zuerst die XY giebt, welche gleich der AU ($= s$) ist) so dargestellt wird:

$M\,OABC\ldots U = \frac{p^2 s}{3}$. Wird durch S′ der Schwerpunkt dargestellt, ist also S′O die Entfernung dieses Schwerpunkts von O; so ist auch das Moment des Polygons, dessen Inhalt P heiße, $M\,OABC\ldots U = P \cdot S'O$; hiernach ist $\frac{p^2 s}{3} = P \cdot S'O$, also $S'O = \frac{p^2 s}{3P}$. Setzt man jetzt statt des Polygons, den Ausschnitt a; so geht das Apothema in den Radius r über, und man erhält die gesuchte Linie $SO = \frac{r^2 s}{3a}$ (I.), oder die Proportion: $SO : s = r^2 : 3a$, wobei verschiedene Aenderungen vorgenommen werden können. Setzt man $a = \frac{1}{2} rb$ (wo b den Bogen des Sectors bedeutet), so hat man auch:

$SO = \frac{r^2 s}{3 \cdot \frac{1}{2} rb} = \frac{2rs}{3b}$ (II.), oder $SO : s = 2r : 3b$. U. dgl. m.

Zusatz. Es lassen sich auch hier einfach folgende Sätze herleiten.

1) Heißt $\angle AOU = \alpha$, so ist $SO = \frac{2r^2 \sin \frac{1}{2}\alpha}{3a}$ oder $= \frac{4r \sin \frac{1}{2}\alpha}{3 \operatorname{arc} \alpha}$, jenachdem die Formel (I.) oder (II.) gebraucht wird.

2) Ist $a = \frac{1}{2} r^2 \pi$ (Halbkreis), so ist $SO = \frac{r^2 \cdot 2r}{3 \cdot \frac{1}{2} r^2 \pi}$ $= \frac{4r}{3\pi} = r \cdot 0,4244\ldots = \text{beinahe } \frac{14}{33} r$.

3) Ist $a = \frac{1}{4} r^2 \pi$ (Quadrant), so ist $SO = \frac{r^2 \cdot r\sqrt{2}}{3 \cdot \frac{1}{4} r^2 \pi}$

$= \frac{4r\sqrt{2}}{3\pi} = r \cdot 0{,}6002\ldots =$ beinahe $\frac{3}{5}$ r.

Die Vergleichungen der Lage der Schwerpunkte der Sectoren und der Bogen (nach §. 77.), führt zu interessanten Betrachtungen.

§. 81. Aufgaben (Fig. 37.).

Wenn Flächen die Summen oder die Differenzen von solchen Flächen sind, deren Schwerpunkte bekannt sind; so ist nach dem allgemeinen Grundzuge in §. 73, 4. (der in §. 79, 3. schon einmal angewendet ist), der Schwerpunkt jener combinirten Fläche, immer zu entwickeln. Für einige wesentliche Fälle mögen solche Entwicklungen kurz hier folgen.

1) Den Schwerpunkt eines Kreissegments ACB zu finden.

Auflösung und Beweis. Ist S′ der Schwerpunkt vom △ AOC, S″ der des Sectors AOCB und S‴ der gesuchte Schwerpunkt des Segments; so ist, wenn man die Momentenaxe durch O parallel AC legt:
$M_{\Delta AOC} = \Delta AOC \cdot OS'$, $M_{AOCB} = AOCB \cdot OS''$,
$M_{ACB} = ACB \cdot OS'''$.
Ferner ist $M_{AOCB} = M_{\Delta AOC} + M_{ACB}$, oder das gesuchte Moment $M_{ACB} = M_{AOCB} - M_{\Delta AOC}$; hierin die Werthe gesetzt, giebt:
Segment $ACB \cdot OS''' =$ Sector $AOCB \cdot OS''$ — Triangel $AOC \cdot OS'$, oder die bekannten Werthe aus §. 80. gesetzt:

$OS''' \cdot$ Segment $ACB = \frac{1}{2} br \cdot \frac{2rs}{3b} - \frac{1}{2} s \cdot OQ \cdot \frac{2}{3} OQ$.

Setzt man $OQ = \sqrt{(\overline{OC}^2 - \overline{QC}^2)} = (r^2 - \frac{1}{4} s^2)$; so wird:

$OS''' \cdot \text{Segment } ACB = \frac{s r^2}{3} - \frac{1}{3} s (r^2 - \frac{1}{4} s^2) = \frac{s^3}{12}$, mithin ist $OS''' = \frac{s^3}{12 \cdot \text{Segment}} = \frac{s^3}{12 I}$, wenn $I =$ Segment gesetzt wird; ein merkwürdiges Resultat. — Setzt man darin $I =$ einem Halbkreise, also $s = 2r$; so erhält man wieder die Formel des §. 80. Zusatz 2., wie es auch sein muß, weil der Halbkreis sowol als ein Sector, wie auch als ein Segment anzusehen ist.

2) Den Schwerpunkt einer Fläche DECA zu finden, welche von zwei parallelen Sehnen begrenzt wird.

Auflösung und Beweis. Nach Nr. 1. ergiebt sich sofort:

$M_{DECA} = M_{ACB} - M_{DEB}$; also wenn S'' den Schwerpunkt von DECA bedeutet:

$DECA \cdot OS'' = ACB \cdot OS''' - DEB \cdot OS^{IV}$; hierin die Werthe aus Nr. 1., so wie $DECA = F$ gesetzt, wird $F \cdot OS'' = I \cdot \frac{S^3}{12 I} - i \cdot \frac{s^3}{12 i} = \frac{S^3 - s^3}{12}$, folglich $OS'' = \frac{S^3 - s^3}{12 F}$.

3) Für die Fläche AMZNCBA, deren Construction sich aus der Figur ergiebt (sie ist nemlich ein Theil eines Kreisringes), den Schwerpunkt zu berechnen.

Auflösung und Beweis. Da die bezeichnete Fläche die Differenz zweier Sectoren ist; so findet man nach der nunmehr hinlänglich erläuterten Methode, die Entfernung des (in der Figur nicht weiter bezeichneten) Schwerpunkts S von O:

$SO = \frac{2 MN}{3 \text{Bogen } MZN} \cdot \frac{R^3 - r^3}{R^2 - r^2}$; die Sehne AC und ihr Bogen verschwinden aus dem Resultate, da $\frac{AC}{\text{Bogen } ABC}$ $= \frac{MN}{\text{Bogen } MZB}$ gesetzt ist.

Zusatz. Eben so würde man den Schwerpunkt der Fläche AVZWCBA finden können, welche die Differenz zweier Kreisabschnitte ist. — Noch andere Combinationen lassen sich leicht erdenken, und die betrachteten Kreisstücke auch mit geradlinigten Figuren auf mannigfaltige Weise combiniren.

§. 82. Aufgabe (Fig. 38.).

Den Schwerpunkt einer dreiseitigen Pyramide ABCD zu bestimmen.

Auflösung und Beweis. Man suche den Schwerpunkt einer Seitenfläche z. B. der BCD; er sei Q (laut §. 78., indem $BQ = \frac{2}{3} BE$ gemacht, und E die Mitte der CD ist). Eben so bestimme man den Schwerpunkt einer zweiten Seitenfläche, z. B. O für die Fläche ACD. Zieht man BO und AQ, so sind beide Linien Durchmesser der Schwere, da sie durch die Schwerpunkte aller Triangel gehen, welche als Durchschnitte der Pyramide, parallel jenen Seitenflächen sind. Wo sich beide Linien in S schneiden, ist der Schwerpunkt der Pyramide *). — Daß auch jede der zwei anderen Seitenflächen hätten gewählt werden können, ist deutlich.

Zusatz 1. Man ziehe OQ, so ist $OQ \# AB$ (weil $EO:EA = EQ:EB = 1:3$ ist); also ist $\Delta ASB \sim \Delta OSQ$.

---

*) Daß dieser Schnitt erfolgen muß; liegt einmal darin, daß ein Schwerpunkt vorhanden ist, durch den beide Durchmesser der Schwere gehen; dann aber auch, weil laut Construction die Linie BO in der Ebene AEB, oder auch weil AQ in derselben Ebene AEB liegt.

Folglich verhält sich AB : OQ = AS : SQ (oder = SB : SO). Weil aber AB : OQ = EA : EO = 3 : 1 ist, so ist auch AS : SQ = 3 : 1 d. h. AS = 3 SQ oder SQ = $\frac{1}{3}$ AS = $\frac{1}{4}$ AQ, oder auch AS = $\frac{3}{4}$ AQ. Aus gleichem Grunde ist BS = $\frac{3}{4}$ BO, oder SO = $\frac{1}{4}$ BO, und analog für die Entfernungen des Schwerpunkts S, von den anderen Endpunkten der Pyramide, d. h. der Schwerpunkt ist $\frac{3}{4}$ der Verbindunglinie der Eckspitze mit dem Schwerpunkte der ihr gegenüberliegenden Seitenfläche, von jener Spitze, oder $\frac{1}{4}$ dieser Linie vom Schwerpunkte der Seitenfläche entfernt, und liegt zugleich in dieser Verbindunglinie.

Zusatz 2. Es ist nun auch deutliich, daß die Entfernung des Schwerpunkts von einer Seitenfläche der Pyramide, gleich $\frac{1}{4}$ der, dieser Fläche entsprechenden Höhe der Pyramide ist (Ohne deshalb in dieser Höhe zu liegen, wiewol dies in besonderen leicht zu erkennenden Fällen, auch stattfinden kann). Wenn man daher durch den Punkt in einer Höhe der dreiseitigen Pyramide, welcher $\frac{1}{4}$ der Höhe von der Grundfläche, oder $\frac{3}{4}$ der Höhe von der Spitze entfernt liegt, eine parallele Ebene mit jener Grundfläche legt; so ist dieselbe eine Ebene der Schwere.

Zusatz 3. Die eben genannten Sätze gelten auch von jeder Pyramide, wie man wol sogleich einsieht, da, wenn man die mehrseitige Pyramide durch Diagonalebenen in lauter dreiseitige Pyramiden theilt, die Schwerpunkte aller einzelnen Pyramiden in einer Ebene, nemlich alle $\frac{1}{4}$ der gemeinschaftlichen Höhe von der Grundfläche entfernt liegen. Man findet also den Schwerpunkt einer vielseitigen Pyramide auch dadurch, daß man den Schwerpunkt ihrer Grundfläche sucht, diesen mit der gegenüberliegenden Spitze verbindet, und $\frac{3}{4}$ dieser Linie (welche ein Durchmesser der Schwere ist) von jener Spitze der Pyramide, auf eben diese Linie aufträgt.

Zusatz 4. Da ein Kegel als eine unendlich vielseitige Pyramide anzusehen ist; so liegt auch der Schwerpunkt des Kegels, $\frac{3}{4}$ der Axe von der Spitze, oder $\frac{1}{4}$ der Axe vom Mittelpunkte der Grundfläche, in dieser Axe entfernt.

Anmerk. Sucht man die Entfernung des Schwerpunkts einer dreiseitigen Pyramide, von einer irgend wie angenommenen Ebene E; so ergiebt sich ein Resultat, analog dem in §. 78. Zusatz 2. genannten Resultate für den Triangel; nemlich es wird jene Entfernung $\frac{1}{4}$ $(x_a + x_b + x_c + x'_d)$, wenn diese Ausdrücke die Perpendikel von den Winkelspitzen zu jener Ebene bedeuten. Der Beweis kann zur Uebung gesucht werden, wozu eine Ebene, parallel jener gewählten Ebene E, durch diejenige Eckspitze der Pyramide gelegt wird, welche dieser letztern Ebene E am nächsten liegt. Die erwähnte Relation kann verschiedenen Aufgaben wiederum zum Grunde gelegt werden, die aber eben so wenig hier gebraucht werden als andere Aufgaben, welche gewöhnlich in den Lehrbüchern der Statik, in großer Anzahl aufgeführt werden, so nützlich solche Aufgaben auch an sich sind, und so wesentlich ihre Anwendung werden kann. Hierher gehört z. B.: den Schwerpunkt einer abgekürzten Pyramide oder eines abgekürzten Kegels, eines schief abgeschnittenen Prismas, eines ausgehöhlten Prismas, u. dgl. m. zu finden. Die Methode zur Auflösung solcher Aufgaben, ist analog der in §. 81. angewendeten Methode, sie kann daher hier übergangen werden und in vorkommenden Fällen nicht fremd sein. Dagegen mag die nachfolgende Aufgabe hier noch stehen, deren Auflösung ihrer Eigenthümlichkeit wegen, beachtenswerth erscheint.

§. 83. Aufgabe (Fig. 38.).

Die Entfernung des Schwerpunkts einer Halbkugel, vom Mittelpunkte, zu finden.

Auflösung und Beweis. Stellt man sich über der Halbkugel ABC, deren zu bestimmender Schwerpunkt S''' sei, den geraden Cylinder AEDC beschrieben vor; so liegt der Schwerpunkt dieses Cylinders in der Mitte des Halbmessers OB, dies sei in S''. Nun ist nach bekannten geometrischen Sätzen, der Körper K welcher die Differenz zwischen dem Cylinder und der Halbkugel ist, gleich dem Kegel EOD, welchen man über ED beschreiben kann. Weil aber alle Durchschnitte parallel mit der Grundfläche ED, gleich groß sind, sofern sie dem Körper K oder sofern sie dem Kegel angehören*); so ist deutlich, daß diese zwei Körper ein und denselben Schwerpunkt S′ haben. Es liegt also der Schwerpunkt S′ des Körpers K, um $\frac{3}{4}$ r von O in der Linie OB (= r) entfernt (§. 82. Zusatz 4.). Nunmehr ist: Moment des Cylinders = Moment der Halbkugel + Moment des Körpers K, d. h. Cylinder × OS″ = Halbkugel × OS‴ + Körper K × OS′, oder, nach bekannten geometrischen Sätzen für die Halbkugel gesetzt $\frac{2}{3}$ Cylinder, und für den Körper K (= Kegel EOD) gesetzt $\frac{1}{3}$ Cylinder; so ist: Cylinder × OS″ = $\frac{2}{3}$ Cylinder × OS‴ + $\frac{1}{3}$ Cylinder × OS′, oder

$OS'' = \frac{2}{3} OS''' + \frac{1}{3} OS'$, oder

$\frac{1}{2} r = \frac{2}{3} OS''' + \frac{1}{3} \cdot \frac{3}{4} r$; hiernach ist $OS'' = \frac{3}{8} r$; ein gewiß merkwürdiges rationales Resultat.

Zusatz 1. Soll der Schwerpunkt des Körpers GAFCHI, welcher die Differenz zweier Halbkugeln ist, bestimmt werden; so nenne man die Halbkugeln H und h, ihre Radien R und r, der Körper sei K, die Entfernungen der Schwerpunkte dieser drei Körper von der Grundfläche AC, seinen E_H, E_h und E_K. Nun ist $M_K = M_H - M_h$, oder $K \cdot E_K = H \cdot E_H - h \cdot E_h$, oder $(H - h) \cdot E_K = H \cdot \frac{3}{8} R - h \cdot \frac{3}{8} r$; folglich:

$E_K = \frac{3}{8} \cdot \frac{HR - hr}{H - h}$. Oder setzt man für H und h die Werthe $\frac{4}{6} R^3 \pi$ und $\frac{4}{6} r^3 \pi$, so ergiebt sich

$E_K = \frac{3}{8} \cdot \frac{R^4 - r^4}{R^3 - r^3}$.

---

*) Man erkennt leicht, daß diese gleichen Durchschnitte für den Körper K Kreisringe, für den Kegel aber Kreise werden.

Zusatz 2. Der Schwerpunkt für die krumme Oberfläche einer Kugelzone (also auch einer Halbkugel), liegt in der Mitte der zugehörenden Höhe der Zone, weil nach rein geometrischen Gründen, alle Zonen von gleichen Höhen, gleichen Flächeninhalt haben. — Der Schwerpunkt für die ganze Oberfläche einer Zone, ergiebt sich bei Berücksichtigung der Grundflächen, nunmehr ohne weitere Erläuterung.

§. 84. Anmerkung.

Mit den vorgetragenen Sätzen können die Grundlehren der Berechnung der Schwerpunkte für Linien, Flächen und Körper, als beendigt angesehen werden. Eine bloße Anführung der Formeln für die Schwerpunkte solcher Systeme, welche durch die höhere Mathematik entwickelt werden können, ist gegen den Zweck dieses Werkes. — Dagegen ist aufmerksam darauf zu machen, daß, wenn man einen heterogenen physischen Körper hat, welcher aber aus verschiedenen homogenen Materien zusammengesetzt ist, für deren Formen man den Schwerpunkt kennt *); der Schwerpunkt des ganzen Körpers nach §. 48. Zusatz 1. sogleich berechnet werden kann, sobald man nur die Gewichte der einzelnen Körper kennt; denn diese Gewichte werden nunmehr als parallel (vertikal) würkende Kräfte angesehen, deren Angriffpunkte die als bekannt vorausgesetzten, oder zuerst berechneten Schwerpunkte sind. Die Ermittelung des Gewichts, geschieht entweder unmittelbar, oder durch die im zweiten Kapitel des ersten Abschnitts genannten Mittel auf ver-

*) Man denke sich z. B. auf einem prismatischen Körper von Stein, eine abgekürzte Pyramide von Holz, und auf dieser eine Kugel von Eisen liegend. Jede dieser drei Materien muß für sich aber homogen angenommen werden.

schiedene Weise, welche Verrichtung im Allgemeinen ein Gegenstand der Technik ist.

§. 85. Anmerkung.

Die Guldinsche Regel.

Eigentlich nicht zur Statik gehörend, wol aber zweckmäßig an diesem Orte erscheint es, von einem Satze zu reden, der zur Berechnung der Inhalte solcher Flächen und Körper führt, welche man respective als erzeugt denken kann, indem eine beliebige, ihrer Größe nach bekannte Linie oder eine Fläche, sich um eine fest gedachte Axe dreht, sobald man nemlich den Schwerpunkt jener Linie oder dieser Fläche kennt, und die gedachte Axe als Momentenaxe ansieht. Man sieht Guldin (Jesuit zu St. Gallen, in der Mitte des 17ten Jahrhunderts) als den Erfinder oder Entdecker jenes Satzes an, und benennt solchen nach ihm (Auch heißt diese Aufgabe die centrobarische Methode). — Die, der so eben gedachten Aufgabe zum Grunde liegenden Vorstellungen sind: aus der Statik, der in §. 73. genannte allgemeine Satz von den Momenten, indem man jene sich drehende Linie oder Fläche, — sie heiße die erzeugende Größe — als das ganze System, ihre beliebig großen Theile aber als die einzelnen Systeme annimmt, welche das ganze System bilden; ferner die bekannte Annahme, wonach eine Fläche so wie ein Körper, respective als aus unendlich vielen parallelen Linien oder Flächen bestehend, angesehen wird. Wir wollen beide Fälle besonders betrachten.

1) Eine Linie von der Länge L (gerade oder krumm) deren Schwerpunkt S sei, liege in einer Ebene E, und sei gegen eine Axe A beliebig aber unveränderlich geneigt, wie z. B. ein Schenkel eines Winkels gegen den anderen Schenkel, oder ein Kreisbogen gegen den Halbmesser, u. dgl. m. Nunmehr drehe sich die L bei jener unver-

änderlichen Neigung gegen die A, ganz herum; so beschreibt jeder Punkt in der Linie eine Kreislinie. Denkt man sich die Punkte aus denen die Linie (laut der erwähnten Vorstellung) besteht, alle als gleich schwer, und nennt sie oder ihre Gewichte P', P'',... oder allgemein P, dagegen das Gewicht der ganzen Linie $L \cdot P$ *); so erhält man, wenn a der Abstand des Schwerpunkts S der ganzen Linie, und a', a'',... die Abstände der einzelnen Punkte P', P'',... (die als solche ihre Schwerpunkte selbst sind) von der Axe A sind, nach dem bezeichneten statischen Satze die Gleichung:

$a L \cdot P = a'P' + a''P'' + a'''P''' + \ldots$ od. $P' = P'' = \ldots = P$ gesetzt, ist $a L \cdot P = P\,(a' + a'' + a''' + \ldots)$. Nunmehr ist auch:

$$2\pi\, a \cdot L \cdot P = P\,(2\pi\, a' + 2\pi\, a'' + 2\pi\, a''' + \ldots)$$
$$= P\,(u' + u'' + u''' + \ldots),$$

wenn die Umfänge der Kreise welche die Endpunkte der Linien a', a'',... beschreiben, und die $2\pi a'$, $2\pi a''$,... sind, durch u', u'',... bezeichnet werden. Die Summe dieser Umfänge bildet aber die ganze erzeugte Fläche, sie heiße F. Setzt man diesen Werth für jene Summe, und dividirt durch P auf beiden Seiten, so ist $L \cdot 2 a \pi = F$, d. h. die erzeugte Fläche ist gleich der Länge der erzeugenden Linie L, multiplicirt mit dem Wege des Schwerpunkts dieser Linie, welchen Weg $2 a \pi$ anzeigt.

Anmerk. 1. Als Beispiel diene: Ein Halbkreis dessen Länge $r\pi$ ist, und dessen Schwerpunkt laut §. 77. Zusatz 2., um $\frac{2r}{\pi}$ vom Mittelpunkte entfernt liegt, drehe sich um seinen Halbmesser ganz herum, wobei die Halbkreislinie die Oberfläche einer Kugel beschreibt; so ist der Weg des Schwerpunkts (nemlich die

*) P ist das Gewicht eines der Punkte aus welchen die Linie deren Länge L ist besteht; daher $L.P$ das Gewicht der ganzen Linie bezeichnet.

Peripherie des mit dem Halbmesser $\frac{2r}{\pi}$ beschriebenen Kreises) gleich $2 . \frac{2r}{\pi} . \pi = 4r$; also $F = r\pi . 4r = 4r^2\pi$ (Die bekannte Formel für die Kugeloberfläche). — Oder: Eine gerade Linie von der Länge l, mache jene Drehung gegen eine andere Linie geneigt; so beschreibt sie die krumme Oberfläche (den Mantel) eines geraden Kegels, dessen Axe die andere Linie ist. Der Abstand des Schwerpunkts der erzeugenden Linie von der Axe, ist $\frac{1}{2}r$, wenn r den Halbmesser der Grundfläche des Kegels bedeutet Also ist der Weg des Schwerpunkts $2 . \frac{1}{2}r\pi = r\pi$, und die Fläche des Mantels gleich $lr\pi = \frac{1}{2}l . 2r\pi$; welches wiederum eine bekannte Formel ist *).

2) Eine begrenzte Ebene deren Inhalt E und Schwerpunkt S ist, drehe sich um eine Axe A. — Bedeuten P', P'',... die Gewichte der einzelnen zur Axe senkrecht angenommenen parallelen Linien, aus denen die Ebene E zufolge der Voraussetzung besteht, und man stellt sich diese Gewichte in den Mitten der Linien, welche die Schwerpunkte der Linien sind, vereinigt vor; so liegen diese Schwerpunkte alle um die Hälfte jener Linien, deren Längen L', L'',... sein mögen, von der Axe entfernt, so daß diese Entfernungen $a' = \frac{1}{2}L'$, $a'' = \frac{1}{2}L''$, ... sind; a sei wieder der Abstand des Schwerpunkts S von der Axe; $P' + P'' + P''' + \ldots$ ist hier das Gewicht der Ebene E, deren Inhalt gleich $L' + L'' + L''' + \ldots$ ist. Die einzelnen Linien L', L'',... beschreiben bei der Umdrehung der Ebene um ihre Axe, Kreisflächen, deren Summe nach der mehrerwähnten Vorstellung, den erzeugten Körper K bildet. Nunmehr ist:

$$a(P' + P'' + P''' + \ldots) = a'P' + a''P'' + a'''P''' + \ldots$$

Führt man nun statt der Gewichte, die ihnen proportio-

---

*) Zur Uebung kann man selbst die Formel für den Kreisinhalt ($r^2\pi$) entwickeln, wenn man den Radius als erzeugende Größe ansieht.

nirten Linien ein, und setzt für a', a'', ... die genannten Werthe; so hat man:

$a(L'+L''+L'''+\ldots) = \frac{1}{2}L'.L' + \frac{1}{2}L''.L'' + \frac{1}{2}L'''.L''' + \ldots,$ oder $aE = \frac{1}{2}L'^2 + \frac{1}{2}L''^2 + \frac{1}{2}L'''^2 + \ldots$. Hiernach ist auch, wenn man mit 2π multiplicirt:

$2a\pi . E = L'^2\pi + L''^2\pi + L'''^2\pi + \ldots = K$, indem $L^2\pi$, ... die erwähnten Kreisflächen sind, welche den Körper K bilden. Diese Gleichung giebt also den Satz: **der erzeugte Körper ist gleich der erzeugenden Ebene, multiplicirt mit dem Wege ihres Schwerpunkts.**

Anmerk. 2. Als Beispiel sei gegeben: Ein Halbkreis (dessen Inhalt $\frac{1}{2}r^2\pi$ ist), drehe sich um einen Durchmesser ganz herum, und beschreibe eine Kugel. Weil nach §. 80. Zusatz 2., die Entfernung des Schwerpunkts vom Durchmesser des Halbkreises gleich $\frac{4r}{3\pi}$ ist; so ist der Weg des Schwerpunkts gleich $2.\frac{4r}{3\pi}.\pi$ $= \frac{8}{3}r$; also der Inhalt der Kugel gleich $\frac{1}{2}r^2\pi.\frac{8}{3}r = \frac{4}{3}r^3\pi$; welches die bekannte Formel für die Kugel ist. — Für andere Körper ist die Anwendung der Regel nun leicht zu finden.

Zusatz. Die beiden genannten Sätze lassen sich vereint so darstellen:

Die Inhalte von Flächen oder von Körpern, welche respective durch Umdrehung einer Linie oder einer Ebene um eine Axe erzeugt werden können, sind gleich dem Produkte aus der erzeugenden Linie oder Fläche, in dem Wege des Schwerpunkts derselben bei der Umdrehung.

Man sieht ein, daß wenn die Umdrehung nicht vollständig erfolgt, die erzeugten Größen den Umdrehungen proportionirt sind. — Auch läßt sich die genannte Regel leicht erweitern, indem man sie auf solche erzeugte Größen überträgt, deren erzeugende Größen als Summen oder Differenzen anderer Größen erscheinen, die man bereits elementar betrachtet hat. — Noch ein merkwürdiges Beispiel mag hier stehen. Man stelle sich einen ganzen Kreis dessen Radius r, Peripherie P und Inhalt K seien, dergestalt ganz umgewendet vor, daß sein Mittelpunkt M immer in bestimmter Entfernung e von einem festen Punkt O bleibt, und die Linie MO = e, bei der Umdrehung eine Kreisfläche beschreibt*). Dann ist e der Halbmesser der vom Schwerpunkte beschriebenen Peripherie, oder $2e\pi$ der Weg des Schwerpunkts; mithin erhält man für den erzeugten wulstförmigen Körper: die Oberfläche $F = P \cdot 2e\pi = 2r\pi \cdot 2e\pi = 4re\pi^2$, und den Inhalt $I = K \cdot 2e\pi = r^2\pi \cdot 2e\pi = 2r^2e\pi^2$. Man kann auch für e setzen a + r, wenn a die Entfernung der Peripherie des rotirenden Kreises vom Pnnkte O bedeutet; u. dgl. m. — Endlich ist deutlich, daß die genannte Regel auch dienen kann, die Lage des Schwerpunkts einer Linie oder einer Ebene zu finden, wenn man die Größe der Linie oder der Ebene, und die Größe der durch sie, durch Rotation zu erzeugenden Flächen oder Körper kennt. —

Anmerk. 3. Alle weitere Bemerkungen über die Guldinsche Regel, gehören nicht hierher. Man findet einige Ausführungen und Erweiterungen derselben, in Meier Hirsch Sammlung geometrischer Aufgaben, 2r Theil §. 161, §. 172. u. a. a. O.

Anmerk. 4. Es kann nicht ganz übergangrn werden, anzuführen, daß man den Schwerpunkt auf gewisse Weise in die reine Mathematik eingeführt hat, wobei feinlich keine statischen Voraussetzungen gelten können, aber auch nicht viel mehr als die Benennung Schwerpunkt übertragen wird, indem man den mehrerwähnten Satz §. 73, unter eine völlig rein mathematische Form bringt, auch wol die Benennung Schwerpunkt mit: Punkt

*) Für das Resultat nach vollendeter Umdrehung, ist es gleichgültig, ob die Kreisebene K immer durch die Linie MO gelegt bleibt, oder ob sie sich auch noch um ihren Mittelpunkt dreht, wonach der Kreis K mit einer Kugel vertauscht werden könnte.

der mittleren Entfernung, u. a. m. vertauscht. In dieser Form ist ein gleichsam neuer Theil der analytischen Geometrie entstanden, dessen Lehren ungemein reichhaltig sind. Werke welche alles hierin Geleistete beisammen systematisch entwickelt enthielten, würden sehr erwünscht sein. Unter andern gehört hierher das classische Werk: Möbius, der barycentrische Calcul, ein neues Hülfsmittel zur analytischen Behandlung der Geometrie (Leipzig 1827.).

Zweites Kapitel.

Von einigen Erscheinungen welche bei der Statik materieller fester Körper, von wesentlichem Einfluß sind. Nemlich: Von der Festigkeit der Körper, der Reibung und der Steifheit der Seile*).

§. 86. Einleitung und Erklärung.

Die theoretische Statik fester Körper, könnte mit der Bestimmung des Schwerpunkts dieser Körper nebst den Sätzen des ersten Abschnitts, füglich geschlossen werden, und man würde sich begnügen können, die Grundzüge einiger Anwendungen jener Lehren für praktische Fälle zu entwickeln (wie dies in dem folgendem Kapitel dieses Abschnitts geschieht) durch welche die technische Statik begründet wird, welche dann selbst ein unbegrenztes Gebiet von Anwendungen enthält. — Allein man stößt beim Gebrauche der materiellen festen Körper, auf viele Anomalien, welche in der theoretischen Statik nicht vollständig erklärt und im Voraus der Berechnung unterworfen werden können, und die dennoch vom größ-

*) Siehe auch §. 90.

ten Einfluß auf den Erfolg, bei der Anwendung der früheren theoretischen Lehren sind. Unter den mannigfaltigen Ursachen durch welche die materiellen Körper noch einer besonderen Betrachtuug unterworfen werden müssen; sind besonders folgende drei zu berücksichtigen. Nemlich:

1) Kein materieller Körper ist absolut fest, er läßt sich in allen Richtungen durch verschiedene Mittel theilen, oder seine Theile sich trennen. Hier werden aber nur solche Mittel zur Theilung verstanden, welche von Außen auf den ganzen Körper würken, nicht also solche welche ihn zu zerschneiden, d. h. allmählig von Außen nach Innen würkend ihn zu trennen suchen, oder welche etwa chemisch auf den Körper einwürken. — Derjenige Grad von Cohäsionskraft (§. 9, 1.), welcher einer Trennung der gedachten Art, also der von Außen einwürkenden Kraft K widerstrebt, dergestalt, daß die geringste Vergrößerung dieser Kraft bereits eine Trennung der Theile hervorbringt; heißt die Festigkeit des (festen) Körpers. — Die Erfahrung lehrt, daß nicht nach allen Richtungen der Würkung jener Kraft K gegen den Körper, die Festigkeit gleich groß ist*), so wie, daß sie bei den verschiedenen materiellen Körpern, auch unter übrigens gleichen Bedingungen, ganz verschieden ist. Man unterscheidet daher vorzüglich drei Arten von Festigkeit, und zwar a) die absolute Festigkeit, womit der Körper dem Zerreißen widersteht, b) die relative (auch respective) Festigkeit, womit er dem Zerbrechen widersteht, und c) die rückwürkende Festigkeit, mit welcher der Körper dem Zerdrücken widersteht. Es kann als durch den Sprachgebrauch bekannt angesehen werden, in wiefern Zerreißen, Zerbrechen und Zer-

---

*) Von den Spaltungrichtungen der Crystalle, wird hier ganz abstrahirt.

drücken sich unterschieden, daher hier die, möglicherweise dafür zu gebenden Erklärungen, wegbleiben können.

2) Die Reibung (§. 12, 4.) oder Friction der festen Körper gegen einander, ist von vorzüglichem Einflusse für die Gesetze der ausübenden Statik. Ihre Gesetze sollen, so viel dies angeht, in §. 88. entwickelt werden. Es ist nemlich einleuchtend, daß wenn man einen Körper A an einem anderen B berührend entlang gleiten läßt, die Kraft K welche auf den Körper A würkt, und ihn bereits bewegen würde wenn keine Reibung wäre, durch die Reibung einen, der Größe der Reibung gleichen Widerstand erfährt, welcher überwunden werden muß, daher die Reibung als eine der K entgegenwürkende Kraft erscheint, welche also eine Vergrößerung der K erfordert; dagegen die Reibung eine Verminderung derjenigen Kraft bewürkt, welche sich der Fortbewegung des Körpers entgegenstellt, welche letztere offenbar um die Reibung größer sein müßte, wenn keine Reibung vorhanden wäre. Weil also die Reibung eine, unter den angeführten Umständen (der Berührung) immer vorhandene Kraft ist; so wird sie auch für die Statik wichtig, da sie Gleichgewicht erzeugen, und durch ihre etwa mögliche Aenderung, bestehendes Gleichgewicht aufheben kann. — Größe der Reibung oder blos Reibung, heißt hiernach in mechanischer Bedeutung, die Größe der Kraft, welche genau hinreicht, die Reibung (als Widerstand) zu überwinden.

3) Die physischen Seile als biegbare Linien, sind von großer Wichtigkeit in der Mechanik. Aber sie haben keine absolute Biegsamkeit (§. 67.), sondern widerstehen mit einer gewissen inneren Kraft, jeder Kraft welche sie zu biegen strebt, geschehe diese Biegung zur Aenderung einer bereits vorhandenen Biegung, oder soll erst eine Biegung erzeugt werden. — Man nennt jenen Widerstand:

stand: die Steifheit (oder Steifigkeit) der Seile, und Größe der Steifheit ist wiederum die Kraft, welche gerade hinreicht, die Biegung zu bewürken. — Daß die Seile außerdem noch eine Festigkeit, laut Nr. 1. besitzen (von der am meisten die absolute, am wenigsten die rückwürkende zur Anwendung kommt), und eine Reibung laut Nr. 2. an anderen festen Körpern so wie unter sich, erzeugen; ist deutlich. Die Gesetze der Steifheit der Seile, werden in §. 89. genannt werden.

Zusatz. Daß die drei genannten Erscheinungen als Kräfte, mit dem allgemeinen Maaße der Kräfte, d. h. nach Gewichten gemessen werden (§. 13, 3. Zusatz), ist für sich deutlich; eben so daß diese Kräfte, als im Gleichgewichte mit jenen sie überwindenden Kräften, angesehen werden können. Aber es mag einleitend für die folgenden Paragraphe bemerkt werden, daß die unendlichen Modificationen in denen die materiellen Körper uns erscheinen, für jene Kräfte nur Mittel- oder Durchschnittwerthe geben können, die sich aus einer Verbindung der Erfahrung mit der Theorie ergeben haben. Sehr interessant sind die Mittel und Versuche, die man zur Ausmittelung solcher Erfahrungssätze angewendet hat, deren Beschreibung jedoch auf keine Weise zum Zwecke dieses Werks gehört. Außer den physikalischen Werken die hierüber nachzulesen sind (siehe §. 2.), kann vorzüglich Eytelwein's mehrerwähnte Statik, empfohlen werden. Man wird sich bei Betrachtung jener Versuche bald überzeugen, daß es eben so schwierig wenn nicht vielleicht unmöglich ist, einen Versuch der genannten Art genau auszuführen, als es leicht (und nöthig) ist, sich eine Vorstellung von der Art zu machen, wie dergleichen Versuche anzustellen sind.

§. 87. Aufgabe (Fig. 40.).

Die Gesetze der absoluten, der relativen und der rückwürkenden Festigkeit zu entwickeln.

Einleitung. Es ist wol zu beachten, daß jeder feste Körper auf welchen von Außen eine Kraft einwürkt, um ihn nach einer der erwähnten drei (oder nach anderen) Richtungen zu trennen, ehe er reißt, bricht oder zerdrückt wird, sich ausdehnt, sich biegt oder sich verdichtet, welche letztere Aenderungen sogar vereinigt erzeugt werden können. Ueber diese Eigenschaften der Materie, ist wenig mehr als die in §. 12, 3. genannten Gesetze der vollkommnen Elasticität bekannt; es wird jedoch von diesen Aenderungen hier abstrahirt. — Zu den Ursachen, welche unter übrigens gleichen statischen Relationen*), eine Aenderung in dem Erfolge für die Größe der Festigkeit eines und desselben Körpers bedingen; gehören die stattfindende Temperatur, und die Zeit während welcher die Kraft von Außen auf den Körper einwürkt. — Nehmen wir die Körper als homogen an, so ist auch die Art der Bearbeitung wesentlich (z. B. gegossenes oder geschmiedetes Metall); verschiedene Mischungverhältnisse bei nicht einfachen Körpern (nicht Elemente), modificiren die Festigkeit sehr, und man kann keineswegs aus den Festigkeiten der Mischungtheile (z. B. Kupfer und Zink beim Messing), auf die Festigkeit der Mischung, theoretisch schließen. Endlich ist bei fasrigen Körpern (Holz, Seile, u. dgl. m.), auf die Richtung der Fasern gegen die Richtung der einwürkenden Kraft zu achten, und auf die innere Modificationen (z. B. der Aeste beim Holze) ist ebenfalls Rücksicht zu nehmen. — Was die besonderen

*) Diese sind besonders: die Dimensionen des Körpers, die Richtung und die Größe der würkenden Kraft.

drei Arten der Festigkeit betrifft, so läßt sich Folgendes kurz sagen.

1) Für die absolute Festigkeit. Man hat prismatische Stäbe von sehr vielen bekannten Materien angefertigt, und ihren Querschnitt genau bestimmt. Nachdem sie an einem Ende befestigt und in vertikale Richtung gebracht waren, wurden sie am anderen Ende nach und nach belastet, und man fand das Gewicht durch das sie eben zerrissen *). — Sind die Stäbe nur kurz, ihre Festigkeit aber bedeutend; so kann man ohne merklichen Fehler ihr eigenes Gewicht äußer Acht lassen, auf das in anderen Fällen wol Rücksicht zu nehmen ist **). — Da unter übrigens gleichen Umständen, n dergleichen Stäbe eine n mal so große Festigkeit als ein Stab ergiebt, zeigen werden; so denke man sich diese n Stäbe vereinigt zu einem Stabe. Dann ergiebt sich sogleich das Gesetz: die absoluten Festigkeiten prismatischer Körper von gleichen Materien ***), verhalten sich wie die Querschnitte derselben. Die Länge der Körper, bleibt nach dem Gesagtem außer Acht. — Ist der Querschnitt jenes prismatischen Stabes gleich q (Quadratmaaß) irgend einer angenommenen Einheit, und p war das Gewicht bei welchem er zerriß; so heißt p, in Beziehung auf q als Einheit: das Maaß

---

*) Nach dem früher Erwähntem, ist durch die Ausdehnung vor dem Zerreißen, bereits eine Verkleinerung der Fläche wo der Riß entsteht, entstanden; die eigentliche Fläche des Durchrisses ist aber schwer zu bestimmen.

**) Man hat alsdann noch das Gewicht des Körpers selbst, zu der Kraft welche man zum Zerreißen anwendete hinzuzufügen, weil sich annehmen läßt, daß der Riß am obersten Ende erfolgt.

***) Daß hier, wie künftig, auch die übrigen physischen Nebenumstände entweder als gleich gesetzt werden, oder unbeachtet bleiben; versteht sich von selbst.

der absoluten Festigkeit. Ist also Q der Querschnitt eines anderen prismatischen Körpers, mit jenem des Versuchs von gleicher Materie; so ist seine absolute Festigkeit $P = Qp$. Dies ist die Grundformel für die absolute Festigkeit.

Bei den Seilen ist außer dem Material und dessen Bearbeitung, nach besondere Rücksicht auf die, durch das Eindrehen der Fäden entstandene Verkürzung zu nehmen. Die Erfahrung lehrt, daß mit der größeren Zusammendrehung (größeren Verkürzung) der Seile, die absolute Festigkeit bedeutend abnimmt; doch sind die Gesetze hierfür nicht hinlänglich (mathematisch) bestimmt. Daß das Wasser die Seile anschwellt und dadurch verkürzt, auch die Festigkeit etwa um den vierten Theil schwächt; ist eine für die practische Mechanik wichtige Thatsache.

Um in der Technik sicher zu gehen, rechnet man bei Anwendungen von der, nach dem Vorstehendem erhaltenen Größe der absoluten Festigkeit, bei Metallen nur die Hälfte, bei Holz und Seilen jedoch nur ein Drittheil.

Zusatz 1. Will man auf die Ausdehnung eines prismatischen Körpers K′ innerhalb der Grenzen der vollkommnen Elasticität, Rücksicht nehmen; so muß durch Versuche für einen bestimmten prismatischen Körper K (von derselben Materie des Körpers K′) dessen Länge l und Durchschnitt d ist, für die einwürkende Kraft p die Längenveränderung v ausgemittelt werden. Sind nun bei dem Körper K′ jene Größen l′, d′, p′ und v′; so ist deutlich, daß, weil offenbar

$v : v' = l : l'$ (wenn $d = d'$ und $p = p'$ ist), ferner

$v : v' = p : p'$ (wenn $d = d'$ und $l = l'$ ist, laut §. 12, 3.),

so wie der Natur der Sache gemäß

$v : v' = d' : d$ (wenn $l = l'$ und $p = p'$ ist) sich verhält, auch

$v : v' = lpd' : l'p'd$ ist; also wird $v' = \frac{l'p'}{d'} \cdot \frac{dv}{lp} =$

$q \cdot \frac{l'p'}{d'}$; wo q ein, durch jenen Versuch ausgemittelter Factor ist, den man den Ausdehnungcoefficienten nennt.

Anmerk. 1. Um doch einigermaßen das Maaß der absoluten Festigkeit einiger materiellen Körper zu beurtheilen, dienen die folgende Angaben; noch mehr derselben sind in den physikalischen Werken u. a. a. O. nachzulesen. Nach Versuchen von Muschenbröck, hatten die prismatischen Stäbe einen quadratischen Querschnitt von 0,17 Rheinländ. Zollen Seite, also 0,0289 □Zoll Fläche. — Es riß: deutsches Eisen bei 1930 ℔., Silber 1156 ℔., Kupfer 1059 ℔., Gold 578 ℔., englisch Zinn 150 ℔., englisch Blei 25 ℔. Bei Holzstäben war der Quadratdurchschnitt 0,27″ in der Seite, hatte also 0,0729 □″ Fläche; es riß: Büchenholz bei 1250 ℔., Eichenholz bei 1150 ℔., Lindenholz bei 1000 ℔., Tannenholz bei 600 ℔., Fichtenholz bei 550 ℔., u. s. w.; die Fasern gingen nach der Richtung der zerreißenden Kraft.

2) Für die relative Festigkeit. Außer vielen Versuchen welche über die relative Festigkeit verschiedener prismatischer Körper angestellt, und in den mehrerwähnten Werken nachzulesen sind; ist die theoretische Untersuchung der, bei dieser Festigkeit vorkommenden Relationen, noch verschiedenen Schwierigkeiten unterworfen, so daß einige Annahmen gemacht werden müssen, welche nur im Allgemeinen gelten können. — Um diese Untersuchungen zu erleichtern, denke man sich einen horizontal liegenden Balken oder einen geraden parallelepipedischen Körper DF, in einer auf seiner Länge senkrechten Wand MN befestigt; den Körper nehme man hierbei gewichtlos an, und an seinem Ende bei H, wirke eine Kraft K senkrecht zur Länge (also in vertikaler Richtung), welche Kraft den Körper so eben zerbricht, folglich gleich der gesuchten relativen Festigkeit ist. Nun läßt sich im Allgemeinen annehmen, daß der Bruch in der Fläche CADE (die Brechungfläche genannt), wo die Wand und der Körper sich durchschneiden, erfolgen wird,

besonders wenn angenommen wird, daß die Kante AD nicht ausweichen kann, oder gleichsam als Drehaxe erscheint; dies nehmen wir hier an, und abstrahiren von den mehrerwähnten Nebenumständen. Die Dimensionen des Körpers seien AB = a (Länge), AC = h (Höhe) und AD = d (Dicke); ist der Balken von Holz, so gehen die Fasern parallel der AB. Zuerst ist die absolute Festigkeit des Körpers nach Nr. 1., sie heiße wieder P, gleich Qp, wo Q = hd ist (oder allgemein sich nach der Form des Durchschnitts richtet). Diese absolute Festigkeit, sieht man als eine im Schwerpunkte S der Durchschnittfläche, senkrecht nach der Richtung SP würkende Kraft an. Endlich ist K als am Punkte L, oder an den Hebelarm OL würkend anzusehen, so daß man den Winkelhebel SOL erhält, dessen Drehpunkt O in der angenommenen Drehaxe AD liegt. Die Hebelarme sind nunmehr SO = e und OL = a. Der senkrechten Würkung der Kräfte wegen, hat man also sofort nach §. 62, 2. die Gleichung

$$P \cdot e = K \cdot a, \text{ also } K = \frac{e}{a} \cdot P \text{ oder } = \frac{\frac{1}{2}h}{a} \cdot hdp = \tfrac{1}{2}\frac{h^2 d}{a} p,$$

weil der Durchschnitt Q ein Rechteck ist, wobei $e = \frac{1}{2} h$ ist.

Die allgemeine Formel $K = \frac{e}{a} P = \frac{e}{a} Qp$ (I.), enthält das Maaß p der absoluten Festigkeit; beim Vergleiche zweier prismatischen Körper von gleicher Materie jedoch, verschwindet p als Factor, denn weil eben so $K' = \frac{e'}{a'} Q'p$ ist, so verhält sich $K : K' = \frac{e}{a} Q : \frac{e'}{a'} Q'$, durch welche Proportion die relativen Festigkeiten zweier prismatischen Körper, verglichen werden. — Sind übrigens die Körper zwei Balken von der erwähnten Form, so hat man $K : K' = \frac{1}{2} \cdot \frac{h^2 d}{a} p : \frac{1}{2} \cdot \frac{h'^2 d'}{a'} p = \frac{h^2 d}{a} : \frac{h'^2 d'}{a'}$, welche Proportionen leicht als ein besonderer Satz, in Worten darzustellen ist *). Auch ergeben sich daraus diese Proportionen:

$K : K' = h^2 : h'^2$ (wenn $d = d'$ und $a = a'$ ist)
$K : K' = d : d'$ (wenn $h = h'$ und $a = a'$ ist) und
$K : K' = a' : a$ (wenn $h = h'$ und $d = d'$ ist).

Unter vielen intressanten hier anzuführenden Folgerungen, mögen nur diese hier stehen. Man lege den parallelepipedischen Balken einmal so, daß d die Umdrehungaxe wird, und dann wieder so, daß h unten kömmt; so sind die relativen Festigkeiten in beiden Lagen, wenn man sie K' und K'' nennt (weil a ungeändert angenommen wird):
$K' : K'' = h^2 d : d^2 h$; und ist z. B. $d = 1''$ und $h = 2''$,:
$K' : K'' = 4.1 : 1.2 = 4 : 2 = 2 : 1$, d. h. die relative Festigkeit ist noch einmal so groß, wenn der Balken auf der schmalen (hohen) Kante, als wenn er auf der breiten Kante liegt. — Ferner: wenn Q z. B. ein Triangel ist, so ist aus §. 78. bekannt, daß wenn eine Seite desselben unten liegt, die Größe e nur halb so groß ist, als wenn die Spitze des Triangels unten liegt. Bei ungeänderter Länge hat man also auch $K' : K'' = Q.e' : Q.e'' = e'.e'' = 1 : 2$, u. dgl. m. Zahlenbeispiele mit mancherlei Veränderungen in den Annahmen, lassen sich leicht finden und auflösen. — Zufolge jener Gleichung $K = \frac{e}{a} Qp$ ist, wie erwähnt die relative Festigkeit von der absoluten Festigkeit abhängig, während die Ausmittelung dieser letztern selbst, nach Nr. 1. großen Schwierigkeiten

*) Man nennt die gefundene Proportion auch wol den Galiläischen Satz für die relative Festigkeit. Dieselbe Proportion findet man auch durch höhere Mathematik, für biegsame Balken von gleicher Materie.

unterliegt, daher man am sichersten geht, die, aus der Proportion

$K : K' = \frac{e}{a} Q : \frac{e'}{a'} Q'$ hergeleitete Formel:

$K' = \frac{e' Q'}{a'} \cdot \frac{e Q}{a K}$ anzuwenden, indem man bei einem bestimmten prismatischen Körper, dessen Dimensionen e, a nebst Q bekannt sind, die relative Kraft K durch Versuche ausmittelt, und indem man hierdurch den Factor $\frac{e Q}{a K}$ kennt, er heiße f (der Brechungcoefficient genannt), kann die relative Festigkeit K eines anderen prismatischen Körpers von derselben Materie und den Dimensionen e', a' nebst Q', nach der Formel $K' = f . \frac{e' Q'}{a'}$ (II.) berechnet werden.

Man kann nun aber auch annehmen, daß der horizontal liegende Balken oder prismatische Körper von der Länge a, dem Durchschnitte Q und der Größe e (in der anfänglichen Bedeutung), an seinen beiden Enden A' und A''*) auf Unterlagen ruhe, die man am zweckmäßigsten als die scharfen Kanten anderer (gewöhnlich dreiseitig angenommener) prismatischen Körper wählt. Zwischen jenen Unterlagen, im Punkte O, in den Entfernungen x' und x'' von den Enden, würke die Kraft K, welche genau gleich der relativen Festigkeit des Körpers sei, vertikal abwärts, und gebe beiden Unterlagen die Drücke D' und D''. Wir nehmen den Körper selbst wieder gewichtlos an; dann erhält man unmittelbar nach den Sätzen des Hebels (§. 60, 2, a) $K = D' + D''$, $D' . x' = D'' . x''$, auch $a = x' + x''$. Setzt man nun an die Stelle der Kraft K wieder eine vertikale Wand, wodurch

*) Eine Figur ist hier nicht nöthig besonders zu entwerfen.

im Gleichgewichte nichts geändert wird; so giebe die Formel (I.) sogleich:

$$D' = pQ\frac{e}{x'}, D'' = pQ\frac{e}{x''}, \text{ also } D' + D'' = K = pQ\left(\frac{e}{x'} + \frac{e}{x''}\right)$$

$$= \frac{pQ(x' + x'')}{x'x''} = \frac{pQa}{x'x''} \text{ (III.)}.$$ Nimmt man $x' = x'' = \frac{1}{2}a$ an, so ist $K = \frac{4pQ}{a}$, was in Vergleich mit der Formel (I.) zeigt, daß die relative Festigkeit bei gleichen Dimensionen, viermal größer ist, wenn der Körper an seinen Endpunkten unterstützt ist und die Kraft in der Mitte würkt, als wenn er in einer festen Wand (an seinem Ende nemlich) angebracht wäre und die Kraft am anderen Ende würkte. — Ueberhaupt giebt die Formel (III.) im Vergleich mit den ersteren Formeln, zu vielen interessanten Betrachtungen Veranlassung, die man leicht selbst anstellen kann, besonders wenn man jenen in der Technik gewöhnlichsten Fall annimmt, nemlich daß der Körper die bekannte Form der Balken hat. —

Anmerk. 2. Diese Sätze über die relative Festigkeit können hier hinreichen; wodurch sie ihre Modificirung erhalten, ist im Allgemeinen bekannt, sie jedoch näher zu verfolgen, ist durch die Elementarmathematik nicht gut möglich. — Die Untersuchungen über die Biegung der Balken vor dem Zerbrechen, oder die Untersuchungen über die Elasticität der materiellen Körper; führt auf die Betrachtung der elastischen Linie, nemlich einer Curve welche entsteht, wenn man sich eine vollständig elastische gerade Linie denkt, sie an einem Endpunkte befestigt, und am anderen Endpunkte dann beschwert. Im 3ten Bande der Statik von Eytelwein, welcher Band nur Untersuchungen über solche Curven enthält, welche in der Mechanik ihre Anwendung finden, ist auch die elastische Linie hinlänglich abgehandelt. — Auch über die relative Festigkeit der nicht prismatischen Körper, so wie viele merkwürdige Versuche über die relative Festigkeit, findet man im 2ten Bande jenes bedeutenden Werks. — Die bloßen Resultate dieser Untersuchungen hier anzuführen, ist nicht weiter erforderlich. Nur der eine practisch wichtige Satz sei hier erwähnt, daß nemlich die relative Festigkeit eines Balkens doppelt so groß ist, wenn man die Kraft welche auf ihn würkt gleichmäßig auf ihn vertheilt, als wenn man diese Kraft in seiner Mitte auf ihn würken läßt. Hiernach kann das halbe Gewicht eines Balkens selbst, als eine in seiner Mitte für das Zerbrechen würkende Kraft angesehen, der Balken selbst aber alsdann gewichtlos gedacht werden.

3) Für die rückwürkende Festigkeit. Die Untersuchungen über die rückwürkende Festigkeit der Körper, können nicht wol elementar und analog den vorigen Betrachtungen geführt werden; auch müssen noch neue Annahmen gemacht werden, und für viele Materialien sind noch nicht die Versuche in gleicher Menge und Vollkommenheit gemacht, als für die zwei ersten Arten der Festigkeiten. Die Schwierigkeiten liegen hier besonders in der, vor dem Zerdrücken stattfindenden Biegung, deren nähere Untersuchung die Theorie der elastischen Linie voraussetzt. Ein bloßes Ineinanderdrücken der Materie, findet selten bis zum völligen Zerdrücken statt; so weit dies Zusammendrücken aber innerhalb der Grenzen der vollkommenen Elasticität erfolgt, gelten die im Zusatz zu Nr. 1. genannten Gesetze, nur ist die dort erwähnte Größe q, nicht dieselbe beim Auseinanderziehen und beim Zusammendrücken einer und derselben Materie; sie muß im letzteren Falle von neuem durch Versuche bestimmt werden. In dem erwähnten Werke von Eytelwein, ist das was sich wissenschaftlich über die rückwürkende Festigkeit sagen läßt, nachzulesen.

Anmerk. 3. Die Elasticität der festen Körper, spielt auch eine bedeutende Rolle bei der Bestimmung des Drucks welchen z. B. ein Balken auf seine Unterlagen äußert. Wenn schon die theoretische Behandlung dieses Gegenstandes große Schwierigkeiten veranlaßt (siehe §. 66.), so häufen sich diese für die Technik, aus leicht aufzufindenden Gründen, noch mehr, und die Erfahrung muß hier ganz besonders zu Rathe gezogen werden.

§. 88. Aufgabe.

Die Gesetze der Reibung (oder der Friction) zu bestimmen.

Einleitung. Wenn die Oberflächen der Körper rauh und uneben sind, so ist die Ursache der Reibung (§. 86, 2.) oder des Widerstandes den die Körper gegenseitig veranlassen, wenn sie aneinander entlang sich bewegen, zum Theil die, daß die rauhen Theile in einander eingreifen und gleichsam zerrissen werden müssen, bevor die Bewegung erfolgen kann. Allein auch bei ganz glatten und polirten Oberflächen findet sich Reibung, welche nie ganz weggeschafft werden kann, obgleich sie sich mit dem Grade der Glätte vermindert. Die Reibung auch dann noch allein in der Rauhigkeit der sich berührenden Flächen zu suchen, scheint nicht ganz richtig zu sein; vielmehr ist es jetzt wol besonders die Adhäsionskraft (auch Attractionskraft, bei gleichartigen Materien genannt) d. h. diejenige Anziehungkraft, welche sich bei der Berührung zweier Materien äußert, die als besonders würksam gedacht werden muß, wozu noch die Elasticität, auch der festesten Körper kommt, welche ein Biegen der Körper veranlaßt, und hierdurch vertiefte und erhabene Stellen in den Außenflächen erzeugt. Von inneren Veränderungen der Körper, welche durch die Berührung und während die Reibung erfolgt, sich ergeben, muß hier völlig abstrahirt werden. — Auf theoretischem Wege ist für die Größe der Reibung (§. 86, 2.), sie heiße F, wenig zu ermitteln; aber einige Erfahrungsätze geben Mittel an, für die vorkommenden Anwendungen mit hinlänglicher Genauigkeit verfahren zu können. Die allgemeinen Gründe dieser Erfahrungen, gehören in das Gebiet der Physik. — Diese Sätze sind folgende.

1) Die Größe der Reibung ist bedeutender, wenn die Körper vorher ruheten und zur Bewegung übergehen

sollen, als wenn die Bewegung bereits erfolgt ist und fortgesetzt wird *). Die erstere heißt die Reibung der Ruhe, die letztere die Reibung (während) der Bewegung.

2) Wenn ein Körper dergestalt an einem anderen sich fortbewegt, daß stets dieselbe Berührungsfläche des einen oder beider Körper stattfindet (z. B. wenn ein Brett auf einer Ebene fortgeschoben wird, oder wenn man sich die innere Oeffnung eines Rades (die Nabe) um die Axe bewegt denkt und vom Spielraume abstrahirt); so ist die Reibung bedeutender, als wenn unausgesetzt die berührenden Theile beider Flächen wechseln, mögen diese Theile auch dabei wiederkehren (Wie z. B. beim Umfange eines Rades gegen die Erde). Die erstere Reibung heißt die gleitende Reibung, die letztere aber ist die rollende (oder wälzende) Reibung. Jene beiden Arten der gleitenden Reibung, werden durch die Benennung: schiebende und drehende Reibung unterschieden, und die Erfahrung lehrt, daß die schiebende Reibung größer als die drehende ist.

3) Die Reibung wird, außer durch bessere Politur, auch dadurch vermindert, daß man gewisse Mittel (Fett, Theer u. dgl. m.), Schmiere genannt, zwischen die reibenden Flächen bringt. Ferner ist in der Regel die Reibung zwischen gleichartigen Materien größer, als zwischen ungleichartigen Materien. Bei faserigen Materien ist sie größer, wenn die Fasern beider Körper sich kreuzen, als wenn sie parallel gehen.

4) Die Geschwindigkeit bei der Bewegung der reibenden Flächen, kann im Allgemeinen außer Acht gelassen

*) Daß bei diesem und den folgenden Sätzen stets die Voraussetzung: unter übrigens gleichen Umständen, stattfindet; versteht sich von selbst.

werden, weil ihr Einfluß selbst da wo er beobachtet werden kann, nur unbedeutend ist. Vorausgesetzt wird jedoch, daß durch die hierbei erzeugte Wärme, keine chemische Zersetzung der Materie erfolgt.

So wesentlich diese Resultate sind, so würden sie allein noch zu keiner Größenbestimmung über die Reibung führen, wenn nicht der folgende wichtige Satz, laut Erfahrung eingeführt werden könnte:

5) Die Größe der Reibung ist dem Drucke den die reibenden Körper gegen einander ausüben, proportionirt. Heißen also F′ und F″ die Reibungen bei zwei verschiedenen Drücken D′ und D″; so verhält sich F′ : F″ = D′ : D″. — Daß das Gewicht der reibenden Körper, soweit es hierbei mitwürkt, bei diesem Drucke mitgerechnet wird, versteht sich von selbst.

Als Zusatz folgt aus diesem Satze, der paradox scheinende Satz:

6) Die Größe der Reibung ist unabhängig von der Größe der reibenden Fläche*). — Denn: wird die Fläche n Mal größer, so mindert sich für jeden nten Theil dieser Fläche, der Druck auf den nten Theil (weil der ganze Druck ungeändert bleibt), die Reibung ist also für diesen nten Theil, n Mal geringer (laut Nr. 5.) oder für die ganze Fläche, wieder so groß wie vorher. — Ein vieleckiger Körper oder ein Polyeder, hat also stets dieselbe Reibung, auf welche seiner Außenflächen man dasselbe auch legen mag.

7) Die Richtung der Reibung als Kraft, findet nach der Tangente der reibenden Flächen statt, fällt

*) Man ist gewöhnlich geneigt, die Reibung für besonders abhängig von der Größe der reibenden Flächen zu halten. Der obige Satz ist aber wol richtig zu verstehen, wozu die letzte Anmerkung *) (vorige Seite) besonders zu beachten ist.

also in diese Fläche, wenn solche eine Ebene ist. — Wenn dieser Satz einmal der Erfahrung entspricht, so könnte man ihn auch wol als Grundsatz, laut §. 4, 3. aufstellen, weil kein Grund vorhanden ist, eine andere Linie als die Tangente, zur Richtung der Reibung anzunehmen.

8) Zufolge der Versuche über die verschiedenen Arten der Reibung, und des Satzes Nr. 5., wird die Größe der Reibung berechnet. Hat ein Versuch z. B. F′ für D′ gegeben, so erhält man $F'' = D'' . \frac{F'}{D'}$ (I.) oder $D'' = F'' . \frac{D'}{F'}$ (II.). (Es kann nemlich auch erfolgen, daß F″ als bekannt, D″ dagegen als gesucht angenommen wird). — Den Quotienten $\frac{F'}{D'}$ nennt man den Reibungcoefficienten, und bezeichnet ihn allgemein durch μ; demnach ist immer $F = D\mu$. Die Werthe von μ, sind durch Versuche zu ermitteln *).

9) Bei der rollenden oder wälzenden Bewegung, lehrt endlich die Erfahrung noch (außer dem auch hier stattfindenden Satze Nr. 5.), daß die Reibung im umgekehrten Verhältniß mit den Halbmessern der Walzen oder Räder, steht **). Also hat man hier:

$F' : F'' = r'' : r'$, und da auch

$F' : F'' = D' : D''$ ist; so ist allgemein

$F' : F'' = \frac{D'}{r'} : \frac{D''}{r''}$, also $F'' = F' . \frac{D''}{r''} . \frac{D'}{r'}$. Wenn daher $\frac{F'D'}{r'} = \mu$ durch Versuche bestimmt ist, so ist allgemein

---

*) Außer einigen leicht zu erdenkenden Vorrichtungen zu diesen Versuchen, wird auch in §. 96. Zusatz, ein solches Mittel genannt werden.

**) Hiernach sind hohe Räder besser als niedrige zum Wagen zu nehmen; denn durch die Verminderung der Reibung, erspart man an Ziehkraft.

$F = \mu \cdot \frac{D}{r}$, wo aber D und r nach demselben Maaße genommen werden müssen, als bei den Versuchen die analogen Größen genommen sind, wie sich dies sogleich der Verhältnisse wegen ergiebt.

Zusatz. Einige Reibungcoefficienten mögen hier folgen, die jedoch selbst mannigfaltig, in Folge der Versuche verschiedener Naturforscher, angegeben werden.

Reibung der Ruhe. A) schiebende Reibung: Eichen auf Eichen, trocken $\mu = \frac{3}{7}$, und mit Talg dazwischen $\mu = \frac{2}{5}$; Eichen auf Kiefern, trocken $\frac{2}{3}$; Kiefern auf Kiefern, trocken $\frac{7}{12}$; Ulmen auf Ulmen, trocken $\frac{6}{13}$; Eisen auf Eisen, trocken $\frac{2}{7}$; Kupfer auf Eisen, trocken $\frac{3}{17}$, mit Talg $\frac{1}{10}$, mit Theer $\frac{2}{13}$, mit Oehl $\frac{1}{6}$; Messing auf Eisen $\frac{4}{17}$. B) drehende Reibung: Kupfer auf Eisen, trocken $\frac{2}{11}$, mit Talg $\frac{1}{11}$, mit Theer $\frac{3}{20}$.

Reibung der Bewegung. — Schiebende Reibung: Eichen auf Eichen, trocken $\frac{1}{9}$, mit Talg $\frac{1}{17}$; Eichen auf Kiefern, trocken $\frac{3}{19}$; Kiefern auf Kiefern, trocken $\frac{1}{6}$, Ulmen auf Ulmen, trocken $\frac{1}{10}$; Eisen auf Eisen, trocken $\frac{2}{7}$, mit Talg $\frac{1}{10}$; Kupfer auf Eisen, trocken $\frac{1}{6}$, mit Talg $\frac{1}{11}$. U. dgl. m.

Für die rollende Reibung sind nur wenige Versuche gemacht.

§. 89. Aufgabe.

Die Gesetze der Steifheit der Seile (§. 86, 3.) zu finden.

Auflösung. Die theoretischen Untersuchungen über die Steifheit der Seile würden wenig genügen, wenn die Versuche sie nicht bestätigten; wir wenden uns daher sogleich zu den Resultaten der Erfahrung, nnd verweisen für die theoretischen Betrachtungen, auf die erwähnte Statik von Eytelwein. — In der Regel werden Seile dadurch gebogen, daß man sie um einen Cylinder legt;

der Zweck ist bekannt, kann aber hier dahin gestellt bleiben. Abstrahiren wir von der besonderen materiellen Beschaffenheit d. h. von der Güte des Seils und den physischen Nebenursachen; so sind die mathematischen Elemente für die Gesetze der Steifheit, diese heiße als Größe S (§. 86, 3.), offenbar folgende: der Durchmesser des Seils, der Durchmesser des Cylinders um den das Seil gelegt wird, und dann die Kraft welche das Seil anzuspannen strebt oder die Spannung des Seils selbst; vom Gewichte des Seils wird gewöhnlich abstrahirt. Nunmehr kennt man folgende Gesetze:

1) Die Steifheiten S' und S'' zweier Seile, verhalten sich wie die Quadrate ihrer Durchmesser d' und d'';

2) ferner verhalten sich die Größen S' und S'', umgekehrt wie die Halbmesser r' und r'' (also auch umgekehrt wie die Durchmesser) der Cylinder; und

3) Die Steifheiten verhalten sich wie die, die Seile anspannenden Kräfte K' und K''.

Diese drei Gesetze lassen sich fast ohne Versuche, als nothwendig vorhanden einsehen, wofür die Erläuterungen leicht zu finden sind. — Aus ihnen folgt also durch Zusammensetzung:

$S' : S'' = \frac{d'^2 . K'}{r'} : \frac{d''^2 . K''}{r''}$; folglich ist

$S'' = S' \frac{d''^2 K''}{r''} . \frac{r'}{d'^2 K'}$; oder wenn $S' . \frac{r'}{d'^2 K'}$ durch Versuche ausgemittelt ist und z. B. q heißt, so ist wieder allgemein $S = q . \frac{d^2 K}{r}$, welche Formel bei hinlänglich genauen Versuchen über die Ausmittelung des Factors q, zur Berechnung der Steifheit der Seile hinreicht. In Hinsicht der Maaße für die erwähnten Größen, ist dasselbe zu merken, was §. 88. gesagt ist. — Genaue Versuche von Coulomb, haben $q = \frac{1}{280}$ oder etwa

etwa $\frac{1}{300}$ gegeben, daher im Allgemein $S = \frac{d^2 K}{300 r}$ anzunehmen ist, wobei aber zu merken ist, daß d nach Linien, r nach Zollen und K nach Pfunden zu messen ist. — Diese Zahlen-Angaben beziehen sich jedoch nur auf diejenige Steifheit, mit welcher die Seile ihrer Biegung widerstehen, wenn sie sich erst um den Cylinder legen sollen; die Kraft mit welcher sie, nachdem sie den Cylinder wieder verlassen, dem abermaligen Biegen widerstehen um gerade zu werden; ist zwar denselben Gesetzen unterworfen als jener erste Widerstand, jedoch bedeutend geringer als dieser, und kann in den meisten Fällen außer Acht gelassen werden.

Zusatz. Für den Gebrauch der Seile, ist eine Erscheinung wichtig, welche ohne höhere Mathematik, nicht wol ihrem Gesetze gemäß entwickelt werden kann. Nemlich wenn ein Seil um einen Cylinder gewickelt wird, so nimmt die Kraft welche dazu gehört das Seil abzuziehen, erzeugt durch die Reibung des Seils am Cylinder (wenn dieser sich nicht dreht), eben so in geometrischer Progression zu, wie die Bogen in arithmetischer Progression wachsen, um welche das Seil den Cylinder umschlingt. Man erkennt hiernach, woher die ungemein große Kraft entsteht welche man anwenden muß, um ein Seil das einige Male um einen Cylinder geschlungen ist, abzuziehen, oder woher solche mehrmalige Umschlingung, statt einer anderen Befestiguug des Seils am Cylinder, dienen kann. Bei einmaliger Umlegung, ist jene Kraft schon über achtmal größer als die Kraft, welche am anderen Ende dem Abziehen des Seils widersteht.

§. 90. Anhang.

Ueber den Einfluß der Wärme auf feste Körper.

Der Einfluß der Wärme auf die festen Körper, wodurch dieselben laut Erfahrung, gleich allen anderen materiellen Körpern eine Volumenvergrößerung nach allen Richtungen erleiden; kann für die genauen Anwendungen der statischen Lehren, nicht ganz unbeachtet bleiben. Die Gesetze jener Raumveränderung, sind jedoch mehr ein Gegenstand der Physik als der Mechanik, und könnten hier übergangen werden, wenn nicht bei der Mechanik der flüssigen Körper, auf diesen Einfluß einige Modificationen in den Erscheinungen beruheten. — Das Wesentlichste dieser Gesetze soll daher hier folgen, und eben so später vom Wärmeeinfluß auf die flüssigen Körper die Rede sein (§. 106, 4.). — Es wird hierbei die Einrichtung und der Gebrauch des Thermometers als bekannt vorausgesetzt, und die Reaumürsche Scale zum Grunde gelegt; jedoch können auch solche Scalen, deren Frostpunkt durch Null bezeichnet ist (wie bei der Scale des Celsius), hier gebraucht, die Reduction auf andere Scalen (namentlich auf die des Fahrenheit) aber leicht vollzogen werden *).

Die Erfahrung lehrt, daß, wenigstens innerhalb des Fundamentalabstandes (vom Frost- bis Siedepunkte) und einige Grade außerhalb dieser Grenze, die Proportion angenommen werden kann:

$$L' - L'' : L'' - L''' = t' - t'' : t'' - t''',$$

d. h. wenn L', L'' und L''' die Längen eines und desselben festen Körpers, bei den respectiven Temperaturen t', t'' und t''' sind, daß sich die Differenzen der Längen, wie die Differenzen der entsprechenden Temperaturen verhalten **).

---

*) Bekanntlich ist $(F - 32)\,\frac{4}{9} = R$, wenn F die Menge der Fahrenheitschen und R die der Reaumurschen Grade bedeutet.

**) Wir berücksichtigen hier blos zunächst die Längenveränderung; für die anderen Dimensionen gelten dieselben Verhältnisse.

Die Länge eines Körpers bei seiner (gleichmäßig durch ihn verbreiteten) Temperatur von 0°, heiße hier die absolute Länge des Körpers, und werde durch L bezeichnet; die verhältnißmäßige Längenzunahme für einen Grad Temperaturerhöhung (oder Abnahme bei Temperaturerniedrigung), heiße die eigenthümliche (auch specifische) Längenausdehnung, und werde durch λ bezeichnet; so ist $L\lambda$ die würkliche (absolute) Vergrößerung der Länge für 1°, und $t'L\lambda$ die Verlängerung für t' *). Die ganze Länge ist daher:

$L' = L + t'L\lambda = L(1+\lambda t')$ (I.), oder $L = \frac{L'}{1+\lambda t'} =$ beinahe $L'(1-\lambda t')$ (II.) **), und hiernach $\lambda = \frac{L'-L}{Lt'}$ (III.), wonach man also auch die absolute Länge entwickeln kann, wenn außer λ noch die Länge L' für irgend eine Temperatur t' bekannt ist; oder man berechnet λ selbst, wenn L' und L (außer t') gegeben ist, weil die Beobachtung von λ schwierig ist. Da man eben so für eine andere Länge L'' und Temperatur t'', erhält: $L'' = L(1+\lambda t'')$ (laut Formel (I.)); so ist, wenn man für L den Werth aus (II.) setzt, $L'' = L' \frac{1+\lambda t''}{1+\lambda t'} = L'(1+\lambda t'')(1-\lambda t')$; löset man dieses Produkt auf und läßt das Glied $-\lambda^2 t't''$ als unbedeutend weg, so ist beinah:

---

*) Setzt man die genannte Proportion so: $L'-L : L''-L = t'-t : t''-t$, und hierin t als entsprechend der absoluten Länge L, gleich $0°$; so sind $L'-L$ und $L''-L$ die Längenzunahmen für t' nnd t'', und man hat $L'-L : L''-L = t' : t''$.

**) Wenn man nemlich den Bruch $L' : (1+\lambda t')$ in eine Reihe verwandelt, und die höheren Potenzen als die erste von λ, außer Acht läßt, da λ laut Erfahrung immer nur geringe ist; so erhält man obige zwei Glieder $1-\lambda t'$.

$L'' = L'(1+\lambda t'' - \lambda t') = L'(1+\lambda(t''-t'))$
$= L'(1-\lambda(t'-t''))$ (IV.),
und $L' = L''(1+\lambda(t'-t'')) = L''(1-\lambda(t''-t'))$ (VI.).
Um die Volumenvermehrung zu finden, sei v das Volumen eines festen Körpers bei 0° (das absolute Volumen genannt), v', v'' u. s. w., seien die Volumen bei t', t'', ... Temperatur. Weil der Körper sich nach allen Dimensionen verhältnißmäßig erweitert *), so bleibt das neue Volumen stets ähnlich dem früheren; also hat man:

$v' : v'' = L'^3 : L''^3$, daher $v'' = v' \frac{L''^3}{L'^3}$, und setzt man für L'' seinen vorhin in (IV.) entwickelten Werth; so ist

$$v'' = \frac{v'(1+\lambda(t''-t'))^3 L'^3}{L'^3} = v'(1+\lambda(t''-t'))^3 \text{ oder } = v'(1-\lambda(t'-t''))^3. \text{ (VI.)}.$$

Eben so wird $v' = v''(1+\lambda(t'-t''))^3 = v''(1-\lambda(t''-t'))^3$ (VII.).
Setzt man $v'' = v$, also $t'' = 0°$, so ist
$v' = v(1+\lambda t')^3$ und $v = v'(1-\lambda t')^3$, oder beinah
$v' = v(1+3\lambda t')$ und $v = v'(1-3\lambda t')$ (VIII.), wenn die Cubirung vollzogen, und nur die erste Potenz von λ beibehalten wird.

Da man eben so erhält $v'' = v(1+3\lambda t'')$; so ist, weil die Formeln für v' und v'', diese Gleichungen geben: $\frac{v'-v}{v} = 3\lambda t'$ und $\frac{v''-v}{v} = 3\lambda t''$, die Proportion deutlich: $v'-v : v''-v = \lambda t' : \lambda t''$, d. h. die Volumenvermehrungen verhalten sich (fast) wie die Längenvermehrungen oder auch wie die Temperaturveränderungen $t' : t''$. Man bezeichnet auch wol die Größe 3λ, als eigenthümliche Inhaltvermehrung, durch φ; daher man erhält $v' = v(1+\varphi t')$ oder $v = v'(1-\varphi t')$.

*) Nach den neusten Versuchen, dehnen sich die Crystalle nicht nach allen Richtungen in gleichen Verhältnissen aus.

Anmerk. Die Vermehrung der Oberflächen F der Körper durch die Temperaturveränderung, kommt selten in Betracht; man findet sie nach der leicht zu beweisenden Proportion $F' : F'' = L'^2 : L''^2$. — Tafeln sind für die eigenthümliche Längenvermehrung verschiedener Körper, findet man in den physikalischen Werken, so wie in Eytelwein's Hydrostatik §. 98., u. a. a. O.

Drittes Kapitel.

Einleitung in die Maschinenlehre.

§. 91. Erklärung.

Nach der bereits in §. 10. Zusatz 2., I. gegebenen vorläufigen Erklärung einer Maschine, können wir nunmehr zur Betrachtung verschiedener Maschinen übergehen, welche zugleich anderen Maschinen als Theile dienen. Man nennt eine Maschine einfach, wenn ihre Würkung selbstständig ist, oder wenn sie auf keine andere Maschine zurückgeführt werden kann, während solche Maschinen, deren Würkung auf den Verrichtungen einfacher Maschinen beruhen, zusammengesetzte Maschinen heißen. — Jede Maschine wird ihrer Theorie nach, auf die Zusammensetzung oder auf die Zerlegung der Kräfte, oder auf beides zurückgeführt, wobei die Kraft welche die Maschine in Bewegung setzt, die ursprünglich würkende oder die bewegende Kraft der Maschine ist, welche in ihrer Würkung durch die Maschine selbst, auf mannigfaltige Weise modificirt wird; sie heißt vorzugsweise die Kraft, während die zu überwindende Kraft, die Last heißt. Die Betrachtung der Maschinen gehört aber nicht blos der Statik, sondern auch wesentlich der Dynamik an, und die Statik hat nur die Kraft zu bestimmen, durch welche die Maschine, oder das durch die Maschine zu Bewegende, in einer bestimmten, gewöhnlich durch die Maschine selbst bedingten Richtung, im Gleichgewichte erhalten wird, so daß die geringste Vergrößerung jener Kraft, Bewegung erzeugt. Die Gesetze dieser Bewegung aber, sind dann der Gegenstand der Dynamik.

Indem wir hier nur die geostatischen Maschinen betrachten, bei welchen nemlich nur feste Körper die Theile der Maschine sind; können doch nur wenige, nicht sehr zusammengesetzte Maschinen, der Gegenstand der Betrachtung werden, da die Maschinenlehre ein sebstständiges ungemein umfassendes Gebiet der practischen Mechanik ausmacht, hier aber nur eine Einleitung in dieselbe gegeben werden kann, die selbst wieder möglichst gedrängt erscheinen muß, weil eine umfassende Behandlung, selbst der einfachsten Maschine, zu ganzen Abhandlungen führt, hier jedoch schon der Zweck erfüllt ist, wenn der Anfänger einsieht, wie die rein statischen Lehren auf die Maschinen angewendet werden können, und die Würkung der im Leben am häufigsten vorkommenden Maschinen, im Allgemeinen verstehen lernt.

Die folgenden Paragraphen werden zeigen, daß es eigentlich nur zwei einfache Maschinen giebt, nemlich: der physische Hebel*) (im Gegensatze des mathematischen Hebels, §. 57.) welcher die Zusammensetzung der Käfte bedingt, und die schiefe Ebene, welche die Zerlegung der Kräfte erzeugt. Außer diesen zwei Maschinen, werden auch wol noch zu den einfachen Maschi-

---

*) Die nähere Beschreibung dieser und der anderen Maschinen, wird in den folgenden Paragraphen gegeben werden.

nen gezählt: die Wage, die Rolle, das Rad an der Welle (welche drei Maschinen auf den Hebel zurück geführt werden können), der Keil und die Schraube (diese zwei Maschinen werden auf die schiefe Fläche zurückgeführt)*). Man nennt auch wol diese sieben Maschinen (oder mit Auslassung der Wage die sechs anderen): die einfachen mechanischen Potenzen. Diese Maschinen, nebst einigen darauf leicht zurückzuführenden zusammengesetzteren Maschinen, sollen hier betrachtet werden.

Bemerkt sei noch, daß die hier betrachteten Maschinen als absolut fest angesehen werden, also namentlich von der Biegbarkeit, von der Elasticität und von der Brechbarkeit abstrahirt wird. Man erkennt leicht, in wiefern viele Anomalien der folgenden Lehren, bei den Maschinen wie man sie im gemeinen Leben vorfindet, zu erklären oder nach §. 87. in Rechnung zu bringen sind. Dagegen darf in der Regel die Reibung nicht außer Acht gelassen werden.

Anmerk. Unter den vielen Werken über die Maschinenlehre, mögen hier nur erwähnt werden, die Werke von: Poppe, Encyclopädie des gesammten Maschinenwesens, 7 Bände 1803 bis 1818), Langsdorff, ausführliches System der Maschinenkunde, 2 Bände (1826); Karmarsch, Einleitung in die mechanischen Lehren der Technologie, 2 Bände (1825); Gregory, theoretische, practische und beschreibende Darstellung der mechanischen Wissenschaften, 2 Bände, aus dem Englischen übersetzt von Dietlein (1828; der erste Band enthält die theoretische, der zweite die practische Mechanik); eben so kann hier erwähnt werden: Ide, System der reinen und angewandten Mechanik; 2 Theile (1802), in welchem Werke die Maschinenlehre eine recht wissenschaftliche Begründung erhält. Die ersteren genannten Werke, enthalten nicht blos die geostatischen Maschinen, sondern sind über fast alle Arten von Maschinen nachzuschlagen. — Werke

---

*) Siehe auch §. 96. Anmerkung.

über einzelne Theile der Maschinenlehre oder über besondere Maschinen, können hier nicht weiter angeführt werden; eine ziemlich vollständige Literatur derselben, findet man unter andern in Poppe's Geschichte der Mathematik (1828). Die Maschinen deren Theorie nunmehr folgt, findet man auch in den meisten Werken über die Statik fester Körper, namentlich in Eytelweins Statik, abgehandelt.

§. 92. Vom physischen Hebel (Fig. 41.).

Eine Vorrichtung, am gewöhnlichsten eine prismatische oder cylindrische Stange AB, in welcher ein Punkt D unterstützt ist, so daß die Stange sich um diesen frei drehen kann, und welche dazu dient mittelst einer Kraft K welche am Punkte B würkt, einen Widerstand, die Last, welche im Punkte A würkt, zu überwinden; heißt ein physischer Hebel oder hier blos ein Hebel. — Die Benennungen beim physischen Hebel, sind genau wie die entsprechenden beim mathematischen Hebel laut §. 57. Zu bemerken ist hier jedoch, daß der Drehpunkt D, auch durch einen kleinen Cylinder, den Zapfen genannt, welchen man durch eine Oeffnung im Cylinder steckt, ersetzt werden kann; dieser Zapfen muß dann zu beiden Seiten des Hebels aufliegen, und die Flächen worin er liegt, heißen allgemein die Pfannen. Der Zapfen selbst kann fest im Hebel sein und sich in den Pfannen, also mit dem Hebel drehen, oder er kann in den Pfannen fest sein, so daß sich der Hebel um ihn dreht. — Ist der Drehpunkt eine bloße Unterlage, so kann der Hebel sehr leicht davon abgleiten; nur die Reibung wird ihn in mehreren Lagen am Abgleiten hindern. Auf welche Weise die Angriffpunkte der Kraft und der Last angebracht sein können, ist eben so mannigfaltig, als es die Richtungen beider Kräfte sein können, von denen jedoch in der Regel angenommen wird, daß sie in einer Ebene würken, weil sonst ein Bestreben zu einer Drehung des Hebels entsteht, die nicht mehr einfach sein kann.

Wie nun aber auch die Würkung der Kraft und der Last beim Hebel sein mag, wie viele Kräfte auch würken und wie viele Widerstände auch zu überwältigen sind; die Theorie des physischen Hebels, ist sogleich auf die Theorie des mathematischen zurückzuführen, sobald man nur noch das Gewicht des Hebels selbst, als eine in seinem Schwerpunkte in vertikaler Richtung würkende Kraft (§. 73, 3.), mit in Rechnung bringt, d. h. als eine der würkenden Kräfte ansieht, deren Größe, Angriffpunkt und Richtung, vollkommen bestimmt sind. Die sämmtlichen Sätze von §. 58. bis §. 62., sind daher unmittelbar auf den physischen Hebel zu übertragen, und den Umständen gemäß die Reibung, welche durch den Druck auf den Drehpunkt, am Zapfen oder am Unterstützungpunkt erzeugt wird, nach §. 88. zu berücksichtigen.

Schon diese einfachste Maschine, bietet bei den mannigfaltigen Bedingungen die man bei ihr annehmen kann, ein reiches Feld von Betrachtungen dar, deren Beantwortung jedoch keinen bedeutenden Schwierigkeiten unterliegen kann, wenn die bisherigen statischen Lehren gehörig gefaßt sind. Aus §. 60. 2, b und c wird man, wenn der Hebel aus einer Lage des Gleichgewichts in eine andere gebracht wird, den wichtigen Satz erkennen: Es verhalten sich die Wege der Kraft und Last, umgekehrt wie diese zwei Kräfte (Vergl. §. 37, 4.). Man unterscheidet gewöhnlich die Hebel bei ihrer Anwendung danach, wie der Unterstützungpunkt gegen die Angriffpunkte der Kraft und der Last liegen. Nemlich: liegt der Unterstützungpunkt zwischen den beiden anderen Punkten, so nennt man den Hebel: einen Hebel der ersten Art, bei welchem die Kraft um so mehr würkt, je länger ihr Hebelarm ist; liegt der Unterstützungpunkt am

Ende und die Kraft würkt am anderen Ende, so hat man einen Hebel zweiter Art, bei welchem die Kraft stets geringer als die Last ist; liegt aber der Angriffpunkt der Kraft zwischen den beiden anderen Punkten, so hat man einen Hebel der dritten Art, bei welchem die Kraft immer größer als die Last ist. Die Anwendungen dieser verschiedenen Hebel, so wie die Benennungen: Brechstange, Hebebaum u. s. w., sind ganz technischer Natur, und können hier, so wie Beispiele die man leicht bilden kann, übergangen werden. Auch manche Erscheinungen bei allbekannten Werkzeugen, z. B. bei der Schere, der Zange, dem Ruder u. dgl. m. lassen sich auf die Gesetze des Hebels zurückführen. — Die gewöhnliche Anwendung des Hebels ist die, daß er unter denen in §. 60, 2. angegebenen einfachen Bedingungen würkt. — Auch setzt man wol mehrere Hebel dergestalt zusammen, daß die Endpunkte je zweier auf einander liegen, und die Würkung des äußersten, sich auf die aller folgenden Hebel fortpflanzt. Man erhält dann den zusammengesetzten Hebel, im Gegensatze des einfachen Hebels, welcher nur allein würkt. Die Berechnungen des zusammengesetzten Hebels, bedürfen keiner Erläuterung weiter, sobald man sich von ihrem Ineinanderwürken eine deutliche Vorstellung gemacht hat. — Der Gebrauch der sogenannten Fühlhebel in der Technik, beruht hierauf.

Zusatz. Die Lehre von der mathematischen Drehebene (§. 57, 7.), ist analog wie die Hebellehre, auf die physische Drehebene zu übertragen, sobald man nemlich das Gewicht der Ebene in ihrem Schwerpunkte vertikal würkend, so wie die an der Drehaxe erzeugte Reibung, mit in Rechnung zieht. Nach §. 64. und §. 65. ist daher jede hierher gehörende Frage, nunmehr zu beantworten. — Ueberhaupt wird die physische Drehebene, gewöhnlich mit zu den physischen Hebeln gezählt (Vgl. §. 57. Anmerk. 3.).

§. 93. Von der Wage (Fig. 42.).

Der Zweck der Wage, kann hier als bekannt vorausgesetzt werden, eben so die Benennungen der Haupttheile der Wage, über deren Zusammensetzung jedoch das Nachstehende folgen mag, so wie die Theorie der Wage uns hier beschäftigen soll (Siehe §. 13, 3. Zusatz).

Der Wagebalken ist gewöhnlich an einer Stelle durchbohrt, welche der Drehpunkt der Wage heißt, und zu dessen beiden Seiten die Arme des Wagebalkens eine ganz congruente Form haben, jedoch nicht immer auf gleiche Weise gearbeitet sind, sondern bei den verschiedenen Wagen, sich in verschiedenen Formen und Verzierungen zeigen*); wir wollen jedoch die parallelepipedische Form, der Kürze wegen voraussetzen, oder uns eine Mittellinie AB durch den Balken gezogen denken, welche an ihren Endpunkten, die wir gleich weit vom Drehpunkte D entfernt (wenn auch D nicht in der Linie AB liegt) annehmen, die Aufhängepunkte (Angriffpunkte) für die Schaalen hat. Die, nebst ihren Schnüren vollkommen congruenten Schaalen, würken stets in vertikalen Richtungen abwärts, und man kann diese Richtung durch eine Mittellinie, durch die verschiedene Schnüre gelegt, andeuten; AX und BY mögen diese Richtungen anzeigen. Wenn in die Schaalen Körper (Gewicht und Gegengewicht) gelegt werden, so bleiben die Richtungen der Schaalen vertikal**), wobei vorausgesetzt wird, daß

*) Aus leicht zu erkennenden Gründen, ist es wichtig, daß die congruenten Arme auch aus homogenen Materien bestehen.

**) Es muß hierzu ein möglichst geringer Widerstand an den Aufhängepunkten der Schaalen, d. h. eine möglichst geringe Reibung stattfinden.

der Schwerpunkt der in die Schaalen gelegten Körper, unter jene Mittellinie fällt, widrigenfalls eine Aenderung in diesen Linien eintreten kann, und die Schaalen gleichsam schief zu hängen kommen, wenn dies auch in den meisten Fällen nicht von bedeutendem Einflusse sein wird, und eine andere als jene Mittellinie sich bildet, die alsdann als solche betrachtet wird. — Wenn die Schaalen gleiche Belastung haben, so sind sie an sich in jeder Lage des Wagebalkens im Gleichgewichte (§. 60, 2.); wenn daher der Drehpunkt zugleich der Schwerpunkt des Balkens ist, so ist auch dieser, mithin die ganze Wage in jeder Lage des Balkens im Gleichgewichte (§. 75. Zusatz). Nun soll aber die Gleichheit der Belastungen in beiden Schaalen dadurch erkannt werden, daß der Balken eine horizontale Lage annimmt, und das wird offenbar erzeugt, wenn sein Schwerpunkt unter dem Drehpunkte liegt. Läge der Schwerpunkt über dem Drehpunkte, so würde zwar bei gleicher Belastung beider Schaalen, der Balken in Ruhe bleiben sobald er in die horizontale Lage gebracht wird; aber er würde augenblicklich ganz umschlagen, sobald man diese Lage auch nur im mindesten änderte, und die Wage sich selbst überließe. Das Hin- und Hergehen der Wage ehe sie zur Ruhe gelangt, ist ein unmittelbarer Erfolg des Bestrebens des Schwerpunkts S*), die vertikale Lage unter den Drehpunkt D zu erreichen**). — Um die horizontale Lage des Wagebalkens zu erkennen, ist senkrecht auf (oder unter) ihm, genau in der Verlängerung den

*) Der Schwerpunkt S ist hier als außerhalb der Mittellinie AB liegend angenommen, jedoch mit dem Balken in fester Verbindung sich befindend.

**) Jene Schwingungen sind die, in der Dynamik erst ihren Gesetzen nach zu betrachtenden Pendelschwingungen, deren Ursache aber schon hier deutlich ist.

Schwerpunkt und den Drehpunkt treffend, die Zunge DC angebracht, welche als ein Theil des Wagebalkens angesehen werden muß, daher sie auf die Lage des mehrerwähnten Schwerpunkts, von Einfluß ist. Ist hiernach die Zunge in vertikaler Richtung, so ist der Balken in horizontaler Lage. Jene vertikale Lage bei gleicher Belastung der Schaalen anzuzeigen, dient die sogenannte Scheere VD, zwischen deren, durch ihre Mittellinie bezeichneten Seitenwänden, die Zunge frei spielen kann. Diese Scheere trägt durch ihre Befestigung, an einem Punkte V außerhalb der Wage, den Anhängepunkt genannt, die ganze Wage; am unteren Theile der Scheere in D sind die Pfannen oder das Lager, in welchem die zu beiden Seiten des Balkens, senkrecht durch den Drehpunkt gehenden Zapfen liegen. Wenn nun möglichst wenig Reibung an diesen Zapfen so wie am Anhängepunkte stattfindet; so ist deutlich, daß unter allen Umständen der Belastung, die Scheere eine vertikale Richtung annimmt, und in diese Richtung der Schwerpunkt der ganzen Wage nebst der Belastungen, fällt. Die vertikale Lage der Zunge wird also dann stattfinden, wenn sie genau in der Scheere steht, was durch die Spitze (den Index) an der Scheere erkannt wird; dann ist also der Balken horizontal, und dann nur kann Gewicht und Gegengewicht einander gleich sein. — In einer nicht horizontalen Lage des Balkens AB, macht die Zunge DC mit der Scheere DV, einen Winkel VDC, welcher, wenn die Wage bei ungleicher Belastung der Schaalen zur Ruhe gelangt ist, der Ausschlag heißt, und diesen Winkel durch die Größen, welche auf seine Größe Einfluß haben zu bestimmen, ist die Hauptaufgabe der Theorie der Wage. — Zur Bestimmung dieses Winkels α, sei nunmehr die Wage in der Lage welche die Figur anzeigt, im Gleichgewichte; in der einen Schaale liege die Last g, in der anderen das Gewicht g + u, so daß u das Uebergewicht welches den Ausschlag erzeugt, ist. — Man setze die Länge der Arme OA = OB = a, die Entfernung SO des Schwerpunkts S von der Mitte O des Wagebalkens, gleich b, die Linie DO = c; dann sei s das Gewicht einer jeden Schaale, und w das Gewicht des Wagebalkens (eingeschlossen das Gewicht der Zunge) das als in S vertikal würkend, angenommen werden kann. Zieht man durch O die Horizontale IK, eben so durch B und S die Horizontalen BH und SM, welche die verlängerte Vertikale VG in G und in M schneiden; so ergeben sich die mit L bezeichneten Winkel, einfach als gleich dem ∠ VDC = α. Nun sehe man die Linie IK als Momentenaxe des ganzen im Gleichgewichte befindlichen Systems an, und verlege nach I, T und K die Angriffpunkte der drei, in den vertikalen Richtungen AX, SH und BY würkenden Gewichte s + g, w und s + g + u; so erhält man die Gleichung (laut §. 59.)*):

$$RI\,(s+g) + RT\cdot w = RK\,(s+g+u), \text{ oder}$$

$$(OI+RO)\,(s+g) + SM\cdot w = (KO-OR)\,(s+g+u).$$

Für die Linien OI, RO, SM, KO und OR, setze man ihre durch die Linien a, b, c und den ∠ α bestimmten Werthe; so ist:

$$(a\cos\alpha + c\sin\alpha)\,(s+g) + (b+c)\sin\alpha\cdot w =$$
$$(a\cos\alpha - c\sin\alpha)\,(s+g+u).$$

Die gehörige Entwicklung dieser Gleichung giebt endlich:

$$\text{tang}\,\alpha = \frac{au}{c(2g+2s+u)+(b+c)w} \quad (1.).$$

Zusatz 1. Die wesentlichsten Folgerungen aus dieser Gleichung, sind für die Wage diese:

1) Der Ausschlag wächst (unter übrigens gleichen

---

*) Hierin liegt die Zurückführung der Wage auf den Hebel; IK ist eigentlich ein freier Hebel (Vergl. §. 58, 4.).

Umständen) mit dem Wachsen der Länge des Wagebalkens; ferner wächst der Ausschlag mit dem Fallen der Größen b, c, g, s und w. 2) Fällt O und D zusammen, d. h. wird c = o; so ist tang $\alpha = \frac{au}{bw}$ (II.); dies Zusammenfallen der beiden Punkte O und D, findet bei den meisten Wagen statt, daher ist bei diesen der Ausschlag unabhängig von den Größen a, g und s, und die Tangenten der Ausschlagwinkel verhalten sich dann bei verschiedenen Uebergewichten, genau wie diese Uebergewichte. 3) Ist auch noch b = o, so ist tang α = unendlich, d. h. $\angle \alpha = 90^o$ oder der Balken stellt sich in die Richtung VG; ist b = a, so ist tang $\alpha = \frac{u}{w}$; für u = o ist $\angle \alpha$ auch o, u. dgl. m. 4) Will man den Ausdruck (I.) für eine Veränderung von u beurtheilen, so muß man ihn erst abändern; doch ergiebt sich auch aus der Natur der Sache, daß mit dem Uebergewichte auch der Ausschlag wächst. 5) Mittelst eines kleinen Körpers den man an der Zunge verschieben kann, kann man die Lage des Schwerpunkts des Balkens verändern; indem hierdurch b einen verschiedenen Werth erhält, kann man den Ausschlag den eine Wage unter übrigens gleichen Umständen giebt, verändern.

Zusatz 2. Außer der eben betrachteten Wage, welche man auch die gleicharmige oder gemeine Wage, auch Krämerwage nennt; hat man noch Wagen, wo die Arme ungleich sind; man nennt sie Schnellwagen, weil man mit einem kleinen Gewichte große Lasten wiegen kann. Ihre Theorie beruht auf der Theorie des ungleicharmigen Hebels, ist also leicht zu beurtheilen (§. 60, 2.). Man hat zweierlei Arten der Schnellwagen; nemlich die römische, bei welcher der Drehpunkt fest ist, und das Gewicht am einen Arme verschoben werden kann; und dann die schwedische Schnellwage, bei welcher das Gewicht stets seinen Ort behält, der Drehpunkt aber verschoben werden kann.

Zusatz 3. Man nennt eine Wage empfindlich, wenn bei einem geringen Uebergewichte, sich schon ein verhältnißmäßig bedeutender Ausschlag ergiebt, widrigenfalls heißt sie träge oder faul. Es giebt Fälle, wo jede dieser Wagen der anderen vorzuziehen ist, und man sieht aus der Aenderung der Größe b und c, in wie fern man dazu beitragen kann, eine Wage empfindlicher oder sie träger zu machen. Auch ist die Reibung am Zapfen zu berücksichtigen, welche dadurch verringert wird, daß man statt der gewöhnlich cylindrischen Zapfen, die scharfen Kanten (Schneiden) dreiseitig prismatischer Körper annimmt; u. dgl. m. — Falsche Wagen sind endlich diejenigen Wagen, welche, obgleich die Balken horizontal stehen, dennoch Gewicht und Gegengewicht ungleich geben, weil nemlich die Arme ungleich sind; durch Vertauschung der Einlagen in den Schaalen, ist die Unrichtigkeit solcher Wagen zu entdecken. Durch ein leicht zu erdenkendes Verfahren, kann man mit einer als falsch erkannten Wage, dennoch richtig wiegen. Viele solcher technischen Bemerkungen lassen sich hier noch anstellen, und ihre Gründe leicht einsehen. — Die sogenannten elastischen Wagen, sind hier kein Gegenstand der Untersuchung. Ihre Theorie beruht auf dem in §. 12, 3. genannnten Satze der Elasticität.

Anmerk. 1. Wir haben von der Reibung der Zapfen abstrahirt. In wie fern diese Kraft als Function des Drucks der Wage nebst der Belastung, mit in Rechnung gebracht werden kann; ist nach §. 88. bekannt, sobald man sich diese Reibung an der Peripherie des Zapfens (senkrecht zum Halbmesser des Zapfens; §. 138, 7.) würkend denkt. In der Regel ist jedoch, besonders bei der Anwendung der Schneiden, die Reibung so geringe, daß man sie ganz außer Acht lassen kann. Genau genommen ist auch die Reibung bei den Aufhängepunkten der Schalen zu berücksichtigen, denn alle diese Kräfte müssen überwunden werden, wenn die Wage noch nicht zur Ruhe gelangt ist.

Anmerk. 2. Eine recht ausführliche Betrachtung der Wage, nebst vielen technischen Bemerkungen, findet man unter anderen in Brewer, Lehrbuch der Statik fester Körper (1829), am Ende daselbst.

§. 94. Von der Rolle (Fig. 43.).

Eine Rolle ist eine kreisförmige Scheibe, d. h. ein Cylinder von geringer Höhe gegen seinen Durchmesser, um welche man, gewöhnlich in einer hierzu vorhandenen Rinne, ein Seil legt, an dessen zwei, durch die Rolle bestimmte Seiten, Kräfte dergestalt würken, daß sie der Rolle eine entgegengesetzte Umdrehung um ihren Mittelpunkt zu geben streben. Dieser Mittelpunkt ist durchbohrt, und es geht durch ihn senkrecht zur Rolle stehend eine Axe, welche, wenn sie sich nicht mit der Rolle (obgleich diese sich um die Axe) dreht, ein Bolzen heißt, der dann zu beiden Seiten der Rolle in einem festen Gegenstande sich befindet; oder die Axe ist fest in der Rolle, dreht sich also mit ihr zugleich um, und heißt dann der Zapfen, welcher in Zapfenlagern oder Pfannen zu beiden Seiten der Rolle liegt. Die Umdrehung der Rolle wird durch die Reibung des Seils am Umfange der Rolle bewürkt, während durch die Umdrehung sich auch eine Reibung am Bolzen, oder an den Zapfen in der Pfanne erzeugt, welche, nachdem der noch zu erwähnende Druck auf der Axe bestimmt ist, sich laut §. 88. ergiebt. Es ist also wol möglich, daß die Reibung an der Axe so bedeutend wird, daß das Seil keine Umdrehung der Rolle bewürkt, sobald nemlich die Kraft mit welcher das Seil an der Rolle anliegt (siehe §. 89. Zusatz), geringer als jene Reibung ist; dies findet indeß selten in der Anwendung statt, und wird auch hier nicht vorausgesetzt. Dagegen gilt allgemein der Satz: daß das stets angespannt vorausgesetzte Seil, zu beiden Seiten der Rolle, immer eine Tangente zur Scheibe in dem Punkte ist, wo es die Scheibe zuletzt trifft. Man überzeugt sich leicht von dieser Behauptung, da kein Grund vorhanden ist, nach welchem die Richtung des angespannten Seils, zu einer von beiden Seiten der Tangente abweichen sollte. — Die Steifheit des umgelegten Seils (§. 89.), ist als eine mitwürkende Kraft wol zu berücksichtigen, obgleich man in technischen Fällen oft davon abstrahirt; eben so nimmt man die Axe gewöhnlich als eine mathematische Linie an, weil sonst der Durchmesser der Axe, wenn er gegen den Durchmesser der Rolle als bedeutend erscheint, von Einfluß auf die Gesetze der Rolle ist. — Nun unterscheidet man zweierlei Arten von Rollen; nemlich feste Rollen, wenn die Axe ihren Ort nicht verläßt, und bewegliche Rollen, wenn die ganze Rolle dadurch fortbewegt wird, daß das Seil FABK an einer Seite z. B. bei F fest gemacht ist, und die Kraft K nach der Richtung BK, indem sie die Rolle dreht auch das Seil verkürzt, wodurch die Rolle sich nunmehr fortbewegen muß. Die festen Rollen werden in der Regel angewendet, wenn man mit einer Kraft Q nach einer Richtung CQ würken will, während die Last P nach der Richtung DP würkt, wodurch also gleichsam eine Verlegung der Richtung der Kraft entsteht; die beweglichen Rollen dagegen dienen zur Fortbewegung einer Last welche an der Rolle selbst, also nicht am Seile, sich befindet, wobei aber erforderlich ist (um die Drehung der Rolle nicht zu hemmen), daß eine Hülse H an der Axe angebracht ist, zwischen deren zwei Seiten die Rolle sich dann frei bewegen kann, und an welcher die Last selbst befestigt wird.

Setzt man alle Nebenumstände, besonders Reibung

und Steifheit der Seile (eben so die Elasticität der Rolle als fester Körper, die Ausdehnung des Seils, u. dgl. m.) bei Seite; so ist deutlich, daß das Gleichgewicht bei der festen Rolle nur bestehen kann, wenn die Kraft gleich der Last, bei der beweglichen Rolle aber, wenn die Kraft gleich der Spannung desjenigen Theils des Seils ist, wo der feste Punkt sich befindet. Daß die Statik nur diese Bedingung des Gleichgewichts zu bestimmen hat; ist aus §. 91. bekannt. Wollte man einen eigenen Beweis für jene Gleichheit führen, so folgt die Behauptung unmittelbar aus §. 62, 2.; denn statt der Rolle, kann man sich die zwei Halbmesser vom Mittelpunkte nach den erwähnten Berührungpunkten gezogen denken, weil die Rolle in jeder Lage bei ihrer Drehung, die Stelle solcher Halbmesser oder festen Linien im Sinne vom §. 38. vertritt. Diese Linien bilden einen gleicharmigen Hebel, der eben so wol ein Winkelhebel sein kann, an dessen Endpunkten, senkrecht zu den Armen (der Tangenten wegen) die Kräfte würken; denn die Spannung des Seils FA bei der beweglichen Rolle, ist auch eine Kraft, welche durch S bezeichnet werden mag (§. 67.). Es muß also für das Gleichgewicht:
bei der festen Rolle $Q \cdot OC = P \cdot OD$ oder $rQ = rP$, und
bei der beweglichen Rolle $S \cdot OA = K \cdot OB$ oder $rS = rK$,
also muß $Q = P$, oder auch $S = K$ sein *).

Hieraus sieht man nun sogleich, daß bei der festen Rolle eine eben so große Kraft erforderlich ist als die Größe der Last beträgt; dagegen ist bei der beweglichen Rolle, die Kraft nur halb so groß als die durch die Rolle fortzuschaffende Last L, indem die Spannungen

*) Die Rolle ist also gleichsam ein gleicharmiger Hebel, dessen Arme bei der Bewegung immer mit anderen Armen vertauscht werden, oder welche stets wechseln.

der Seile AF und BK zusammen (also die Kraft S + K oder 2 K) der Last L das Gleichgewicht halten, jedes Seil daher nur die Hälfte von L trägt. — Hierin liegt ein wichtiger Vorzug der beweglichen Rolle vor der festen, wenn sie sich überhaupt im besonderen technischen Falle anwenden läßt; ihr Nachtheil ist aber der, daß (wenn durch die geringste Vermehrung der K, eine Bewegung entsteht) man offenbar durch die Kraft K in derselben Zeit die Last nur halb so weit fortbewegt, als dies durch dieselbe Kraft bei der festen Rolle geschieht, weil bei der beweglichen Rolle, die Last nur halb so weit fortrücken kann, als das gleichsam abgezogene Seil beträgt (da beide Seiten des Seils gleich viel in ihrer Länge verändert werden), dagegen bei der festen Rolle, die Last sich eben so weit fortbewegt, als das Seil sich abwickelt. — Der für den Hebel genannte Satz §. 92., ist auch bei der Rolle nunmehr leicht zu erkennen*).

Anmerk. 1. Ueberall wo ein Seil um eine Scheibe oder um einen Cylinder u. dgl. m. liegt, ist genau genommen die innere und die äußere Grenze des Seils zu unterscheiden, zwischen welchen gleichsam die Axe des Seils, als eine Mittellinie zu betrachten ist. Und diese Mittellinie ist es eigentlich, welche die Stelle der mathematischen Linie vertritt, die man gewöhnlich für das Seil annimmt. Hiernach ist eigentlich der Halbmesser der Rolle, immer noch um den Halbmesser des Seils zu vergrößern, was man jedoch in der Regel unbeachtet läßt.

Was bei der Rolle den Druck auf die Axe betrifft; so hängt er ganz von den zu beiden Seiten würkenden Kräften, und von den Richtungen der Seile, also von dem Winkel den die beiden erwähnten Halbmesser mit einander bilden, ab, ganz wie dies beim Winkelhebel be-

*) Bei der festen Rolle hat jener Satz wenig Bedeutung, da die Verhältnisse (abstrahirt von Nebenumständen) wie 1 zu 1 sind. Man könnte überhaupt die feste Rolle, auf gewisse Weise von den Maschinen ausschließen.

stimmt ist. Verlängert man die Richtungen beider Seile bis zu ihrem Durchschnitte z. B. in E, so ist $\angle$ QEP ($= \angle$ CED) die Ergänzung des Winkels COD (welchen die Halbmesser bilden) zu 180°; daher auch EO den Druck welcher durch Q und P auf den Drehpunkt entsteht, repräsentirt, wenn man das Parallelogramm der Kräfte NOME construirt. Alle mathematischen Relationen sind nunmehr leicht auszuführen, und in §. 28. Zusatz 1., Nr. 1. bereits entwickelt *). Manche Bemerkungen sind auch hier leicht anzustellen und zu beantworten.

Die Nebenumstände, namentlich die Steifheit der Seile, die Reibung an der Axe und der Halbmesser der Axe, müssen jedoch mit in Rechnung gebracht werden, was mit dem Grade von Genauigkeit geschehen kann, den überhaupt diese Nebenumstände zufolge des vorigen Kapitels zulassen **). Um einige Erläuterungen hierfür zu geben, nehme man zuerst den bestimmten Fall der festen Rolle an. Gesetzt ein Gewicht P soll durch die Kraft Q gehoben werden; so muß die Reibung an der Axe O, welche durch den Druck den jene Kräfte nebst dem Gewichte der Rolle auf sie veranlassen, nach den Gesetzen der drehenden Reibung bestimmt werden; eigentlich gehört zu diesem Drucke auch das Gewicht des Seils mit, dessen Einführung aber Schwierigkeiten hat, weil es sich während der Bewegung, in der Länge, also auch in jenem Gewichte, ändert. Nehmen wir Q und P vertikal (also auch parallel) würkend an; so ist der Druck auf die Axe gleich $Q + P + R$, wenn R das Gewicht der Rolle ist; die Reibung (nach §. 88, 7.) ist also

---

*) Es findet sich also der Druck $D = 2Q \cos NEO = 2Q \cos \frac{1}{2}\alpha$ (wenn $\angle NEM = 180° - COD = \alpha$ gesetzt wird) $= 2P \cos \frac{1}{2}\alpha$.

**) Siehe die Zahlenbeispiele in Anmerk. 2.

$\mu(Q+P+R)$. Diese Reibung ist eine Kraft, welche an der Peripherie der Axe würkt. Ist nun h der Halbmesser der Axe (des Zapfens oder Bolzens), so ist $\mu h (Q+P+R)$ das Moment der Reibung. Nun würkt an dem Seile welches die Last P hebt, diese Last P als Spannung des Seils welches sich um die Rolle legen soll, daher P die Steifheit des Seils das sich erst umwickeln soll, bedingt. Die Steifheit selbst ist nach §. 89, 3, gleich $\frac{qd^2P}{r}$, indem d den Durchmesser des Seils und r den Halbmesser der Rolle bedeutet. Da dieser Widerstand an der Peripherie der Rolle stattfindet, so ist sein Moment gleich $r \cdot \frac{qd^2P}{r} = qd^2P$. Endlich ist das Moment der Last selbst rP. Diesen drei Momenten, muß das Moment der Kraft rQ gleich sein, d. h. es ist:

$$rQ = rP + qd^2P + \mu h (P+Q+R), \text{ wonach}$$

$$Q = \frac{(r + \mu h + qd^2) P + \mu h R}{r - \mu h} \quad (I.)$$ wird. Kann man ohne Nachtheil entweder h oder R, oder gar μ vernachlässigen; so gewinnt dieser Ausdruck einfachere Formen, die man sogleich erkennt. Auch ergeben sich aus der genannten Grundgleichung, die Formeln für jede der übrigen Größen welche darin vorkommen, sobald solche als unbekannt, Q aber als bekannt angenommen wird. Wichtig ist es hierbei zu beachten, daß wenn die Last P sich senken (heruntergelassen werden) soll, die erwähnten Hindernisse zum Vortheile gereiche, indem die Kraft Q alsdann geringer wird als sie sein müßte, wenn jene Hindernisse nicht wären (siehe auch §. 86, 2.); P tritt dann gleichsam an die Stelle von Q.

Für die bewegliche Rolle, deren Gewicht wieder R sei, nehme man auch eine vertikale Würkung der Kräfte

K und S (nemlich S als Kraft gleich der Spannung des festen Seils gesetzt) an; L bedeute die zu hebende Last, eingeschlossen das Gewicht der Hülse. Nun ist der Druck auf die Axe nur L (die Rolle R drückt hier, der Natur der Sache nach, nicht durch ihr Gewicht auf die Axe)*), folglich μhL das Moment der Reibung. Ferner ist wieder qd^2S das Moment der Steifheit des festen Seils, und $r'S$ das Moment der Spannung dieses Seils. Weil ferner rK das Moment der Kraft ist, so erhält man die Gleichung $rK = rS + qd^2S + \mu rL$.

Nun ist $S + K = L + R$, daher $S = L + R - K$, folglich $rK = r(L + R - K) + qd^2(L + R - K) + \mu rL$, woraus sich ergiebt $K = \frac{(r + qd^2 + \mu h)L + (r + qd^2)R}{2r + qd^2}$ (II.), für welche Formeln sich analoge Betrachtungen wie bei der Formel (I.) ergeben.

Anmerk. 2. Als Zahlenbeispiel nehme man bei einer festen Rolle an: $h = \frac{1}{2}$ Zoll, $d = 10$ Linien, $r = 3$ Zoll**), $\mu = \frac{1}{7}$ und $q = \frac{1}{280}$. Es ergiebt sich nach Formel (I.) $Q \doteq 593$ ℔. Für eine bewegliche Rolle sei: $R = 12$ ℔., $r = 3''$, $L = 1000$ ℔., $h = \frac{1}{2}''$, $\mu = \frac{1}{7}$ und $q = \frac{1}{280}$. Dann ist $K = 542$ ℔. — Die Vergleichung beider Resultate (für Q und für K) giebt zu interessanten Betrachtungen Veranlassung, und ist der namhafte Unterschied zu beachten, der sich ergiebt, wenn die Nebenumstände mit in die Rechnung gezogen werden, oder wenn man davon abstrahirt, in welchem letzterem Falle, $Q = 500$ ℔. $(= P)$ und $K = 500$ ℔. $(= \frac{1}{2}L)$ geworden wäre.

Zusatz. Wenn eine einzelne feste Rolle gebraucht wird, so heißt sie gewöhnlich eine Handrolle oder Leit-

---

*) Dies ist auch bei den festen Rollen zu beachten, sobald die Würkungen nach oben vertikal gehen. Für schiefe Würkungen gegen die Vertikale, geht nur ein Theil von R verloren.

**) Daß r und h nach gleichem Maaße genommen werden müssen, ist deutlich; r muß aber laut §. 89, 3. nach Zollen genommen werden, wenn man jene Formel oder q nicht ändern will.

scheibe; über die Verbindung mehrerer Rollen, wird in §. 100. noch Einiges folgen. Es ist deutlich, daß man durch die Rolle, einer Kraft jede andere als die ursprüngliche Richtung derselben ist, geben kann, und man sieht wie es hierdurch möglich wird, mittelst eines Gewichts nach jeder beliebigen Richtung auf einen bestimmten Punkt zu würken (Vergl. das Ende von §. 13, 3, Zusatz). — Im Allgemeinen heißen alle Maschinen bei welchen Seile angewendet werden: Seilmaschinen, deren einfachste demnach die Rolle ist. Die beweglichen Knoten bei den Seilpolygonen (§. 67.), können sehr zweckmäßig durch bewegliche Rollen (statt der Ringe) erzeugt werden, wie denn überhaupt der Gebrauch der Rollen in der Technik höchst mannigfaltig ist.

§. 95. Vom Rade an der Welle (Fig. 44.).

Wenn ein Cylinder MN durch die Mitte Queiner Scheibe ADE hindurch geht, so daß die Axen des Cylinders und der Scheibe in einander liegen, die Scheibe aber fest mit dem Cylinder verbunden ist, dergestalt daß, wenn der Cylinder sich um seine Axe dreht, die Scheibe dieser Drehung folgt; so bekömmt der Cylinder die Benennung Welle, die Scheibe aber heißt das Rad, und die ganze Vorrichtung: das Rad an der Welle. Senkrecht im Mittelpunkte der Grundflächen der Welle, sind die Zapfen M und N, welche in Zapfenlagern liegen, damit die Drehung der Welle erfolgen kann*). Da wir die Axe der Welle als eine feste Linie ansehen, und von den materiellen Eigenschaften der Welle abstrahiren; so kann man außer den Zapfen, auch jeden Punkt

*) Eine allgemeine Vorstellung von der Beschaffenheit eines Zapfens, kann hier vorausgesetzt werden. Zu beachten ist jedoch, daß die Befestigung der Zapfen an der Welle, auf verschiedene Art geschehen kann. Dies gehört für die Maschinenlehre.

jener Axe als hinlänglich unterstützt ansehen. Beim Gebrauche dieser Maschine, wird nun mit einer Kraft K am Umfange des Rades, man nehme an in der Richtung der Tangente, also auch in der Ebene des Rades (das wir vorläufig als eine Ebene (d. h. ohne Dicke) annehmen wollen) gewürkt; auf welche Weise diese Würkung hervorgebracht wird, ist im Allgemeinen gleichgültig, doch wollen wir annehmen, daß ein Seil um die Peripherie des Rades gelegt sei*). Ferner legt man um die Welle ein Seil, an welchem die zu bewegende Last L angebracht ist, so daß also L auch nach einer Richtung, senkrecht zur Peripherie der Welle würkt; durch den Berührungpunkt kann man sich einen Durchschnitt senkrecht zur Axe denken, der dann gleichsam eine zweite Scheibe oder ein zweites Rad zur Axe MN ist. — Daß K und L die Maschine nach entgegengesetzten Richtungen zu drehen streben, versteht sich von selbst.

Wenn man von den Nebenumständen (§. 86.) abstrahirt, so ist die Theorie des Rades an der Welle sehr einfach. Es bedeute R den Halbmesser des Rades, und r den der Welle. Man lege durch die Axe MN der Welle, eine Ebene AQCBF oder Z, welche man als eine, um den Theil QO der Axe MN drehbare Drehebene ansehen kann; in dieser Ebene ziehe man die Radien QA (= R) und OB (= r), in welchen die Ebene Z, das Rad und den Durchschnitt BF der Welle, schneidet. Bedeuten nun A und B die Angriffpunkte der Kraft K und der Last L; so stehen die Richtungen dieser beiden Kräfte, laut Annahme senkrecht zur Drehebene Z**).

*) Hierzu wird eine Rinne (wie bei der Rolle) erforderlich; oft aber wird auch ein Riemen nm das Rad gelegt, und dann keine Rinne gemacht.

**) Denn: QA ist die Durchschnittlinie zweier auf einander senkrecht stehenden Ebenen (der Z und der Ebene des Rades, da die

Nach §. 65, 2. erhält man also unmittelbar unter der gemachten Voraussetzung, die Bedingunggleichung für das Gleichgewicht beim Rade an der Welle, als:

$$K \cdot R = L \cdot r \text{ oder } K : L = r : R^{*})$$

Weil aber die Würkung der Kräfte K und L, ganz dieselbe für die Umdrehung der Maschine ist, an welchem Punkte der Peripherie die Kraft würkt; so können die Angriffpunkte A und B, gegen jede andere Punkte vertauscht werden, wenn nur die Kräfte dieselben bleiben, und ihre Würkung wiederum senkrecht zu den Halbmessern des Rades und der Welle, in den bezeichneten Ebenen liegend, ist. — Anstatt der erwähnten Drehebene, hätte man aber auch die Linie AB, welche in C die Axe MN schneidet, und an deren Endpunkte die parallelen Kräfte K und L (auf gleiche Weise wie vorher bestimmt) würken, betrachten können; denn diese Linie AB läßt sich als vorhanden annehmen, weil der feste Zusammenhang der Theile der Maschine, die Einführung dieser Linie gestattet. In dieser Linie ist aber der Punkt C als ein fester Punkt anzusehen, folglich verlangt das Gleichgewicht der Kräfte, daß $AC : BC = L : K$ oder $AC \cdot K = BC \cdot L$ sei. Da aber $\Delta\, ACQ \sim \Delta\, BCO$ ist, so hat man $AC : CB = QA : BO$ d. h. $= R : r$, also auch $K \cdot R = L \cdot r$; ganz wie zuvor. — Man sieht daß die Theorie des Rades an der Welle, auf den Hebel oder auf die Drehebene, also überhaupt auf den Hebel zurückzuführen ist (Siehe §. 57, 7. Anmerk. 3.). Es bedarf noch der beiläufigen Anführung, daß es auch mehrere

Axe MN senkrecht zum Rade steht, und Z durch MN gelegt ist), und die in A angenommene Kraft, steht senkrecht auf der QA und liegt in der Ebene des Rades, ist also auch senkrecht zur Ebene Z. Aus gleichen Gründen ist die Richtung der Last, senkrecht zur Ebene Z.

*) Man erinnere sich an §. 94. Anmerk. 1.

Kräfte und Lasten sein können, welche zugleich beim Rad an der Welle würken; ihre Würkung kann nach bekannten Sätzen, auf die Würkung einer Kraft und einer Last zurückgeführt werden. — Der, §. 92. für den Hebel genannte Satz, findet sich, wie ohne Erläuterung deutlich ist, auch beim Rade an der Welle.

Um aber noch einiges anzuführen, was der weiteren Ausführung der Theorie und der Anwendung des Rades an der Welle angehört; mögen die nachstehenden Bemerkungen folgen.

1) Würkt die Kraft (oder analog bei der Last) nicht senkrecht zum Halbmesser des Rades, jedoch in einer Richtung welche in die Ebene des Rades fällt; so ist deutlich, daß man sich die Kraft in zwei Seitenkräfte zerlegen kann, deren eine senkrecht zum Halmesser würkt, welche dann die vorher erwähnte Kraft ist, die andere Seitenkraft aber in die Richtung des Halmessers fällt, und, jenachdem sie entweder gegen die Axe gerichtet ist, die Welle gleichsam an die Pfanne andrückt, bei entgegengesetzter Richtung aber, sie davon abzieht. Es kömmt nun ganz auf die ursprüngliche Lage der würkenden Kraft an, in wiefern diese letztere Seitenkraft, in dem bekannten Sinne: zum Vortheile oder zum Nachtheile für die Bestimmung des Gleichgewichts würkt. — Sollte die ursprüngliche Kraft aber nicht in der Ebene des Rades liegen; so läßt sie sich doch in zwei Seitenkräfte zerlegen, von denen die eine in die Ebene des Rades fällt, und wenn diese noch nicht senkrecht zum Halbmesser würkt, wird sie nach dem eben Gesagtem abermals zerlegt; die andere Seitenkraft dagegen wird senkrecht zur Ebene des Rades würken, und der Axe (oder der Welle) einen Druck nach der Richtung der Axe geben, welcher Druck für die Umdrehung der Maschine eben so wenig direct

würkt, als jene vorhin betrachtete Seitenkraft nach der Richtung des Halbmessers des Rades. (Siehe auch §. 99.).

2) Sowol die Last als die Kraft, geben der Welle einen Druck gegen die Pfannen*); die Richtung dieses Drucks hängt von den Richtungen beider Kräfte, oft noch erst von den Bestimmungen in Nr. 1. ab. — Hierzu kömmt der vertikale Druck, den das Gewicht der ganzen Maschine oder ein Theil dieses Gewichts, auf die Pfanne ausübt; dieser Druck muß mit jenen anderen Drücken, nach den bekannten Gesetzen zu einem resultirenden Drucke verbunden werden. Durch diesen resultirenden Druck, der sich nach §. 60, 2, d auf beide Pfannen vertheilt, entsteht die Reibung laut §. 88, 8, welche am Umfange des Zapfens würkt, zu ihrem Momente also das Produkt der Reibung mit dem Halbmesser des Zapfens, hat; der Zapfen kömmt demnach hierbei wesentlich in Betrachtung. — Schwieriger ist es noch, diejenige Reibung gehörig zu berücksichtigen, welche durch eine nicht horizontal liegende Welle, auf die Grundfläche der Zapfen ausgeübt wird. Die Ausführung dieser Untersuchung, ist nicht wol elementar darzustellen.

3) Die Steifigkeit des Seils, ist gleichfalls nach den darüber bekannten Gesetzen zu beurtheilen, worüber das Nähere auch aus den Beispielen für die Rollen (§. 94.) bekannt ist.

Dies sind die Hauptgegenstände welche in Rücksicht zu ziehen sind; von anderen Anomalien wird ganz abstrahirt. Die Theorie des Rades an der Welle, wird durch alle diese Umstände eben so zusammengesetzt, als jene

*) Würken jene Kräfte nicht vertikal; so ist einleuchtend, daß die Pfannen mehr und mehr ausgebogen sein, wol gar ganz um die Zapfen herum gehen müssen, damit die Welle nicht von den Pfannen abgehoben werden kann.

Grundzüge einfach sind, wenn man von diesen Umständen abstrahirt, was jedoch in vielen practischen Fällen, besonders zur allgemeinen Beurtheilung des Gleichgewichts bei dieser Maschine, schon hinreichen wird.

Anmerk. Das Rad an der Welle erscheint unter vielerlei Gestalten in der Technik, und der Maschinenlehre gehört die weitere Ausführung hierüber an. Ganz übergangen kann aber eine kurze Anführung dennoch nicht werden, zumal man daraus sieht, wie eine sehr einfache Maschine, sich mannigfaltig modificiren läßt. — Liegt die Welle horizontal, so heißt die Maschine (das Rad an der Welle) ein Haspel; steht die Welle vertikal, so erhält man eine Winde (oder einen Göpel), wohin die bekannten Erdwinden gehören, um Lasten horizontal fort zu bewegen. Bei schiefen Stellungen der Welle gegen die Horizontale, hat man wiederum verschiedene Benennungen, wozu die Tretscheiben gehören, wenn z. B. Menschen durch ihre Bewegung auf dem (mit einem Rande versehenen) Rade, das dann eine Scheibe heißt, die Bewegung erzeugen*). — Das Rad hat selbst mannigfache Einrichtungen. Es besteht z. B. bei einigen Haspeln aus einem hohlen Cylinder, die Trommel genannt, in welcher Menschen oder Thiere durch stetes Gehen die Bewegung erzeugen; dies giebt das Laufrad oder das Tretrad; geht ein Seil um das Rad an welchem die Kraft würkt, so hat man ein Seilrad. Oft verliert das Rad ganz die Form des Rades, indem an seiner Stelle, nach der Richtung der Radien, Stangen durch die Welle gehen, welche Arme heißen, und den Kreuzhaspel geben; bei der Winde aber heißen sie Zugbäume, an welchen entweder gezogen (wie bei den Pferdegöpeln) oder wogegen gedrückt wird. — Statt des vollen Rades, ist auch zuweilen blos seine Peripherie (der Kranz) durch Speichen an der Welle befestiget, und dann sind gewöhnlich kleine Handhaben am Kranze befestigt, welche Hörner heißen, wenn sie in den verlängerten Radien des Rades gehen, und den Hornhaspel geben; oder sie stehen senkrecht auf der Ebene des Rades, heißen dann Sprossen oder

*) Dies ist ein Beispiel, wo die Kraft nicht unmittelbar senkrecht zum Rade würkt, da das Gewicht des Menschen, das die Umdrehung erzeugen soll, vertikal würkt.

Spillen, und geben das Spillrad. — Endlich ist die sogenannte Kurbel*), auch nur das Rad an der Welle, bei welchem nur ein Halbmesser des Rades, gewöhnlich in gebogener Form, und deshalb der Bug genannt, genommen wird, der an seinem Endpunkte wieder einen senkrechten Griff (oder Warze) hat, an welchem man mit der Hand die Drehung verrichtet; das Knie ist der Winkel welchen der Bug mit dem Griffe bildet. Daß eine Biegung des Bugs, die Würkung nicht ändert (gegen die Würkung eines geraden Bugs), ist nur noch beiläufig zu erinnern. (Man vergleiche das über die gebogenen Hebelarme Gesagte; §. 58, 2).

§. 96. Von der schiefen Ebene (Fig. 45. und 46.).

Eine gegen die horizontale Ebene CDFE (Fig. 45.) schief geneigte Ebene ACDB, heißt: eine schiefe Ebene. Der Neigungwinkel AGH der schiefen Ebene gegen die Horizontalebene, heißt der Neigungwinkel der schiefen Ebene**); wir wollen ihn mit α bezeichnen. Wird von einem Punkte I, ein Perpendikel IH auf die Horizontalebene gefällt, so daß die durch den Punkt I, der (horizontalen) Durchschnittlinie CD parallel gezogene Linie AB, nebst den Linien AC und BD die schiefe Ebene begrenzen***); so heißt IH die Höhe,

*) Die Kurbel wird auch wol Krummzapfen genannt, obgleich in der Maschinenlehre ein Unterschied zwischen beiden Vorrichtungen ist. Die ungleiche Kraft welche, wenn z. B. die Kurbel mit der Hand umgedreht wird, in den verschiedenen Stellungen der Kurbel, auf diese würkt, machen die nähere Betrachtung derselben zu einem schwierigen Gegenstande der Mechanik. — Siehe auch: Lehmus, Theorie des Krummzapfens (1818.).

**) Zuweilen wird auch das Complement jenes Winkels, also der $\angle$ GIH, den die geneigte Ebene mit der Vertikallinie macht, mit dem Namen Neigungwinkel bezeichnet.

***) Außer der sich sogleich ergebenden Linie CD, sind die übrigen Grenzen der schiefen Ebene eigentlich unbestimmt. Der sogleich näher zu erwähnende Gebrauch der schiefen Ebene, bestimmt ihre geringste Größe.

und die von I zur CD senkrecht gezogene Linie IG, die Länge der schiefen Ebene. Die Linie HG (also die Projection der Länge auf der Horizontale) heißt die Grundlinie der schiefen Ebene.

Denkt man sich nun einen Körper LMN mit einer ebenen Grundfläche MN, sonst aber von beliebiger Form, auf der schiefen Ebene liegend; so kann man sich sein Gewicht P, in seinem Schwerpunkte S vereinigt, nach der vertikalen Richtung SP würkend, vorstellen (§. 73, 3.). Daß die Vertikale SP die Fläche MN schneiden muß, ist schon in §. 73. Zusatz 3. erwähnt, widrigenfalls müßte der Körper umschlagen, und der sogleich näher zu erwähnende Zweck der schiefen Ebene, würde verfehlt werden. Es sei O der Durchschnittpunkt der SP und der Ebene MN*). — Nun kann man sich den Druck welchen P in der Richtung SP ausübt, in zwei Seitenkräfte zerlegt vorstellen, von denen die eine senkrecht zur schiefen Ebene, die andere aber parallel dieser Ebene geht; die erstere dieser zwei Seitenkräfte, wird durch die Festigkeit der Ebene völlig aufgehoben, sie heißt der Normaldruck des Körpers gegen die schiefe Ebene; der anderen Seitenkraft steht dagegen an und für sich, außer der Reibung, nichts entgegen, daher diese Kraft, welche das relative Gewicht des Körpers heißt, auf das Herabgleiten des Körpers von der Ebene würkt. — Wenn nun die Linie SQ das Gewicht P des Körpers repräsentirt, so construire man das (rechtwinkliche) Parallelogramm QSKO zufolge des eben Gesagtem, wonach dann SQ den Normaldruck, und SK das relative Gewicht,

*) Wäre der Körper eine Kugel, so folgt aus dem eben erwähnten Grunde ihr Herabrollen von der Ebene. Gleiche Gründe sind Ursache für das Herabrollen des Cylinders in einer leicht zu bestimmenden Lage, von der Ebene.

darstellen. Erweitert man die Ebene des Parallelogramms *), so sei IG die Durchschnittlinie dieser Ebene mit der schiefen Ebene **). — Nun ist deutlich, daß Δ SQO (oder Δ SOK) $\sim$ Δ IEG ist, daher verhält sich IG : IE : EG = SO : QO : SQ, oder da QO = SK ist, hat man auch:
Länge der schiefen Ebene: Höhe der schiefen Ebene: Grundlinie der schiefen Ebene = Gewicht des Körpers: relatives Gewicht des Körpers: Normaldruck des Körpers. — Schon aus diesen gleichen Verhältnissen, lassen sich verschiedene Bemerkungen herleiten. — Bezeichnen wir die Größen: den Normaldruck durch N, das relative Gewicht durch R (und das absolute Gewicht wie erwähnt durch P), so erhält man:
$N = P \cos \alpha$ (I.), $R = P \sin \alpha$ (II.) und $R = N \operatorname{tang} \alpha$ (III.), aus welchen Grundgleichungen (die sich noch verschieden umformen lassen) die gegenseitige Berechnung der Größen N, P, R und α sich leicht ergiebt, so wie sich mehrere Betrachtungen daraus sehr einfach herleiten lassen.

Es ist nunmehr einleuchtend daß, wenn man mit einer Kraft K, der Richtung SK gerade entgegengesetzt würkt, das Herabgleiten des Körpers von der schiefen Ebene verhindert wird, sobald K = R ist, so lange man nemlich von der Reibung noch abstrahirt; wird aber diese, deren Größe μN ist (§. 88, 8.) mit in Rechnung gebracht, so ist die Kraft welche den Körper zum Herabgleiten bringt, nur R — μN, daher die Kraft welche zum Erhalten des Körpers auf der schiefen Ebene zu ver-

---

*) Da SQ senkrecht zur schiefen Ebene steht, so ist auch die Ebene des Parallelogramms QSKO, senkrecht zur schiefen Ebene.

**) Es bedarf nur der Erinnerung daß, wenn jene Durchschnittlinie nicht die, Anfangs durch IG bezeichnete Linie ist; die erwähnte Durchschnittlinie an die Stelle jener IG zu setzen ist.

verwenden ist, auch nur $R - \mu N$ zu sein braucht, ja, weil μN gleich oder selbst größer als R sein kann, so kann der Körper, durch die Reibung veranlaßt, in vielen Lagen noch gar nicht von der schiefen Ebene herabgleiten *), wie auch die Erfahrung so oft zeigt. Es ist daher allgemein $R - \mu N$ (IV.) die zum Erhalten des Körpers auf der schiefen Ebene nöthige Kraft, oder die Kraft, welche dem Körper nach unten zu das Gleichgewicht hält; sie heiße Z_u. Soll aber der Körper auf der schiefen Ebene, durch eine in der Richtung KS würkende Kraft, hinauf gleiten; so ist eben so ersichtlich, daß die Reibung μN, der würkenden Kraft entgegen steht. Folglich ist $R + \mu N$ (V.) die Kraft, welche dem Körper nach oben zu das Gleichgewicht hält; sie heiße Z^o. Die beiden Formeln (IV.) und (V.) können, wenn man für R und N die vorhin gefundenen Werthe setzt, nunmehr auch so dargestellt werden:

$Z_u = R - \mu N = P \sin \alpha - \mu P \cos \alpha$ und

$Z^o = R + \mu N = P \sin \alpha + \mu P \cos \alpha$; oder beide Formeln zusammengefaßt, ist $Z^o_u = P (\sin \alpha \pm \mu \cos \alpha)$ (VI.). Auch diese Formeln lassen sich in der Form mannigfaltig ändern, und geben zu vielen Bemerkungen Veranlassung.

Wenn die Kraft welche auf das Erhalten, oder die welche auf das Erheben, d. h. in Beziehung auf das Gleichgewicht, in der einen der entsprechenden Richtungen verwendet werden soll, zwar auf den Schwerpunkt S (Fig. 46.), aber nicht parallel der schiefen Ebene, sondern unter dem $\angle QSZ = \beta$ nach der Richtung SZ in der Ebene des Parallelogramms QSKO, würkt; so ist deutlich, daß man diese Kraft, sie heiße Z, nach den beiden Richtungen SV und SW zerlegen kann, so daß, wenn SU die Größe der Z ist, die Linien $SV = SU \cos \beta$

*) Siehe das Ende des Zusatzes 2. zu diesem §.

$= Z \cos\beta$ und $SW = S\ddot{U} \sin\beta = Z \sin\beta$, die Größen dieser Seitenkräfte repräsentiren. Die erste derselben (die SV) vermehrt den Normaldruck N um ihre Größe, daher sie die Reibung vergrößert, welche nunmehr $\mu(N + SV) = \mu(P \cos\alpha + Z \cos\beta)$ wird *). Die andere Seitenkraft dagegen muß das Gleichgewicht erzeugen, daher der Kraft R $\pm$ der Reibung gleich sein, jenachdem das Gleichgewicht nach oben (dann gilt +) oder nach unten (dann gilt —) gesucht wird. — Die Grundgleichung wird für die respectiven beiden Fälle alsdann:

$Z \sin\beta = P \sin\alpha \pm \mu(P \cos\alpha + Z \cos\beta)$, woraus sich

$$Z_u^o = \frac{P \sin\alpha \pm \mu P \cos\alpha}{\sin\beta \mp \mu \cos\beta} \text{ ergiebt (VII.).}$$

Die Entwicklung der Werthe für P, $\angle\alpha$ und $\angle\beta$ aus dieser Gleichung (wenn Z bekannt oder gegeben ist), so wie verschiedene rein mathematische Umwandlungen derselben, und viele Folgerungen aus ihr, namentlich bei einigen besonderen Werthen für $\angle\alpha$ und $\angle\beta$; bedürfen wiederum keiner besonderen Anführruug, sie ergeben sich in vorkommenden Fällen sehr leicht. Daß die Formel (VI.) wieder aus der letzten Gleichung entsteht, sobald man $\angle\beta = 90^\circ$ setzt, sei nur noch erwähnt.

Geht die Richtung der würkenden Kraft nicht durch den Schwerpunkt des Körpers, oder liegt sie nicht in der Ebene des mehrerwähnten Parallelogramms; so sind verschiedene Zerlegungen des Gewichts des Körpers nach solchen Richtungen, wohin die würkende Kraft und das

---

*) Ist $\angle\beta$ stumpf, d. h. würkt die Z gleichsam nach oben; so vermindert die in die Richtung SQ (nach der Verlängerung der QS über S hinaus) fallende Seitenkraft der Z, den Normaldruck, also auch die Reibung. Dies zeigt der Werth Z $\cos\beta$ an, denn $\cos\beta$ ist alsdann negativ.

Hinderniß der festen Ebene sich befinden, erforderlich. Wenn nun auch die Grundzüge für solche Zerlegungen bereits im Vorgetragenem liegen; so würden dennoch mehrere Bemerkungen dienlich sein, wenn nicht die weitere Ausführung dieses Gegenstandes, über die Grenzen dieses Buchs hinausginge.

Zusatz 1. Den beim Hebel (so wie bei der Rolle und dem Rade an der Welle) genannten Satz (§. 92.), daß sich verhält: die Kraft zur Last, wie der Weg der Last zum Wege der Kraft; wird man auch bei der schiefen Ebene bestätigt finden, wenn man die Kraft parallel der Ebene würken läßt, und hier, wie es offenbar erforderlich ist, das vertikale Steigen oder Fallen des bewegten Körpers (für welchen sein Schwerpunkt zu betrachten ist), als den Weg der Last ansieht (Man ziehe nemlich durch K (Fig. 45.) die KT horizontal; so ist, wenn der Schwerpunkt S beim Herabgleiten des Körpers, z. B. nach K gekommen ist, offenbar ST der Weg (das Sinken) der Last, und SK der Weg der Kraft; aber Δ STK ∞ Δ SKM, also SK : ST = SO : SK (wobei SO die Last, und SK die Kraft repräsentirt). Würkt die Kraft nicht parallel der Ebene; so gilt natürlich die Behauptung des Satzes nur von jenem Theile der Kraft, welcher nach der Zerlegung, auf die erwähnte Weise würkt.

Zusatz 2. Der Gebrauch der schiefen Ebene ist in der Technik mannigfaltig; oft wird an ihrer Stelle nur eine Vorrichtung angebracht, welche aus zwei parallelen, mit einander fest verbundenen Stangen besteht; u. dgl. m. Von einer Anwendung der schiefen Ebene, nemlich in wiefern sie dient die Größe der Reibung, oder den Factor μ auszumitteln; mag das Folgende hier noch stehen. — Wenn die schiefe Ebene unter einem solchen Winkel α geneigt ist, daß das relative Gewicht genau gleich der

Reibung ist; so wird die geringste Vergrößerung jenes Winkels, das Herabgleiten des Körpers (auf den weiter keine Kraft würkend angenommen wird) veranlassen. Es muß also alsdann

$R = \mu N$ oder $P \sin \alpha = \mu P \cos \alpha$ sein, d. h. man hat $\mu = \frac{\sin \alpha}{\cos \alpha} = \operatorname{tang} \alpha$. Mißt man also den $\angle \alpha$, so hat man den Reibungcoefficienten μ. Der $\angle \alpha$ heißt daher auch der Ruhewinkel oder der Reibungwinkel für die beiden Flächen (der schiefen Ebene und der Grundfläche des Körpers). — Eine Vorrichtung um diesen Winkel einfach bei stetiger Veränderung zu messen, läßt sich leicht erdenken.

Anmerk. Wir theilten in §. 91. die einfachen Maschinen in solche, welche entweder auf die Zusammensetzung, oder auf die Zerlegung der Kräfte beruhen. Man pflegt aber auch wol drei einfache Maschinen anzunehmen, welche alsdann sind: der Hebel, bei welchem der Widerstand in einem Punkte sich findet, das Rad an der Welle, bei welchem der Widerstand eine gerade Linie ist, und die schiefe Ebene, wo eine Ebene den Widerstand erzeugt.

§. 97. Vom Keile (Fig. 47. und 48.).

Ein Keil ist ein dreiseitiges Prisma, (dessen Durchschnitt senkrecht zu seinen Kanten, der Δ ABC (Fig. 47.) sei), welches man dergestalt in die Oeffnung DLN, oder in die Spalte eines Körpers FH bringt, daß die eine Seitenkante bei C, die Seitenflächen AC und CB aber an den Wänden der Spalte bei D und N liegen, und welches man durch eine gegen die dritte Seitenfläche AB würkende Kraft, in den Körper hineinzutreiben strebt. Die Benennungen beim Keile sind: AB ist der Rücken (oder der Kopf), die Kante bei C heißt die Schneide (oder die Schärfe) und die Flächen bei AC und BC sind die Seitenflächen oder die Seiten des Keils.

Denkt man sich nun, daß nach der Richtung KU eine Kraft K gegen den Rücken würkt; so zerlege man sie in zwei Seitenkräfte VQ und VR, von denen die erste senkrecht zum Rücken steht, die andere dem Rücken parallel würkt. Die letztere wird zur Eintreibung des Keils nichts beitragen, und wir berücksichtigen nur die erstere, deren Größe P heiße. Nun ist zu untersuchen: wie groß der Druck welchen P gegen die Seitenwände des Keils ausübt, ist. Man zerlege daher die, im Punkte O der Richtung VQ gedachte Kraft P, in die zwei, senkrecht zu diesen Seiten würkenden Kräfte. Es mag OP die P darstellen; dann sind nach Vollendung des Parallelogramms der Kräfte SOTP, die Linien OS und OT die gesuchten Seitenkräfte, welche durch M und N bezeichnet werden sollen. Zunächst hat man:

$$P : M : N = OP : OS : OT;$$

da aber Δ OSP (oder Δ OTP) ähnlich dem Δ ABC ist*), so ist auch $P:M:N = AB:AC:BC$ $(= OP:OS:OT)$. (I.). Man erkennt leicht den, in dieser Proportion enthaltenen Satz. — Nimmt man die Seiten (AC und BC) gleich an; so erhält man den gleichseitigen Keil, wie er am gewöhnlichsten vorkömmt. Setzt man alsdann allgemein die, senkrecht zum Rücken würkende Kraft K, und die hierdurch senkrecht zur Seite entstehende Kraft gleich N; so ist $K : N =$ Rücken des Keils: Seite des Keils. Man nennt dann auch wol die Seite: die Länge, und die Höhe des gleichschenklichen Triangels (des erwähnten Durchschnitts) die Mittellinie des Keils, während diese Höhe auch von Anderen, die Länge des Keils genannt wird. Nennt man ferner den Winkel bei der Schneide C, 2α; so ist jeder der Winkel bei A und B, gleich $90^\circ - \alpha$, und man erhält:

*) Die Seiten stehen wechselseitig senkrecht auf einander.

$$K : N = \sin 2\alpha : \sin (90 - \alpha) = 2 \sin \alpha \cos \alpha : \cos \alpha = 2 \sin \alpha : 1;$$ u. dgl. m.

wonach $N' = \frac{K}{2 \sin \alpha} = \frac{1}{2} K \operatorname{cosec} \alpha$ wird. —

Ohnerachtet der vorstehenden Theorie, deren Erweiterung bei Berücksichtigung der Reibung in den Punkten D und E, nicht schwierig ist; ist die Anwendung dieser Theorie für die Technik, dennoch sehr unsicher. Die Schwierigkeiten liegen besonders in folgenden drei Gründen:

1) Es ist keinesweges ausgemacht, nach welchen Richtungen die Kraft P, sich gegen die Seiten des Keils zur Auseinandertreibung des Körpers, zerlegt. Man hat hierüber als Hypothesen: a) die Richtungen stehen senkrecht zu den Seiten (Hypothese des Borelli), b) die Richtungen gehen senkrecht zur Mittellinie des Keils (Hypothese des Mersenni), c) die Richtungen gehen senkrecht zu den Seitenwänden der Spalte (Hypothese des de la Hire). Die erstere Hypothese, als die wol allgemein wahrscheinlichste, lag den vorstehenden Untersuchungen zum Grunde. Eine analoge Ausführung für die anderen Hypothesen, ist nicht schwierig.

2) Man kennt für die verschiedenen Körper, keinesweges den Grad der Cohäsion, mit welcher sie dem Spalten widerstehen, so wie die successive Aenderung in der Größe dieser Cohäsion währeud des Spaltens. Andere Schwierigkeiten welche die Materie darbietet, sind hierbei noch ganz übergangen.

3) Ein Keil wird selten durch einen Druck, sondern wol größtentheils durch einen Schlag, in den Körper hinein getrieben. Es ist aber sehr schwierig, ein bestimmtes Maaß für den Schlag als Größe, zu finden (Siehe auch die Bemerkung am Ende von Seite 30.).

Aus allen diesem folgt, daß die Theorie des Keils noch vielen Schwierigkeiten unterworfen ist. Auch erscheint die Zurückführung des Keils auf die schiefe Ebene, wol etwas gesucht.

Zusatz 1. Als ein besonderer hierher gehörender Fall, kann der nachstehende angesehen werden (Fig. 48.). Zwei schiefe Ebenen BA und CA, sind unter den Winkeln α und β gegen die horizontale Ebene FI geneigt. Zwischen beiden Ebenen liegt eine Kugel DGE, welche in den beiden Punkten D und E die Ebenen berührt, so daß die Halbmesser OD und OE, senkrecht auf diesen Ebenen stehen *). — Da nun das Gewicht P der Kugel, nach der vertikalen Richtung OP würkt; so erkennt man sogleich, daß Winkel $DOP = \alpha$ und $\angle EOP = \beta$ ist. Die Normaldrücke welche die Kugel gegen beide Ebenen ausübt, oder mit welchen sie die Ebenen auseinander zu treiben strebt, und die durch N_D (Normaldruck in D) und N_E bezeichnet werden mögen, müssen nach dem Parallelogramme der Kräfte, dessen Mittelkraft P ist und dessen Richtungen der Seitenkräfte bekannt sind, gesucht werden. Man hat daher nach §. 28. Formel (III.).

$$N_D = \frac{P \sin \beta}{\sin(\alpha + \beta)} \text{ und } N_E = \frac{P \sin \alpha}{\sin(\alpha + \beta)} \cdot \text{(I.)}.$$

Nimmt man eine der schiefen Ebenen, z. B. die CA als vertikal stehend an; so ist $\angle \beta = 90°$; daher wird:

$$N_D = \frac{P}{\cos \alpha} = P \sec \alpha, \text{ und } N_E = \frac{P \sin \alpha}{\cos \alpha} = P \operatorname{tang} \alpha \text{(II.)}.$$

Ist auch die Ebene BA vertikal; so wird auch $\angle \alpha = 90°$, und man erhält:

$N_D = P \cdot \infty = \infty$ und $N_E = P \cdot \infty = \infty$, d. h. der Normaldruck ist unendlich groß. So groß aber der Normaldruck ist, ist auch der Gegendruck der Ebenen gegen die Kugel; folglich kann die Kugel nur durch unendlich

*) Man erkennt leicht, in wiefern von einem Cylinder statt der Kugel, die analogen Relationen gelten.

große Kräfte, also in der Würklichkeit gar nicht zwischen zwei vertikalen Ebenen erhalten werden, vorausgesetzt: daß man von der Reibung abstrahirt, so wie davon, daß vermöge der Elasticität der materiellen Kugel und Ebenen, statt des Berührungpunktes, sich eine Fläche bilden wird, in welcher die Berührung erfolgt. — Man sieht nun auch ein, daß, wenn von den Nebenumständen abstrahirt wird, aus gleichen Gründen ein cylindrischer Körper der genau in einer geraden cylindrischen Röhre paßt, in dieser herabfallen muß, sobald man die Röhre vertikal stellt, wenn auch noch so starke Pressungen von der Röhre aus, gegen den Körper ausgeübt werden sollten.

Zusatz 2. Dasselbe was hier von der Kugel gezeigt ist, läßt sich analog auf jeden Körper, welcher zwischen jene zwei schiefe Ebenen gelegt ist, übertragen, sobald man nemlich die Drücke oder die Pressungen sucht, welche das im Schwerpunkte nach vertikaler Richtung würkende Gewicht des Körpers (der durch einen anderen Körper noch beschwert sein, oder mit diesem zusammenhängen kann) senkrecht gegen die beide Seitenflächen oder Ebenen ausübt. Will man nun z. B. noch die Pressungen besonders bestimmen, welche gegen die Wand BA in horizontaler und in vertikaler Richtung ausgeübt werden; so bezeichne man sie z. B. durch H und V. Wird der Normaldruck in D, welcher nach der Richtung DL würkt, und hier D heißen mag, wiederum nach dem Parallelogramme der Kräfte zerlegt; so erkennt man aus den Winkeln bei D ($\angle LDV = \alpha$), daß:

$DH = H = DL \cos LDH = D \sin \alpha$, und

$DV = V = DL \cos LDV = D \cos \alpha$ ist; oder für D den in Zusatz 1. gefundenen Werth $\frac{P \sin \beta}{\sin (\alpha + \beta)}$ gesetzt, giebt $H = \frac{P \sin\alpha \sin\beta}{\sin(\alpha+\beta)}$ und $V = \frac{P \cos\alpha \sin\beta}{\sin(\alpha+\beta)}$. (I.). Nimmt man die Ebene CA vertikal, also $\angle \beta = 90°$ an; so ist $H = \frac{P \sin\alpha}{\cos\alpha} = P \tang \alpha$ und $V = \frac{P \cos\alpha}{\cos\alpha} = P$ (II.), wie es auch offenbar sein muß, da die Ebene BA den ganzen Körper allein trägt. Hätte man den horizontalen Druck gegen die vertikale Ebene CA gesucht; so ist er nach derselben Formel $\left(\frac{P \sin\alpha \sin\beta}{\sin(\alpha+\beta)}\right)$ zu berechnen, wie der horizontale Druck gegen die Ebene BA*); daher sind beide horizontale Pressungen einander gleich. Das in diesem Zusatze Gesagte, enthält das Wesentlichste der Einleitung in die Theorie der Gewölbe, worüber das Ausführliche einen bedeutenden Theil der Bauwissenschaften bildet.

Anmerk. Der technische Gebrauch des Keils, kann als hinlänglich bekannt angenommen werden.

§. 98. Von der Schraube (Fig. 49.).

Wenn man bei einem rechtwinklichen Parallelogramme ABCD, zwei gegenüberliegende Seiten AD und BC, in gleiche Theile theilt, und die Transversallinien zieht; alsdann die Fläche des Parallelogramms sich um einen geraden Cylinder ADHG, dessen Mantel gleich jenem Oblongum ist, herumgelegt denkt; so entsteht eine Schraubenspindel (männliche Schraube) hier blos Spindel genannt. Weil aber jene, sich stetig um den Cylinder herumwindende ideale Linie, das Schraubenge-

*) Nicht so mit den Vertikaldrücken; der vertikale Druck gegen die Ebene BA, ist $\frac{P \cos\alpha \sin\beta}{\sin(\alpha+\beta)}$, der gegen die Ebene CA aber $\frac{P \cos\beta \sin\alpha}{\sin(\alpha+\beta)}$.

winde genannt, keine practische Anwendung zuläßt, so arbeitet man die Fläche des Cylinders dergestalt aus, daß das Schraubengewinde die hervorstehende scharfe Kante von Vertiefungen im Cylinder wird. Nach den verschiedenen Ausarbeitungen des Cylinders, erhält man dann dreieckige oder viereckige Schraubenspindeln, deren Formen bekannt sind. Eine einmalige Umwindung um die Spindel, heißt ein Schraubengang, und die Linie BE = AF, ist die Höhe des Schraubengangs, welche durch h bezeichnet werden soll.

Man sieht sogleich, daß auf die angezeigte Weise, bei der Spindel zwei Halbmesser erscheinen, welche man durch die Benennung innerer und äußerer Halbmesser unterscheidet; was hiernach der mittlere Halbmesser der Spindel ist, ist deutlich, und wird dieser immer gemeint, wenn blos vom Halbmesser der Spindel die Rede ist, so daß dieser Halbmesser r, die Grundlinie jenes Oblongums, welche demnach $2r\pi$ ist, bedingt. — Der Winkel EAB oder α, heißt die Neigung der Schraubenlinie; man hat hiernach $\tang \alpha = \frac{BE}{AB} = \frac{h}{2r\pi}$. Dieser Winkel ergiebt sich auch stets, wenn man eine Tangente an irgend einem Punkte des Gewindes zieht, und sie bis zur erweiterten Grundfläche der Spindel verlängert. — Wenn man sich nun vorstellt, daß das Schraubengewinde eine fortgesetzte oder gewundene schiefe Ebene ist; so ist die Theorie der Schraube, unmittelbar auf die Theorie der schiefen Ebene (§. 96.) zurückgeführt. — Nun ist aber eine eigene Vorrichtung zu merken, wodurch man die Lasten längs des Schraubengewindes fortführt. Nemlich ein anderer Körper wird durchbohrt, und erhält in seiner inneren Höhlung ein, mit dem Gewinde der Spindel genau ineinander passendes Gewinde; dieser zweite mit der Spindel stets vereint betrachtete Körper, ist die Schraubenmutter (weibliche Schraube), oder blos die Mutter genannt. Die Spindel mit der Mutter zusammen, bilden die Schraube. Die äußere Form der Mutter ist gleichgültig, doch so eingerichtet, daß man sie um die Spindel bequem drehen kann, wenn diese letztere als fest oder unbeweglich angenommen wird. Man kann aber auch die Mutter unbeweglich machen, und die Spindel drehen*). Auch giebt es Schrauben, bei welchen Spindel und Mutter gegenseitig gedreht werden. Der technische Gebrauch entscheidet über die Anwendung der einen oder der anderen dieser Einrichtungen der Schraube. Auf der Mutter oder auf der Spindel, ruht nun die fortzubewegende Last, jenachdem jene oder diese der bewegliche Theil der Schraube ist. Die folgenden Relationen bedingen nunmehr die Theorie der Schraube.

Um diese Theorie möglichst allgemein zu fassen, wollen wir sogleich Rücksicht auf die Reibung nehmen, welche hier offenbar von bedeutendem Einflusse ist. Man denke sich daher eine Spindel vertikal stehend; auf der Mutter ruhe die Last L, so daß L das Gewicht der Mutter mit in sich begreift, und würke längs der Richtung der Axe der Spindel. Hat die Mutter n Gänge, so kann man sich zwar die Last auf diesen n Gängen gleichmäßig vertheilt denken, daher $\frac{1}{n}$ L auf jeden Gang kömmt; dies giebt aber offenbar dasselbe Resultat, als wenn man sogleich die ganze Last betrachtet, und nur einen Theil des Gewindes der Mutter berücksichtigt, auf dessen Mittellinie man die Last (d. h. in der Entfernung r von der Axe) ruhend denkt. Nimmt man nun die

*) Zu diesem Zwecke bekömmt die Spindel an ihrem Ende einen sogenannten Kopf, an welchem die Kraft würkt und auf welchem gewöhnlich dann die Last ruht. Die Schraubenzieher würken so.

Kraft K als auf den Schwerpunkt der Last, nach horizontaler Richtung würkend an, dergestalt, daß K senkrecht in der Entfernung r von der Axe; am Ende der Linie r würkt *); so ist die Formel (VII.) §. 96. hier unmittelbar zu übertragen, wenn für P und Z daselbst, gesetzt wird L und K, so wie jener dort mit β bezeichnete Winkel, hier durch $(90^{\circ} - \alpha)$ bezeichnet wird (Weil wir die Kraft horizontal würkend annehmen). Man erhält also, jenachdem die Last gehoben oder gesenkt werden soll:

$$K^{o}_{u} = \frac{L \sin\alpha \pm \mu L \cos\alpha}{\sin(90-\alpha) \mp \mu \cos(90-\alpha)} = \frac{L(\sin\alpha \pm \mu \cos\alpha)}{\cos\alpha \mp \mu \sin\alpha}$$

$$= \frac{L(1 \pm \mu \cot\alpha)}{\cot\alpha \mp \mu}.$$

Nun setze man $\cot\alpha = \frac{1}{\operatorname{tang}\alpha} = 1 : \frac{h}{2r\pi} = \frac{2r\pi}{h}$; so ist nach gehöriger Auflösung $K^{o}_{u} = L \cdot \frac{h \pm 2r\pi\mu}{2r\pi \mp \mu h}$ (I.).

Nimmt man an daß, wie es gewöhnlich geschieht, in der Entfernung e statt in der Entfernung r gewürkt wird; so ist nach den ersten Sätzen des Hebels, die Kraft K noch so viel mal geringer, als e größer wie r ist, oder man erhält **) $'K^{o}_{u} = \frac{Lr}{e} \cdot \frac{h \pm 2r\pi\mu}{2r\pi \mp \mu h}$ (II.).

Wenn man, wie es auch wol zuweilen geschieht, $\mu = 0$ setzt, d. h. die Reibung vernachlässiget; so geben die Formeln (I.) und (II.) ***):

---

*) Bei nicht senkrechter Würkung der Kraft, ist die Zerlegung der würkenden Kraft in solche Seitenkräfte, deren eine dann senkrecht würkt, nach dem öfter hierüber Erwähntem bekannt.

**) Weil, wenn 'K die Kraft für die Entfernung e bedeutet, K : 'K = e : r sich verhält (§. 60, 2, c).

***) Für diesen Fall ist die Kraft für das Heben und Senken der Last, ganz dieselbe.

$K = \frac{Lh}{2r\pi}$ oder $K : L = h : 2r\pi$ (III.), so wie

$'K = \frac{Lh}{2e\pi}$ oder $'K : L = h : 2e\pi$ (IV.), welche Formeln und Proportionen leicht als selbstständige Sätze auszusprechen sind. Im Allgemeinen sieht man, daß die Kraft fällt (man also Vortheil hat), wenn die Höhe des Schraubenganges fällt, also wenn r oder e wächst. Uebrigens ist einleuchtend, daß die gefundenen Relationen immer gelten, sobald die Last in der Richtung der Axe, die Kraft aber senkrecht gegen die, durch die Axe zu legende Ebene würkt. Die Würkung in einer möglichst großen Entfernung von der Axe, wird durch verschiedene Vorrichtungen bewürkt, die mehr oder weniger die Form eines Hebels haben und allgemein Schlüssel heißen. — Abstrahirt man bei der Schraube von den oft erwähnten Hindernissen; so findet sich auch für sie, der in §. 92., oder §. 96. Zusatz 1. erwähnte Satz.

Zus. 1. Betrachtet man die Formel $K_u = L \cdot \frac{h - 2r\pi\mu}{2r\pi + \mu h}$; so sieht man, daß die Kraft welche zum Erhalten der Last (wenn diese nach unten würken soll) nöthig ist, gleich Null werden kann, d. h. die Last erhält sich durch die Reibung. Man findet die Relationen bei welchen dieses Erhalten durch die Reibung gerade noch erzeugt wird, wenn man $K_u = 0$ setzt; dann ist aber auch $0 = L \cdot \frac{h - 2r\pi\mu}{2r\pi + \mu h} = h - 2r\pi\mu$, d. h. $h = 2r\pi\mu$ oder $\mu = \frac{h}{2r\pi}$; woraus man die Größe der Reibung findet, welche im geringsten vermindert, das Herabgleiten der Last veranlaßt. Oder, weil auch aus jener Gleichung, wenn μ gegeben ist, das Verhältniß von h zu r folgt; so nehme man z. B. $\mu = \frac{1}{4}$ an; dann ist

$h = 2 \cdot 3{,}1415... \cdot \frac{1}{6} \cdot r = 1{,}047 \cdot r$. Dergleichen Bemerkungen sind noch mehrere hier anzustellen.

Zusatz 2. Wenn eine Schraubenspindel nur etwa 3 bis 4 Gänge hat, und sich immer um ihre Axe dreht ohne fortzurücken, die Gänge aber dabei, anstatt in eine Mutter einzugreifen, in die Zähne eines Rades eingreifen, das sich auch um seine Axe dreht; so kann die Umdrehung der Spindel ohne Aufhören fortgesetzt werden, und man erhält eine Schraube ohne Ende. — Wenn eine Schraube (Spindel oder Mutter) nach einer Richtung gedreht ist, und man will dann nach der entgegengesetzten Richtung drehen; so wird einen Augenblick kein Erfolg des Fortrückens der Last stattfinden, weil man, um eine zweifache Reibung zu vermeiden, zwischen den Gängen der Spindel und der Mutter, einen Spielraum läßt, der bei jenem entgegengesetzten Drehen erst zurückgelegt sein muß, ehe wieder eine Fortrückung der Last eintritt. — Man nennt jenes Aussetzen des Fortrückens: den todten Gang der Schraube.

Anmerk. Weil, wenn die Spindel (oder analog die Mutter) eine ganze Umdrehung gemacht hat, die Fortrückung der Last offenbar um die Höhe eines Schraubengangs stattgefunden hat; so ist einleuchtend, daß, wenn man die aliquoten Theile einer ganzen Umdrehung (die Grade) gehörig beobachten kann, man auch im Stande ist, sehr geringe Größen der Fortrückung der Last zu messen. — Dies ist der Grundzug der Micrometerschrauben, deren Anwendung nicht zur Mechanik unmittelbar gehört, die aber in der practischen Geometrie, bei Instrumenten sehr wichtig sind.

§. 99. Anmerkung.

In den vorstehenden Paragraphen, ist mehrere Male Gelegenheit gewesen, von der Zerlegung einer Kraft zu reden. Es würde schwer sein, Gesetze für die Zerlegung einer Kraft so allgemein aufzustellen, daß in keinem vorkommenden Falle Zweifel über die vorzunehmende

Zerlegung obwalten könnten; auch die Theorie des Keils (§. 97.) ist ein Beispiel von einer Unsicherheit über die Zerlegung einer Kraft, in einem bestimmten Falle. Alles was sich allgemein darüber sagen läßt, ist Folgendes:

Die Seitenkräfte einer zu zerlegenden Kraft, müssen so gewählt werden, daß sie theils durch ein festes Hinderniß ganz aufgehoben werden, theils daß sie freie Würksamkeit auf die Bewegung, oder auf die Möglichkeit zur Bewegung (bei vorhandenem Gleichgewichte), erhalten.

Ob eine Kraft überhaupt zerlegt werden muß; darüber entscheidet der besondere Fall. Die Zerlegung wird mit der ursprünglch würkenden Kraft, und erforderlichen Falls mit den erhaltenen Seitenkräften wiederholentlich, vorgenommen. Man erhält durch Beispiele allein eine Fertigkeit im Auffinden der Richtungen der Seitenkräfte; dergleichen Beispiele hier zu geben, ist gegen den Zweck dieses Buches, und kann um so mehr übergangen werden, als die vorigen Paragraphe zu Beispielen dienen, und manche der künftigen Lehren, noch besondere Fälle der Zerlegung der Kräfte, enthalten werden.

Anmerk. 1. Als Beispiele dienen besonders die in der Technik so häufig vorkommenden Verbindungen der Balken bei den Gebäuden; die Bespannung der Fuhrwerke; der Druck auf die Hespen bei den Thüren, Fenstern, Klappen u. s. w. welcher Druck vom Gewichte oder der Belastung dieser Körper herrührt; u. dgl. m. — In Eytelweins Statik, besonders im 13ten Kapitel, und an verschiedenen anderen Stellen, findet man dergleichen hierher gehörige Beispiele.

Anmerk. 2. Ehe wir dies Kapitel beschließen, soll noch von einigen zusammengesetzten Maschinen, nemlich von den Rollenzügen und Flaschenzügen, so wie vom Räderwerke, kurz die Rede sein.

§. 100. Von einigen Seilmaschinen (Fig. 50 und 51.).

Nachdem wir die einfachste Seilmaschine (§. 94. Zus.), nemlich die Rolle kennen gelernt haben; soll von noch zweien dieser Maschinen die Rede sein, welche in der Technik häufig vorkommen. — Daß übrigens den Umständen entsprechend, jedes Seilpolygon (§. 67.) zur Seilmaschine wird, wenn materielle Seile statt jener idealen Seile (d. h. statt der völlig biegsamen Linien) genommen werden; ist deutlich, daher für solche Seilverbindungen als Maschinen, die materiellen Eigenschaften der Seile, nur noch mit den Lehren des vierten Kapitels im vorigen Abschnitte, zu vereinigen sind.

1) Vom Rollenzuge (Fig. 50.). Ein Rollenzug ist die Verbindung mehrerer beweglicher Rollen (§. 94.) A, B, u. s. w., welche dergestalt unter sich und mit einer festen Rolle C zusammenhängen, daß die zu bewegende Last L, an der Hülse der untersten oder der ersten Rolle A hängt, das zu dieser so wie zu allen folgenden Rollen gehörende Seil aber, mit dem festen Ende an einem bestimmten festen Gegenstande MN, mit dem beweglichen Ende jedoch stets an der Hülse der folgenden Rolle befestigt ist, bis dieses Ende der letzten beweglichen Rolle, über eine feste Rolle C, die Handrolle genannt, geht, so daß in K die Kraft würkt, deren Gleichgewicht mit der Last L zu untersuchen ist. Man nehme die Richtungen aller Seile als parallel an. — Der Kürze halber mag die in §. 94. genannte Formel (II.), bei gleicher Bedeutung der Buchstaben wie dort, hier so gesetzt werden:

$$\frac{(r + qd^2 + \mu h)}{2r + qd^2} \cdot L + \frac{(r + qd^2)}{2r + qd^2} \cdot R = xL + yR,$$

so daß x und y jene bestimmte Factoren, bei Berücksichtigung der Reibung an den Zapfen der Rollen, und der Steifheit der Seile, sind. — Das Gewicht des Seils

bleibt

bleibt außer Acht. Nun giebt dieser Ausdruck die Kraft an, welche das von der ersten zur zweiten Rolle gehende Seil anspannt; nennen wir sie daher S′, so ist $S' = xL + yR$, und diese Kraft ist als die, durch die zweite Rolle zu hebende Last anzusehen. Man erhält daher wiederum die Spannung S″, welche dem von der zweiten zur dritten Rolle gehendem Seile zukömmt, sobald in die allgemeine Formel, S′ für L gesetzt wird; also:

$S'' = xS' + yR$, wenn R auch das Gewicht der zweiten, so wie aller gleich schwer vorausgesetzten beweglichen Rollen, bedeutet. Eben so wird $S''' = xS'' + yR$, u. s. w.; oder die vorhergehenden Werthe immer substituirt, giebt:

$S' = xL + yR$

$S'' = xS' + yR = x^2 L + (1 + x)\, yR$

$S''' = xS'' + yR = x^3 L + (1 + x + x^2)\, yR$; es ergiebt sich hiernach fortgesetzt sogleich das Gesetz, daß:

$S^m = x^m L + (1 + x + x^2 + x^3 \ldots + x^{m-1})\, yR$ ist. Die Summirung der Glieder in der Parenthese, giebt wie bekannt $\frac{1 - x^m}{1 - x}$; also $S^m = x^m L + \frac{1 - x^m}{1 - x}\, yR$. Sind nun m bewegliche Rollen vorhanden, so ist S^m die Spannung des Seils, welches von der letzten Rolle zur Handrolle geht. Die Relation in welcher diese Spannung mit der Kraft K steht, erhält man durch die Formel (I.) in §. 94., wobei jene Formel, nachdem die dortigen Werthe von Q und P, hier mit K und S^m vertauscht sind:

$$K = \frac{r + \mu h + q d^2}{r - \mu h} \cdot S^m + \frac{\mu h}{r - \mu h} \cdot R = x' S^m + y' R$$

gesetzt wird. Führen wir für S^m den eben gefundenen Werthe ein; so ist endlich:

$$K = x' x^m L + x' y R \frac{1 - x^m}{1 - x} + y' R.$$

Die Modificationen dieser allgemeinsten Formel, z. B.

wenn $q' = 0$, oder $\mu = 0$, oder wenn $R = 0$ gesetzt wird, ergeben sich sehr leicht*), so wie die Entwicklungen der, vielleicht unbekannten Werthe L, R oder m, wenn K bekannt ist, auf rein mathematischem Wege leicht zu vollziehen sind (Siehe den Zusatz zum §.).

Anmerk. Als Zahlenbeispiel diene: $m = 3$, $r = 3''$, $h = \frac{1}{2}''$, $d = 10'''$, $R = 12$ ℔., $L = 800$ ℔., $\mu = \frac{1}{8}$, $q = \frac{1}{280}$. Man findet $K = 159$ ℔.; wird $R = 0$ gesetzt, so erhält man aus der Formel $K = x' \times L$, $K = 148$ ℔. Man sieht daß das unbeachtet gebliebene Gewicht von drei Rollen, nemlich $3 . 12$ ℔. $= 36$ ℔., ungefähr 11 ℔. Differenz giebt.

2. Vom Flaschenzuge (Fig. 51.). Werden mehrere Rollen A, B, ..., oder C, D, E, ... in einer besonderen Vorrichtung, das Gehäuse genannt, mit einander verbunden, so daß zwar jede Rolle sich allein bewegen kann, jedoch die Rollen nur gemeinschaftlich mit dem Gehäuse fortbewegt werden können; so heißt ein solches Gehäuse nebst den Rollen: eine Flasche. Zwei Flaschen welche durch ein Seil dergestalt mit einander verbunden werden, wie die Figur es zeigt, heißt ein Flaschenzug. Hierbei ist die eine Flasche die feste, welche ihren Ort nicht ändert, während die andere, die bewegliche Flasche, zunächst am Gehäuse die Last L trägt, und mit dieser Last gemeinschaftlich fortbewegt wird, indem in K die Kraft würkt. — Die Anordnung der Rollen in den Flaschen ist verschieden; einmal können die Rollen sich neben einander befinden, und dann von

*) Wenn man die Reibung und Steifheit unbeachtet läßt, d. h. $\mu = 0$ und auch $q = 0$ setzt; so ist $x = \frac{1}{2}$, $y = \frac{1}{2}$, $x' = 1$ und $y' = 0$. Also wird $K = (\frac{1}{2})^m L + \frac{1}{2} . \frac{1 - (\frac{1}{2})^m}{1 - \frac{1}{2}} R + 0 = \frac{1}{2^m} L + \left(1 - \frac{1}{2^m}\right) R = \frac{L - R}{2^m} + R$; eine einfache Formel, die für $R = 0$, wird $K = \frac{1}{2^m} L$.

gleicher Größe sein, oder sie befinden sich hinter (oder unter) einander, und dann ist einleuchtend, daß sie verschiedene Halbmesser haben müssen, damit die Seile sich nicht gegenseitig hindern. Ferner können aber auch beide Flaschen gleich viele Rollen haben, oder eine von ihnen, und dies kann sowol die bewegliche als die feste sein, hat eine Rolle mehr als die andere Flasche. Man erkennt die Bedingungen dieser letzteren Anordnung daraus, je nachdem man das Ende des Seils an welchem die Kraft nicht würkt, an der beweglichen oder an der festen Rolle befestigt, und je nachdem man mit der Kraft K gegen die bewegliche Rolle (wie die Figur zeigt), oder abgekehrt von dieser würken will (Die Rolle E würde sogleich unnütz sein, wenn man z. B. die Kraft in Q gegen die feste Flasche zu, würken läßt). Diese verschiedenen Anordnungen, werden nach den besonderen Fällen oder durch verschiedene Umstände bedingt, welche der Technik zu entscheiden angehören.

Um die Relationen für das Gleichgewicht zwischen K und L zu finden, ist nur zu untersuchen: an wie vielen Seilen die Last L, zu der noch das Gewicht der beweglichen Flasche, es heiße G, kömmt, hängt. Die Menge der Seile findet man aus der besonderen Anordnung des Flaschenzuges, durch unmittelbare Zählung, wie z. B. die Figur fünf tragende Seile zeigt, indem das Seil an welchem K würkt, hier offenbar nicht mit die Last trägt; dagegen würde, wenn in Q die Kraft würkte, das letzte Seil bei Q allerdings mitgezählt werden müssen, da es die Last L + G mit trägt (Ganz wie wir in §. 94., das Analoge für die feste und die bewegliche Rolle fanden). Man nenne die Anzahl der hiernach tragenden in parallelen Richtungen würkenden Seile n, und suche die Spannungen der verschiedenen Seile, das Seil welches an einer Flasche fest ist, als erstes gezählt, mit Berücksichtigung der Reibung und Steifheit *). Auf das Gewicht der Rollen wird nicht besonders geachtet, da es in der Größe G mit enthalten ist. Die Bezeichnung z bedeute den Factor, womit die Spannung eines Seils zu multipliciren ist, um die Spannung des folgenden Seils zu erhalten; so ist z offenbar die Größe $\frac{r+\mu h+q d^2}{r-\mu h}$, welche wir beim Rollenzuge durch x′ bezeichneten; dies zeigt die Entwicklung der Formel (I.) in §. 94. sogleich, wenn, wie jetzt angenommen wird, das Gewicht der Rolle nicht besonders in Rücksicht kömmt. Nun ist:

$S'' = z S'$, $S''' = z S'' = z^2 S'$, $S^{iv} = z S''' = z^3 S'$, oder allgemein $S^n = z^{n-1} S'$. Die Summe aller Spannungen ist die Größe $L + G$. Also:

$$L+G = S'+S''+S'''+\ldots = S'(1+z+z^2+\ldots+z^{n-1})$$
$$= S'.\frac{z^n-1}{z-1}, \text{ folglich } S' = \frac{(L+G)(z-1)}{z^n-1}, \text{ und}$$
$$S^n = z^{n-1} S' = \frac{(L+G)(z-1)z^{n-1}}{z^n-1} = \frac{z^n-z^{n-1}}{z^n-1}(L+G).$$

Das Seil dessen Spannung S^n ist, würde durch die Größe S^n auch K bestimmen, wenn es mit trägt; ist es aber auch um eine Rolle gelegt (wie in der Figur), welche dann nur eine Handrolle ist, so muß man S^n noch einmal mit z multipliciren, um K zu finden. Es ist also dann $K = z S^n = \frac{z^{n+1}-z^n}{z^n-1}(L+G)$. Die aus dieser Formel sich ergebenden Formeln und Bemerkungen, können wiederum leicht gefunden und hier übergangen werden.

*) Läßt man diese zwei Hindernisse außer Acht; so haben alle Seile gleiche Spannung, daher eines derselben $\frac{1}{n}(L+G)$, welche gleich der Spannung des Seils woran die Kraft würkt, d. h. gleich der Kraft K selbst ist.

Dies ist das Wesentliche aus der Theorie des Flaschenzuges.

Anmerk. Ist $n = 8$, $r = 3\frac{1}{2}''$, $h = \frac{1}{2}''$, $d = 10'''$, $L = 900$ ℔, $G = 100$ ℔, $\mu = \frac{1}{5}$, $q = \frac{1}{280}$: so findet man $K = 230$ ℔. Wird μ und q Null gesetzt, so würde man $K = 125$ ℔. erhalten, woraus man sieht, wie wesentlich die Berücksichtigung der Hindernisse ist.

Zusatz. Beim Rollenzuge so wie beim Flaschenzuge, findet man den von der Last zurückgelegten Weg, wenn man das gleichsam abgewickelte Stück des Seils, durch die Anzahl der tragenden Seile theilt. Denn: jedes dieser Seile verändert seine Länge (sei es in der Verkürzung oder in der Verlängerung) um so viel, als die Last ihren Weg ändert, und die Aenderungen sämmtlicher Seile, geben die Länge des abgewickelten Seils. Nimmt man auf die Nebenumstände keine Rücksicht, so hat man auch hier wieder den mehrerwähnten Satz:

der Weg der Kraft verhält sich zum Wege der Last, wie die Last zur Kraft.

§. 101. Vom Räderwerke (Fig. 52 a und b).

Ein Rad heißt in der Maschinenlehre im allgemeinen jede Scheibe, wodurch eine andere Scheibe in Bewegung gesetzt wird. Mehrere Räder dergestalt mit einander verbunden, daß ihre Bewegung gemeinschaftlich erfolgt, heißt allgemein ein Räderwerk. Diese gemeinschaftliche Bewegung der Räder, kann auf verschiedene Arten bewürkt werden, am gewöhnlichsten geschieht es dadurch, daß zwei Räder welche zunächst ihre gegenseitige Bewegung bedingen, Erhöhungen und Vertiefungen haben, die wechselseieig in einander eingreifen*). — Sind

*) Man verbindet auch wol zwei Scheiben, deren Ebenen in einer Ebene liegen, durch einen Riemen oder eine Schnur (wie bei den Spinnrädern), wo die Reibung der Schnur an der Stirn

die Erhöhungen in der Verlängerung der Radien des Rades, an der schmalen Fläche desselben (der Stirn genannt) angebracht, so heißen sie Zähne und das Rad ein Stirnrad oder Sternrad; stehen die Erhöhungen an der Peripherie des Rades, senkrecht auf der Fläche desselben, so heißen sie Kämme und das Rad ein Kammrad oder Kronrad. Auch bringt man wol auf dem Mantel einer Welle, cylindrische Stäbe längs der Welle an, und diese heißt dann ein Kumpf. Wenn man dergleichen Stäbe zwischen zwei parallele Scheiben anbringt, so heißen jene Stäbe: Stöcke, und die ganze Vorrichtung ein Trilling oder Drehling. — Zähne, Kämme, Stäbe und Stöcke, heißen gemeinschaftlich Zähne. — Der Theil des Zahns, welcher in der Scheibe des Rades, zur Befestigung des Zahns sich befindet, heißt der Zapfen, der hervorstehende Theil aber der Kopf des Zahns. — Die Construction der vortheilhaftesten Zähne, ist ein bedeutender, nicht elementar zu lehrender Gegenstand der Maschinenlehre; kömmt es hierbei nicht auf große Genauigkeit an, so stumpft man den Kopf des Zahns kreisförmig ab. Vor allen ist ein regelmäßiges Ineinandergreifen oder gegenseitiges Abwikkeln der Zähne erforderlich, so daß ein neuer Zahn zur Berührung gelangt oder eingreift, wenn ein anderer Zahn so eben sich abwickelt; das Räderwerk muß hierbei ohne Erschütterung der ganzen Maschine sich bewegen. Zwei Räder die gegenseitig in einander eingreifen, sind gewöhnlich von verschiedener Größe, und dann nennt man das kleinere das Getriebe, das größere aber vorzugweise das Rad; oder man giebt auch wol dem Rade,

---

der Scheibe, die Fortpflanzung der Kraft erzeugt. Die Theorie dieser Radverbindung, wird aus der oben folgenden Theorie von selbst erhellen. Sie heißen Seilräder.

welches zunächst von der ursprünglich bewegenden Kraft bewegt wird, den Namen Getriebe, welches die erhaltene Kraft dann auf das eingreifende Rad fortpflanzt; das Getriebe ist in der Regel (jedoch nicht immer) das kleinere jener zwei Räder. Sollen sich zwei Räder in einer Ebene drehen, so nimmt man gewöhnlich ein Sternrad und einen Trilling; sollen die Ebenen zweier Räder senkrecht zu einander stehen, so wird ein Kammrad mit einem Trilling verbunden. Auch hat man konische Räder, bei welchen die Kämme oder Zähne, schief auf der Ebene der Scheibe stehen. Es ist deutlich, daß man durch Verbindung dieser verschiedenen Räder, die Bewegung aus einer Ebene in jede andere Ebene leiten kann. Die Rücksichten nach welchen die verschiedenen Verbindungen und Anordnungen der Räder beim Räderwerke geschehen, gehören ganz in die Maschinenlehre hinein, und hängen von dem bestimmten Zwecke den man jedes Mal erreichen will, folglich von jedem besonderen Falle ab. Aber die zwei Regeln stehen fest:

1) In gleichen Zeiten müssen gleich große Bogen vom Umfange zweier in einander eingreifenden Räder, fortgeschoben (fortgeführt) werden, und zwar werden diese Bogen bedingt, durch die Berührungpunkte oder Angriffpunkte der Zähne beider Räder. Man nennt den, durch diese sämmtlichen Berührungpunkte zu legenden Kreis, den Theilkreis oder Theilriß des Rades, und sein Halbmesser gilt für den Halbmesser des Rades.

2) Wie die Zähne auch bei einer besonderen Lage des ganzen Räderwerks liegen mögen, so muß die Kraft mit der zwei Räder gegenseitig auf einander würken, immer sich gleich bleiben; eine Veränderung dieser Kraft, würde einen mangelhaften Gang der Maschine erzeugen.

Um die Gleichung zwischen der Kraft und Last bei mehreren Rädern zu bestimmen; wollen wir das bestimmte Beispiel von drei Rädern A, B und C, wie die Figur 51. ihre Anordnung zeigt, annehmen *). Das erste Rad A habe eine Welle a, um welche ein Seil liegt, das die Last L heben soll; das zweite Rad B habe einen Trilling b, in welchen die Zähne des Rades A eingreifen; eben so greifen die Zähne des Rades B, in den Trilling c des dritten Rades C, an dessen Peripherie die Kraft K, in der Richtung der Tangente würkt. Die Drehung der Räder erfolgt nach den Richtungen, welche durch die Richtung der K bedingt sind, was man auch wol durch kleine Pfeile bei den einzelnen Rädern bezeichnet. Zu merken ist ferner, daß beim ersten Rade, d. h. bei dem Rade an dessen Welle die Last sich befindet, unmittelbar die Relationen für das Rad an der Welle (laut §. 95.) stattfinden; bei den folgenden Rädern und ihren Getrieben dagegen, das Getriebe als die Welle (in § 95.) erscheint, und der zur Verbindung des Rades mit der Welle (wie in Fig. 52, b) etwa vorhandene Zylinder, nur als der Zapfen der Welle (laut §. 95.) anzusehen ist **). Nun mögen r′, w′ und z′, die Halbmesser des ersten Rades, der ersten Welle und des ersten Zapfens, P′ aber das Gewicht des ersten Rades + der ersten Welle + deren Zapfen bedeuten, während r″, w″, z″ und P″, die analogen Größen bei den folgenden Rädern und Getrieben bezeichnen (w″ und w‴

*) Die Standpunkte für beide Ansichten derselben Maschine (a und b), sind ohne Erläuterung deutlich.

**) Es hängt von verschiedenen Zwecken bei den besonderen Maschinen, so wie von der Festigkeit die man derselben den Umständen gemäß geben muß, ab, ob das Rad mit dem Getriebe unmittelbar zusammengrenzt, oder ob ein Verbindungzylinder zwischen ihnen angebracht ist, welcher selbst stärker im Durchmesser als ein an ihm noch besonders anzubringender Zapfen sein kann, oder auch bereits die Stelle dieses Zapfens selbst vertritt.

bezeichen sich wie erwähnt, hier auf die Getriebe). Jetzt hat man unmittelbar nach §. 95., wenn K′ die am Theilkreise des ersten Rades würkende Kraft ist, die Gleichung:

$K'r' = Lw' + Lqd^2 + \mu z'(P' + L + K')$*), woraus

$$K' = \frac{L(w' + ed^2 + \mu z') + \mu z'P'}{r' - \mu z'}$$ folgt.

Diese Kraft K′ würkt auf die Triebstöcke des Getriebes b, und die hiervon herrührende **rollende Reibung**, sei $\mu'K'$; gewöhnlich nimmt man $\mu' = \frac{1}{15}$ an. Daher ist an den Triebstöcken des Getriebes b, die Kraft $K' + \mu'K' = K'(1 + \mu')$ zu überwinden; sie heiße T'' **). Da diese Kraft T'' an die Stelle der Last tritt, jedoch beim Getriebe b kein Seil sich befindet; so erhält man die, am Theilkreise des Rades B erforderliche Kraft K'', aus der Gleichung $K''r'' = T''w'' + \mu z''(P'' + T'' + K'')$, woraus sich $K'' = \frac{T''w'' + \mu z'(P'' + T'')}{r'' - \mu z''}$ ergiebt. Nun ist wieder $K'' + \mu'K'' = K''(1 + \mu')$, oder $\frac{16}{15}K''$, die am Getriebe c würkende Kraft; setzt man sie T''', so ist wiederum $K'''r''' = T'''w''' + \mu z'''(P''' + T''' + K''')$, wonach $K''' = \frac{T'''w'' + \mu z''(P''' + T''')}{r''' - \mu z'''}$ wird. Diese Kraft K''', ist hier die gesuchte Kraft K. — Achtet man auf keine Nebenumstände, so findet man ohne nähere Erläuterung sogleich die Proportion $K : L = w'w''w''' \ldots : r'r''r''' \ldots$, wonach $K = L \cdot \frac{w'w''w'''}{r'r''r'''}$ wird ***), welche Gleichung auch in dem allgemein für K''' entwickelten Werthe liegt.

---

*) Zur etwa nöthigen Erläuterung, ist die Entwicklung der Formel (I) in §. 94. zu betrachten.

**) T′ kömmt bei der Welle am ersten Rade nicht vor; es müßte denn T′ = der Steifheit des Seils daselbst, gesetzt werden.

***) Hierbei sind die Bedingungen des Räderwerks, unmittelbar auf den **Hebel** zurückgeführt.

Anmerk. Man sieht leicht ein, daß man auch von dem letzten Rade, an welchem die Kraft K (oder K‴) würkt, ausgehen kann, und dann auf analoge Weise wie es hier geschah, zur Bestimmung der Last L gelangt.

Was die Menge der Zähne bei den verschiedenen Rädern anbetrifft, so sieht man leicht ein, daß diese Mengen, sofern sie zu einem Rade und einem damit fest verbundenen Getriebe gehören, unabhängig von einander sind; sofern sie aber zu einem Rade und einem Getriebe die in einander eingreifen, gehören, müssen sich jene Mengen, wie die Peripherien der entsprechenden Theilkreise, also wie die Radien dieser Räder verhalten, indem aus dem ersten der vorhin genannten zwei Gesetze hervorgeht, daß gleiche Bogen (welche in gleichen Zeiten von beiden Rädern abgewickelt werden) auch gleich viele Zähne bedingen. Es sei m die Menge der Zähne des Rades, und n die des Getriebes*); so hat man $r' : w'' = m' : n''$. Da nun ein Rad mit seinem festen Getriebe, zugleich eine ganze Umdrehung macht; so folgt daß, während z. B. das erste Rad (oder die erste Welle) eine ganze Umdrehung macht, das zweite Rad und die zweite Welle $\frac{n''}{m'} = \frac{w''}{r'}$ Umläufe macht; eben so daß alsdann das dritte Rad nebst der dritten Welle $\frac{w''w'''}{r'r''} = \frac{n''n'''}{m'm''}$ Umläufe macht; u. s. w. Hieraus erhellet, wie bedeutend oft die erste Welle sich umwenden kann, während das letzte Rad eine Umdrehung macht. Man bedient sich hiernach der Räderwerke auch, um eine große Geschwin-

---

*) Sind die Mengen m und n, sofern sie die Mengen der in einander eingreifenden Zähne bedeuten, Primzahlen gegen einander; so erfolgt eine möglichst seltene Erneuerung des Eingreifens der Zähne, d. h. wie sie schon einmal in einander eingriffen. Hierdurch werden einige Vortheile bei den Maschinen erreicht, die näher zu erläutern hier nicht her gehört.

digkeit in der Umdrehung der ersten Welle zu erreichen. Dies näher zu untersuchen, ist aber nicht Gegenstand des statischen, sondern gehört schon mehr in den dynamischen Theil der Maschinenlehre hinein. — Endlich bewährt sich auch hier beim Räderwerke, der mehrerwähnte Satz §. 92, wovon man bei einiger Uebersicht sich leicht überzeugt.

§. 102. Zusatz.

Nachdem wir einige Maschinen betrachtet haben, bei denen sich der in §. 10. Zusatz 2., I. allgemein angegebene Zweck der Maschinen bestätigt hat; über den Nutzen der Maschinen hingegen, gewiß keine Bemerkungen weiter hinzuzufügen nöthig sind; mögen nur noch ein Paar Betrachtungen folgen, welche aus jenen Maschinen zu entlehnen sind, sich aber für alle Maschinen auf gleiche Weise bestätigen, wenn auch ein allgemeiner Beweis dafür hier nicht her gehört, sondern der Maschinenlehre zu führen verbleibt.

1) Eine sehr gewöhnliche Ansicht ist die, daß durch die Maschinen Kraft erspart werde, oder daß man durch eine geringe Kraft einer größeren Kraft das Gleichgewicht halten und sie überwinden könne. — Abgesehen auch davon, daß man eben so wol das Gegentheil hiervon behaupten könnte, was allgemein daraus hervorgeht, daß man nur die Bedeutung der Kraft und der Last zu vertauschen braucht; so ist es an sich auch gar nicht möglich, daß ungleiche Kräfte sich das Gleichgewicht halten können *). — Die Sache ist nemlich die, daß außer den beiden Kräften, welche wir durch die Benennung: Kraft und Last unterscheiden, immer noch eine dritte

*) Man kann demohngeachtet den Sprachgebrauch, welcher die Ersparung der Kräfte durch die Maschinen aussagt, beibehalten; dies wird sich aus dem Folgendem sogleich ergeben.

Kraft, oder mehrere Kräfte bei den Maschinen vorhanden sind, welche in dem Widerstande liegen, der sich aus dem Hinderniß das jede Maschine darbietet, ergiebt. Wird der hier erzeugte Druck, wie es doch sein muß, mit betrachtet; so ergiebt sich jedesmal, daß nach den Lehren des dritten Kapitels dieses Abschnitts, ein Gleichgewicht zwischen mehreren Kräften bei der Maschine vorhanden ist. — So ist es z. B. der Druck den der Drehpunkt eines Hebels erhält, welcher als Kraft, den auf ihn würkenden Kräften das Gleichgewicht hält. — Hiernach ist einleuchtend, daß bei den Maschinen, um durch Vermehrung (oder Verminderung) der Kraft, eine Bewegung der Last zu erzeugen, eigentlich eine größere (oder geringer) Kraft erforderlich ist, als ohne Maschine nöthig sein würde; sobald man nemlich auf die Nebenumstände welche den Gang der Maschine hemmen, die mehrerwähnte Rücksicht nimmt. — Aus dieser Betrachtung lassen sich auch andere als die hier gegebenen Erklärungen über Maschinen herleiten, wie man sie in verschiedenen mechanischen Werken findet.

2) Ein allgemeiner, ungemein wichtiger Satz für alle Maschinen, ist ferner (bei gehöriger Berücksichtigung des in Nr. 1. Gesagtem) dieser:

Was bei einer Maschine an Kraft gespart wird, geht an Zeit verloren, und was an Zeit gespart wird, verliert man an Kraft. Allgemein: Kraft und Zeit stehen bei den Maschinen im verkehrten Verhältniß.

An den betrachteten Maschinen ist diese Behauptung sogleich nachzuweisen, oder sie ist bereits dadurch nachgewiesen, daß sie eigentlich dasselbe aussagt, als der oft wiederholte Satz:

Kraft und Last stehen im umgekehrten Verhältniß mit den Wegen der Kraft und der Last.

Denn: wenn die Kraft z. B. der nte Theil der Last, also der Weg der Kraft nmal größer als der Weg der Last ist; so würde man offenbar in derselben Zeit, in welcher die Last ihren Weg zurück legt, mit einer nmal größeren Kraft, d. h. mit einer Kraft gleich der Last, auch einen nmal größeren Weg zurücklegen können. Daß bei dieser Betrachtung, von etwa stattfindenden Umständen, welche eine Bewegung der Last durch einen nmal größeren Weg, vielleicht nicht gestatten, abstrahirt ist; versteht sich von selbst. — Man sieht hieraus, daß man bei Anwendung einer Maschine, nie zugleich an Kraft und Zeit gewinnen kann, sondern daß es bei der Wahl einer bestimmten Maschine von den Umständen abhängt, ob man an Zeit oder an Kraft gewinnen will. Hierin liegt ein neuer Zweck der Maschinen. —

Aus diesen und anderen Betrachtungen ergiebt sich nunmehr, daß die oft räthselhaft erscheinende Natur der Maschinen verschwindet, wenn die Maschinen immerhin auch noch ein großes Feld der überraschendsten Resultate darbieten.

Anmerk. Unter anderen Werken, gehört auch besonders hierher: Carnot, Grundsätze der Mechanik (Aus dem Französischen übersetzt und herausgegeben von Weiß; 1805).

§. 103. Anhang (Fig. 53.).

Von der Standfestigkeit der festen Körper.

Die Standfestigkeit der festen Körper (§. 73., Zusatz, Nr. 3.), ist für die practische Mechanik ungemein wichtig; den verschiedenen Untersuchungen darüber, könnte auch in diesen Elementen leicht ein besonderes Kapitel gewidmet werden, wenn nicht die Ausführungen der Grundlehren der Mechanik, überhaupt hier unterbliebe. Dennoch ist es wesentlich, wenigstens den Grundzug jener Lehre zu kennen, der sich hier um so mehr anschließen läßt, als auch die Standfestigkeit der Maschinen (als besondere Körper) wichtig ist.

Der einfachste Fall, für die Stabilität einen Ausdruck zu finden, ist folgender. Es sei ABEF ein, mit seiner Grundfläche ABE auf der Ebene MN ruhender Körper; an AB habe derselbe eine scharfe Kante, so daß, wenn eine Kraft auf den Körper würkt welche ihn umstößt, die Umdrehung um AB, gleichsam als um eine Axe, erfolgt. Vorausgesetzt wird hierbei, daß der Körper durch jene Kraft nicht fortgeschoben werde, und von jedem etwa zwischen den Flächen ABE und MN vorhandenen physischen Zusammenhang, wird abstrahirt. Man setze nun als einfachsten Fall voraus, daß die Kraft horizontal, in der Richtung auf den Schwerpunkt S des Körpers würke, und daß zugleich die Richtung SK der Kraft, in derjenigen Ebene CSDO liege, welche vertikal durch den Schwerpunkt (also auch durch die Vertikallinie SP, welche durch S geht, und in D die Fläche AEB trifft) gelegt ist, und zugleich senkrecht zur Linie AB steht. Es sei OD der Durchschnitt dieser Ebene mit der Ebene MN. Ist nun P das Gewicht des Körpers, und K diejenige Kraft welche zum Umstoßen verwendet wird, dergestalt, daß die geringste Vergrößerung der K das Umfallen würklich erzeugt; so erhält man zwischen K und P folgende Gleichung:

$$K \cdot SD = P \cdot OD, \text{ wonach } K = P \cdot \frac{OD}{SD} \text{ ist.}$$

Denn: errichtet man in O die Linie OC senkrecht zur Ebene MN; so ist CODS ein Parallelogramm. Die auf S nach SK würkende Kraft, kann nach C, und das in S nach der (vertikalen) Richtung SP würkende Gewicht P des Körpers, nach D verlegt werden. Denkt man sich nun COD als einen Winkelhebel, indem der feste Körper diese Annahme offenbar gestattet; so sind

OC und OD, die Arme des Hebels, O der Drehpunkt, und laut Annahme würken die Kräfte K und P, senkrecht zu den Armen. Die genannte Gleichung ist also aus §. 62., 2. deutlich, indem SD = CO ist. — Bezeichnet man die beiden Linien SD und DO, durch h und e, so ist $h \cdot K = e \cdot P$, und $K = \frac{e}{h} P$ wird die Grundgleichung für die Standfestigkeit der festen Körper. Die beiden Größen h und e, ergeben sich unmittelbar durch die Bestimmung des Schwerpunkts des besonderen Körpers.

Schon die Formel $K = \frac{e}{h} P$, führt zu verschiedenen Betrachtungen über die Stabilität der festen Körper. Die Modificationen dieser Formel für gewisse bestimmte Körper (z. B. für ein Parallelepipedum), enthalten merkwürdige und practisch wichtige Sätze. Nach dem Gehabtem, sind diese Sätze leicht selbst zu finden, oder die Resultate in vorkommenden Fällen zu beurtheilen. — Würkt die Kraft K unter anderen als den angenommenen Bedingungen; so kann man durch geschickte Zerlegung solcher Kraft (siehe §. 99.), jene Relationen wiederum leicht finden. In wiefern man durch gewisse Vorrichtungen, als Strebepfeiler, Stützen, Plinten u. dgl. m., die Standfestigkeit sehr vergrößern kann; ist einleuchtend, und die Bedingungen hierbei, sind aus dem Vorgetragenen in jedem Falle zu beurtheilen. — Im 1sten Theile von Eytelweins Statik und in anderen Werken, findet man eine weitere Ausführung der Theorie der Stabilität fester Körper.

Dritter Abschnitt.

Die Statik tropfbarer Körper, oder die Hydrostatik.

Erstes Kapitel.

Einleitung in die Hydrostatik.

§. 104. Erklärung.

Absolut tropfbar-flüssige Körper, oder hier blos tropfbare Körper genannt, sind solche Körper, deren Theile unter sich durch keine Kraft gegenseitig mit einander verbunden sind, dergestalt, daß diese Theile durch die kleinstmöglichste Kraft von einander getrennt, oder gegenseitig an einander verschoben werden können. Diese letztere Eigenschaft heißt: die vollständige oder die größt möglichste Verschiebbarkeit oder Volubilität der Theile des tropfbaren Körpers. — Die Gesetze des Gleichgewichts tropfbarer Körper, sowol unter sich als in Verbindung mit festen Körpern, sind der Gegenstand der Hydrostatik (Siehe §. 9, 2. und §. 10, 3).

Zusatz 1. Es giebt laut Erfahrung verschiedene tropfbare Körper in Hinsicht der materiellen Beschaffenheit derselben, als Wasser, Quecksilber, Weingeist, Oel,

Oel, u. dgl. m. Auf diese Verschiedenheit wird im Allgemeinen hier keine Rücksicht genommen, und wir nehmen das Wasser zum Repräsentanten der tropfbaren Körper an, so, daß alle Lehren der Hydrostatik welche vom Wasser ausgesagt werden, auch für die übrigen tropfbaren Körper gelten, wenn nicht besondere Erinnerungen gemacht werden, oder die materielle Verschiedenheit als solche, nothwendig verschiedene Erscheinungen bedingt. — Man nennt die tropfbar=flüssigen Körper, auch wol concrete Flüssigkeiten, um sie von den luftförmigen oder expansibelen Flüssigkeiten zu unterscheiden (§. 9. Zusatz 2.), welche im folgenden Abschnitte betrachtet werden (Siehe §. 108. Zusatz).

Anmerk. Es wird hier auch keine Rücksicht darauf genommen, ob die tropfbaren Körper Elemente, d. h. chemisch einfach (wie z. B. Quecksilber), oder zusammengesetzt (wie Wasser u. a. m.) sind.

Zusatz 2. Vom Einflusse der Luft, namentlich der atmosphärischen Luft, auf die tropfbaren Körper, wird bei den hydrostatischen Lehren vorläufig ganz abstrahirt. Die Erscheinungen welche alsdann stattfinden, gehören für den folgenden Abschnitt (Siehe §. 10. Zusatz 1.). Doch ist schon hier zu bemerken, daß durch die Einwürkung der Luft auf die tropfbaren Flüssigkeiten, einige Modificationen der folgenden Lehren, in der Würklichkeit eintreten, daher die folgenden hydrostatischen Lehren voraussetzen, daß der Einfluß der Luft verhindert werde (Siehe auch §. 143, 2.).

§. 105. Zusätze.

1) Die allgemeinen Eigenschaften der materiellen Körper, kommen natürlich auch den tropfbaren Körpern zu. Hier werden besonders wichtig:

a) Die Schwere, welche in jedem auch noch so kleinen Theile einer tropfbaren Flüssigkeit, in vertikaler Richtung würkt (Vergl. §. 13.).

b) Die Undurchdringlichkeit (§. 12, 2.); vermöge welcher eine tropfbare Masse (§. 11.) an sich, jedem Körper welcher in sie einzudringen strebt, widersteht, also auch die Theile der Masse gegenseitig sich einen Widerstand leisten. Viele Erscheinungen welche größere tropfbare Massen zeigen, lassen sich hieraus erklären.

c) Jeder tropfbaren Masse kommt ein bestimmtes Volumen zu, das bei jeder, etwa möglichen Formveränderung der ganzen Masse, ungeändert bleibt, sobald nicht durch Einwürkung besonderer Kräfte eine, an sich wol mögliche Volumenveränderung eintritt (Siehe §. 106, 4.).

2) Eine unmittelbare Folge der Volubilität (§. 104.) ist, daß eine bestimmte tropfbare Masse, jede Form welche ein hohler Raum von absolut festen Flächen ganz eingeschlossen, und gleich dem Volumen der Wassermasse, bildet, stetig einnehmen kann. Durch welche Mittel die Anfüllung eines solchen Raums geschieht; kann hier noch dahingestellt bleiben (Siehe §. 112, 1.).

§. 106. Erfahrungsätze.

Die tropfbaren Körper zeigen verschiedene Eigenschaften, von denen theils bei der Erklärung in §. 104. abstrahirt wurde, theils wird künftig auf sie keine besondere Rücksicht genommen, wenn es nicht ausdrücklich anders erwähnt wird. Da aber diese Eigenschaften die Ursache zu mancher Anomalie (§. 2.) der hydrostatischen Lehren werden, so müssen sie bekannt sein, um so mehr weil da, wo von diesen Eigenschaften nicht abstrahirt werden kann, auch die nachfolgenden Lehren nicht mehr in aller Strenge gelten können. — Hierher gehören zunächst folgende Erscheinungen, deren innere Gründe in der Physik zu untersuchen sind.

1) Unter den Theilen der tropfbaren Flüssigkeiten, zeigt sich ein geringer Zusamenhang oder eine schwache Cohäsion (§. 9, 1.), welche jedoch größtentheils so gering ist, daß ihre Größe sich nicht wol messen läßt. Nachdem dieser Zusammenhang sich stärker oder schwächer äußert, unterscheidet man streng- und leicht-flüssige Massen.

2) Einige tropfbare Körper, äußern einen Zusammenhang mit gewissen festen Körpern; z. B. hängt Wasser an Holz, an Glas, u. s. w. Man nennt die an sich unbekannte Kraft wodurch dies Anhängen erfolgt, die Adhäsion. Andere Körper zeigen diesen Zusammenhang nicht; z. B. hängt Quecksiber nicht an Glas, dagegen an den meisten Metallen. — Eben so findet eine gewisse Reibung (§. 12, 4.) bei der Bewegung tropfbarer Körper unter sich und gegen feste Körper statt, die hier gleichfalls unbeachtet bleibt.

Anmerk. 1. Die Bildung der Tropfen, zeigt von den Erscheinungen in Nr. 1 und 2.

3) Materiell verschiedene tropfbare Flüssigkeiten, haben gewöhnlich verschiedenes specifisches Gewicht (§. 14.). Die gegenseitige Vergleichung der specifischen Gewichte tropfbarer und fester Körper, ist ein Hauptgegenstand der Hydrostatik (Siehe das 3te Kapitel). In den folgenden Lehren wird zunächst auf das specifische Gewicht nicht Rücksicht genommen; doch ist §. 15, 1. hier zu beachten.

4) Die Wärme erzeugt bei allen Körpern, also auch bei den tropfbaren, eine Volumenveränderung, welche letztere jedoch laut Erfahrung, nicht für alle Temperaturveränderungen, in gleichen Verhältnissen mit diesen sich ändert. Jedoch kann man innerhalb gewisser Gren-

zen bei bestimmten tropfbaren Körpern, jene Verhältnisse laut Erfahrung einander gleich setzen, und in so fern dies geschehen kann, also bei gleichen Bezeichnungen mit §. 90, zu setzen ist $v' - v : v'' - v = t' - t : t'' - t$, gelten auch zunächst die in §. 90. genannten Gesetze hier für die tropfbaren Körper, und es lassen sich alsdann auch die nachstehenden Sätze, welche für die Bestimmung des specifischen Gewichts des Wassers (das bei verschiedenen Temperaturen, selbst verschiedenes specifisches Gewicht hat), mithin auch der festen Körper, wesentlich sind, sehr leicht einsehen*).

a) Sind γ und γ' die absoluten Gewichte zweier Wassermassen bei einer bestimmten Raumeinheit (z. B. bei einem Cubikfuß), ferner t und t' die entsprechenden Temperaturen, und w und w' die specifischen Gewichte jener Wassermassen; so hat man $w : w' = \gamma : \gamma'$ (§. 15, 3. (I.)); ist also z. B. $w = 1$ (die Einheit für die Bestimmung der specifischen Gewichte), so erhält man**) $\gamma' = w'\gamma$ (I.), $\gamma = \frac{\gamma'}{w'}$ (II.), $w' = \frac{\gamma'}{\gamma}$ (III.).

b) Wenn nach einer gewissen Bestimmung, das specifische Gewicht des Wassers bei t Grad Temperatur, die Einheit der specifischen Gewichte ist, bei t' aber w' wird; ferner nach einer anderen Bestimmung, das specifische Gewicht des Wassers bei jener Temperatur t', die Einheit, dagegen bei t Temperatur gleich w gesetzt wird; so verhält sich unmittelbar $1 : w' = w : 1$ (beide Verhältnisse sind identisch, zufolge der Annahmen);

---

*) Wird ein anderer tropfbarer Körper statt des Wassers, zur Bestimmung der specifischen Gewichte als Einheit angenommen; so gelten die analogen Resultate, wie sie für das Wasser oben genannt werden.

**) Ueber γ siehe Seite 41 unten bei *).

also hat man $ww' = 1$ (IV.), $w = \frac{1}{w'}$ (V.) und $w' = \frac{1}{w}$ (VI.). In Verbindung mit der vorhin genannten Gleichung (I.), erhält man also nun $\gamma' = \gamma \cdot \frac{1}{w}$ (VII.), $\gamma = w\gamma'$ (VIII.) und $w = \frac{\gamma}{\gamma'}$ (IX.).

c) Ist V das Volumen eines Wasserkörpers bei t Grad, als Einheit der Inhalte angenommen; so wächst jenes Volumen zu V′ für die Temperatur t′, oder $V' - V$ ist die Volumenzunahme; sie heiße ψ. Ist nun bei t Grad, das specifische Gewicht des Wassers die Einheit, und w′ das specifische Gewicht für t′ Grad; so erhält man $1 : 1 + \psi = w' : 1$ (§. 15, 3. (VI.); weil hier die absoluten Gewichte sich nicht ändern); folglich ist:

$$1 = w'(1 + \psi) \text{ (X.)}, \quad w' = \frac{1}{1+\psi} \text{ (XI.)}, \text{ und } \psi = \frac{1 - w'}{w'} = \frac{1}{w'} - 1 \text{ (XII.)}.$$

Bei den folgenden hydrostatischen Lehren, wird jedoch im Allgemeinen vom Einfluß der Temperaturen ganz abstrahirt.

Anmerk. 2. Nach den Bestimmungen von Charles, ist, wenn das specifische Gewicht des Wassers bei 0° (der sogenannten Normaltemperatur) die Einheit ist, das specifische Gewicht bei 15° R, gleich 0,9986..., bei 80° gleich 0,9554..., bei 3 gleich 1,0000739... (Zwischen 3° und 4° hat das Wasser seine größte Dichtigkeit). Die vorhin erwähnte Volumenvermehrung des Wassers von 0° bis 80°, ist (da sich w′ (für t′ = 80°) = 0,9554... fand) $\psi = 0{,}0466\ldots$ Ferner sei bemerkt, daß nach Hällström's theoretischen und practischen Untersuchungen sich ergiebt, sobald das specifische Gewicht des Wassers bei 0° die Einheit ist, das specifische Gewicht w′ für t° Temperatur des

Wassers, innerhalb der Grenzen von 0° bis 26° (R), nach der Formel:

$$w' = 1 + 0{,}00006617375\,t - 0{,}0000102065625\,t^2 + 0{,}000000028222656\,t^3$$

zu berechnen ist, von welcher Formel die zwei ersten Glieder jedoch für die meisten Fälle hinreichend sind. — Beim Quecksilber ist ferner innerhalb der Grenze von 0° bis 80° (der Fundamentalabstand), die Ausdehnung für jeden Grad als gleichförmig anzusehen, und zwar (nach Laplace und Lavoisier) von 0° bis 80°, den $\frac{1000}{5412} = 0{,}0184775$ten Theil des Volumens, was für jeden Grad den $0{,}0002309687 = \frac{1}{4330}$sten Theil giebt. Nach anderen Untersuchungen ist nur der $\frac{1}{4440}$ste Theil für jeden Grad zu nehmen.

5) Wird eine tropfbare Flüssigkeit welche überall eingeschlossen ist (§. 105, 2.) oder nirgend hin ausweichen kann, durch äußere Kräfte zusammengedrückt (comprimirt); so lehrt die Erfahrung, daß die Volumenverringerung so geringe ist, daß man davon bei den allgemein hydrostatischen Lehren ganz abstrahiren kann. Wir nehmen daher die tropfbaren Massen hier als unzusammendrückbar an.

Anmerk. 3. Ob hiernach den tropfbaren Flüssigkeiten Elasticität (§. 12, 3.) zuzuschreiben sei oder nicht; bleibt hier dahingestellt. Wir nehmen jedoch bei den hydrostatischen Lehren, diese Flüssigkeiten als unelastisch an. Man sehe hierüber besonders: Zimmermann, über die Elasticität des Wassers (Leipzig 1779), und Gilbert's Annalen, 72ster Band (Seite 173 u. f.).

Zusatz. Zu den hier gemachten Annahmen, nemlich zu dem Abstrahiren von gewissen vorhandenen Eigenschaften der tropfbaren Massen; ist noch hinzuzufügen, daß wir diese Massen, als den Raum stetig erfüllend, d. h. ohne Poren (§. 11.), und als homogen (§. 11.) ansehen. Ferner nehmen wir diese Massen hier nur in solcher Größe an, daß die Richtungen der Schwere in allen Theilen der Masse, als parallel anzunehmen sind (Vergl. §. 13, 5.).

Anmerk. 4. Eine Masse feiner Sand, ist keineswegs als eine tropfbare Flüssigkeit anzusehen; er besteht nur aus einer Menge fester Körper. Man nennt dergleichen Massen auch wol halbflüssige Körper, weil sie einige Aehnlichkeit mit tropfbaren Massen haben. — Die Mechanik jener Massen ist noch wenig theoretisch und empirisch ausgebildet. — Sie gehören aber nicht zu denen in §. 9. Zusatz 1. oder §. 106, 1. erwähnten Massen (Siehe §. 130.).

§. 107. Erfahrungsatz (Fig. 54.).

Wenn auf eine Wassermasse (§. 104. Zusatz 1.), welche verhindert wird ausweichen zu können, eine Kraft irgend wo senkrecht zur Oberfläche mechanisch einwürkt*); so wird diese Kraft durch die ganze Masse nach allen Richtungen, senkrecht zu jedem Theile der Oberfläche, ungeschwächt fortgepflanzt.

Um von diesem wichtigen Satze, welcher eine wesentliche Verschiedenheit der Mechanik fester und tropfbarer Körper bedingt, und nichts Hypothetisches hat, sondern durch die Erfahrung auf mannigfaltige Weise geprüft werden kann und bestätigt wird, eine klare Vorstellung zu haben; denke man sich eine Wassermasse in einem Raume von absolut festen Flächen begrenzt, ganz eingeschlossen (§. 105, 2.), und mache irgend wo z. B. bei DE eine Oeffnung, setze hier eine Röhre ein, und drücke mit einer bestimmten Kraft K gegen das Wasser, z. B. mittelst eines Stempels **). Nach §. 106, 5, wird das Wasser nicht comprimirt, aber man wird auf jeden Theil der Oberfläche, z. B. in FG, einen Druck wahrnehmen, wie er vorher nicht stattfand, und

*) Von chemischen Einwürkungen, oder von der Einwürkung der Wärme, ist also hier nicht die Rede. — Siehe auch Zusatz 2 zum §.

**) Siehe die Anmerk. 1. zum §.

dieser Druck zeigt sich auf gleich großen Flächen mit DE, gleich der Kraft K, dergestalt daß, wenn man z. B. FG = DE öffnet, bei FG eine Kraft gleich K angebracht werden muß, um das Ausströmen des Wassers zu verhindern. Wo das Gewicht des Wassers, sei es unmittelbar oder mittelbar, etwa schon drückt, wird ein solcher Druck noch um den Druck K vermehrt. — Die inneren Gründe für diese Erscheinung, gehören der Physik zu untersuchen an; sie ist als eine Grundeigenschaft der tropfbaren Materie anzusehen, kann aber durch die, wenn gleich nur geringe Zusammendrückung dieser Massen (§. 106, 5.), zum Theil erklärt werden, zumal die festen Körper durch ihre Elasticität, eine auf gewisse Weise analoge Erscheinung zeigen, obgleich bei ihnen die Fortpflanzung des Drucks, nur nach der Richtung des Drucks angenommen wird *).

Anmerk. 1. Ein Stempel ist ein in der Hydrotechnik (§. 10. Anmerk. 1.) oft vorkommendes Instrument. Nemlich wenn in einer cylindrischen Röhre (dem Stiefel) sich ein kleiner genau anschließender voller cylindrischer Körper (der Kolben), mittelst einer Vorrichtung (der Stange) bewegen läßt; so heißt das ganze Instrument, oder auch nur der Kolben mit der Stange, allgemein ein Stempel. Verschiedene Einrichtungen und Benennungen hierbei, werden durch verschiedene Zwecke bedingt.

Zusatz 1. Die erwähnte Erscheinung wäre nicht möglich, wenn nicht jede in der ganzen Masse anzunehmende Fläche, sei sie eine hier befindliche feste Fläche oder eine irgend wo gedachte Wasserfläche (Grenze eines Wassertheils), von gleicher Größe mit der unmittelbar gedrückten Fläche, auch jenen Druck K in gleicher Größe und senkrechter Richtung erhielte. Die Außenflächen tragen den erhaltenen Druck, und geben ihn durch ihre Festigkeit in gleicher Größe und entgegengesetzter Rich-

*) Man sehe auch Lambert's Beiträge zum Gebrauch der Mathematik, 2ter Theil, 2ter Abschnitt, §. 193. u. f.

tung zurück (Vergl. §. 6, 3.). — Nimmt man dagegen irgend wo in der Wassermasse einen Punkt an; so erhält dieser von allen Richtungen aus, und giebt nach allen Richtungen hin, gleichen Druck und Gegendruck, was auch für die Punkte der Wände, nach allen Richtungen gegen das sie berührende Wasser, gilt.

Zusatz 2. Würkt die Kraft K in schiefer Richtung zur Oberfläche; so findet man durch Zerlegung der K (laut §. 27, 2.) den Theil von ihr, welcher senkrecht würkt. — Auch lassen sich noch verschiedene Betrachtungen hier anstellen, wie sich der Druck auf jeden Theil der Außenfläche (oder nach Zusatz 1. auf Flächen innerhalb der Wassermasse) ergiebt, wenn an mehreren Theilen der Außenfläche Kräfte drücken.

Anmerk. 2. Man denke sich z. B. einen cubischen Raum ganz mit Wasser gefüllt; die Seite des Cubus sei $1' = 12''$, also die Oberfläche gleich $6.12^2 = 6.144 = 864 \square''$. Nun öffne man irgend wo einen Theil der Oberfläche von $1 \square''$, und drücke hierauf mittelst eines Stempels mit einer Kraft von 1 ℔.; so erhält die ganze Oberfläche hierdurch einen Druck von 864 ℔., als Resultat der durch jene Fortpflanzung entstehenden inneren Spannung der ganzen Masse. — Es beruht auf diesem Satze auch die Einrichtung der, in ihren Würkungen so merkwürdigen hydraulischen Presse oder Wasserpresse, auch Bramahsche Presse (nach ihrem Erfinder Bramah) genannt, deren nähere Beschreibung jedoch nicht hierher gehört (Siehe unter andern: Leuchs, Beschreibung der hydraulischen Presse. Nürnberg, 1826).

Anmerk. 3. Verschiedene Erscheinungen in der Natur, finden ihre Erklärung in der allseitig gleichen Fortpflanzung des Drucks bei Wassermassen.

§. 108. Lehrsatz.

Eine ruhende Wassermasse, muß überall wo Theile an ihrer Grenze tiefer liegen*) als

*) Der Begriff des Tieferliegens, ist aus dem Begriffe der Vertikale (§. 13, 4.) deutlich.

andere Theile, durch feste Flächen begrenzt sein.

Beweis. Man denke sich eine ruhende Wassermasse ohne jene feste Grenzflächen; so vertritt die Undurchdringlichkeit der Masse in allen ihren Theilen (§. 105, 1, b), für jeden Theil innerhalb der Masse, die Stelle einer festen Fläche. Jeder Theil welcher tiefer als ein anderer Theil liegt, wird daher von dem Gewichte der über ihm liegenden Theile gedrückt (§. 105, 1, a), und pflanzt diesen Druck nach allen Richtungen fort (§. 107.), daher alle an der Grenze tiefer als andere Theile liegenden Theile, von Innen her einen Druck erhalten, dem sie wegen der Volubilität der Theile (§. 104.), und weil hier kein Widerstand vorausgesetzt ist, nicht widerstehen können, dem sie folglich ausweichen müssen. Es kann daher keine Ruhe in der ganzen Masse stattfinden, oder jenes Ausweichen muß durch feste Flächen verhindert werden. — W. z. b. w.

Anmerk. Bewegte Wassermassen, sind allerdings ohne Begrenzung möglich, wie z. B. ein Wasserstrahl zeigt; denn der Druck der höheren Theile auf die niedriger liegenden, kömmt nicht weiter zur Würkung, weil diese Theile selbst ausweichen. — Ob eine ruhende selbstständige Wassermasse, d. h. bei der keine feste Begrenzung stattfindet, im Raume außerhalb der Gravitation der Erde möglich ist; kann hier dahingestellt bleiben.

Zusatz. Der Mangel einer selbstständigen Form der tropfbaren Massen, bedingt die Benennung: Flüssigkeit (Siehe auch §. 138, 6.).

§. 109. Zusätze.

1) Aus dem vorigen § ergiebt sich zunächst die Nothwendigkeit, daß jede ruhende Wassermasse sich in einem Gefäße befinden muß, welches selbst als im Zustande der Ruhe, hier stets angesehen wird, und dessen Form

nur in so fern in Betracht kömmt, als die vom Wasser berührten inneren Flächen oder die Wände desselben, gestaltet sind. — Welchen Theil eines hiernach bestimmten Gefäßes, eine gegebene Wassermasse aber einnimmt; bleibt im Allgemeinen hier noch dahingestellt (Siehe §. 112, 1.). — Die Möglichkeit ruhender Wassermassen in Gefäßen, so wie das endliche Gelangen zur Ruhe der in einem (ruhenden) Gefäße befindlichen bewegten Wassermasse; — ist eine Sache der Erfahrung. —

Anmerk. 1. Die Zeichnungen stellen die räumlichen Gefäße fast immer nur im Profile dar. Sollten dem Anfänger hierdurch zuerst Schwierigkeiten veranlaßt werden, so sind diese gewiß bald überwunden.

2) Die unendlich mannigfaltigen Formen der Gefäße, machen hier eine vorläufige Eintheilung derselben nothwendig. Einmal nemlich in solche, deren (innere) Wände stetig nach unten geneigt sind, und welche zugleich keine Scheidewände haben, so daß jeder Durchschnitt durch das Gefäß, eine völlig geschlossene Figur bildet; dann aber in solche Gefäße, deren Wände (innerhalb) theils abwärts theils aufwärts gebogen sind, und welche zugleich Scheidewände haben können, d. h. die gleichsam als aus mehreren Gefäßen welche Communication mit einander haben, bestehend, angesehen werden können*); die Durchschnitte dieser Gefäße, können daher jede beliebige Form mehrerer an oder in einander getragener Figuren haben. Diese letzteren Gefäße heißen im Allgemeinen: communicirende Röhren, weil mehrere in ihren unteren Theilen durch Röhren verbundene, oder aneinander grenzende Röhren, zu dieser Art von Gefäßen gehören. — Die Eintheilung der Gefäße in offene und in völlig geschlossene, bedarf keiner näheren

*) Fig. 55. kann zur Erläuterung dienen.

Erläuterung; letztere werden immer als ganz angefüllt angenommen, widrigenfalls sie nur als bedeckte offene Gefäße angesehen werden können. — Eben so ist es unnöthig, hier noch die Eintheilung der Wände: in Grundfläche oder Boden und in Seitenflächen, besonders zu erläutern, weil sie durch den Sprachgebrauch gewiß bekannt ist, so wie sich manche hierbei vorkommenden Modificationen in besonderen Fällen, leicht ergeben oder als bekannt voraus zu setzen sind.

3) Wenn es nicht ausdrücklich anders gesagt wird, so werden immer offene Gefäße gemeint, wenn künftig von Gefäßen die Rede ist. Auf der (ihrer Gestalt nach noch näher zu bestimmenden) Oberfläche des Wassers offener Gefäße, ruht gewöhnlich die atmosphärische Luft, welche durch ihr Gewicht drückt, also auch einen Druck auf das Wasser äußert. Die Größe dieses Drucks zu bestimmen, wird in der Aerostatik gelehrt*). Wenn hiernach auf das, in offenen Gefäßen befindliche Wasser, auch bereits der Luftdruck würkt (es sei denn daß die Luft weggeschafft wird); so abstrahiren wir doch zunächst von diesem Drucke (Siehe auch §. 104. Zusatz 2.).

4) Die Wände des Gefäßes erhalten (sofern das Wasser sie berührt), durch das Gewicht des Wassers veranlaßt, nach allen Seiten oder Richtungen einen Druck, welchen sie in gleicher Größe und entgegengesetzter Richtung zurück geben, durch ihre Festigkeit aber tragen (Vergl. §. 107. Zusatz 1.). Wie groß dieser Druck ist, wird im folgenden Kapitel untersucht werden. — Wenn nun auch die festen Wände der Gefäße, da sie in der Würklichkeit doch nicht absolut fest

*) Es kann hier vorläufig bemerkt werden, daß dieser Druck bei gewöhnlicher Beschaffenheit der atmosphärischen Luft, etwa 15 ℔. auf 1 Quadratzoll Fläche beträgt (Siehe §. 143, 1.).

sind, vermöge ihrer Elasticität etwas ausgebogen werden; so wird dennoch von dieser Ausbiegung, so wie von der Möglichkeit ihres Zerbrechens, bei den folgenden Lehren abstrahirt. Die hierdurch entstehenden hydrostatischen Anomalien, werden um so unbedeutender sein, je fester das Material zu den Gefäßen ist (Siehe auch §. 86, 1.).

Anmerk. 2. Auch die Gefäße werden durch die Wärme ausgedehnt, und bringen Aenderungen bei den Bestimmungen der Wassermengen u dgl. m. hervor. Doch sind die hierdurch entstehenden Modificationen gewöhnlich sehr geringe, daher hier von ihnen ganz abstrahirt werden kann. Nöthigenfalls ist dieser Temperatureinfluß auf die Gefäße, nach denen in §. 90. erwähnten Bestimmungen zu beurtheilen.

5) Ruht eine Wassermasse in einem Gefäße; so muß der (laut §. 108.) nach allen Richtungen im Inneren, durch das Gewicht der höher liegenden Theile des Wassers auf die tieferen Theile verursachte Druck, sich gegenseitig ausgleichen, d. h. der Druck und Gegendruck, oder die Pressungen der sich gegenseitig berührenden Wassertheile, heben sich gegenseitig nach allen Richtungen auf. Für die Theile, welche an den Wänden des Gefäßes liegen, ist der Gegendruck schon in Nr. 4. betrachtet, für die an der offenen Oberfläche liegenden Theile aber, findet kein Druck von oben statt (siehe Nr. 3.), sie geben daher selbst, nur durch ihr Gewicht einen Druck nach unten, und erhalten einen Gegendruck von unten her. Hierbei werden jedoch die kleinsten Wassertheile als selbstständige kleine Körper, welche Elementartheile heißen mögen, angesehen, weil widrigenfalls ihr Druck zur Seite (welcher durch die Theile solcher Theile, deren Größe sie zu eigenen Wassermassen macht, veranlaßt wird) noch besonders zu berücksichtigen wäre. — Jener Zustand der Ruhe des Wassers, ist daher ein vollkommnes hier stattfindendes gegenseitiges Gleichgewicht aller Theile oder der ganzen Wassermasse.

6) Ist Wasser in einem Gefäße im Gleichgewichte; so wird dieses Gleichgewicht nicht gestört, wenn man irgend wo in die Wassermasse eine feste Fläche von beliebiger Form hineingeschoben denkt, sobald man nur von der Dicke dieser Fläche, so wie von der allerdings beim Einschieben der Fläche, vielleicht entstehenden Bewegung des Wassers, abstrahirt. Denn die feste Fläche trägt nun überall in ihren Theilen den Druck, welchen die sie berührenden Wassertheile von beiden Seiten gegen sie, (oder vor der Einschiebung der Fläche unter sich gegenseitig) ausüben. — Denkt man sich eine solche Fläche ohne Gewicht; so wird sie jenes gleichen Drucks und Gegendrucks wegen, in jeder Lage die man ihr in der Wassermasse giebt, im Gleichgewichte erhalten.

§. 110. Lehrsätze.

1) In einem (offenen) Gefäße mit stetiger Biegung der Seitenwände nach unten, und ohne Scheidewände (§. 109, 2.), ist die Oberfläche des im Gleichgewichte befindlichen Wassers, eine Horizontalebene.

Beweis. Der behauptete Satz ist eine unmittelbare Folge aus §. 108., weil bei einer ungleich hohen Lage der Theile in der Oberfläche, d. h. wenn diese Fläche keine Horizontalebene ist, hier feste Grenzflächen nöthig wären, was gegen den Begriff des offenen Gefäßes ist. — Es mußte ferner die besondere Einschränkung über die Gestalt des Gefäßes, wie der Lehrsatz sie festsetzte, hier angenommen werden, weil bei anderen Formen der Gefäße (bei communicirenden Röhren, §. 109, 2.), die Form der gesammten Oberfläche, sich noch nicht unmittelbar aus §. 108. ergiebt (Siehe §. 111.). W. z. b. w.

2) Ist die Oberfläche des Wassers in irgend einem (ruhenden) Gefäße horizontal, und das Gefäß in jedem seiner, tiefer als die Oberfläche liegenden Theile ganz angefüllt; so ist das Wasser im Gleichgewichte*).

Beweis. Wäre kein Gleichgewicht des Wassers vorhanden; so müßte eine Bewegung desselben erfolgen, und bei wieder hergestelltem Gleichgewichte (§. 109, 1.), die Oberfläche eine andere als die vorausgesetzte horizontale Form und Lage haben; denn: würde die erste Lage der Oberfläche hergestellt, so war auch bereits bei dieser Lage Gleichgewicht vorhanden **). Aber bei einer nicht horizontalen Oberfläche, kann nach dem ersten Satze kein Gleichgewicht stattfinden. — Es war folglich bereits Gleichgewicht vorhanden. — W. z. b. w.

Anmerk. Die beiden Sätze des §'s als Erfahrungsätze anzusehen, oder den Begriff der Horizontalfläche, als durch die obere Fläche des ruhenden Wassers laut Erfahrung gegeben anzusehen, und hieraus den Begriff der Vertikallinie herzuleiten; scheint gewagt und ist, wie gezeigt wurde nicht nöthig. Andere Beweise für diesen Satz als der genannte Beweis, lassen oft gegründete Bedenklichkeiten zurück; z. B. der Beweis durch die schiefe Ebene, von welcher, wenn die Form der Oberfläche nicht horizontal ist, die höher liegenden Theile (analog wie §. 96. bei festen Körpern) herabgleiten müssen, bis die Horizontalebene erzeugt ist. — Wegen des Luftdrucks gegen die Oberfläche des Wassers (§. 104. Zusatz 2.), ist §. 140, 6. zu beachten.

Zusatz 1. Wird die im Gefäße befindliche Wassermasse, größer angenommen als nach §. 106. Zusatz

*) Es läßt sich bei bewegtem Wasser in einem (ruhenden) Gefäße, leicht ein Zustand denken, wo die Oberfläche horizontal, und nicht jeder tiefer als die Oberfläche liegende Theil des Gefäßes, ausgefüllt ist.

**) Diese Behauptung ist durch die Annahme begründet: daß das Gefäß in den tiefer als die Oberfläche liegenden Theilen, ganz angefüllt ist.

festgesetzt ist; so ist einleuchtend, daß die Oberfläche des Wassers ein Kugelsegment, concentrisch mit der Erdoberfläche (wie bei den Meeren) ist, weil nur bei dieser Form, alle Theile gleich weit entfernt vom Mittelpunkte der Anziehung (dem Erdmittelpunkte), oder gleich hoch liegen (Siehe §. 13. 4.).

Zusatz 2. Die Oberfläche des ruhenden Wassers, heißt der Wasserspiegel (Niveau) oder blos Spiegel genannt. Die (senkrechte) Entfernung eines Punktes im Wasser, oder einer dem Spiegel parallelen durch die Wassermasse gelegten Ebene, vom (nöthigen Falls zu erweiternden) Spiegel, heißt die Wasserhöhe oder der Wasserstand über jenem Punkte oder über jener Ebene. Tiefe des Wassers, ist die Entfernung des tiefsten Punkts der Wassermasse vom Spiegel. — Man sagt von den Spiegeln mehrerer Wassermassen: sie liegen gleich hoch, wenn sie selbst in einer Horizontalebene liegen.

Zusatz 3. Die über dem Spiegel der Flüssigkeiten befindlichen Theile der Wände, zeigen gegen einige Flüssigkeiten ein Anziehen, gegen andere ein Abstoßen. Der innere Grund für diese Erscheinungen, hängt von den materiellen Beschaffenheiten der Wände und der Flüssigkeiten ab, und ist ein Gegenstand der Physik*), doch müssen sie wol beachtet werden, weil hiernach die Oberflächen der Flüssigkeiten, keine vollkommnen Horizontalebenen sind, sondern (wie z. B. bei Wasser in hölzernen Ge-

*) Man vergleiche §. 106, 2. Die oben bemerkte Anziehung, ist wol mehr eine Würkung der Gravitation (§. 12, 5) als der Adhäsion (§. 106, 2.). Das Herablaufen gewisser Flüssigkeiten an den Wänden der Gefäße, und das Mittel durch Anbringung von Tüllen, dieses Herablaufen zu vermindern oder ganz zu vermeiden, gehört den physikalischen Betrachtungen an.

Gefäßen) concav, oder (wie z. B. bei Quecksilber in gläsernen Gefäßen) convex am Rande stehen. Von dieser Anomalie wird jedoch hier gleichfalls abstrahirt, sobald sie gering genug ist, um außer Acht bleiben zu können. Der Inbegriff dieser Erscheinungen, heißt: Capillarität-Attraction und Depression (oder Erhebung und Senkung) der Gefäße; ihre mathematische Ausführung, ist ein schwieriger Gegenstand der höheren Hydrostatik (Siehe §. 113.).

§. 111. Lehrsätze (Fig. 55.).

1) Steht Wasser in communicirenden Röhren (§. 109, 2.) gleich hoch; so ist es im Gleichgewichte.

Beweis. Wie viel es der communicirenden Röhren auch sein mögen, oder welche Biegungen die Wand des Gefäßes haben mag; so läßt sich in jedem Falle das Gefäß als ein solches ansehen, welches ursprünglich nur stetig nach unten geneigte Wände ohne Scheidewände gehabt hat, in welches Gefäß alsdann die Wände welche es zu communicirenden Röhren machen, eingesetzt sind. Dann aber gehört der von diesen eingesetzten Flächen begrenzte Raum, nicht zum Gefäße selbst; ACB mag diesen Raum bei den angenommenen zwei communicirenden Röhren in der Figur vorstellen. Steht nun das Wasser in beiden Röhren bis MA und BN, dergestalt daß diese beide Spiegel in einer Horizontalebene MN liegen; so denke man sich den erwähnten Raum ACB, auch bis AB mit Wasser gefüllt, und hierauf die Wand ACB weggenommen; dann ist im ganzen Gefäße Gleichgewicht (§. 110, 2.), welches nicht gestört wird, wenn jene hinzugefügte Wassermenge wieder weggenommen, d. h. wenn das Gefäß in die bestimmte Form der communicirenden Röhren wieder zurück versetzt wird (§. 109, 6.). — W. z. b. w.

2) Ist Wasser in communicirenden Röhren im Gleichgewichte; so steht es in ihnen gleich hoch.

Beweis. Wäre die Behauptung nicht wahr, sondern es stände das Wasser in beiden (oder in mehreren) Röhren ungleich hoch, z. B. in den Spiegeln MA und FG, so daß diese zwei Horizontalebenen nicht in einer Ebene lägen, und es wäre doch Gleichgewicht vorhanden; so erweitere man die eine jener Flächen z. B. die MA, bis die andere Röhre in der Horizontalebene BN geschnitten wird. Nun denke man sich den Raum BNGF mit Wasser gefüllt; so müßte nach Nr. 1. die ganze Wassermasse im Gleichgewichte sein, was doch offenbar nunmehr nicht möglich ist, weil der Druck welchen die hinzugekommene Masse BNGF, zunächst auf die Fläche FG äußert, auch bis zur Fläche MA würkt (§. 107. Zusatz 1.), und hier eine Bewegung hervorbringen, d. h. das Gleichgewicht stören müßte. Weil nun nach Nr. 1., in dem Zustande, nachdem die Masse BNGF hinzugefügt ist, bestimmt Gleichgewicht vorhanden ist; so kann das Gleichgewicht in dem ersten Zustande, in welchem die Spiegel in MA und FG, d. h. ungleich hoch stehen, nicht vorhanden sein. — W. z. b. w.

Zusatz. Bei einem Gefäße hängt die Lage des Wasserspiegels, im Allgemeinen von der Lage des Gefäßes ab. Hiernach sind die Veränderungen des Spiegels, bei veränderter Lage so wie bei Drehungen des Gefäßes, leicht zu beurtheilen.

Anmerk. Siehe §. 143, 2, Anmerk.

§. 112. Zusätze (Fig. 56.).

1) Um den Theil eines ganz willkührlich geformten Gefäßes dessen Lage gegeben ist, zu bestimmen, welchen eine gewisse Wassermenge erfüllt; ist erforderlich, diejenige

Horizontalebene zu suchen, welche durch das Gefäß gelegt, einen mit jener Wassermenge gleich großen Raum, vom tiefsten Punkte des Gefäßes an gerechnet, vom Gefäße abschneidet. So ist z. B. MN der Wasserspiegel bei dem in der Fig. 56. gezeichneten Gefäße *). — Ein völlig geschlossenes Gefäß von beliebiger Form, füllt sich dagegen ganz, durch eine seinem Volumen gleiche Wassermasse, wenn man diese durch eine im höchsten Punkte des Gefäßes vorläufig gemachte Oeffnung, in dasselbe gießt (Siehe auch §. 105, 1, c).

2) Um den Schwerpunkt einer ruhenden Wasser masse zu bestimmen; ist nach Nr. 1. die Form dieser Wassermasse, und für diese Form der Schwerpunkt nach den allgemeinen Regeln des ersten Kapitels im vorigen Abschnitte, zu suchen. Da sich mit der Lage des Gefäßes, die Form der Wassermasse ändern kann; so ändert sich hiernach auch der Schwerpunkt der Wassermasse. In einem völlig geschlossenen Gefäße, ist die Lage des Schwerpunkts der Wassermasse, durch die Form des Gefäßes bereits genau bestimmt.

3) Es lassen sich nunmehr auch verschiedene Betrachtungen über die in einem Gefäße befindliche Wassermasse anstellen, nemlich ob das Wasser in Ruhe bleibt oder sich auch bewegt, wenn das Gefäß in verschiedenen Lagen gedreht wird. Die Resultate ergeben sich im Allgemeinen leicht, können aber hier um so mehr übergangen werden, da sie für die Folge keine weitere Anwendung finden. Auf §. 106, 1. ist jedoch hierbei wol Rücksicht zu nehmen.

---

*) Hiernach ergeben sich manche Erscheinungen; z. B. daß ein Gefäß welches in einer bestimmten Lage eine gewisse Wassermenge faßt, in einer anderen Lage oft diese Menge nicht mehr aufnimmt, sondern Wasser abströmt; u. a. m.

§. 113. Anhang.

Von den Haarröhrchen.

Wenn eine von beiden Seiten offene Röhre von geringem Durchmesser, in eine ruhende Wassermasse gesteckt wird; so erzeugt die in §. 110. Zusatz 3. erwähnte Anziehung der inneren Wände der Röhre, eine oft namhafte Erhebung der Wassermasse welche in die Röhre tritt, über den Spiegel des umgebenden Wassers, während nach §. 111. diese Erhöhung nicht stattfinden sollte *). Man nennt eine solche feine Röhre: eine Haarröhre. Um zu zeigen, wie diese Erscheinung eine mathematische Behandlung zuläßt; mögen d' und d'' die Durchmesser zweier Haarröhren sein, welche unter übrigens gleichen Umständen in Wasser gesetzt werden; eine Communication von unten bei den Röhren mit dem Wasser, wird natürlich vorausgesetzt. Die in beiden Röhren durch die erwähnte Erhebung über den Spiegel befindlichen Wassermassen, sind von cylindrischer Form (wie die Röhren es sind), und h' nebst h'' mögen die Höhen dieser Wassercylinder über dem Spiegel sein. Die Kräfte k' und k'' durch welche diese Cylinder, deren Gewichte sich wie $d'^2 h' : d''^2 h''$ (d. h. wie ihre Inhalte) **) verhalten, in den bestimmten Höhen erhalten werden, müssen sich offenbar wie diese Gewichte verhalten, weil beide Kräfte sich im Zustande der erwähnten Erhebung, das Gleichgewicht halten. Man hat also $k' : k'' = d'^2 h' : d''^2 h''$. Nun sind die Kräfte k' und k'', als die Würkungen der Anziehung der unmittelbar über den Wassercylindern liegenden materiellen Theile der Röhren anzusehen, welche Theile, da sie Ringe sind, sich wie die Durchmesser dieser Ringe oder der Röhren, verhalten. Man hat also auch

---

*) Siehe die Anmerk. zum §.

**) $\frac{1}{4} d'^2 h' \pi : \frac{1}{4} d''^2 h'' \pi = d'^2 h' : d''^2 h''$.

$k' : k'' = d' : d''$. Aus beiden genannten Proportionen folgt:

$d' : d'' = d'^2 h' : d''^2 h''$, also auch $1 : 1 = d'h' : d''h''$, oder

$$d' : d'' = h'' : h',$$

d. h. **die Höhen der gehobenen Wassersäulen, verhalten sich umgekehrt wie die Durchmesser der Röhren.**

Die Erfahrung bestätigt diesen Satz, in dessen Beweise nichts Hypothetisches ist, als höchstens die, jedoch sehr wahrscheinliche Richtigkeit der Proportion $k' : k'' = d' : d''$, oder vielmehr die Richtigkeit der Voraussetzungen zur Bildung dieser Proportion. — Analog ist das Resultat, wenn statt der **Attraction**, eine **Depression** stattfindet (§. 110. Zusatz 3.).

Anmerk. Der vorgetragene Satz mag nur als ein Beispiel hier stehen, wohin eine rein physikalische Voraussetzung führen kann, wenn die Mathematik darauf consequent angewendet wird. Was jene Erhebung der Wassermasse betrifft, so liegt der physikalische Grund offenbar darin, daß sich zuerst eine kleine Wassermasse am Rande erhebt, und weil die Ränder dieser concaven Masse zu nahe an einander sind, so ziehen sich diese Ränder unter sich gegenseitig an, und es entsteht eine kleine Erhebung des Wassers (Vergl §. 12, 5.). Mit dieser gehobenen Masse geht der erwähnte Prozeß von Neuem vor. Vermöge der Cohäsion unter den Wassertheilen (§. 106, 1.), folgt dem gehobenen Wasser die Wassermasse von unten, und dies geht so lange fort, bis die ganze gehobene Masse ein Gewicht erlangt hat, welches durch die Anziehungkraft der Wand über dem gehobenen Wasser, gerade noch erhalten werden kann; dann hört die fernere Erhebung auf.

Zweites Kapitel.

Von der Bestimmung der Größe des Drucks der Wassermassen, gegenseitig und gegen die Wände des Gefäßes.

§. 114. Einleitung.

Es liegt in der Natur einer würkenden Kraft, daß der Angriffpunkt derselben nie ein Punkt im strengen Sinne des Worts sein kann, und wäre dies auch an sich möglich, so könnte dennoch eine solche, auf einen (mathematischen) Punkt würkende Kraft, auf eine Wassermasse keine Würkung hervorbringen, sondern sie würde in ihrer Richtung durch die Masse, ohne einen Druck zu äußern hindurch würken, weil Wasser in einem Punkte keinen Widerstand leistet (§. 104.), was bei einem festen Körper allerdings möglich ist. Will man also mit einer Kraft auf eine Wassermasse würken, so muß sich eine Wasserfläche entgegenstellen, und in so fern wir die Richtung der Kraft als eine Linie annehmen, mag die sich ihr entgegenstellende möglichst kleine Wasserfläche, eine Elementarfläche heißen*), welche wir zugleich als Grenze eines Elementartheils des Wassers (§. 109, 5.) ansehen können. Die sämmtlichen Punkte einer solchen Elementarfläche, können nunmehr als gleich tief unter dem Wasserspiegel liegend angesehen werden, und die Würkung einer Kraft gegen eine Elementarfläche, wird, als gegen alle Punkte in derselben, von gleicher Größe, d. h. die würkende Kraft wird als gleichförmig über der Elementarfläche vertheilt, angenommen. — Wenn aber gegen eine größere Wasser=

*) Siehe die Anmerkung zum §.

fläche, als Grenze eines Wasserkörpers, mit einer bestimmten Kraft gewürkt wird; so ist es sehr wol möglich, daß diese Fläche in ihren verschiedenen Elementartheilen, oder auch in verschiedenen größeren Flächen, ungleichen Druck erhält, und dann kann man die Summe dieser verschiedenen Drücke, zu bestimmen verlangen. Werden nun Wasserflächen, gegen welche Kräfte durch Fortpflanzung würken, von festen Flächen berührt; so theilen die Wasserflächen in allen ihren Theilen, den erhaltenen Druck in gleicher Größe den festen Flächen mit (§. 107. Zusatz 1.), daher auch diese Flächen in allen ihren Elementartheilen, den Umständen nach gleichen oder auch ungleichen Druck erhalten können. Dies wird nun besonders wichtig für die Druckbestimmungen, welche das Wasser gegen die Wände der Gefäße ausübt. — Für diese verschiedenenen Drücke, welche das Wasser theils gegenseitig in seinem Innern, theils gegen die Wände des Gefäßes äußert; setzen wir, wenn es nicht anders bestimmt wird in diesem Kapitel stets voraus:

daß nur der Druck gesucht wird, welchen das Wasser durch sein Gewicht veranlaßt, so wie, daß die Gefäße stets offen sind. — Jedoch ist auf §. 109, 3. zu achten. —

Kann dieser Druck nach jeder Richtung für jede Wasserfläche oder für jeden Theil der Wände bestimmt werden; so ergiebt sich nach dem in §. 107. Gesagtem, auch die Größe des ganzen stattfindenden Drucks gegen bestimmte Flächen, wenn auf das nicht ausweichende Wasser, noch mit einer bestimmten Kraft K von Außen gewürkt wird. Hat man ein völlig geschlossenes Gefäß; so kann es als ein solches Gefäß angesehen werden, dessen Wasserspiegel eine Elementarfläche, oder auch nur ein Wasserpunkt ist.

Anmerk. Die Einführung der Elementartheile und der Elementarflächen, ist hier deshalb nöthig, weil die stetigen Veränderungen des Drucks gegen alle Punkte gewisser Flächen, in der allgemeinsten Behandlung, die Anwendung der höheren Mathematik voraussetzt. Daß, oder in wiefern die Einführung jener Elemente, dennoch zu richtigen Resultaten führt; kann hier als bekannt vorausgesetzt werden, oder wird sich durch deren Einführung bald zeigen.

§. 115. Erklärungen.

1) Größe des Drucks oder blos Druck in einer bestimmten Richtung, gegen eine Wasserfläche oder gegen eine feste Fläche von bestimmter Größe, ist die Summe der Drücke, welchen die Elementartheile der gedrückten Fläche nach Richtungen, parallel jener bestimmten Richtung erhalten.

2) Mittelpunkt des Drucks einer gedrückten festen Fläche, ist derjenige Punkt in ihr, auf welchen eine Kraft gleich der Größe des Drucks (Nr. 1.) aber in entgegengesetzter Richtung (also auch von der anderen Seite der gedrückten Fläche) angebracht, die Fläche, wenn sie an ihren Grenzen frei wäre, im Gleichgewichte mit denen sie drückenden Kräften erhält *).

3) Normaldruck heißt der senkrecht zu einer Ebene ausgeübte Druck (Nr. 1.). — Gegen eine krumme Fläche, ist hiernach ein Normaldruck an sich nicht möglich, wol aber ein Druck nach einer bestimmten Richtung.

4) Die Benennungen: Horizontaldruck und Vertikaldruck, beziehen sich auf die horizontale oder vertikale Richtung des Drucks, in bekannter Bedeutung.

---

*) Ist eine gedrückte Fläche z. B. eine Außenfläche eines Gefäßes, wie doch (wenn es nicht anders bestimmt wird) immer angenommen wird, an anderen Flächen fest (befestigt); so ist sie auch ohne Gegendruck von Außen bereits im Gleichgewichte, was für Kräfte auch von Innen gegen sie würken mögen.

Andere Richtungen werden durch die Winkel mit einer Horizontale oder Vertikale, bestimmt.

5) Die Tiefe des Schwerpunkts einer vom Wasser gedrückten Fläche unter dem Wasserspiegel (§. 110. Zusatz 2.), heißt die Druckhöhe der gedrückten Fläche.

6) Die Benennung: Wassersäule, soll künftig einen geraden prismatischen Wasserkörper bezeichnen.

§. 116. Lehrsatz (Fig. 57.).

Der Normaldruck N, gegen die horizontale Grundfläche eines geraden prismatischen Gefäßes, ist gleich dem Gewichte P des im Gefäße befindlichen Wassers.

Beweis. Daß der Normaldruck N (welcher bei der gemachten Annahme einer horizontalen Grundfläche, zugleich ein Vertikaldruck gegen diese Fläche ist) die Größe des Gewichts P, des im Gefäße befindlichen Wassers hat; würde kaum einer Erläuterung bedürfen, da sich Anfangs nicht wol einsehen läßt, woher eine Vermehrung oder Verminderung des vertikal würkenden Gewichts P entstehen sollte; wenn es nicht nach §. 109, 5. scheinen könnte, daß der Druck welchen das im Gefäße ruhende Wasser gegen die Seitenwände ausübt, eine Verminderung des vom Gewichte herrührenden Drucks gegen die Grundfläche veranlasse, wie sich ein solcher Erfolg doch unbedingt denken läßt*). Allein der Druck gegen die Seitenwände des Gefäßes, ist zwar die Würkung vom Gewichte des Wassers, indem der von diesem Gewichte nach vertikaler Richtung ursprünglich erzeugte Druck, sich nach allen Richtungen fortpflanzt (§. 107.); aber dieser mitgetheilte Seitendruck, ist nur als eine Spannung oder Pressung anzusehen, welche,

---

*) Siehe §. 119, 2.

ohne das Gewicht des Wassers zu modificiren, nach allen Richtungen stattfindet. Eben so widerspricht die Volubilität des Wassers (§. 104.), einer durch jene Spannung etwa entstehenden Druckabnahme in vertikaler Richtung, und da keine Reibung gegen die Seitenwände vorhanden ist (§. 106, 2.), so kann hierdurch gleichfalls keine Aenderung erzeugt werden. Es folgt also das Wasser im Gefäße, ungehindert der Richtung der Schwere, oder der Druck N in vertikaler Richtung, d. h. gegen die horizontale Grundfläche, ist von der Größe des Gewichts P der ganzen Wassermasse. Es ist also N = P. — W. z. b. w.*).

Anmerk. Die Adhäsion gegen die Wände der Gefäße, namentlich bei den Haarröhrchen (§. 113.), kann so bedeutend sein, daß eine namhafte Anomalie gegen die Behauptung des Lehrsatzes entsteht; ja der Druck gegen die Grundfläche kann hierdurch ganz verschwinden, indem namentlich bei den Haarröhrchen, fast kein Ausfließen des Wassers aus der am unteren Ende befindlichen Oeffnung erfolgt.

Zusatz. Liegt eine horizontale Wasserfläche KS, dergestalt unter dem Wasserspiegel MN, daß alle Perpendikel von sämmtlichen in der Fläche KS anzunehmenden Punkten zum Spiegel gefällt, ganz innerhalb des Wassers liegen (d. h. die Wände nicht schneiden); so ist der Normaldruck gegen die Fläche KS, gleich dem Gewichte einer Wassersäule, deren Grundfläche die gedrückte Fläche KS, und deren Höhe der Wasserstand (§. 110. Zusatz 2.) über jener Fläche ist. — Denn: denkt man sich die über der Fläche KS vertikal befindliche Wassermasse, durch eingeschobene feste Flächen gleichsam begrenzt; so bilden diese Flächen jene Wassersäule, und die Grundfläche erhält (laut Lehrsatz) den erwähnten Druck, welcher aber auch vom Wasser gegen die Wasserflächen vorher gegenseitig ausgeübt und getragen wurde (§. 109, 6.).

*) Man vergleiche auch das Ende des Zusatzes zu §. 97.

§. 117. Lehrsatz (Fig. 57.).

Eine Horizontalebene, welche durch eine ruhende Wassermasse im beliebig geformten Gefäße gelegt wird, erhält einen Normaldruck, gleich dem Gewichte einer Wassersäule, deren Grundfläche die gedrückte Fläche, und deren Höhe die Tiefe dieser Fläche unter dem Wasserspiegel ist.

Beweis. Man stelle sich die Horizontalebene EF als die gedrückte Fläche vor, theile sie in lauter Elementartheile und fälle von diesen Elementarebenen Perpendikel, bis, der Form des Gefäßes gemäß, der Spiegel MN oder die Wand getroffen wird. Nun sei H eine solche Elementarfläche die den, gleichfalls H benannten Elementartheil des Wassers begrenzt, welcher vertikal unter dem Rande des Wasserspiegels bei M, unmittelbar unter der Ebene EF liegt, und G bedeute die unmittelbar neben H liegende Elementarfläche, welche den Theil G begrenzt, der zwar auch unter der Fläche EF, aber unter einem Punkte L der Wand (vertikal) liegt, so daß $MH > LG$ ist. Ist D das Gewicht der Wassersäule HM, so erleide die Ebene H einen Normaldruck gleich D (§. 116. Zusatz). Die Ebene G erhält aber zunächst vom Gewichte der über ihr befindlichen Wassersäule, nur einen Druck $D' < D$; jedoch drückt der Theil H gegen den Theil G mit der Kraft D, und diesen Druck muß der Theil G gegen seine Grenzfläche G nach oben zu fortpflanzen, daher G auch einen Normaldruck gleich D erhält. Man sieht wie sich diese Schlüsse für die von G nach E zu liegenden Elementarflächen und Theile, fortsetzen lassen, daher diese Flächen sämmtlich den Normaldruck D erhalten, wenn auch die unmittelbar über ihnen liegenden Wassersäulen Gewichte haben, welche von D und unter sich verschieden sind. — Der Druck auf sämmtliche Elementarflächen d. h. auf die Fläche EF, so wie auf jeden Theil dieser, oder einer z. B. beim Gefäße in Fig. 55. gelegten Horizontalfläche YZ, u. dgl. m., ist daher von der im Lehrsatze behaupteten Größe. — W. z. b. w.

Zusatz. Der eben bewiesene Lehrsatz enthält zugleich den Satz: **gleich große Theile einer durch das Wasser gelegten Horizontalebene, oder: gleich tief unter dem Wasserspiegel liegende gleich große Horizontalebenen, erhalten gleich großen Normaldruck, dessen absolute Größe im Lehrsatze bestimmt ist.**

Anmerk. Der geführte Beweis des Lehrsatzes, erfordert um so mehr Beachtung und Berücksichtigung des §. 116. nebst dessen Zusatz, als man sonst auch wol geneigt sein könnte zu behaupten: wegen des gleichen Drucks nach allen Richtungen (also auch in der Horizontalebene), könnte wol auch der kleinere Druck D' gegen D, das Maaß des Drucks für die Elementarflächen sein. — An diese Bemerkung knüpfen sich interessante Betrachtungen an, welche zum Theil in den folgenden Paragraphen berücksichtigt werden.

§. 118. Zusätze (Fig. 58, 59, 60 und 61.).

Es ergeben sich aus dem wichtigen vorigen Satze, unmittelbar folgende Zusätze:

1) Ist die Größe der vom Wasser gedrückten Horizontalfläche, gleich F, die Höhe des Wasserstandes über dieser Fläche gleich h, und das Gewicht einer Cubikeinheit Wasser gleich γ *); so ist der Normaldruck D zur gedrückten Horizontalfläche, gleich $hF\gamma$. Die Gleichung $D = hF\gamma$ setzt natürlich voraus, daß h und F nach analogen Längen- und Flächenmaaße genommen sind auf welches sich das Cubikmaaß für γ bezieht; D erhält man aber in solchen Gewichtmaaßeinheiten, worin γ ausgedrückt ist.

*) Vgl. §. 15, 4; ist der Cubikfuß die Einheit, so ist $\gamma = 66$ Pfund; ist der Cubikzoll die Einheit, so ist $\gamma = 1\frac{1}{8}$ Loth.

Für eine andere Flüssigkeit als Wasser, muß $D = shF\gamma$ gesetzt werden (§. 15, 4.).

2) Ist die horizontale Grundfläche eines Gefäßes mit beliebigen Seitenwänden, gleich G, und der Wasserstand über der Grundfläche, d. h. die Tiefe des Wassers (§. 110. Zusatz 2.) gleich t; so ist der Normaldruck D zur Grundfläche, $D = tG\gamma$, wonach also das absolute Gewicht P des im Gefäße befindlichen Wassers, bei diesem Drucke D gar nicht in Betracht kömmt, folglich der Druck D viel größer, aber auch viel geringer als P sein kann. — Man nennt diesen höchst merkwürdigen Satz: das hydrostatische Paradoxon, und es ist hierbei wol zu beachten, daß der Druck D nur das Resultat der Spannungen ist, welche durch die allseitige Fortpflanzung des, ursprünglich vom Gewichte des Wassers herrührenden Drucks, erzeugt werden.

Anmerk. 1. Die so eben gemachte Bemerkung ist besonders wichtig, weil ein Mißverstehen jener Druckbestimmung, zu widersinnigen Folgerungen Veranlassung geben könnte. Denn, wenn man das Gefäß mit dem Wasser auf eine Wage setzt, so ist das sich ergebende Gewicht Q, genau gleich dem Gewichte des Gefäßes plus dem Gewichte P des im Gefäße befindlichen Wassers, und der Druck D ist für dies Gewicht Q, ganz ohne Einfluß. Jedoch läßt sich leicht eine Vorrichtung erdenken, den Druck D, dessen Größe doch auch durch Gewichtmaaß bestimmt ist, vollständig zur Erscheinung zu bringen; genau die Kraft D gehört dazu, den Boden des Gefäßes an die Seitenwände anzudrücken, wenn er nicht fest mit diesen vereinigt wäre. — Wollte man aber fragen: wo, wenn $D < P$ ist, das vom übrigen Theile $(P - D)$ des Wassergewichts doch auch in vertikaler Richtung würkende, aber die Grundfläche nicht drückende Gewicht, bleibt: so sieht man leicht, daß die Seitenwände diesen Druck erhalten und tragen, da z. B. die Wand DN (Fig. 58.), offenbar den Druck von der im Raume EDN befindlichen Wassermasse trägt. Und frägt man: von wo der größere Druck gegen die Grundfläche herrührt, wenn $D > P$ ist; so ist zu beachten, daß eine Seitenfläche welche z. B. die Lage

DA hat, von dem unter ihr befindlichen Wasser einen Druck vertikal nach oben erhält, den sie zwar durch ihre Festigkeit trägt, aber auch zurück giebt, so, daß der Theil DF der Grundfläche, wenn über ihm auch nur die Wassermasse FAD liegt, dennoch den Druck, wie von einer Masse gleich AFDE erhalten kann. Bei Seitenwänden, welche wie MBC verschieden gebogen sind, kommen beide Erklärungen vereint in Anwendung.

Anmerk. 2. Ein Druck gegen eine Fläche, größer als ein auf dieser Fläche liegendes Gewicht; ist auch auf andere Weise mannigfaltig zu erzeugen. Man denke sich z. B. eine Pulvermasse welche p ℔. wiegt in einem Gefäße dessen Gewicht g ℔. ist, eingeschlossen; so wird auf einer Wage, auch nach der Entzündung des Pulvers, das Gewicht nur (p + g) ℔. sein, während die Grundfläche des Gefäßes einen vielmal größeren Druck als jenes Gewicht p beträgt, erhält. — Auch die Muskelkräfte lebendiger Wesen, können auf ähnliche Art würken, und einen viel größeren Druck erzeugen, als die Masse wiegt welche drückt.

3) Ein Gefäß habe die Form ABCDEFGHIK wie Fig. 59. zeigt, und MN sei der Wasserspiegel; so erhalten alle tiefer als MN liegenden Außenflächen, auch einen Vertikaldruck nach oben (§. 109, 4.) dessen Größe, wenn diese Flächen horizontal liegen, sich nunmehr sogleich ergiebt. So ist der Normaldruck d anf IH nach oben, wenn die Größe dieser Fläche z und ihre Tiefe LI unter dem Wasserspiegel t heißt, $d = zt\gamma$; der Normaldruck d' auf GF (wenn $GF = z'$ und $FR = t'$, also den Wasserspiegel erst erweitert) ist $d' = z't'\gamma$; u. s. w.

Anmerk. 3. Der sogenannte anatomische Heber (Fig. 60.), ist eine Vorrichtung, durch welche man den bedeutenden Druck den eine Wassermasse nach oben ausübt, zur Erscheinung bringt. Man denke sich zwei communicirende Röhren, die eine von geringem Durchmesser sei lang, die andere von größerem Durchmesser sei kurz. Ueber diese letztere Röhre spanne man eine Blase, und fülle in die längere (dünne) Röhre Wasser; so wird sich die kürzere Röhre auch anfüllen, und gefüllt sein, wenn das Wasser in der längeren Röhre, mit der (horizontalen)

Bedeckung der kürzeren Röhre, in einer Horizontalebene steht (§. 111, 1 und 2)*). Noch wird kein Druck gegen die Bedeckung nach oben stattfinden. Wird die Füllung der längeren Röhre fortgesetzt, und das Wasser steht z. B. um die Höhe h über der (erweiterten) Bedeckung; so ist der Normaldruck gegen diese Decke nach oben, gleich $r^2\pi h\gamma$, wenn r den Halbmesser der kürzeren Röhre bedeutet; und man wird ein Gewicht von der Größe dieses Drucks, auf die sich ausdehnende Blase oder auf die Bedeckung zu legen genöthigt, wenn die Erhebung derselben verhindert werden soll. Es kömmt also das Gewicht des Wassers in der längeren Röhre, gar nicht in Betracht, sondern nur die Höhe der Wassersäule in ihr über der erweiterten Bedeckung. — Man könnte die Größe des Drucks $r^2\pi h\gamma$ auch so herleiten: wird die kürzere Röhre nicht bedeckt und so viel erweitert, daß das Wasser in beiden Röhren gleich hoch steht (z. B. bis MB); so würde die Wasserfläche beim Durchschnitte CD, den Druck des Gewichts der Wassermasse ABDC, oder gleich $r^2\pi h\gamma$ nach unten erhalten; einen eben so großen Druck muß daher die Fläche CD nach oben äußern (weil Gleichgewicht besteht; §. 111, 1.), und dieser Druck muß zur Erscheinung kommen, sobald beim Durchschnitte CD, eine feste Fläche (eine Bedeckung) angebracht, das Wasser über derselben aber weggenommen wird. — Bei den meisten Anordnungen der hydrostatischen Presse (§. 107. Anmerk. 2.), kömmt auch dieser vom Gewichte des Wassers herrührende Druck, mit in Anschlag. Auch beim Wasserbau, so wie in der freien Natur, ist der mehrerwähnte Druck der größten Beachtung würdig.

Anmerk. 4. Es ist deutlich daß, wenn man in einem tiefer als der Wasserspiegel liegenden horizontalen Theil der Seitenwand, eine Oeffnung macht; das Wasser mit der vorher bestimmten Kraft gegen diesen Theil der Wand, vertikal in die Höhe springt. Abgesehen von denen hierbei möglichen Modificationen, und von den Hindernissen welche sich vorfinden (namentlich ist der Widerstand der Luft über der Oeffnung zu beachten); so ist einleuchtend, daß das Wasser bis zur Höhe des Spiegels in der längeren Röhre herausspringt. — Hierin liegt

*) Es ist leicht Mittel zu erdenken, die Luft wegzuschaffen, welche sich gewöhnlich unter der erwähnten Bedeckung zuerst noch befindet.

das Grundprinzip für die Würkung der meisten Springbrunnen. Die Gesetze der Bewegung des springenden Strahls, sind dagegen ein Gegenstand der Hydrodynamik.

4) Der Druck einer Wassersäule nimmt, in vertikaler Richtung, im Verhältniß der Tiefe unter dem Wasserspiegel, zu. — Ist also der Druck in der Tiefe von a′ gleich d′*), so ist er in der Tiefe von a″, $d'' = \frac{a''}{a'} \cdot d'$ (nemlich $a' : a'' = d' : d''$). Demohnerachtet ist laut §. 106, 5, das Wasser in größeren Tiefen nicht dichter (wenn gleich gepreßter) als in höheren Schichten, hier anzunehmen. — In einer nicht vertikalen Richtung, ist dagegen der Vertikaldruck welcher auf die einzelnen Elementartheile in dieser schiefen Richtung stattfindet, ungleich groß (§. 109, 3. ist hier zu beachten).

5) Wenn sich verschiedenartige tropfbare Flüssigkeiten, welche sich nicht chemisch mischen, in einem Gefäße ohne Scheidewände befinden, und die specifischen Gewichte dieser Flüssigkeiten sind verschieden (§. 106, 3.); so trennen sich die verschiedenartigen Flüssigkeiten, in Horizontalebenen von einander; weil bei allen anderen Grenzflächen, ungleicher Druck in den Richtungen der durchzulegenden Horizontalebenen sein würde. — Hierbei ist es an sich gar nicht nöthig, daß die specifisch schwerere Flüssigkeit, tiefer als die leichtere liegt, wenn sich auch diese Reihefolge in der Regel ergeben wird; denn, ist die leichtere Flüssigkeit einmal unten und in Ruhe, so läßt sich sehr wol einsehen wie es möglich ist, daß eine schwerere auch ruhende Flüssigkeit, auf jener leichteren liegen kann (Vergl. §. 105, 1, b).

6) Hat man in zwei communicirenden Röhren, ungleich-

*) Die absolute Größe von d′ kann sich erst ergeben, wenn die Größe der horizontalen gedrückten Fläche bekannt ist.

ungleichartige Flüssigkeiten welche sich nicht mischen, z. B. zuerst Quecksilber so weit gefüllt, daß es in beiden Röhren bereits gleich hoch steht, und man gießt dann in die eine Röhre z. B. Wasser; so stehen die Spiegel der Flüssigkeiten in beiden Röhren nicht mehr gleich hoch (siehe §. 111, 2.), sondern in der Röhre wo das Wasser ist, steht die Flüssigkeit höher, dergestalt, daß sich die Höhen der Flüssigkeitstände in beiden Röhren, über der (horizontalen) Scheidungfläche der ungleichartigen Flüssigkeiten, umgekehrt wie die specifischen Gewichte dieser Flüssigkeiten verhalten. Ist nemlich BN (Fig. 61.) die Scheidungfläche des Quecksilbers und Wassers, steht ferner das Wasser bis EF, und man erweitert NB bis AM; so ist, wenn das Quecksilber bis DC steht, zum Gleichgewichte in der ganzen Flüssigkeitmasse erforderlich, daß auf gleich großen Theilen der Fläche MN, oder der Flächen MA und BN, gleiche Normaldrücke stattfinden, welche Drücke aber nur gleich sein können, wenn die Entfernungen zwischen den (parallelen) Flächen CD und MA, so wie EF und BN, sich umgekehrt verhalten wie die specifischen Gewichte der Flüssigkeiten in den Räumen CA und EN.

Anmerk. 5. Daß der hydrostatische Druck jeder der beiden Flüssigkeiten über der Fläche MN, durch jeden anderen Druck der mit ihm gleich groß ist, ersetzt werden kann; oder daß ein Druck durch irgend eine Kraft, welche jenen ersten Druck ersetzt, diesem auch gleich ist; versteht sich von selbst, ist jedoch hier beachtenswerth (Siehe auch §. 142. Anmerk.).

7) Hat ein völlig geschlossenes Gefäß eine horizontale Grundfläche, oder sind Theile der Seitenfläche horizontal; so wird der Normaldruck auf solche Fläche, genau eben so wie bei offenen Gefäßen bestimmt, nur wird statt des Wasserspiegels, der höchste Punkt der ganzen Wassermasse genommen. — Dies ist nunmehr für sich deutlich.

§. 119. Aufgabe.

Den Normaldruck N zu finden, welchen eine vom Wasser berührte Ebene E in der Wand des Gefäßes, vom Wasser erhält.

Auflösung und Beweis. Man theile die Ebene E in lauter Elementarebenen e', e'', e''',..., und nenne die Normaldrücke gegen diese n', n'', n''',... Die Punkte in den einzelnen Ebenen e, sind als gleich tief unter dem Wasserspiegel liegend anzusehen (§. 114.), und t', t'', t''',... mögen diese Tiefen für die Ebenen e bedeuten. Da nun gegen jeden Punkt einer der Ebenen e, die Normaldrücke gleich groß (§. 114.), diese aber gleich den Vertikaldrükken zu diesen Punkten sind (§. 107. Zusatz 1.); so ist jeder der Normaldrücke n so groß, als der Vertikaldruck zu den Ebenen e sein würde, wenn sie horizontal lägen. Es ist also nach §. 118, 1. allgemein $n = et\gamma$ *) oder

$$n' = e't'\gamma,\ n'' = e''t''\gamma, \ldots, \text{ folglich}$$

$$n' + n'' + \ldots = N = \gamma(e't' + e''t'' + \ldots).$$

Es kömmt nunmehr auf die Summe der in der Parenthese stehenden Größen an. Sieht man den Wasserspiegel als Momentenebene an, so kann man die Producte $e't'$, $e''t''$,... als Momente der Theile e', e'',... eines Systems, welches die ganze Ebene E ist, ansehen. Man lege also dem Systeme E Gewicht bei, dann würken die Theile e', e'',... in parallelen Richtungen; und nimmt man diese Theile (des Systems) von gleicher Größe an, so ist der Schwerpunkt der Ebene E, der Mittelpunkt der parallelen Kräfte. Bezeichnet d die Druckhöhe (§. 115, 5.), d. h. die Entfernung des Schwerpunkts der Ebene E von der Momentenebene (dem Wasserspiegel); so ist nunmehr

---

*) Man beweiset diese wichtige Grundgleichung, auch wol durch das Princip der virtuellen Geschwindigkeit (§. 37. Anmrk.).

$\gamma(e't' + e''t'' + ...) = dE\gamma = N$ (I.) *). Diese wichtige Formel giebt in Worten den Satz:

Der Normaldruck gegen einen ebenen Theil der Wand eines Gefäßes, ist gleich dem Gewichte einer Wassersäule, deren Grundfläche die gedrückte Ebene, und deren Höhe die Druckhöhe dieser Ebene ist.

Aus der gefundenen Gleichung, ergeben sich sogleich die Gleichungen:

$d = \frac{N}{\gamma E}$ (II.) und $E = \frac{N}{\gamma d}$ (III.); die Gleichung $\gamma = \frac{N}{dE}$ (IV.) ist hier nicht wesentlich.

Anmerk. Sollte es Anstoß erregen, eine (nicht horizontal liegende) Elementarfläche als in allen ihren Punkten gleich tief unter dem Wasserspiegel liegend anzusehen; so kann man, weil die Ebene e strenge genommen nur in solchen Punkten gleichen Druck erhält, welche in Horizontallinien liegen die man in ihr ziehen kann (§. 118, 4.), sich leicht einen Punkt in ihr denken, gegen den der Druck das Mittel aus den Drücken gegen die höher und die tiefer liegenden Punkte ist, so daß die im Beweise angeführte horizontale Lage der Elementarebenen, durch diesen Punkt geht, dessen nähere Bestimmung freilich eine eigene Aufgabe ist (Siehe §. 129.).

§. 120. Zusätze.

1) Soll sich γ nur auf das Gewicht der Wasser-Cubikeinheit beziehen; so ist der Normaldruck N einer anderen tropfbaren Flüssigkeit, deren specifisches Gewicht $s_,$ ist; nunmehr $N_, = \gamma s_, d_, E_,$; in welcher Gleichung auch die Bezeichnungen $d_,$ und $E_,$ deutlich sind.

2) Die mancherlei Proportionen welche sich aus den Gleichungen $N' = \gamma d' E'$ und $N'' = \gamma d'' E''$, oder $N_, = \gamma s_, d_, E_,$ und $N_{,,} = \gamma s_{,,} d_{,,} E_{,,}$, ergeben, und die zur Vergleichung der Normaldrücke, der Druckhöhen, der

*) Vergl. auch §. 73, 4 und 5.

gedrückten Flächen, so wie der specifischen Gewichte dienen; sind ohne nähere Erläuterung leicht zu bilden.

3) Ist E die horizontale Grundfläche G eines Gefäßes; so wird die gefundene Formel $N = \gamma d E$, weil nun d zur Wassrtiefe t wird, diese: $N = \gamma t G$, wie auch §. 118, 2. bereits gefunden wurde.

4) Bedeutet E eine ganze Seitenfläche; so kann man den Normaldruck gegen sie, leicht als Function der Abmessungen dieser Seitenfläche darstellen. Ist z. B. E ein rechtwinkliches Parallelogramm, dessen Grundlinie g*) im horizontalen Boden des Gefäßes liegt, dessen Höhe aber h heißt, bis zu welcher Höhe das Gefäß mit Wasser gefüllt ist; so ist $E = gh$, also $N = \gamma dgh$; und weil, wenn t die Tiefe des Wassers anzeigt, $d = \frac{1}{2} t$ (beim Parallelogramme) ist (§. 75, 3, a); so ist $N = \frac{1}{2} \gamma tgh$ (I.). Steht nun zugleich diese Seitenwand vertikal; so ist $t = h$, daher $N = \frac{1}{2} \gamma g t^2 = \frac{1}{2} \gamma g h^2$ (II.), und der Normaldruck wird nun zugleich zum Horizontaldruck. Da, wenn die (horizontale) Grundfläche congruent jener Seitenfläche ist, der Vertikaldruck (Normaldruck) zu ihr (§. 118, 2.) $V = \gamma ghh = \gamma gh^2$ ist; so sieht man, daß alsdann der Normaldruck N zur (vertikalen) Seitenfläche, halb so groß als zur (horizontalen) Grundfläche ist.

5) Bei verschiedenen Grundlinien (Längen oder Breiten) g und ungleichen Höhen h, verhalten sich die Normaldrücke N gegen zwei vertikale Seitenflächen welche rechtwinkliche Parallelogramme sind, folgendermaßen:

$N' : N'' = \frac{1}{2} \gamma g' h'^2 : \frac{1}{2} \gamma g'' h''^2$ oder $= g' h'^2 : g'' h''^2$ (I.); also wenn $g' = g''$ ist, wird $N' : N'' = h'^2 : h''^2$ (II.),

*) Diese wird wol auch durch b (Breite) oder durch l (Länge des Gefäßes) bezeichnet.

oder wenn $h' = h''$ ist, hat man $N' : N'' = g' : g''$ (III.). U. dgl. m.

Anmerk. Die Formeln und Proportionen in Nr. 4 und 5, werden besonders wichtig für den Druck gegen die Schleusenthüren, oder gegen die Scheidewand zweier Wasserbehälter. Hier ließen sich eine Menge practische Beispiele ausführen, wenn sie anders der Zweck dieses Buches wären. — Bemerkt sei nur, daß z. B. die Differenz D der Drücke, welche von zwei Seiten einer vertikalen Scheidewand zweier Gefäße herrührt, sobald das Wasser zu beiden Seiten in verschiedenen Höhen h' und h'' steht; sich durch die Formel:
$D = \frac{1}{2} g h'^2 \gamma - \frac{1}{2} g h''^2 \gamma = \frac{1}{2} \gamma g (h'^2 - h''^2) = \frac{1}{2} g \gamma (h' + h'')(h' - h'')$
darstellen läßt. Diese Formel hat practischen Nutzen, und giebt zu mehreren Betrachtungen Anlaß, wenn man nemlich die Grundflächen beider Gefäße in einer, die Spiegel aber in verschiedenen Ebenen; oder wenn man die Grundflächen in verschiedenen Ebenen und die Spiegel in einer Ebene liegend annimmt. — Es lassen sich dergleichen Bemerkungen noch viele machen, und ohne Erläuterung beantworten. Auch die Betrachtung des ungleichen Drucks gehört hierher, den eine in einer vertikalen Scheidewand liegende Ebene von beiden Seiten erhält, wenn die Wasserspiegel zu beiden Seiten der Scheidewand ungleich hoch stehen. U. dgl. m.

6) Ist die gegen die Horizontale schief stehende Seitenfläche, ein rechtwinkliches Parallelogramm, dessen Dimensionen g und h sind, bedeutet ferner t die Tiefe des Wassers, und α den Neigungwinkel der Seitenfläche gegen die erweiterte Grundfläche; so ist $t = h \sin \alpha$, also die Druckhöhe (d) gleich $\frac{1}{2} h \sin \alpha$. Hiernach ist $N = \frac{1}{2} \gamma g h h \sin \alpha = \frac{1}{2} \gamma g h^2 \sin \alpha$ (Für $\sin \alpha = 1$, erhält man N wie in Nr. 4.). Auch diese Formel läßt wieder mannigfaltige leicht zu findende Betrachtungen und Vergleichungen zu.

7) Ist die Seitenfläche ein Triangel F; so ist der Normaldruck, wenn t die Tiefe des Wassers bedeutet, verschieden, je nachdem eine Seite des Triangels in der Grundflache und die Spitze welche dieser Seite ge-

genüber liegt, im Wasserspiegel sich befindet; oder wenn bei ungeändertem t, jene Lage umgekehrt stattfindet*). Nemlich im ersteren Fall ist die Druckhöhe $\frac{2}{3}$ t, also $N' = \frac{2}{3}\,t\,F\gamma$, im zweiten Falle ist aber die Druckhöhe $\frac{1}{3}$ t, folglich $N'' = \frac{1}{3}\,t\,F\gamma$; daher sich $N' : N'' = 2 : 1$ verhält (Siehe §. 78.)**).

8) Der Normaldruck gegen eine Ebene E, bleibt ungeändert, sobald man diese Ebene um ihren Schwerpunkt beliebig dreht, wenn nur der Wasserspiegel auch seine Lage behält. — Dies liegt unmittelbar im vorigen §.

Anmerk. Weil auch der Normaldruck des Wassers gegen die Wände des Gefäßes, unabhängig von der Menge des Wassers im Gefäße ist; so läßt sich der bedeutende Druck erklären, den die Wände der Röhren, welche oft nur mit wenigem Wasser, jedoch in bedeutender Höhe gefüllt sind, erleiden. — In der Hydrotechnik ist dieser Umstand sehr zu beachten, und unter anderen hierüber nachzuschlagen: Eytelwein's Handbuch der Hydrostatik (1826), drittes Kapitel. — Wie reichhaltig die Zusätze sind welche dieser §. enthält, ist einleuchtend; jedoch sollen die analogen Zusätze bei den folgenden Aufgaben, übergangen werden.

§. 121. Lehnsatz (Fig. 62.).

Der Druck d des Wassers, nach irgend einer Richtung R gegen eine Elementarfläche e von beliebiger Form, deren Tiefe unter dem Wasserspiegel gleich t ist; ist gleich dem Normaldrucke n gegen die, in derselben Tiefe t, senkrecht zur Richtung R genommenen Projection p der Elementarfläche e.

---

*) Ein dreiseitiges Prisma, je nachdem entweder eine Kante den Wasserspiegel und dessen eine Seitenfläche die Grundfläche bildet, oder diese Lage umgekehrt genommen wird; entspricht den oben bemerkten Lagen.

**) Man vergleiche dir analoge Erscheinung beim Triangel, in §. 87, Seite 231.

Zur Erläuterung dieser Behauptung, welche unmittelbar in der Natur der Sache liegt, sobald Elementarflächen vorausgesetzt werden; betrachte man die Elementarfläche AB = e, und den Druck d gegen sie nach der Richtung CO. Nimmt man nun die Projection AD = p der Fläche AB, senkrecht zur (nöthigenfalls zu verlängernden) CO, in der Tiefe der Fläche AB; so ist deutlich, daß alle die gleich großen Drücke zu den verschiedenen Punkten der e, verlängert die Ebene p treffen, welche Ebene ebenfalls eine Elementarfläche ist*), zu welcher der Normaldruck n, nach dem in §. 119. Gesagtem, gleich $pt\gamma$ ist, indem man der Elementarfläche wegen, vom Gewichte des Wassers abstrahiren kann, welches etwa im Raume ABD noch anzunehmen wäre (Vergl. §. 119. Anmerk.). Es ist also $d = n = pt\gamma$. Auf gleiche Weise ergiebt sich der Druck d' nach der auf CO senkrechten Richtung KO, so groß als der Normaldruck n' zur Projection BD oder p', welche senkrecht zur Richtung KO genommen wird.

Anmerk. Der Grundzug dieses Lehnsatzes, findet sich auch auf anderen Gebiethen bei verschiedenen Erscheinungen; z. B. daß auf einem Berge nicht mehr Bäume (ihres vertikalen Wuchses wegen) stehen können, als auf der Anlage (Projection) des Berges. Auch bei der Beleuchtung der Flächen in verschiedenen Lagen gegen das Licht, findet sich ein ähnlicher Erfolg. U. dgl m.

§. 122. Lehrsatz (Fig. 62.).

Den Druck des Wassers nach irgend einer Richtung R zu einer Elementarebene e erhält man, wenn man den Normaldruck n zur Ebene e, nach den allgemeinen Gesetzen §. 27, 2. zerlegt,

---

*) Zu beachten ist: daß die Projection einer beliebigen Fläche, stets eine Ebene ist.

hierbei ein rechtwinkliches Parallelogramm der Kräfte, und R als Richtung einer Seitenkraft annimmt.

Beweis. Es sei IO der Normaldruck n zur Elementarebene AB, HO die eine Seitenkraft in dem rechtwinklichem Parallelogramme der Kräfte IHOG, und GO die andere Seitenkraft; so ist der $\angle$ HOI $= \angle$ BAD $= \alpha$ (Construction wie im vorigen §.), wenn $\angle$ BAD der Neigungwinkel der Ebenen AB (oder e) und AD (oder p) ist. Nun ist n $=$ IO $=$ e$t\gamma$ und HO $=$ IO $\cos\alpha =$ e$t\gamma\cos\alpha$. Aber es ist auch allgemein AD $=$ p $=$ AB $\cos\alpha =$ e $\cos\alpha$ *), und der Druck d auf AB nach der Richtung CO, ist gleich p$t\gamma$ (§. 121.); folglich ist auch d $=$ e$t\gamma\cos\alpha$, d. h. HO ($=$ e$t\gamma\cos\alpha$ gefunden) repräsentirt die Größe des Drucks nach der Richtung CO. — W. z. b. w.

§. 123. Aufgabe.

Den Druck D des Wassers nach einer bestimmten Richtung R, deren Winkel α mit der Normale zur gedrückten Ebene E gegeben ist, zu dieser Ebene E zu finden.

Auflösung und Beweis. Bedeuten e′, e″,..., die Elementarflächen der gedrückten Ebene E, und haben p′, p″,..., t′, t″,... so wie d′, d″,... und $\angle\alpha$ die Bedeutung wie bisher; so ist:

$$D = d' + d'' + d''' + \ldots$$
$$= e't'\gamma\cos\alpha + e''t''\gamma\cos\alpha + e'''t'''\gamma\cos\alpha + \ldots$$
$$= \gamma\cos\alpha\,(e't' + e''t'' + e'''t''' + ..) = dE\gamma\cos\alpha = Pd\gamma,$$

wobei (wie in §. 119.) d die Druckhöhe und P die Pro-

*) Den (rein mathematischen) Beweis für diese Relation zwischen den Flächen p, e und den $\angle\alpha$, findet man unter andern im 2ten Bande meines Grundrisses der Elemente der reinen Mathematik; (1829.); Geometrie §. 49. Zusatz.

jection der Ebene E bezeichnet. Man erhält also den Satz:

Der Druck nach der Richtung R gegen eine Ebene E, ist gleich dem Gewichte einer Wassersäule, deren Grundfläche die, senkrecht zur Richtung R genommene Projection ($P = E \cos \alpha$) der gedrückten Ebene E, und deren Höhe die Druckhöhe der Ebene ist.

Zusatz. Kennt man den Normaldruck des Wassers zu einer Ebene; so erhält man den Druck nach irgend einer Richtung zu jener Ebene, wenn man den Normaldruck als die Resultante zweier senkrecht zu einander stehender Seitenkräfte ansieht, deren eine in die bestimmte Richtung fällt (Vergl. §. 122.).

Anmerk. Man geht gewöhnlich beim Vortrage der Hydrostatik, von diesem Zusatze, gleichsam als bereits aus §. 27. folgend aus, und beweiset alsdann §. 122. aus diesem Satze. Die hier angeführte Reihefolge der Sätze, scheint aber wol natürlicher zu sein.

§. 124. Zusätze (Fig. 63.).

1) Unter den Drücken des Wassers nach den unendlich vielen anzunehmenden Richtungen gegen die Wände der Gefäße, werden der Normaldruck N, der Horizontaldruck H und der Vertikaldruck V (§. 115, 4.) vorzüglich beachtet. Unter den mannigfaltigen Vergleichungen zwischen diesen Drücken, mögen die nachstehenden bemerkenswerthen hier angeführt werden. — Die Seitenwand GEOA sei ein rechtwinkliches Parallelogramm, dessen Projectionen senkrecht zur Horizontalen (also die Vertikalprojection) und zur Vertikalen (also die Horizontalprojection), die Flächen CGED und ACDO sein mögen; die Druckhöhe der Ebene E sei d ($= \frac{1}{2}$ t); so ist (nach §. 123.):

$$N:H:V = GEOA \times d\gamma : CGED \times d\gamma : ACDO \times d\gamma$$
$$= GEOA : CGED : ACDO$$
$$= AG \cdot AO : CG \cdot CD : AC \cdot CD$$
$$= AG : CG : AC \text{ (weil } AO = CD \text{ ist)}$$
$$= h : t : p \text{ (wenn } p = AC \text{ gesetzt wird).}$$

Setzt man hierin $N = \frac{1}{2} tgh\gamma$ (§. 120, 4.), so hat man
$N : H : V = \frac{1}{2} tgh\gamma : H : V = h : t : p$; also
$H = \frac{1}{2} t^2 g\gamma$ und $V = \frac{1}{2} gtp\gamma$. Der Ausdruck für H ($= \frac{1}{2} ttg\gamma$) zeigt, daß der Horizontaldruck gleich dem Normaldrucke ist, welchen die Fläche CGED (die Vertikalprojection) erhalten würde, wenn das Wasser sie unmittelbar berührte, und der Ausdruck für V, ist gleich dem Gewichte der, über der Horizontalprojection stehenden Wassermasse. Wird in den oben für H gefundenen Ausdruck, für $\frac{1}{2}$ t gesetzt d (Druckhöhe), so ist $H = tdg\gamma$, worin man auch $p = \sqrt{(h^2 - t^2)}$ setzen kann. Verschiedene Aenderungen der Form dieser Formeln nach rein mathematischen Gesetzen, können hier übergangen werden.

2) Durch Einführung des Winkels α, welchen die Seitenfläche mit der verlängerten horizontalen Grundfläche bildet, erhält man:

$$N = \tfrac{1}{2} ghh \sin \alpha \gamma = \tfrac{1}{2} gh^2 \gamma \sin \alpha$$
$$H = \tfrac{1}{2} gh^2 \sin \alpha^2 \gamma = \tfrac{1}{2} gh^2 \gamma \sin \alpha^2$$
$$V = \tfrac{1}{2} gh \sin \alpha h \cos \alpha \gamma = \tfrac{1}{2} gh^2 \gamma \cos \alpha \sin \alpha = \tfrac{1}{4} gh^2 \gamma \sin 2\alpha.$$

Beim Ausdrucke für V ist zu bemerken, daß, wenn $\angle \alpha$ stumpf ist (die Wand also nach einwärts gebogen ist), V negativ wird, wie es auch sein muß, weil dann der Vertikaldruck nach oben stattfindet (Vergl. §. 118. Anmerk. 1.). Man kann mancherlei Betrachtungen und Vergleichungen anstellen, wenn man $\angle \alpha$ z. B. 0° oder 90° oder 180°, u. s. w. setzt. Zu bemerken ist aber, daß bei $45° = \alpha$, der größte Vertikaldruck (unter übrigens gleichen Umständen) stattfindet (Indem $\sin 2 \cdot 45° = 1$, ein Maximum ist). — Führt man t statt h in die Formeln ein; so wird, weil $h = \frac{t}{\sin\alpha}$ ist:

$$N = \frac{1}{2\sin\alpha} g t^2 \gamma,\ H = \tfrac{1}{2} g t^2 \gamma \text{ und } V = \tfrac{1}{2} g t^2 \gamma \cot\alpha$$

(Wo sich V wieder negativ ergiebt, wenn α stumpf ist).

3) Sucht man die Pressungen nach den drei mehrerwähnten Richtungen gegen ein rechtwinkliches Parallelogramm PTOA, dessen obere Seite um t (= PR), dessen untere Seite aber um T (= AH) unter dem Wasserspiegel liegt; so ist die Druckhöhe für diese Fläche, gleich $\frac{1}{2}(T-t)+t = \frac{1}{2}(T+t)$, indem S als Schwerpunkt des Parallelogramms betrachtet wird. Ist wiederum AO = g und AP = h, also PTOA = gh; so ergiebt sich:

$$N = \tfrac{1}{2}(T+t)\, gh\gamma,\ H = \tfrac{1}{2}(T+t)(T-t)\, g\gamma \text{ und}$$
$$V = \tfrac{1}{2}(T+t)\sqrt{(h^2-(T-t)^2)}\, g\gamma, \text{ indem}$$
$$AU = \sqrt{(\overline{AP}^2 - \overline{PU}^2)}, \text{ und } PU = (T-t) \text{ ist.}$$

Auch diese Formeln, deren Form mannigfaltig zu ändern ist, haben practischen Werth (z. B. bei dem Schutzbrette eines Wehrs), und zeigen, wie die ursprünglichen Formeln in modificirten Fällen anzuwenden sind.

§. 125. Aufgabe (Fig. 62.).

Den Druck D des Wassers gegen eine beliebige gekrümmte Fläche, nach einer bestimmten Richtung zu finden.

Auflösung und Beweis. Daß gegen krumme Flächen im Allgemeinen kein Normaldruck stattfindet, indem die senkrechte Richtung zu einer krummen Fläche, nur in Beziehung zu einem bestimmten Punkte dieser Fläche zu nehmen ist, ist deutlich; dennoch kann man sehr wol: nach dem Drucke gegen eine krumme Fläche PR, oder F genannt, nach einer bestimmten Richtung z. B. nach ST fragen, so, daß gleichsam die Linien YP und ZR, parallel der ST, die Drücke nach den bestimmten Richtungen zur Fläche PR begrenzen (Die eigentlich räumliche und körperliche Beschaffenheit der hier stattfindenden Flächen und Wassermassen, sind wol zu beachten). Nun denke man sich wieder die Fläche F in ihre Elementarflächen e′, e″,... getheilt, deren Projectionen senkrecht zu den bestimmten Richtungen, durch p′, p″,... bezeichnet werden, während t′, t″,... die Tiefen der Elementarflächen und deren Projectionen unter dem Wasserspiegel bedeuten. Da nun die Drücke d′, d″... gegen die Elementarflächen in der Richtung ST, gleich den Normaldrücken n′, n″,... gegen die (ebenen) Projectionen sind (§. 121.); so hat man:

$d' = n' = p't'\gamma$, $d'' = n'' = p''t''\gamma$,..., folglich

$d' + d'' + .. = n' + n'' + ..$ oder $D = N = \gamma(p't' + p''t'' + ..)$.

Nun bilden die verschiedenen Projectionen ein, wenn auch nicht stetig zusammenhängendes System, dessen Mittelpunkt der parallelen Kräfte (wenn man den Projectionen Gewichte beilegt, wie in §. 119. geschah), mit dem Mittelpunkte der parallelen Kräfte der Elementarflächen zusammen fällt, da die Flächen p und e, stets als in einem und demselben Punkte vereinigt angesehen werden können. Nimmt man also die Elementarflächen e von gleicher Größe an; so ist der Schwerpunkt der Fläche F, zugleich der Mittelpunkt der parallelen Kräfte der Gewichte für p′, p″,..., dessen Entfernung von dem Wasserspiegel (der Momentenebene) die Druckhöhe d ist. Setzen wir $p' + p'' + p''' + ... = P$, so ist nunmehr $p't' + p''t'' + ... = Pd$, folglich $N = D = Pd\gamma$, d. h.

der Druck D nach der bestimmten Richtung zur Fläche F, ist gleich dem Gewichte einer Wassersäule, deren Grundfläche die, senkrecht zur bestimmten Richtung genommene

Projection P der Fläche F, deren Höhe aber die Druckhöhe der Fläche F ist (Vergl. §. 119. und §. 123.).

Die Formeln welche sich aus der Gleichung $D = Pd\gamma$ für P, d und γ ergeben, sind sogleich zu finden.

Anmerk. Daß dieses so wie alle früher erhaltenen Resultate, in aller Strenge wahr sind, ist bereits erwähnt; schwierig ist es aber, von der eben erhaltenen Formel hier Anwendungen zu zeigen, da die elementare Berechnung des Schwerpunkts einer krummen Fläche, nur sehr eingeschränkt ist. Sofern dies aber im 1sten Kapitel des vorigen Abschnitts gelehrt ist (z. B. §. 79, 4; §. 83. Zusatz 2, u. a. O.), sind Beispiele für die Druckbestimmungen leicht zu finden, wobei wiederum besonders der Vertikaldruck und der Horizontaldruck (nicht aber der Normaldruck) wichtig sind. — Ist z. B. eine Halbkugel mit Wasser ganz angefüllt, bildet also der sie begrenzende Normalkreis, den Wasserspiegel; so ist für den Vertikaldruck des Wassers, der Normalkreis die Projection der Halbkugelfläche; daher $V = r^2\pi . \frac{2}{3} r . \gamma = \frac{2}{3} r^3 \pi \gamma$ ist (wenn r den Halbmesser der Kugel bedeutet) weil $\frac{2}{3}$ r die Druckhöhe ist (§. 83. Zusatz 2.). Der Horizontaldruck H aber, ist gleich $2r . r . \frac{1}{2} r\gamma = r^3\gamma$, weil ein Rechteck, dessen Seiten 2r und r sind, die Horizontalprojection der Viertelkugel bildet, die Druckhöhe aber wieder $\frac{1}{2}$ r ist.

Zusatz. Hiernach bestimmt sich der Vertikaldruck gegen den Boden eines jeden Gefäßes, der Boden mag eben oder krumm sein.

§. 126. Lehrsatz.

Bei einem Gefäße mit ganz beliebig geformten Wänden, ist die Summe der Horizontaldrücke zu solchen gegenüberliegenden Theilen der Wände, deren Grenzen wechselseitig in allen Punkten gleich tief unter dem Wasserspiegel liegen, gleich groß*).

*) Man kann sich solche Flächen, gleichsam durch eine cylindrische Röhre, welche mit ihrer Axe horizontal durch die Wassermasse gelegt wird, aus den Wänden ausgeschnitten denken.

Beweis. Denkt man sich jene gegenüber liegende Theile der Wand, in Elementarflächen zerlegt; so ist der Druck auf zwei Elementarflächen welche sich gegenüber liegen, gleich groß, weil diese Drücke gleich den Normaldrücken auf die, senkrecht zu den horizontalen Richtungen genommenen Projectionen der Elementarflächen sind (§. 121.), diese Projectionen aber gleich tief unter dem Spiegel liegen, und unter sich gleich sind *). Was von je zweien gegenüberliegenden Elementarflächen gilt, gilt auch von ihren Summen, d. h. von den ganzen erwähnten gegenüberliegenden Flächen. W. z. b. w.

Zusatz. Es heben sich daher die Horizontalpressungen zu allen Seiten gegen die Wände des Gefäßes, gegenseitig auf. — Wird in einem Punkte der Wand eine Oeffnung gemacht und das Wasser strömt aus; so kömmt der Druck zur gegenüberliegenden Seite, in der nunmehr leicht zu bestimmenden Größe, ganz zur Erscheinung. — Die Würkung des sogenannten Segnerschen Kreisels beruht hierauf, dessen nähere Beschreibung hier nicht her gehört.

§. 127. Lehrsatz.

Bei einem Gefäße mit beliebig geformten Wänden, übertrifft die Summe der Vertikalpressungen des Wassers gegen die Wände nach unten, die Summe der Vertikalpressungen nach oben, um das Gewicht des im Gefäße befindlichen Wassers.

Beweis. Man stelle sich zwei, in vertikaler Richtung gegenüberliegende Elementarflächen vor (vergleiche

---

*) Diese Projectionen werden gleichsam die Grundflächen jener in der vorigen Bemerkung erwähnten durchgelegten Röhren, welche durch diese Grundflächen zu geraden cylindrischen Körpern werden.

den vorigen §.); so ist der Vertikaldruck gegen jede dieser Flächen, gleich dem Vertikaldrucke gegen ihre zugehörenden gleich großen Projectionen, welche senkrecht zu den vertikalen Richtungen genommen werden (§. 121.). Nennen wir daher jede dieser Projectionen p, und bezeichnen durch T und t, die Tiefen der unteren und der oberen dieser Projectionen unter dem Spiegel des Wassers; so ist $V = Tp\gamma$ und $v = tp\gamma$, also $V - v = p\gamma(T - t)$; $V - v$ ist die Differenz der Vertikalpressungen nach unten und nach oben, und $T - t$ die Höhe der Wassersäule, welche den betrachteten Elementarflächen entspricht, deren Gewicht daher $p\gamma(T - t)$ ist. Man sieht, daß, weil dies von je zweien gegenüberliegenden Elementarflächen gilt, es auch von denen im Satze erwähnten Summen gilt*). — W. z. b. w.

Anmerk. Das hydrostatische Paradoxon (§. 118, 2.), findet gleichsam eine ergänzende Erklärung in diesem gegenwärtigen Lehrsatze.

§. 128. Zusatz.

Durch die in diesem Kapitel vorgetragenen Sätze, ergiebt sich nun auch der Druck nach jeder bestimmten Richtung, welchen das Wasser auf eine, in eine ruhende Wassermasse eingeschobene Fläche von beliebiger Form äußert (Siehe §. 109, 6.). Dasselbe gilt für den Druck gegen die Außenflächen solcher festen Körper, welche man in eine Wassermasse versenkt. Hierüber wird das Nähere im folgenden Kapitel bestimmt werden. — Die Bestimmungen der Drücke bei ganz geschlossenen Gefäßen, selbst wenn noch andere Kräfte (als das Gewicht des Wassers) von Außen auf das Wasser würken; bedürfen nunmehr keiner neuen Erläuterungen mehr (Vergl. §. 114.).

---

*) Von solchen Wassersäulen, deren obere Elementarfläche in den Wasserspiegel fällt, ist die Behauptung für sich deutlich. Bei geraden prismatischen Gefäßen, versteht sich der Satz bereits von selbst.

§. 129. Aufgabe (Fig. 64.).

Den Mittelpunkt des Drucks (§. 115, 2.) einer vom Wasser gedrückten Fläche zu bestimmen.

Auflösung und Beweis. Die allgemeine Auflösung dieses, für die Hydrostatik wichtigen Problems, ist ein Gegenstand der höheren Mathematik, obgleich der Grundzug dafür ganz elementar ist. — Denn: nennt man allgemein M den Mittelpunkt des Drucks für eine Fläche F; so hat man nur die sämmtlichen gegen diese Fläche würkenden Drücke als Kräfte zu betrachten, deren resultirende Kraft K zunächst bestimmt werden muß; dann ist derjenige Punkt in der Fläche F, auf welchen die Kraft K würkt, um welchen die F als eine Drehfläche betrachtet, im Gleichgewichte ist, der gesuchte Punkt M. Nun ist der Normaldruck zu jedem Punkte einer vom Wasser gedrückten Fläche, als die Mittelkraft der sämmtlichen Drücke gegen diesen Punkt zu betrachten; aber für krumme Flächen ist, wie bereits erwähnt wurde, die Bestimmung dieses Normaldrucks nicht elementar zu vollziehen. — Betrachten wir aber auch nur ebene Flächen, so sind zwar die Normaldrücke zu allen Punkten parallel, und der nach §. 119. bestimmte Normaldruck, ist das Resultat aller dieser Drücke; keineswegs aber ist der Schwerpunkt S der Fläche F, zugleich der Punkt M; denn nicht in allen durch S gelegten Drehaxen, sind zu beiden Seiten gleiche Momente der Normaldrücke vorhanden, weil die Normaldrücke gegen die verschiedene Punkte der F, verschieden sind, indem sie mit der Tiefe der Punkte unter der Wasserfläche zunehmen*). Dennoch kann man häufig eine Linie angeben, welche durch

*) Siehe den Zusatz 2. zum §.

durch den Punkt M geht, sobald man nemlich weiß, daß diese Linie die Fläche dergestalt schneidet, daß jedem Punkte zu einer Seite dieser Linie, ein gleich tief unter der Wasserfläche liegender Punkt zur anderen Seite und in gleicher Entfernung von jener Linie entspricht; dies ist für sich deutlich. Kann man zwei solche Linien bestimmen, so ist der Punkt M selbst gefunden.

Um ein Beispiel hier durchzuführen, sei eine Seitenwand eines Gefäßes ein rechtwinkliches Parallelogramm ABCD; der Wasserspiegel stehe bis DC. Zuerst ist nach dem eben Gesagtem deutlich, daß der Mittelpunkt des Drucks in der Linie OQ liegt, welche die Mitten der Seiten AB und CD verbindet, so wie, daß derjenige Punkt in der OQ, durch welchen die Resultante der Normaldrücke zu sämmtlichen Punkten der Linien OQ geht, der Mittelpunkt des Drucks für die ganze Ebene F ist. Errichtet man in O auf der Ebene F (= ABCD) den Perpendikel OE gleich der Wassertiefe OH; so repräsentirt OE den Normaldruck auf O (§. 118, 4.), so wie alle Linien welche durch die verschiedenen Punkte der OQ parallel OE gezogen, und bis zur Verbindunglinie EC verlängert werden, den Normaldruck für diese Punkte darstellen. Denn: fällt man z. B. von M auf den Spiegel des Wassers den Perpendikel MK, so stellt MK den Normaldruck auf M dar, und weil sich verhält OH : MK = OQ : MQ = OE : MG; so ist, da OE = OH war, auch MG = MK. Repräsentiren aber die sämmtlichen Parallelen mit OE, die Normaldrücke zu den Punkten der OQ; so stellt der Δ EOQ die Summe dieser Normaldrücke dar, und diejenige Linie unter jenen Parallelen, welche durch den Schwerpunkt des Triangels OEQ geht, geht durch den Mittelpunkt der parallelen Kräfte (jener Normaldrücke), nemlich weil sie als Durchmesser der Schwere des genannten

Triangels, diejenige jener parallelen Kräfte darstellt, zu deren beiden Seiten die anderen Kräfte sich im Gleichgewichte erhalten. Der mit der Seite OE parallel gehende Durchmesser der Schwere des Triangels OEQ, schneidet aber die Seite QO in einem Punkte, welcher $\frac{2}{3}$QO von Q in der QO entfernt liegt (§. 78. Zusatz), daher dieser Punkt der gesuchte Punkt M ist, welcher um $\frac{1}{6}$QO weiter von Q liegt als der Schwerpunkt des Parallelogramms, der gleich $\frac{1}{2}$QO von Q (in der QO) entfernt ist.

Zusatz 1. Um den Mittelpunkt des Drucks solcher Flächen zu berechnen, welche als Summen oder Differenzen jener Flächen erscheinen, für welche der Mittelpunkt des Drucks bereits berechnet ist; hat man offenbar nur nöthig, die in §. 81. u. a. O. gebrauchte Methode anzuwenden*). Soll daher z. B. für das Parallelogramm IRST = Prllg. IXYT — Prllg. RXYS, der Mittelpunkt des Drucks gefunden werden; so bezeichne allgemein N den zuerst berechneten Normaldruck, und V, U und W mögen die Mittelpunkte des Drucks für die genannten drei Flächen sein; dann ist, in Beziehung zur Linie XY als Momentenaxe:

$$N_{IRST} \cdot FV = N_{IXYT} \cdot FU - N_{RXYS} \cdot FW,$$

folglich ist FV, also auch PV (= FV — FP), leicht zu bestimmen, und in mancherlei Formen als Function derjenigen Größen darzustellen, welche zur Bestimmung jener Normaldrücke und der Parallelogramme dienen.

Zusatz 2. Für horizontale Flächen, ist der Schwerpunkt zugleich der Mittelpunkt des Drucks. Dies ist ohne Erläuterung deutlich.

---

*) Man erinnere sich, daß die Resultante sämmtlicher Normaldrücke zu den Punkten einer Fläche, d. h. der Normaldruck zur ganzen Fläche, durch den Mittelpunkt des Drucks geht.

§. 130. Anmerkung.

Versuche mit einer Masse feinen Sand (§. 106. Anmerk. 4.), haben bedeutende Abweichungen der Gesetze des Gleichgewichts dieser Massen, von dem der tropfbaren Körper gezeigt. Ohne hier in eine Untersuchung über jene Versuche und deren Resultate einzugehen (über die ohne Zweifel manches zu bemerken wäre); mögen hier nur die Erfolge angeführt werden, welche sich nach den Versuchen des Herrn Huber-Burnand (zu Verdün) ergeben haben:

1) Bei communicirenden Röhren füllt sich nur die Röhre, in welche der Sand gefüllt wird; er dringt also nicht bis zur anderen Röhre (Vergl. §. 111.).

2) In einer vertikalen etwa 4 Zoll starken Röhre, erhält sich der Sand durch die Adhäsion unter seinen Theilen und durch die Reibung gegen die Wände der Röhre, ohne einen Druck gegen die Grundfläche zu äußern. Er fließt also auch nicht aus, wenn diese Grundfläche fehlt (Vergl. §. 116.).

3) Bei dem Versuche in Nr. 2., übt der Sand nur Druck gegen die Seitenfläche der Röhre aus.

4) Wenn Sand aus einer Oeffnung am Boden eines Gefäßes ausläuft, so zeigt sich keine Veränderung in der Geschwindigkeit des Ausfließens, wie tief auch bereits die Sandmasse im Gefäße gesunken ist; diese Geschwindigkeit ändert sich selbst dann nicht, wenn noch eine Kraft auf die Oberfläche des Sandes einwürkt. — Dieses, eigentlich der Dynamik der Sandmassen angehörende Resultat, wird für den Gebrauch der Sanduhren wichtig.

Drittes Kapitel.

Vom Gleichgewichte zwischen tropfbaren und festen Körpern.

§. 131. Einleitung.

Die Volubilität des Wassers (§. 104.) gestattet jedem festen Körper, welcher nur seinem Gewichte überlassen auf die Oberfläche einer in einem offenen Gefäße ruhenden Wassermasse gelegt wird, ein bestimmtes Eindringen oder Versenken in das Wasser, sobald die Wände des Gefäßes der Form des festen Körpers kein Hinderniß darbieten; diese letztere Bedingung, so wie, daß das Gefäß dem Wasser welches der feste Körper verdrängt, noch Raum zu seiner Ausbreitung darbietet (widrigenfalls auf das abfließende Wasser keine Rücksicht genommen wird), wird stets vorausgesetzt. Ueberhaupt werden hier nur die Relationen untersucht, welche nach wieder hergestelltem Gleichgewichte, d. h. nach Ausgleichung der etwa entstehenden Schwankungen und Bewegungen, zwischen dem Wasser und dem festen Körper stattfinden. — Vorausgesetzt wird ferner hierbei, daß die betrachteten festen Körper, absolut fest sind, also die Pressungen welche ihre Grenzflächen vom Wasser erhalten, keine Formveränderungen der Körper hervorbringen, widrigenfalls Anomalien entstehen, auf welche hier keine Rücksicht genommen wird. Endlich nehmen wir an, daß keine chemische Verwandschaft oder Auflösung zwischen der Materie des Körpers und der tropfbaren Flüssigkeit stattfindet, und abstrahiren auch von der Adhäsion gegen die Außenfläche des Körpers. — Zu bemerken ist aber noch ein Umstand, der hier Beachtung verdient. Hat der in das Wasser versenkte Körper **Oeffnungen** in welche das Wasser eindringt, so jedoch, daß dieses Wasser in Verbindung mit dem Wasser im Gefäße bleibt; so hindern dergleichen Oeffnungen auf keine Weise die folgenden Gesetze des Gleichgewichts, wiewol bedeutende Anomalien entstehen können, besonders wenn die Oeffnungen sehr klein sind. Diese Verbindung des eingedrungenen Wassers mit dem Wasser im Gefäße, wird aber auch bleiben, wenn der Körper ganz unter Wasser versenkt ist, oder wenn bei nicht völliger Versenkung, dennoch die Oeffnung welche einmal unter Wasser war und diesem das Eindringen gestattete, auch unter Wasser bleibt. Wenn dagegen das eingedrungene Wasser, vom Wasser im Gefäße gänzlich getrennt wird (z. B. wenn der Körper eine Wendung macht und Wasser schöpft), so bildet es gleichsam einen besonderen selbstständigen Theil des festen Körpers, welcher zwar im Inneren des Körpers (wie in einem Gefäße eingeschlossen) die früher betrachteten Pressungen gegen die berührten Theile der Wände der Oeffnung ausübt, jedoch für die nunmehr zu betrachtenden Gesetze des Gleichgewichts, ferner außer Acht bleibt. Wir nehmen daher die festen Körper hier stets so an, daß bei beliebigen Oeffnungen welche sie dem Eindringen des Wassers gestatten mögen, dieses dennoch in steter Verbindung mit dem übrigen Wasser bleibt. —

Es wird sich nunmehr ergeben, daß die Lehren dieses Kapitels sich einfach auf die früheren Lehren zurückführen lassen, und von den wichtigsten Anwendungen für die Technik begleitet sind.

§. 132. **Lehrsatz** (Fig. 65.).

Ein jeder fester Körper*), welcher ganz oder

---

*) Man bemerke, daß der hier betrachtete Körper keineswegs **homogen** zu sein braucht.

zum Theil in ruhiges Wasser versenkt wird, wird vom Wasser mit einer Kraft vertikal nach oben gedrückt, welche gleich dem Gewichte der, vom Körper verdrängten Wassermasse ist.

Beweis. Der zuerst ganz unter Wasser versenkte Körper, sei der Körper A. Man denke sich denselben in lauter vertikale prismatische Körper zerlegt, deren Grundflächen Elementarflächen, nemlich die Elementarflächen der Außenfläche des Körpers A sind. Die Tiefen der unteren Grundflächen dieser prismatischen Körper unter dem Wasserspiegel, seien $t_{,}$, $t_{,,}$, $t_{,,,}$, ..., die Tiefen der oberen Grundflächen unter dem Spiegel aber t', t'', t''',... Nun nenne man die Horizontalprojectionen (d. h. die nach vertikaler Richtung senkrecht genommenen Projectionen) dieser Elementarflächen, welche, sofern sie einem und demselben jener Prismen angehören, gleich groß sind, p', p'', p''',... Dann ist der Druck des Wassers gegen die Summe der oberen Projectionen, oder gegen die obere Fläche des Körpers in vertikaler Richtung nach unten (siehe §. 121.):

$$p't'\gamma + p''t''\gamma + \ldots = \gamma(p't' + p''t'' + \ldots),$$

und gegen die Summe der unteren Projectionen, d. h. gegen die ganze untere Fläche in vertikaler Richtung nach oben:

$$p't_{,}\gamma + p''t_{,,}\gamma + \ldots = \gamma(p't_{,} + p''t_{,,} + \ldots).$$

Es ist also der Gesammtdruck D nach oben, die Differenz zwischen jenen beiden Vertikalpressungen, nemlich:

$$D = p'\gamma(t_{,} - t') + p''\gamma(t_{,,} - t'') + \ldots$$
$$= \gamma(p'(t_{,} - t') + p''(t_{,,} - t'') + \ldots).$$

Aber $p'(t_{,} - t')$ ist der (cubische) Inhalt des prismatischen Körpers dessen Projectionen p' sind, folglich ist $p'\gamma(t_{,} - t')$ das Gewicht eines, mit diesem prismatischen Körper gleichen Wasserraums. Dasselbe gilt von allen übrigen Ausdrücken $p''\gamma(t_{,,}-t'')$, $p'''\gamma(t_{,,,}-t''')$,..., daher auch von den Summen dieser Ausdrücke, d. h. vom ganzen Körper und von dem Gewicht einer ihm gleichen (von ihm verdrängten) Wassermasse, wie es der Lehrsatz behauptete. — Ist der Körper nur zum Theil unter Wasser versenkt, wie B; so erhält er bei der hier verzeichneten Form, nur Druck nach oben, für dessen Größe der so eben geführte Beweis, sogleich das behauptete Resultat giebt. — Sollte nun ein Körper von der Form C gegeben sein, der zwar nur zum Theil versenkt ist, jedoch auch Druck von oben erhält; so kann man den obigen Beweis auch hier genau führen, indem man den Körper in solche vertikale Theile theilt, welche ganz, oder welche nur zum Theil unter Wasser liegen, da alsdann diese Theile einzeln, den obigen Beweis zulassen. Dies geschieht nun eben so bei jeder beliebigen Form des versenkten Körpers, selbst wenn dieser hohle Räume (in welche kein Wasser gedrungen ist) enthält, wie z. B. die Zeichnungen D, E, u. dgl. m. zeigen. — W. z. b. w.

Anmerk. Der wichtige Satz dieses §'s, läßt sich auch auf folgende Weise ganz allgemein darthun. — Das Wasser welches den Raum einnahm ehe der Körper versenkt war, befand sich im Zustande des Gleichgewichts, also mußte dieses Wassers Gewicht G, mit welchem es vertikal nach unten würkte, durch die Summe der Pressungen des anderen Wassers gegen seine Außenfläche, aufgehoben werden, d. h. diese Pressungen mußten zu ihrem Resultate, einen Druck gleich G vertikal nach oben verursachen. Diese Pressungen werden aber in gleicher Größe (und Richtung) gegen die Wände des festen Körpers ausgeübt welcher die Stelle des Wassers einnimmt (§. 109, 6.). Also erhält der Körper einen resultirenden Druck gleich G, vertikal nach oben. —

Anmerk. 2. Wir könnten auch leicht die Kräfte betrachten, welche den Körper nach anderen als der vertikalen Richtung pressen, wenn diese Betrachtung hier wesentlich wäre. Namentlich würde man sich durch einen Beweis, analog dem in §. 126. sogleich überzeugen, daß die Horizontalpressungen gegen den Körper, sich gegenseitig aufheben oder das Gleichgewicht halten, woraus dann folgt, daß auf diese letzteren Pressungen keine weitere Rücksicht bei der Bestimmung der Bedingungen des Gleichgewichts zu nehmen ist, daß also der Körper beliebig entfernt von den Wänden liegen kann, ohne daß hierdurch das einmal erlangte Gleichgewicht geändert würde. — Hier finden sich jedoch neue Anomalien, indem die Erfahrung lehrt, daß die schwimmenden Körper oft von den Wänden angezogen werden, wenn sie diesen nahe liegen. — Auch die Pressungen nach den übrigen Richtungen, sind nunmehr ohne neue Erläuterungen zu beurtheilen

§. 133. Zusätze und Erklärungen.

1) Die Kraft K, mit welcher ein jeder im Wasser (ganz oder zum Theil) versenkte Körper, **vertikal nach oben** gedrückt wird, heißt der **Auftrieb** des Wassers gegen diesen Körper. Ist v das Volumen des verdrängten Wassers, so ist nunmehr $K = v\gamma$, indem $v\gamma$ das Gewicht des verdrängten Wassers ist. Ist die Flüssigkeit **nicht Wasser**, sondern eine solche deren specifisches Gewicht gleich s ist; so ist $K = v\gamma s$.

2) Ist das Gewicht eines Körpers gleich G, sein Volumen aber gleich V; so ist zunächst das Gewicht eines Wasserkörpers von gleichem Volumen mit dem Körper, gleich $V\gamma$. — Nunmehr erhält man folgende Resultate:

a) Wenn $G = V\gamma$ ist; so muß der Körper wenn er ganz unter Wasser versenkt wird, in jeder Tiefe sich im Gleichgewichte mit dem Wasser befinden (Denn gleich große Kräfte treiben ihn vertikal auf- und abwärts) *). — Ist der Körper homogen, so ist

*) Daß der Körper in größeren Tiefen auch größere Pressungen vom Wasser erhält; ist aus §. 118, 4. bekannt, seine Wände tragen als absolut fest (§. 131.) jeden Druck. — Aus der jedoch vorhandenen Elasticität der Körper, lassen sich manche Anomalien erklären, welche durch die größeren Pressungen in größeren Tiefen sich ergeben.

$G = V\gamma s$ (§. 15, 4. Formel I.), also das specifische Gewicht (s) des Körpers, gleich dem des Wassers, nemlich gleich 1.

b) Wenn $G > V\gamma$ ist; so muß der Körper sobald er ganz unter Wasser versenkt ist, so tief herab sinken, bis die Grenzflächen (allgemein der Boden) des Gefäßes ihn am weiteren Sinken hindern. — Ist der Körper hierbei homogen, so ist sein $s > 1$; oder umgekehrt: ist beim homogenen Körper $s > 1$, so sinkt er ganz unter (Denn alsdann ist $sV\gamma > V\gamma$ d. h. $G > V\gamma$) *). (Siehe auch §. 135, Zusatz 2.).

c) Wenn $G < V\gamma$ ist; so muß der Körper, wenn er durch irgend eine Kraft ganz unter Wasser versenkt ist, mit einem Theile sich wieder über das Wasser erheben (sobald nemlich jene Kraft nachläßt), dergestalt, daß wenn v das Volumen des alsdann verdrängten Wassers ist, die Gleichung $G = v\gamma$ erfüllt wird. Man sagt alsdann: der Körper schwimmt, und nennt die Differenz $V\gamma - G$, die Schwimmkraft (auch Steigkraft) des zuerst ganz versenkten Körpers. Wenn in diesem Falle der Körper homogen ist, so ist $s < 1$; und umgekehrt: ist $s < 1$, so schwimmt der homogene Körper.

Anmerk. 1. Auch den Zustand sub. a nennt man schwimmen; es ist jedoch wol kein Körper vorhanden, welcher genau die Gleichung $G = V\gamma$ erfüllt. Die stets stattfindenden Einwürkungen von Nebenumständen, würden überdies den Zustand des Schwimmens in jeder Tiefe, fast unmöglich machen.

3) Jeder Körper ganz unter Wasser versenkt, verliert so viel an seinem Gewichte G, als eine seinem Vo-

*) Als Folge der früher erwähnten würkenden Kräfte (§. 106, 1 und 2.), kommen einige Anomalien des oben erwähnten Satzes zur Erscheinung; z. B. daß dünne Metallplatten nicht immer untersinken.

lumen gleiche Wassermasse wiegt. Denn: ist in Nr. 1. $v = V$, so ist $K = V\gamma$ (oder $= V\gamma s$ bei einer Flüssigkeit deren specifisches Gewicht s ist); die Kraft K ist aber dem Verlust am Gewichte des Körpers unter Wasser gleich, weil der Auftrieb vertikal nach oben, dem Gewichte G daher entgegenwürkt. Im Falle Nr. 2, c ist also noch eine Kraft erforderlich, den Körper unter Wasser gegen das Erheben zu halten. — Schwimmende Körper wiegen hiernach im Wasser nichts. —

Anmerk. 2. Dieser letztere Satz klingt auf gewisse Weise paradox. Wiegt nemlich das in einem Gefäße befindliche Wasser (nebst dem Gefäße) z. B w, und ein in das Wasser versenkter Körper wiegt an sich z. B. K; so wird das Wasser nebst dem Gefäße natürlich $K + w$ wiegen, welches Gewicht eine Wage auch angeben würde. Dennoch wiegt der Körper im Wasser weniger als K, z. B. k; aber das Gewicht $K - k$ ist keinesweges vernichtet, sondern durch einen Druck gleich dem Verluste $K - k$, wird der Körper gehoben, bedarf daher nur noch der Kraft k um erhalten zu werden, und diese Kraft k, welche nach unten oder oben (vertikal) würkend ist (jenachdem der Fall Nr. 2, b oder c eintritt), kann durch eine andere Wage leicht zur Erscheinung gebracht werden. Da aber der Körper gegen das Wasser welches ihn umgiebt, einen der Kraft $K - k$ gleichen Gegendruck nach unten giebt (vergl. §. 118, 4.); so kömmt diese scheinbar gegen den Boden verschwundene Kraft, auch für jene erste Wage wieder ganz zur Erscheinung, d. h. die Kraft $w + k + K - k = w + K$, drückt die Schale nach unten (Vergl. auch §. 118, 2. Anmerk. 1.).

4) Die Kraft K des Auftriebs, geht durch denjenigen Punkt des verdrängten Wasserraums, welcher der Schwerpunkt eines homogenen Körpers von der Form jenes Wasserraums sein würde (§. 73.). Man pflegt daher jenen Punkt auch wol: den Schwerpunkt der verdrängten Wassermasse zu nennen; da aber diese Benennung wol nicht recht gut gewählt ist (weil eine nicht mehr vorhandene Wassermasse, auch keinen Schwerpunkt haben kann), so heißt jener Punkt zweckmäßiger:

der Mittelpunkt des verdrängten Wasserraums, und soll derselbe künftig durch M bezeichnet werden. Dagegen soll S der Schwerpunkt des, sei es ganz oder zum Theil im Wasser befindlichen Körpers, dessen Gewicht G ist, sein. — Ist der Körper homogen und ganz unter Wasser, so fallen die Punkte S und M in einen Punkt zusammen; ist der Körper nur zum Theil unter Wasser, so fällt der Schwerpunkt dieses Theils mit dem Punkte M zusammen.

5) Ein Körper kann nur dann schwimmend im Gleichgewichte sein, oder seine Lage behalten, wenn die Punkte M und S (Nr. 4.) sich in einer Vertikallinie befinden. — Diese Behauptung ist nach §. 20, 1. sogleich deutlich, wenn man Nr. 4. mit §. 73, 3. vergleicht. — Die wichtigen Folgen hieraus, werden §. 136. betrachtet werden. — Die Verbindunglinie der beiden Punkte M und S des im Gleichgewichte befindlichen schwimmenden Körpers, heißt die Schwimmaxe oder blos die Axe des schwimmenden Körpers für diese Lage, und behält diese Benennung, wenn auch das Gleichgewicht gestört wird.

6) Man sagt: ein Körper schwimme mit Beharrlichkeit oder mit Stabilität*), wenn er in die Lage in welcher er schwimmt wieder zurückkehrt, sobald er durch eine äußere Kraft aus jener Lage gebracht wird, und hierauf die Einwürkung dieser Kraft aufhört. Widrigenfall schwimmt der Körper ohne Stabilität. — Die näheren Bedingungen hierfür, werden in §. 136. erwähnt werden.

7) Man sagt von einem Körper: er schwimme gerade oder in aufrechter Stellung, sobald es wenigstens

*) Diese Benennung ist mit der in §. 73. Zusatz Nr. 3. nicht zu verwechseln.

eine durch seine Schwimmaxe zu legende Ebene (welche also nach Nr. 5. eine Vertikalebene ist) giebt, welche den Körper in zwei congruente Theile theilt. Kann solche Ebene aber nicht gelegt werden, so schwimmt der Körper in schräger oder schiefer Stellung. — Besonders werden diese Benennungen für schwimmende gerade prismatische Körper gebraucht, deren (stereometrische) Axe horizontal liegt.

§. 134. Aufgabe.

Das specifische Gewicht (§ 14.) homogener fester und tropfbarer Körper zu finden.

Auflösung und Beweis. Zu den wichtigsten und nunmehr theoretisch leichtesten Anwendungen der Hydrostatik, gehört die Bestimmung des specifischen Gewichts der festen und der tropfbaren Körper; für die luftförmigen Körper kann erst in der Aerostatik jene Bestimmung gelehrt werden (§. 148.). Von den großen technischen Schwierigkeiten welche hierbei vorkommen, gehört das Nähere den physikalischen Schriften an. — Man bestimme nunmehr das specifische Gewicht:

I. Für feste Körper. Man denke sich allgemein für jene Bestimmung eine gemeine Wage (§. 93. Zusatz 2.) so eingerichtet, daß unter die eine Schale ein Faden befestigt ist, an welchen man mittelst eines Hakens einen Körper befestigen, und diesen alsdann in ein Gefäß mit ruhigem Wasser *), langsam versenken kann (Man kann das Gefäß hierbei zweckmäßig dem Körper nähern, anstatt den Körper gegen das Wasser zu bewegen). Eine so eingerichtete Wage, heißt eine hydrostatische Wage. Es ist einleuchtend, daß man durch Gewichte, welche den

*) Hier ist stets Wasser als solches gemeint, wenn nicht andere Flüssigkeiten ausdrücklich genannt werden.

Umständen gemäß auf die eine oder die andere Schale gelegt oder aus den Schalen genommen werden, sowol das absolute Gewicht G des Körpers ehe er ins Wasser kömmt, ferner den Verlust am Gewichte unter dem Wasser, dieser heiße W, als auch das Gewicht des Körpers unter dem Wasser, welches U heiße, unmittelbar finden kann (Alles z. B. nach Pfunden gerechnet). Dann ist allgemein $G = U + W$ (I.), also $U = G - W$ (II.) und $W = G - U$ (III.). Diese Verrichtung setzt zunächst voraus, daß jener Körper K specifisch schwerer als Wasser ist, widrigenfalls derselbe nicht ganz untersinkt (§. 133, 2, c). In diesem letzteren Falle verbinde man K mit einem Körper K′ der specifisch schwerer als Wasser, und in solcher Quantität vorhanden ist, daß er nebst dem specifisch leichteren Körper K untersinkt; kennt man nun das Gewicht G′ und U′ (oder W′) des Körpers K′, so ist auch das Gewicht W oder U sogleich bekannt, sobald man das Gewicht $G + G'$ und $U + U'$ d. h. des vereinigten Körpers über und unter dem Wasser, durch die hydrostatische Wage unmittelbar gefunden hat. Die Bestimmung des specifischen Gewichts s, für den Fall, daß $s < 1$ ist, geschieht dann nach denselben Bestimmungen, als für den Fall wo $s > 1$ ist. — Die Anwendung der Hydrostatik besteht nunmehr in der Anwendung der Formel (§. 133, 3.): W od. $G - U = V\gamma$ (IV.), aus welcher $V = \frac{W}{G} = \frac{G-U}{\gamma}$ (V.) *) und $\gamma = \frac{W}{V} = \frac{G-U}{V}$ (VI.) folgt. Ferner: nach §. 15, 4. Formel (I.), ist $G = Vs\gamma$ (VII.), demnach ist auch

*) Diese Formel ist sehr wichtig zur Berechnung des (cubischen) Inhalts homogener unregelmäßiger Körper; wofür wie bekannt, die Stereometrie keine Formeln angeben kann.

$G = Ws$ (VIII.), also $W = \frac{G}{s}$ (IX.) und $s = \frac{G}{W} = \frac{G}{G-U}$ (X.), welche Formel hier besonders wichtig ist. Setzt man ferner in die Gleichung (I.) für G und W, die ihnen gleiche Werthe (VII.) und (IV.); so ist: $Vs\gamma = U + V\gamma$ (XI.), also wieder $s = \frac{U + V\gamma}{V\gamma} = \frac{U}{V\gamma} + 1$ (XII.), so wie $U = V\gamma(s-1)$ (XIII.), $V = \frac{U}{\gamma(s-1)}$ (XIV.) und $\gamma = \frac{U}{V(s-1)}$ (XV.); in welche Formeln für V oder für U, die Werthe (V.) und (II.) gesetzt werden können. Eben so führt die Einführung der Wethe für G, V, s und γ in Formel (VII.), zu mannigfaltig neuen Formeln, die jedoch hier nicht wesentlich sind.

Anmerk. Andere Verfahren, das specifische Gewicht ohne Anwendung der Hydrostatik zu finden, gehören natürlich nicht hier her; dasselbe gilt bei den Bestimmungen in der folgenden Nr. II. Nur eine Anwendung mag hier noch stehen. — Sind zwei Körper K′ und K″, deren G, W, V und s auf bekannte Weise bezeichnet werden, zu einem Körper verbunden, so hat man $\frac{G'}{s'} = W'$ (Formel IX.) und $\frac{G''}{s''} = W''$; ist also der gesammte Verlust $W = W' + W''$ unter Wasser bekannt, so hat man $\frac{G'}{s'} + \frac{G''}{s''} = W' + W'' = W = (V' + V'')\gamma = V\gamma$. Kennt man nun auch die Summe der Gewichte, d. h. $G' + G'' = G$; so hat man zwei Gleichungen um G′ und G″ daraus berechnen zu können. — Dieses Verfahren ist jedoch dann nicht immer unbedingt anzuwenden, sobald zwei Körper zu einem homogenen Körper durch Mischung verbunden sind, obgleich diese Anwendung wol bisweilen gemacht wird; denn es setzt, wie man leicht sieht, jene Methode voraus, daß das Volumen des ganzen Körpers, gleich der Summe der Volumen beider Theile ist, was bei Mischungen selten stattfindet. (Man nennt jene Anwendung: die Archimedische Wasserprobe).

II. Für tropfbare Körper. Die Anwendung der Hydrostatik zur Bestimmung des specifischen Gewichts der tropfbaren Flüssigkeiten, beruht darauf, daß man einen, gewöhnlich prismatischen (oder cylindrischen) Körper dahin bringt, daß er vertikal in den verschiedenen Flüssigkeiten schwimme, was gewöhnlich dadurch geschieht, daß man diese Körper, die im Allgemeinen den Namen Aräometer oder Senkwagen führen*), an einer ihrer Grundflächen bedeutend schwerer als am übrigen Theile macht. Durch Scalen welche an der Seitenfläche (oder bei gläsernen Röhren innerhalb) angebracht sind, kann man die Tiefe der Einsenkung dieser Aräometer in verschiedenen Flüssigkeiten beobachten. Abstrahiren wir von den verschiednen Formen welche man den Aräometern geben kann, und nehmen sie genau als prismatische Körper an, deren gleiche senkrechte Durchschnitte f heißen, und bedeuten t', t'', t'''... die Tiefen der Einsenkungen in verschiedenen Flüssigkeiten deren specifische Gewichte s', s'', s''',... sind, während G das Gewicht des ganzen Aräometers ist; so sind zunächst ft', ft'',... die cubischen Inhalte der (von unten an gerechneten) versenkten Theile der Aräometer, daher $ft's'\gamma$, $ft''s''\gamma$,... die absoluten Gewichte der verdrängten Flüssigkeiten (Ist Wasser diese Flüssigkeit, so ist $s = 1.$). Diese Gewichte sind aber stets dem Gewichte G gleich (§. 133, 2, c). Also hat man $ft's'\gamma = ft''s''\gamma$,

*) Sie heißen auch wol hydrostatische Wagen (Vergl. Nr. I.), und bekommen nach den besonderen Zwecken besondere Namen; als: Brantweinproben oder Alkoholometer, Bierproben, Salzspindeln u. dgl. m. Man sehe hierüber besonders: Baumgartner's Aräometrie, oder Anleitung zur Bestimmung des specifischen Gewichts und zur Verfertigung genauer Aräometer (Wien 1820); oder dessen Naturlehre, im Supplementbande (1830) Seite 60 u. f.; eben so die Schriften von Meißner, über Aräometrie.

woraus die Proportion folgt: $t' : t'' = s'' : s'$, welche sich leicht in Worte übertragen läßt. Man sieht, wie hiernach beliebig viele Flüssigkeiten oder Modificationen derselben Flüssigkeiten (z. B. verschiedene Weinmischungen) unter sich, oder mit dem Wasser verglichen werden können. — Dieser Grundzug der Anwendung der Hydrostatik bei den Bestimmungen der specifischen Gewichte tropfbarer Flüssigkeiten, läßt nun leicht die Entwicklungen der Theorie der verschiedenen Aräometer zu, unter denen der Nicholsonsche besonders bemerkenswerth ist.

Eine andere Methode besteht darin, daß man einen beliebig geformten festen Körper K, dessen absolutes Gewicht G, specifisches Gewicht s' und Inhalt V ist, unter der tropfbaren Flüssigkeit F deren specifisches Gewicht s man sucht, mittelst der in Nr. I. genannten hydrostatischen Wage wiegt. Der Verlust am Gewichte sei wieder W; so ist $W = V\gamma s$ (§. 133, 3.) also $s = \frac{W}{V\gamma}$ (I.); oder wenn V nicht bekannt ist, so setze man (weil $G = V\gamma s'$ ist) für V der Werth $\frac{G}{\gamma s'}$, dann ist $s = \frac{Ws'}{G}$ (II.). Auch kann man den Körper K erst unter Wasser wiegen; hier verliere er W' am Gewichte, so ist $W' = V\gamma$, also $W = V\gamma s = W's$, daher $s = \frac{W}{W'}$ (III.). U. dgl. m.

Zusatz 1. Sowol bei den Bestimmungen in Nr. I. als in Nr. II., kann es kommen daß der feste Körper welcher in eine bestimmte Flüssigkeit versenkt wird, sich hier chemisch auflöset; dann muß man eine andere Flüssigkeit in welcher diese Auflösung nicht stattfindet, zu Hülfe nehmen. Ist s' das specifische Gewicht der Flüssigkeit F', in welche ein fester Körper K, welcher ins Wasser nicht versenkt werden kann oder soll, alsdann

versenkt

versenkt wird; so ist der Gewichtverlust W' unter dieser Flüssigkeit, gleich $V\gamma s' = W'$, während $G = V\gamma s$ ist (wobei s das specifische Gewicht des Körpers K vom Volumen V ist). Man hat also $s = \frac{G}{V\gamma}$, oder $V = \frac{W'}{\gamma s'}$ gesetzt, giebt $s = \frac{G s'}{W'}$, folglich $s' = \frac{W' s}{G}$; oder auch weil $\frac{s}{G} = \frac{1}{W}$ (Nr. 1. Formel IX.), so ist $s' = \frac{W'}{W}$. — Für eine zweite Flüssigkeit vom specifischen Gewichte s'', ist eben so $s'' = \frac{W''}{W}$, daher hat man $s' : s'' = W' : W''$. Oder man erhält $G : W' = V\gamma s : V\gamma s' = s : s'$; eben so $G : W'' = s : s''$, folglich auch $s' : s'' = W' : W''$. Diese Proportionen lassen sich leicht in Worte übertragen, und mannigfaltige Vergleichungen sind wiederum hieraus herzuleiten.

Zusatz 2. Ueber den Einfluß der Temperaturen auf die Bestimmung der specifischen Gewichte der festen Körper, ist zu bemerken, daß, wenn s' und s'' die specifischen Gewichte eines und desselben Körpers bei den Temperaturen t' und t'' sind, während die Volumen V' und V'' sein mögen; sich verhält:
$V' : V'' = s'' : s'$ (§. 15, 3, (IV.)), indem das Gewicht sich nicht geändert hat. Ist nun die eigenthümliche Inhaltvermehrung des Körpers gleich φ (§. 90.); so hat man jene Proportion auch in dieser Form $V(1+\varphi t') : V(1+\varphi t'') = s'' : s'$ also $s'' = s' \frac{1+\varphi t'}{1+\varphi t''}$ $=$ beinahe $s'(1+\varphi(t'-t''))$ *). Auch giebt die eben

*) Als Beispiel diene: bei $t = 0°$ R ist für das Quecksilber $s' = 13{,}598207$ und $\varphi = \frac{1}{4330}$; daher für die Temperatur t', ist $s' = \frac{1+\frac{1}{4330}\cdot 0}{1+\frac{1}{4330}\cdot t'}\cdot s = \frac{58880{,}236}{4330+t'} = 13{,}598207 - 0{,}00314076\,.\,t'$; also geben wenige Grade eine höchst unbedeutende Aenderung.

genannte Proportion, den Werth $\varphi = \frac{s'' - s'}{s't' - s''t''}$. — Aber es ist auch die Temperatur des Wassers zu berücksichtigen, weil eine Aenderung in dieser, auch eine Aenderung im specifischen Gewichte des Körpers erzeugt. Ist nemlich für einen Körper dessen Gewicht G und Volumen V ist, bei der Temperatur des Körpers von t Grad, das specifische Gewicht s, während bei derselben Temperatur (von t) das specifische Gewicht des Wassers die Einheit ist; und ferner sei bei t Grad des Körpers, sein specifisches Gewicht s′, sobald das Wasser bei t′ die Einheit des specifischen Gewichts ist; so hat man $G = Vs\gamma = Vs'\gamma'$ (nemlich γ' ist das absolute Gewicht der Raumeinheit Wasser bei t′), folglich ist $s = s'\frac{\gamma'}{\gamma}$; also (nach §. 106, 4, a Formel III.) für $\frac{\gamma'}{\gamma}$ gesetzt w′, giebt $s = s'w'$ oder $s' = \frac{s}{w'}$. — Wenn sich die Temperatur des Körpers und des Wassers zugleich ändern, so ist die Bestimmung des specifischen Gewichts des Körpers nunmehr leicht zu finden.

Zusatz 3. Das mittlere specifische Gewicht (§. 14.) nicht homogener fester Körper, wird genau auf dieselbe Weise als das specifische Gewicht der homogenen festen Körper bestimmt; denn die Sätze §. 133, setzten keineswegs homogene Körper voraus. — Bei tropfbaren Flüssigkeiten, ist der Begriff des mittleren specifischen Gewichts nicht anwendbar, wie dies ohne Erläuterung deutlich ist, sobald der Zustand der Ruhe, wie hier vorausgesetzt wird, eingetreten ist.

§. 135. Aufgabe.

Die Tiefe der Einsenkung eines schwimmenden Körpers im Wasser zu bestimmen.

Auflösung und Beweis. Der Grundzug zur Auflösung dieser Aufgabe, liegt in der Formel $G = v\gamma$ (§. 133, 2, c), wonach $v = \frac{G}{\gamma}$ (I.) ist, oder, setzt man $G = V\gamma s$, so ist auch $v = Vs$ (II.), sobald man in Formel (I.) den eben genannten Werth für G setzt. Indem man nach diesen Formeln den Raum des, vom schwimmenden Körper verdrängten Wassers findet, hängt es von der Gestalt oder Form dieses Raums ab, die Tiefe der Einsenkung des schwimmenden Körpers, d. h. die (vertikale) Entfernung seines tiefsten Punkts oder seiner tiefsten Fläche, vom Wasserspiegel zu finden. Aber diese Berechnung ist an sich noch unbestimmt; denn, denkt man sich einen beliebigen Körper, und durch seinen Schwerpunkt eine Vertikallinie gezogen; so wird der Körper in jeder Lage schwimmen, in welcher diese Linie, welche senkrecht zum Wasserspiegel steht, auch durch den Mittelpunkt des verdrängten Wasserraums geht (§. 133, 5.), und der durch den Spiegel begrenzte unter Wasser befindliche Raum v, den obigen Bestimmungen entspricht. Dies ist aber oft auf mehrere Arten möglich, und wird dann größtentheils ganz unberechenbar sein, wenn der Körper nicht homogen ist, oder wenn seine Form nicht der Berechnung unterworfen werden kann. — Man sieht leicht ein, daß z. B. ein homogener gerader parallelepipedischer Körper (etwa ein Balken), dessen drei Dimensionen verschieden sind, wenigstens in drei verschiedenen Lagen in aufrechter Stellung (§. 133, 7.) schwimmen kann, nemlich indem jede der drei (ungleichen) Seitenflächen unten, oder horizontal im Wasser liegt, weil bei jeder dieser Lagen der verdrängte Wasserraum auch eine gerade parallelepipedische Form hat, dessen Mittelpunkt mit dem Schwerpunkte des (homogenen) Körpers, in eine Vertikale fällt *). — Es ist also selbst hier die Aufgabe für die Bestimmung der Tiefe der Einsenkung erst dann bestimmt, wenn die Fläche näher bezeichnet wird, welche zur Grundfläche dienen soll. — Man nehme allgemein einen homogenen prismatischen Körper an; seine Grundfläche sei F und die Höhe h, also $V = Fh$; er schwimme dergestalt, daß die h vertikal, F also horizontal liegt. Ist t (als Theil von h) die Tiefe der Einsenkung; so hat der verdrängte Wasserraum den Inhalt Ft, und dieser Raum ist (congruent also auch) gleich v; folglich $Ft = v = Vs = Fhs$, also $t = hs$; oder $v = Ft = \frac{G}{\gamma}$ mithin $t = \frac{G}{F\gamma}$. — Wollte man aber z. B. die Tiefe der Einsenkung eines geraden Cylinders berechnen, dessen Höhe horizontal liegt; so ist deutlich, daß der Wasserspiegel von den Grundflächen gleichsam Segmente abschneidet; nennt man nun bei solchem Segmente den zugehörenden Centriwinkel α, den Radius (der Grundfläche des Cylinders) aber r; so ist der Inhalt jenes Segments wie bekannt $= \frac{r^2 \pi \alpha}{360^0} - \frac{1}{2} r^2 \sin \alpha = \frac{1}{2} r^2 \left(\frac{\pi}{180} \alpha - \sin \alpha\right)$ **). Der Inhalt des eingesenkten Cylindersegments ist demnach, wenn h die Höhe des Cylinders bedeutet, gleich $\frac{1}{2} r^2 h \left(\frac{\pi}{180} \alpha - \sin \alpha\right) = v = \frac{G}{\gamma}$ oder $= Vs$. Die (nicht ganz leichte) rein mathematische Auflösung dieser Gleichung, giebt den $\angle \alpha$,

---

*) Ob der Balken auch in jeder dieser Lagen mit Stabilität (§. 133, 6.) schwimmt; bleibt bis zum folgenden §. dahin gestellt.

**) Ist das Segment größer als der Halbkreis, so müßte eigentlich + statt — stehen; da aber dann α convex, also $\sin \alpha$ negativ ist, so braucht nur das — Zeichen zu stehen.

woraus sich das Apothema a, also auch die Tiefe der Einsenkung t = r — a ergiebt. — Noch manche Beispiele könnten hier angeführt werden, wenn sie anders wesentlich neue hydrostatische Betrachtungen veranlassen könnten, die jedoch hier nicht weiter vorkommen.

Zusatz 1. Ist der eingesenkte Theil des schwimmenden Körpers bestimmt; so ist deutlich, daß die Form des über dem Wasser befindlichen Theils des Körpers, gleichgültig ist, jedoch sogleich wesentlich wird, wenn die Einsenkung zunimmt. — Auch erkennt man leicht, in wiefern die obigen Betrachtungen dazu dienen, wenn t gegeben ist, die Gestalt oder selbst die Dimensionen der schwimmenden Körper zu bestimmen, welche Bestimmung höchst mannigfaltig ausfallen kann, jenachdem die Bedingungen welche man macht, das Resultat modificiren.

Zusatz 2. Es bedarf keiner neuen Erläuterung, wie mannigfaltig man einen Körper dessen Materie an sich specifisch schwerer als Wasser ist, durch verschiedene Formen welche man seinen Grenzflächen giebt, zum schwimmen bringen kann, sobald sich nemlich unter dem Wasserspiegel, im Körper leere Räume befinden, weil diese den Auftrieb (§. 113, 1.) ganz so vermehren, als wenn sie mit Materie angefüllt wären, während sie auf das absolute Gewicht des Körpers keinen Einfluß haben. — Diese hohlen Räume können alsdann mit anderen Körpern gefüllt werden, welche man im Allgemeinen die Belastung nennt. Das Maximum des Gewichts der Belastung B, ist dann offenbar gleich der Schwimmkraft des ersteren Körpers (§. 133, 2, c), d. h. es ist

$B = V\gamma - G$, wobei die verschiedensten Stücke zur Bestimmung von B gegeben sein können. Z. B. bei dem vorher erwähnten prismatischen Körper ist, wenn er nebst der Belastung nur bis zur Tiefe t einsinken (die Belastung also nicht ihr Maximum erreichen) soll, offenbar

B = Ftγ*) — Fhγs = Fγ (t — hs). U. dgl. m. Wie wichtig diese Untersuchungen bei der Theorie der Fahrzeuge, also für die Schiffahrt werden, ist deutlich; sie bilden hier einen eigenen Theil der Schiffahrtkunde (Nautik).

Anmerk. Ueber die Tiefe der Einsenkung der Pontons, findet man im 8ten Bande von Böhm's Magazin für Ingenieure und Artilleristen (1782), so wie in Hoyer's Handbuch der Pontonnier-Wissenschaften (1793) nähere Auskunft. — Ueber die verschiedenen Lagen in welchen ein Körper schwimmen kann (wonach sich also auch die Tiefen der Einsenkungen richten), sind Uebungbeispiele leicht zu bilden, oder in hydrostatischen Schriften nachzulesen. So belehrend auch dergleichen Beispiele sind, so können sie hier übergangen werden, da sie außer den vorgetragenen Grundzügen, nur rein mathematische Entwicklungen enthalten.

§. 136. Aufgabe (Fig. 66.).

Die Bedingungen anzugeben, unter denen ein Körper mit Stabilität (§. 133, 6.) schwimmt.

Auflösung und Beweis. Man nehme an, ein Körper sei schwimmend im Gleichgewichte; so muß sein Schwerpunkt S und der Mittelpunkt M des verdrängten Wasserraums (§. 133, 4.), in einer Vertikallinie liegen (§. 133, 5.), oder die Axe A des schwimmenden Körpers, muß senkrecht auf dem Wasserspiegel stehen. Man nenne diese erste Lage des Körpers, die Lage L, und bezeichne eine neue Lage, in welche man durch äußere Kräfte den Körper bringt, durch L′. Jene Axe A, kann bei der neuen Lage L′, genau die erste Lage behalten haben, wenn man nemlich den Körper gleichsam um diese A gedreht hat; dann bleibt der Körper auch in dieser neuen Lage im Gleichgewichte, wie man denn eigentlich diese

*) Man sieht leicht, daß hier v (= Ft) anstatt V (= Fh) eingeführt werden muß; beim Maximum der Belastung ist t = h.

Lage L′ als einerlei mit der Lage L ansehen kann. Man nehme daher an, die Axe A werde durch die Lage L′, aus ihrer vertikalen Lage herausgebracht; so ist nunmehr die Frage: ob, wenn die äußere Kraft zu würken aufhört, die Lage L′ beibehalten, oder ob die erste Lage L wieder erzeugt, oder endlich ob eine dritte Lage L″ erzeugt wird, d. h. sobald wiederum der Körper im Gleichgewichte schwimmt. Weil der Punkt S seine Lage im Körper behält*), so hat M seine Lage geändert, und ein neuer Punkt M′ ist der Mittelpunkt des nunmehr verdrängten Wasserraums geworden. Zieht man jetzt durch diesen Punkt M′ eine Vertikallinie V; so zeigt diese Linie die Richtung des nunmehr stattfindenden Auftriebs, d. h. der vertikal nach oben würkenden Kraft des Wassers an, während das Gewicht G des Körpers, im Punkte S vertikal abwärts würkt. Liegt nun M′ mit S in einer Vertikale, d. h. geht die V durch S′; so ist in der Lage L′ wiederum Gleichgewicht, folglich schwamm der Körper in der Lage L nicht mit Stabilität, wie dieser Fall z. B. eintritt, wenn eine homogene Kugel, oder ein homogener Cylinder mit seiner Axe horizontal schwimmt und um diese Axe gedreht wird, in welchen Fällen offenbar die neuen verdrängten Wasserräume, den vorigen congruent sind; u. dgl. m. In den meisten Fällen wird dagegen die Linie V nicht wieder durch S gehen, und dann läßt sich aus der Lage der beiden Punkte S und M′, in welchen die Kräfte G (das Gewicht, vertikal abwärts) und T (der Auftrieb, vertikal aufwärts) würken, sogleich auf die Richtung der Bewegung des Körpers (der nun

*) Es wird wenigstens hier vorausgesetzt, daß der Körper ein selbstständiger fester Körper ist; sind Theile desselben lose, so kann freilich auch S seinen Ort ändern (Siehe auch §. 73. II. Zusatz, Nr. 4.).

nicht im Gleichgewichte sein kann) schließen, folglich im Vergleiche mit der Lage L beurtheilen: ob diese Lage L wieder erreicht werden kann oder nicht; denn ob sie würklich wieder erreicht wird, hängt noch davon ab, ob nach der erfolgten Bewegung zur möglichen Wiedererlangung der Lage L, nicht vielleicht eine Lage L'' erreicht wird, in welcher der Körper bereits zur Ruhe kömmt, ohne daß die Lage L selbst erreicht wird. —

Um von diesen allgemeinen Betrachtungen, welche sich nicht wol kürzer fassen lassen, zu einem bestimmten Falle überzugehen; mag zuerst ein solcher Körper betrachtet werden, bei welchem der Punkt S höher als M liegt, wie dies unter anderen bei allen homogenen Körpern der Fall sein muß *). Der Körper sei ferner gerade prismatisch und schwimme dergestalt, daß seine Seitenkanten oder Seiten horizontal liegen, was denn auch von demjenigen Durchmesser der Schwere (§. 74.) gilt, welcher die Schwerpunkte beider Grundflächen verbindet (§. 75, 4, b). Endlich nehme man noch an, daß die Lage L' in welche der Körper durch eine äußere Kraft versezt wird, dergestalt erfolgt, daß die so eben erwähnten Linien horizontal, die Grundflächen also vertikal bleiben **). Dann hat man auch nur eine solche Grundfläche (oder jede mit ihr parallele, ihr congruente Durchschnittfläche) zu betrachten; denn die Punkte S und M der Grundflächen, so wie der bei der

*) Stellt man sich nemlich den Körper, durch den Wasserspiegel gleichsam in zwei Theile getheilt vor; so ist einleuchtend, daß der Schwerpunkt S des ganzen Systems, zwischen den Schwerpunkten der Theile (in und außer dem Wasser) liegt.

**) Die meisten Schiffe entsprechen wol jener Form der Körper, denn von ihren Abrundungen und Verzierungen an den Grundflächen, kann gewöhnlich ganz abstrahirt werden. Eine Seitenbewegung oder Schwankung, entspricht dann jener Lage L'.

erwähnten veränderten Lage des Körpers sich in ihr ergebende Punkt M′, liegen mit allen entsprechenden Punkten der übrigen Durchschnittflächen, in einer und derselben horizontalen Linie. — Für diesen Fall muß nun die Linie V (vertikal durch M′), die Schwimmaxe SM schneiden, und der Punkt in welchem dieser Schnitt mit der Axe erfolgt, heißt das Metacentrum des Körpers (oder der Fläche) für die Lage L in Beziehung zur Lage L′; man bezeichne diesen Punkt durch C *). Nun sind, wenn der Körper in der Lage L′ nicht schwimmen kann, nur zwei Fälle möglich; nemlich:

Fig. 66, I. stelle in SB die Axe in der Lage L einer (nicht weiter gezeichneten) Fläche dar; SM sei die aus der vertikalen Lage verrückte Axe bei der Lage L′. Nun habe sich M′, und hierfür das Metacentrum C ergeben. Man sieht sogleich aus den Richtungen der beiden Kräfte in S und in M′, daß die erste Lage L wieder erreicht werden muß, der Körper also mit Stabilität schwamm.

Fig. 66, II. stelle in SB und SM die analogen Linien wie vorher dar. Hat sich jetzt M′ und C ergeben, so sieht man leicht ein, daß die Lage L (d. h. SB) nicht wieder erlangt werden kann, sondern der Körper die begonnene Bewegung fortsetzt, folglich in der Lage L keine Stabilität stattfand. — Faßt man diese zwei Fälle unter den gemachten Annahmen zusammen; so enthalten sie den Satz:

> Ein Körper schwimmt nur dann in der Lage L mit Stabilität, wenn sein Schwerpunkt tiefer liegt als das Metacentrum des Körpers in der Lage L im Vergleich mit einer anderen Lage L′.

*) Es ist also C kein bestimmter Punkt des Körpers an und für sich, sondern für andere Lagen L′, L″,... ergiebt sich ein anderes Metacentrum.

Als ein Beispiel können für beide Fälle die je zwei Lagen L und L′ eines Balkens, wie die Figur sie darstellt, angesehen werden, und man erkennt sogleich den Grund für das bekannte, leicht erfolgende Umschlagen in der Lage L im zweiten Falle, wenn die geringste Verrückung eintritt.

Nimmt man nun endlich an, daß der Schwerpunkt S tiefer als M liegt, wie in Fig. III.; so ist deutlich, daß die aus der Lage SB in die Lage SM verrückte Axe, wol größtentheil (wenn nicht sehr gewaltsame Verrückungen, oder gar Umkehrungen des Körpers erfolgen) das Metacentrum C höher als S liegend geben wird, daher auch für diesen Fall, die Körper für geringe Schwankungen mit Stabilität schwimmen. Man benutzt diesen Umstand bei Belastung der Fahrzeuge, indem man den Schwerpunkt des ganzen schwimmenden Körpers (des Fahrzeugs mit der Belastung) möglichst tief in das Wasser bringt (Andere hierbei anzuwendende Vorsichten, gehören zu erläutern nicht weiter hier her). Selbst eine Kugel kann, sobald sie nicht homogen gemacht, ihr Schwerpunkt also z. B. nahe der Oberfläche verlegt wird, dahin gebracht werden, daß sie nur in einer Lage, in dieser also mit Stabilität schwimmt.

Zusatz. Man erkennt ohne Zweifel sogleich, daß bei Beurtheilung der Größe der Kraft, mit welcher ein Körper der in einer Lage mit Stabilität schwimmt, diese Lage wieder einzunehmen sucht sobald er durch irgend eine Ursach daraus verrückt wird, die Theorie der gekoppelten Kräfte in Anwendung kömmt, indem deren Energien (§. 43. Zusatz 2.) jene Kräfte, also auch die Vergleichung mehrerer derselben bei verschiedenen schwimmenden Körpern, bedingen.

Die Statik luftförmiger Körper, oder die Aerostatik.

Erstes Kapitel.

Einleitung in die Aerostatik.

§. 137. Erklärung.

Ein luftförmig-flüssiger, expansibeler oder ausdehnsamer Körper, hier blos luftförmiger Körper genannt, ist ein solcher Körper, in dessen kleinsten Theilen ein stetes Bestreben ist, sich gegenseitig nach allen Richtungen von einander abzustoßen, so daß gegen eine bestimmte luftförmige Masse, Kräfte von Außen würken müssen, um sie in einem bestimmten Raume zu begrenzen, welcher Raum sich aber sogleich durch eine Ausdehnung jener Masse nach allen Richtungen vergrößert, sobald kein Hinderniß der Vergrößerung widersteht. Die an sich unbekannte Kraft durch welche jene Abstoßung der Theile bewürkt wird, heißt die Expansivkraft, und die Eigenschaft der luftförmigen Körper, ihr Volumen nach allen Richtungen zu vergrößern, heißt die Ausdehnsamkeit jener Körper. — Die Aerostatik beschäftigt sich mit den Gesetzen des Gleichgewichts der luftförmigen Körper, sowol unter sich als in Verbindung mit festen und tropfbaren Körpern (Vergl. §. 9, 3. und §. 10, 5.).

Anmerk. Auf der Eigenschaft der Ausdehnsamkeit der luftförmigen Körper, beruht, außer vielen Erscheinungen in der Natur, auch die Würkung der Luftpumpe, deren nähere Beschreibung zur Physik gehört. — Die Ausdehnsamkeit ist von der Ausdehnbarkeit (oder Expansibilität) darin unterschieden, daß letztere auch den festen und den tropfbaren Körpern (z. B. durch Einwürkung der Wärme im bestimmten Maaße) zukömmt, die Ausdehnsamkeit aber unter allen Umständen den luftförmigen Körpern einwohnt (Siehe §. 11.). Daß wir den luftförmigen Körpern hier keine Elasticität zuschreiben; ist bereits §. 12, 3. erwähnt.

Zusatz 1. Die Erfahrung lehrt, daß durch Einwürkung der Wärme viele tropfbare Körper in luftförmige Körper verwandelt werden, daß aber auch die auf diese Weise entstandenen luftförmigen Körper, durch eine bestimmte Entziehung der Wärme, oder durch Zusammenpressung (Comprimirung) in einen engeren Raum, wieder tropfbar werden. Ueber das hierbei stattfindende Maaß der Wärmeentziehung oder der Pressung, gehören die näheren Untersuchungen nicht hier her, und nur so viel hierüber für die Mechanik wichtig ist, wird späterhin gesagt werden. Wir betrachten hier diese luftförmig gewordenen aber vorher tropfbar gewesenen Körper, nur in dem luftförmigen Zustande; man nennt sie alsdann Dampf oder Dunst*), um sie von solchen luftförmigen Körpern zu unterscheiden, welche durch kein bis jetzt bekanntes Mittel tropfbar gemacht werden können, und welche allgemein Gas heißen. — In der Physik,

*) Der Unterschied zwischen Dampf und Dunst ist unwesentlich und auch wol unwissenschaftlich; die Sichtbarkeit des Dampfs oder die Unsichtbarkeit des Dunstes, entscheidet über jene Benennungen.

und namentlich im chemischen Theile derselben, sind die verschiedenen Arten der Gase (als Sauerstoffgas, Wasserstoffgas, Stickstoffgas, u. dgl. m.) und der Dämpfe, welche letzteren nach der tropfbaren Flüssigkeit aus der sie entstanden sind, genannt werden (als Wasserdampf, Quecksilberdampf, u. s. w.) näher zu untersuchen, so wie zu prüfen, ob sie einfache Körper (d. h. Elemente) oder zusammengesetzte Körper sind (Wie z. B. die aus Sauerstoffgas und Stickstoffgas bestehende atmosphärische Luft). — Für die Mechanik der luftförmigen Körper, welche Körper wir allgemein mit der Benennung Luft bezeichnen, und deren Repräsentant die atmosphärische Luft ist, müssen verschiedene physische Eigenschaften dieser Körper dahingestellt bleiben, jedoch in so fern aufmerksam darauf gemacht werden, wenn durch dergleichen Eigenschaften, Anomalien in der Aeromechanik erzeugt werden können. — Es gelten nunmehr die folgenden Lehren für jeden der verspiedenen luftförmigen Körper, er sei Dampf oder Gas, auf gleiche Weise, wenn nicht die materielle Verschiedenheit, nothwendige Verschiedenheiten der mechanischen Resultate bedingt, welche alsdann anzuführen sind.

Zusatz 2. Für den, von einer Luftmasse nach den verschiedenen Richtungen ausgeübten Druck, sind die Erklärungen des §. 115. hier zu übertragen.

§. 138. Zusätze.

1) Als materiellen Körper, kommen der Luft (d. h. den luftförmigen Körpern) folgende Eigenschaften zu:

a) Die Luft ist schwer (§. 13.). Auf diese Eigenschaft ist hier um so mehr zu achten, als es beim ersten Anblicke scheinen könnte, daß die Expansivkraft (§. 137.) der Schwere widerspräche. Allein, während die Theile einer Luftmasse gegenseitig die Abstoßungkraft (Repulsivkraft) ausüben, wird die ganze Masse von der Erde angezogen. — Die Mechanik der luftförmigen Körper, hat daher auf die Schwere (d. h. auf das Gewicht) und auf die Expansivkraft der Luft, Rücksicht zu nehmen.

b) Die Luft ist undurchdringlich (§. 12, 2.). Der Gebrauch der Taucherglocke, die Füllung der Gefäße (aus denen die Luft erst entweichen muß, ehe eine tropfbare Flüssigkeit eingefüllt werden kann), und viele andere Naturerscheinungen, beruhen auf der Undurchdringlichkeit der Luft.

c) So lange ein gewisses Volumen Luft, nicht durch die Einwürkung von Kräften geändert wird, nimmt es bei jeder Formveränderung, immer einen gleichen Raum ein.

2) Die Grenzen der Ausdehnsamkeit der Luft an und für sich, bleiben hier ganz dahingestellt; wir nehmen die Ausdehnsamkeit als ins Unbestimmte gehend, d. h. als in jedem Zustande einer jeden Luftmasse immer noch stattfindend, an. — Die Expansivkraft bedingt jedoch, daß die Luft den Raum stetig erfüllt, daß folglich keine Zwischenräume (oder Poren) in einer Luftmasse stattfinden.

3) Eine Luftmasse ist vermöge der Expansivkraft, selbstständig nur möglich, wenn sie entweder von allen Seiten durch Wände begrenzt ist, welche der Expansivkraft widerstehen; oder wenn sie, wie unsere Atmosphäre, auf unbestimmte Weise nach oben zu begrenzt sich findet, indem bei dieser eine bestimmte Grenze nach oben, nicht annehmbar ist (siehe §. 158.), Grenzen zur Seite jedoch hier nicht stattfinden, weil die Atmosphäre, die Erde welche die Grenze dieser Luftmasse nach unten bildet, ununterbrochen umgiebt. — Findet sich eine bestimmte Luftmasse von Wänden überall umgeben; so bil-

den diese das Gefäß worin die Luft sich befindet. Hierbei kann man verschiedene Gefäße unterscheiden; nemlich solche deren Wände der Expansivkraft der Luft unter allen Umständen widerstehen; und wiederum Gefäße mit solchen Wänden, welche der Expansivkraft der Luft nachgeben oder ausweichen. Im ersteren Falle nennt man die Luft vollständig gesperrt, und die Wände können dann entweder überall absolut feste Flächen, oder auch nach unten zu, nicht ausweichende tropfbare Flüssigkeiten sein (sofern diese als uncomprimirbar angenommen werden können; siehe §. 106, 5.); im letzteren Falle hat man eine unvollständig gesperrte Luftmasse, wobei die Wände entweder überall feste Flächen sind, welche vermöge der Elasticität der festen Körper, der Expansivkraft bei deren Veränderung nachgeben, oder man hat nach unten zu eine tropfbare Flüssigkeit, welche durch Oeffnungen ausweichen kann. — Von einer etwa vorhandenen Adhäsion (§. 106, 2.) der Luft gegen die Wände des Gefäßes, wird hier ganz abstrahirt.

4) Die Größe der Expansivkraft E der Luft, kann nur in Beziehung des, durch diese Kraft ausgeübten Drucks gegen eine bestimmte Fläche, ein Gegenstand der Untersuchung werden, und daß auch dieser Druck, durch Gewicht zu messen ist, ist aus §. 13, 3. Zusatz, bekannt. Nur muß bei Bestimmung der Größe E, vom Gewichte G der Luft selbst abstrahirt werden, welches, in so fern es zunächst in vertikaler Richtung würkt, die Kraft E vergrößert und hierdurch den Gesammtdruck K gegen eine bestimmte Fläche, mit erzeugt. Die Gesetze hierfür werden später vorkommen. Zu bemerken ist jedoch, daß im Zustande der Ruhe einer Luftmasse, der Druck K welchen sie nach irgend einer Richtung ausübt, stets gleich mit dem Gegendrucke der gedrückten Fläche ist. Wenn also z. B. ein mit einem Gewichte beschwerter

Stempel (§. 107. Anmerk. 1.) in vertikaler Richtung würkend hinreicht, die Luft in einer Röhre im Zustande der Ruhe zu erhalten; so ist die Expansivkraft der Luft gegen die Grundfläche des Stempels, gleich dem Gewichte des Stempels nebst dem darauf befindlichen Gewichte (abstrahirt von der Reibung, wenn auf diese keine Rücksicht genommen wird); gegen die Grundfläche der Röhre dagegen, würkt außer jener Expansivkraft, auch noch das Gewicht der Luft in der Röhre. — Wenn nun auch hiernach ein Gewicht unmittelbar das Maaß der Expansivkraft der Luft ist; so wird dennoch §. 142. Zusatz, von einem bequemeren mittelbaren Maaße die Rede sein.

5) In einer ruhigen Lufmasse, müssen sich die Drücke und Gegendrücke eines jeden Theils, nach allen Richtungen gegenseitig ausgleichen oder gleich groß sein; man sagt daher von einer solchen Masse: sie sei im Gleichgewichte. Ob aber die Größe der Drücke in den verschiedenen Theilen der ganzen Masse, sämmtlich einander gleich sind; bleibt noch dahingestellt (Denn das Gleichgewicht eines Systems, erfordert keineswegs lauter gleiche Kräfte). Jener Zustand des Gleichgewichts kann nicht aufgehoben werden, sobald man irgend wo beliebige Flächen in die Luftmasse eingeschoben denkt, indem diese Flächen den Druck welchen die Lufttheile gegenseitig ausübten, nunmehr von beiden Seiten gleich stark tragen (Vergl. §. 109, 6.). Wird also ein bestimmter Theil einer Luftmasse aus einer größeren Masse mittelst eines Gefäßes, dessen Wände hier als mathematische Flächen (nemlich ohne Dicke) angesehen werden, gleichsam herausgenommen; so bleibt sie dennoch mit der größeren Luftmasse im Gleichgewichte, oder sie behält die Expansivkraft, welche sie vor jener Aussonderung hatte. Wird alsdann die äußere Luft entfernt, so äußert die innere

Luft

Luft ihre Expansivkraft nach Außen gegen die Wände (so wie, wenn die innere Luft entfernt wird, die äußere Luft nach Innen drückt) dergestalt, daß nun die Wände entweder allein durch ihre Festigkeit jenen Druck tragen, und in gleicher Größe aber entgegengesetzter Richtung zurück geben, oder eine Veränderung (Biegung, Ausdehnung, Brechung u. dgl. m.) erleiden, wenn die Festigkeit nicht groß genug ist, der Expansivkraft zu widerstehen. Verschiedene Erscheinungen und physikalische Experimente (namentlich mit den Guerickischen Halbkugeln) lassen sich hierdurch erklären.

6) Weil eine Luftmasse keine selbstständige Form hat (Nr. 3.), so nennt man sie flüssig, und zwar luftförmig-flüssig, um sie von den tropfbaren Flüssigkeiten zu unterscheiden (Siehe §. 9. Zusatz 2. und §. 108. Zusatz).

§. 139. Erfahrungssätze.

1) Eine in einem bestimmten Raume befindliche Luftmasse, wird durch jede Kraft welche größer als der Druck jener Luftmasse ist, in einen engeren Raum zusammengepreßt oder comprimirt, sobald nemlich die Grenzen der Luftmasse diese Raumveränderung zulassen. — Durch einen in einer Röhre befindlichen Stempel, oder auf mannigfaltige andere Art, kann man die Versuche anstellen welche jene Erfahrung bestätigen. — Die Grenze bis zu welcher diese Zusammendrückung fortgesetzt werden kann, bleibt hier dahingestellt, doch wird die Comprimirung als in jedem Zustande einer Luftmasse noch ferner stattfindend, angenommen (Vergl. §. 138, 2.).

2) Bei der Comprimirung der Luft (Nr. 1.) ergiebt sich zugleich, daß mit fortgesetzter Zusammenpressung, die Expansivkraft der Luft nach allen Richtungen wächst. Die bestimmte Relation zwischen der, mit der Expansiv-

kraft immer im Gleichgewichte stehenden comprimirenden Kraft (§. 138, 4.) und der Volumenveränderung, wird §. 144. genannt werden. Jedoch ist hier zu bemerken, daß unter übrigens gleichen Umständen, sich für eine bestimmte Luftmasse immer wieder dieselbe Expansivkraft zeigt, wenn dasselbe Volumen (durch Expandirung oder Comprimirung) abermals erzeugt ist. — Sind die Wände des Gefäßes worin die Comprimirung der Luft geschieht, nicht absolut fest; so werden sie durch die zunehmende Expansivkraft ausgedehnt oder gar gesprengt; und ist die Begrenzung nach unten zu eine tropfbare Flüssigkeit welche durch Oeffnungen ausweichen kann; so wird bei gehöriger Comprimirung der Luft, ein Ausströmen der Flüssigkeit erfolgen *).

Anmerk. 1. Wenn also ein Gefäß (mittelst Klappen oder Ventilen) dergestalt eingerichtet ist, daß man in sein ungeändert bleibendes Volumen immer mehr Luft hineinpressen kann; so ist dies eben so gut, als wenn die nunmehr im Gefäße vorhandene Luft, aus einem größeren Raume in einen kleineren Raum, comprimirt wäre. Folglich wächst hierdurch auch (laut Nr. 2.) die Expansivkraft der eingeschlossenen Luft. Hierauf beruht die Einrichtung der Luftcomprimirmaschine oder der Luftverdichtungpumpe, die Würkung der Windbüchse u. s. w. Ferner muß die Expansivkraft der bleibenden Luft sich verkleinern, wenn aus einem bestimmten Raume (z. B. unter der Glocke der Luftpumpe, welche stets eine Luftverdünnungmaschine ist) ein Theil der darin befindlichen Luft entfernt wird.

3) Durch Einwürkung der Wärme wird die Expansivkraft der Luft erhöht; die bestimmte Relation hierbei, wird §. 146. erwähnt werden. Ob jedoch durch die vermehrte Expansivkraft, eine Vergrößerung des Volu-

---

*) Der Heronsball, der Heronsbrunnen und mancherlei physikalische Versuche, beruhen auf jenem Ausweichen des Wassers bei zunehmender Luftcomprimirung.

mens der Luftmasse erfolgt; hängt von der vollständigen oder unvollständigen Sperrung der Luft im Gefäße ab (§. 138, 3.) *). Wie weit die Vermehrung oder Verminderung der Wärme bei einer bestimmten Luftmasse geschehen kann, bleibt hier wiederum dahingestellt; doch wird sie hier als unbegrenzt angenommen, weil die Erfahrung eine jede Temperaturveränderung als zulässig zeigt. Zu bemerken ist hier wiederum, daß bei einer bestimmten Luftmasse sich immer dieselbe Expansivkraft äußert, wenn bei gleichem Volumen auch dieselbe Temperatur erzeugt ist.

Anmerk. 2. Die Wände der Gefäße werden durch die Erwärmung der Luft auch erwärmt und hierdurch ausgedehnt, so daß schon hiernach eine absolut abgesperrte Luftmasse, bei steter Wärmezunahme der Luft nicht möglich ist; doch kann und wird in den meisten Fällen, von dieser Gefäßvergrößerung abstrahirt werden. — Eben so abstrahiren wir von der, durch die Comprimirung der Luft etwa erzeugten Wärmevermehrung, oder setzen voraus daß nach erfolgter Comprimirung, die frühere Temperatur wieder hergestellt sei, widrigen Falls die bestimmte Wärmezunahme ausgemittelt, und die auch hierdurch erzeugte Vermehrung der Expansivkraft, mit in Rechnung gezogen werden muß.

Anmerk. 3. Auch andere, in der Physik näher zu untersuchende Ursachen (außer der genannten Comprimirung und Wärmeveränderung), können die Expansivkraft einer Luftmasse verändern, und hierdurch Anomalien in den Resultaten der Aerostatik erzeugen; doch sind dergleichen Ursachen meist von geringer Einwürkung, so, daß man in den meisten Fällen davon abstrahiren kann. In den folgenden aerostatischen Lehren wird nur auf jene zwei Ursachen Rücksicht genommen.

§. 140. Zusätze.

1) Wird eine bestimmte Luftmasse in verschiedenem Maaße comprimirt (§. 139, 1.), so verhalten sich stets

*) Die Würkung der Feuerfontaine und andere Erscheinungen, sind der Erfolg der Volumenvermehrung der erwärmten Luft bei unvollständig gesperrten Luftmassen.

die Volumen umgekehrt wie die erlangten Dichtigkeiten; d. h. $V' : V'' = D'' : D'$ *). Die Masse, so wie das absolute Gewicht jener Lufmasse, bleiben bei den verschiedenen Comprimirungen ungeändert. — Die Bestimmung des specifischen Gewichts der Luft, erfordert daher die Kenntniß der Dichtigkeit oder des erlangten Grades der Comprimirung einer Luftmasse, weil in jenen verschiedenen Zuständen der Comprimirung, sich verhält $D' : D'' = S' : S''$ ($= V'' : V'$), während die erlangte Zusammenpressung, eine noch näher zu bestimmende Function der Expansivkraft ist.

2) Zwei Luftmassen von gleicher Art, in gleich großen Räumen eingeschlossen (d. h. von gleichen Volumen), können unter übrigens gleichen Umständen, sehr verschiedenes absolutes Gewicht haben, indem dieses von der erlangten Dichtigkeit D abhängt, und sich dann wie das specifische Gewicht verhält; so daß man bei gleichen Räumen hat: $G' : G'' = D' : D'' = S' : S''$.

3) Eine in einem völlig gesperrten Gefäße befindliche Luftmasse, ändert weder ihre Masse (oder ihr absolutes Gewicht) noch ihre Dichtigkeit (oder ihr specifisches Gewicht), wenn man ihre Temperatur beliebig verändert (Weil die Wärme als solche, laut Erfahrung gewichtlos ist). Indem aber die Expansivkraft der Luft durch die Wärme sich ändert (§. 139, 3.), so muß, wenn die Expansivkraft zur Bestimmung des erlangten Grades der Dichtigkeit dient (Nr. 1.), auch die Temperatur einer Luftmasse bei Bestimmung des specifischen Gewichts derselben, berücksichtiget werden.

Anmerk. Hiernach erfordert die Bestimmung des specifi-

*) Die hier gewählten Bezeichnungen V (Volumen), D (Dichtigkeit), G (absolutes Gewicht), S (specifisches Gewicht), u. dgl. m., können als bereits hinlänglich bekannt angesehen werden.

schen Gewichts einer Luftmasse, die Berücksichtigung der, durch die Comprimirung und durch die Wärme bedingten Expansivkraft der Luft (Siehe §. 15. das Ende der Anmerk.). — Selbst die Bestimmung des absoluten Gewichts, wenn es auch ein unveränderliches bei jeder bestimmten Luftmasse ist, erfordert jene Berücksichtigung, wenn im Allgemeinen vom Gewichte der Luft bei einem bestimmten Volumen die Rede ist.

4) Wird die Expansivkraft eines Theils einer ruhigen Luftmasse geändert; so muß eine Bewegung in der ganzen Masse entstehen, bis sich das gestörte Gleichgewicht wieder hergestellt hat, welches durch Ausgleichung der geänderten Dichtigkeit oder der geänderten Temperatur, endlich erfolgen muß (§. 139, 1. und §. 138, 5.)*). Hierin liegt der Grund vieler Erscheinungen, namentlich der Winde. Soll der Zustand des Gleichgewichts einer Luftmasse sich erhalten, so darf daher weder eine Comprimirung noch eine Temperaturveränderung eines Theils der Masse vorgenommen werden. — Man kann hiernach einen Theil einer größeren Luftmasse, als in einem unvollständig gesperrtem Gefäße befindlich ansehen, dessen Wände die diesen Theil umgebende Luftmasse bilden (Vergl §. 138, 3. und 5.).

5) Der Vertikaldruck der (nach oben zu unbegrenzten) ruhigen Atmosphäre gegen eine horizontale Fläche, ist zufolge §. 138, 1, a gleich dem Gewichte G der, über dieser Fläche als Grundfläche befindlichen Luftsäule. Es ist folglich nach §. 139, 1, dieses Gewicht auch gleich der Expansivkraft E derjenigen Luft in vertikaler Richtung nach oben, welche sich unmittelbar an jener Fläche befindet (Eine Ungleichheit beider Kräfte G

*) Es ist eine in der Physik näher zu betrachtende Thatsache, daß verschiedene Temperaturen berührender Körper, sich mit der Zeit ausgleichen.

und E, würde laut §. 138, 5, Bewegung in der Luft erzeugen).

6) Gegen alle Punkte einer horizontalen Fläche, ist der Vertikaldruck der ruhigen Atmosphäre gleich groß. Es ist nemlich kein Grund vorhanden, die Gewichte der Luftsäulen über den einzelnen Punkten, verschieden anzunehmen (Siehe §. 4, 3; §. 110. Anmerk. und §. 142.).

§. 141. Lehrsatz.

In den verschiedenen Punkten einer selbstständigen ruhigen Luftmasse, nehmen (unter übrigens gleichen Umständen) die Expansivkräfte und die Dichtigkeiten der Lufttheile, in vertikaler Richtung nach oben zu, ab.

Beweis. Man stelle sich eine ruhige Luftmasse von durchweg gleicher Temperatur (und auch übrigens gleicher Beschaffenheit, ausgenommen die Dichtigkeit und die hiermit zusammenhängende Expansivkraft), in beliebig große doch gleiche Schichten (statt der erwähnten Punkte), in vertikaler Richtung übereinander getheilt vor. Betrachtet man zwei unmittelbar auf einander liegende Schichten; so halten sich die Pressungen oder die Drücke beider Schichten gegen einander, das Gleichgewicht (§. 138, 5.). Die untere Schicht würkt nur durch ihre Expansivkraft E nach oben, während die obere durch ihre Expansivkraft E′ plus ihrem Gewichte nach unten würkt; es muß also E′ an sich kleiner als E sein. Dieser Schluß läßt sich für alle Schichten nach oben zu fortsetzen, daher die Expansivkräfte nach dieser Richtung in den verschiedenen Punkten, stetig abnehmen. Die Abnahme der Expansivkraft hängt aber bei den gleich groß angenommenen Schichten, mit einer Abnahme der Dichtigkeit der Luft zusammen (§. 139, 2.). — W. z. b. w.

Anmerk. Die genannte Eigenschaft stellt eine wesentliche Verschiedenheit zwischen dem Zustande des Gleichgewichts einer Luftmasse und dem einer Wassermasse dar (Siehe §. 118, 4.).

Zusatz. Es ist demnach auch das absolute Gewicht gleich großer Räume Luft in einer Luftmasse, in vertikaler Richtung nach oben zu, abnehmend. Hierbei ist jedoch noch keine Rücksicht auf die Abnahme der Schwere an sich nach oben zu, genommen, welche Abnahme nach dem §. 12, 5, II. genanntem Gesetze, erst in solchen Höhen von namhaftem Einflusse ist, welche außer der Grenze der hier betrachteten Luftmassen sich erstrecken (Vergl. §. 13, 6.). Indem wir also von dieser Abnahme der Schwere abstrahiren, sei bemerkt, daß die Resultate der Aerostatik genau genommen, auch zufolge jener Abnahme einer Verbesserung oder Correction bedürften, die man erforderlichen Falls vornehmen kann.

§. 142. Lehrsatz.

Der Druck K einer Luftmasse gegen eine horizontale Fläche F von bestimmter Größe, ist gleich dem hydrostatischen Drucke irgend einer tropfbaren Flüssigkeit gegen jene Fläche F, wenn diese Fläche die Grundfläche eines Gefäßes ist, in welchem die Flüssigkeit durch den Druck K auf einer Höhe h erhalten wird, und über der Flüssigkeit ein luftleerer Raum ist*).

Beweis. Man stelle sich eine Röhre von unbestimmter Länge, welche an einem Ende geschlossen am anderen Ende aber offen ist, mit irgend einer tropfbaren Flüssigkeit gefüllt vor, und kehre diese Röhre dann um. Sorgt man dafür daß an diesem Ende, Luft vermöge ihrer Expansivkraft nach oben drücken, aber nicht durch die Flüssigkeit hindurchdringen kann; so muß der Druck die-

*) Siehe die Anmerkung zum §.

ser Luft so groß sein, als der hydrostatische Druck, welchen die Grenzfläche von der Flüssigkeit bekömmt, welche sich noch in der Röhre erhält, d. h. nicht abfließt. Wird alle Flüssigkeit in der Röhre erhalten, so muß man um die ganze Größe des Luftdrucks kennen zu lernen, so lange den Versuch wiederholen, bis ein Theil der Flüssigkeit abläuft, und ein anderer sich in der Röhre erhält. Da es aber schwierig ist, das Eindringen der Luft bei jener Umkehrung zu vermeiden *); so fülle man eine gebogene (oder eine communicirende) Röhre, deren einer Schenkel gehörig lang, luftleer und oben verschlossen, deren anderer Schenkel aber kurz und offen ist, mit einer Flüssigkeit. Ist die Fläche der Flüssigkeit im kürzeren Schenkel gleich F, und wird sie von der Luft berührt; so wird der Druck dieser Luft nach unten eben so groß sein, als der hydrostatische Druck der gewählten Flüssigkeit gegen diese Fläche nach oben, und der Druck dieser Flüssigkeit ist nach §. 118, 3, gleich dem Gewichte einer Flüssigkeitsäule, deren Grundfläche der Spiegel F, und deren Höhe die Höhe h der Flüssigkeit im längeren Schenkel über dem Spiegel F, ist. — W. z. b. w.

Zusatz. Der eben bewiesene Satz zeigt den Grund, warum im Barometer (oder in der Toricellischen Röhre, vom Erfinder Toricelli (1643) so genannt) das Quecksilber auf einer namhaften Höhe erhalten wird. Dieses Instrument wird seiner Einrichtung (und deren Modificationen) nach, hier als bekannt vorausgesetzt; wäre es nicht bekannt, so würde die letzte Betrachtung

*) Dies ist an sich jedoch gar nicht unmöglich. Der bekannte Versuch, wonach bei gehöriger Vorsicht aus einem ganz angefüllten Gefäße mit Wasser, dessen offenes Ende man blos bedeckt und dann umkehrt, kein Wasser abläuft, zeigt die Möglichkeit jener Verrichtung (Siehe auch §. 143, 4.).

(mit communicirenden Röhren) im vorstehendem Beweise, im Allgemeinen den Grundzug der Einrichtung des Barometers kennen lehren. — Daß ein, möglicherweise verschiedener Zustand der Comprimirung der, die Oeffnung oder die Fläche des Quecksilbers im offenen Schenkel berührenden Luft, einen verschieden hohen Stand der Quecksilbersäule, oder blos der Säule genannt, veranlaßt, ist deutlich; daher auch bei gehöriger Länge der geschlossenen Röhre, ein jeder noch so großer Luftdruck, durch das Barometer gemessen werden könnte. Man sieht ferner ein, warum die Röhre des Barometers in beiden Schenkeln möglichst genau calibrirt (überall von gleichem Durchmesser) gemacht wird, während doch unserm Lehrsatze und Beweise zufolge, die Röhre jede beliebige unregelmäßige Form haben kann (weil der hydrostatische Druck sich nur nach der Grundfläche und Höhe richtet), indem alsdann das Steigen und Fallen im längeren Schenkel, genau gleich dem Fallen und Steigen im kürzeren Schenkel ist, und weil dann auch die Einwirkungen anderer Ursachen, namentlich der Wärme, auf das Quecksilber und auf die Röhre selbst, gleichförmig erfolgen*). Man nennt ein solches Barometer, ein Heberbarometer**). — Das Barometer mißt also durch die Höhe der Säule im längeren Schenkel (über dem Spiegel im kürzeren Schenkel), welche Höhe die Barometerhöhe oder der Barometerstand heißt und durch B bezeich-

*) Nach §. 106, 4. Anmerk 2., ist die Ausdehnung des Quecksilbers für jeden Grad Temperaturveränderung, der 4440 bis 4330ste Theil der Säule. Ferner rechnet man die Ausdehnung des Glases (der Röhre), für 1° R, den 0,00001095sten Theil.

**) Die sogenannten Gefäßbarometer, so wie die Stuben- oder Violenbarometer, weichen in Hinsicht des Reservoirs, von den Heberbarometern ab.

net werden soll, mittelbar den Luftdruck der, die offene Fläche F berührenden Luft; den absoluten Druck K der Luft erhält man alsdann durch die bekannte Formel $K = shF\gamma$ (§. 118, 1. und 3.), wo s das specifische Gewicht der, zum Barometer genommenen Flüssigkeit, zu welcher durchweg das Quecksilber gewählt wird (weil es außer manchen materiellen Vorzügen, auch die specifisch schwerste Flüssigkeit ist, also eine möglichst kleinste Röhre zuläßt) bedeutet. — Hierbei ist aber zu beachten, daß die Höhe h fast durchweg nach Zollen, und zwar pariser Maaß genommen wird*), daher auch F nach Quadrat (pariser) Zollen zu nehmen ist (Der Gebrauch des Barometers bei der Luftpumpe, nemlich um den Grad der Verminderung der Luft unter der Glocke zu bestimmen, ist hiernach nebst dem in §. 139. Anmerk. 1. Gesagtem, deutlich).

Anmerk. Der Lehrsatz des §'s, könnte als ein Grundsatz angesehen werden, wenn nicht der Begriff des hydrostatischen Drucks eine nähere Betrachtung nöthig machte. — Uebrigens könnte der Beweis des Satzes, namentlich bei der Betrachtung communicirender Röhren, oder überhaupt die Erscheinung des Barometers, unmittelbar auf §. 118, 6. zurückgeführt werden, indem man entweder das ganze Lufmeer als zweiten Schenkel, oder die Luft als die höher stehende Flüssigkeit ansieht (Man vergl. auch die Anmerk. 5. zu §. 118, 6.).

§. 143. Zusätze.

Einige der wichtigsten Erfolge aus der im vorigen §. betrachteten Größe des Drucks der Luft, können hier nicht unbeachtet bleiben, da sie für die folgenden Lehren,

---

*) Der etwa erforderlichen Reduction wegen, sei bemerkt, daß der pariser Zoll auch in 12 Linien getheilt wird, und daß sich verhält 1 pariser Zoll : 1 preuß. Zoll = 144 : 139,13. — Bei Berechnungen die keine große Genauigkeit erfordern, sind also beide Maaße als fast gleich groß anzunehmen.

und für die früher mehrerwähnten Anomalien gewisser mechanischer Lehren eben so wichtig sind als für die Technik, indem die Theorie vieler hydraulisch-pneumatischen Maschinen, d. h. solcher Maschinen deren Würkung auf dem Gebrauch des Wassers (oder anderer Flüssigkeiten) und der Luft (oder anderer luftförmiger Körper, namentlich der Dämpfe) beruht, auf jenen Luftdruck zurück geführt wird, den, so sei es hier zunächst angenommen, unsere atmosphärische Luft in dem Zustande in welchem sie sich gewöhnlich befindet, ausübt.

1) Der Barometerstand in der Atmosphäre, ist in der Regel laut Erfahrung gleich 28''*). Hiernach ist der, bei solcher Barometerhöhe stattfindende Druck K der Atmosphäre gegen einen Quadratzoll horizontaler Fläche, gleich dem Gewichte einer Quecksilbersäule, deren Grundfläche 1 □'' und deren Höhe 28'' ist. Nehmen wir das specifische Gewicht des Quecksilbers cirka gleich 14, das absolute Gewicht von einem Cubikzoll Wasser aber gleich $1\frac{2}{9}$ Loth an**); so ergiebt sich K etwa gleich 15 Pfund, oder auf einen Quadratfuß gleich $144 \cdot 15$ Pfund (etwa) = 20 Centner. — Man nennt diesen, gewöhnlich für den Quadratzoll angegebenen Druck: den Druck einer Atmosphäre, und rechnet hiernach die durch verschiedene Kräfte erzeugte Drücke, nach dem Druck von n Atmosphären.

2) Unter dem in Nr. 1. genanntem Drucke einer Atmosphäre, steht bereits die in einem offenen Gefäße

---

*) Ueber die Veränderungen jener Höhe von 28'', so wie über die periodischen Schwankungen des Barometers, gehören die ferneren Betrachtungen in die Meteorologie und in die physische Geographie hinein, ausgenommen was im 3ten Kapitel hierüber gelehrt wird.

**) Siehe §. 106, 4. u. a. a. O. Genau genommen ist das specifische Gewicht des Quecksilbers bei 0° R, gleich 13,98207....

befindliche tropfbare Flüssigkeit. Es ist also beim vertikalen Drucke dieser Flüssigkeiten, jener Druck immer noch zuzurechnen, wenn er nicht durch andere Kräfte wieder aufgehoben oder geändert wird (Vgl. §. 104. Zus. 2.) *).

Anmerk. Bei dem Satze §. 111. (vom Gleichgewichte des Wassers in communicirenden Röhren) ist vom Luftdrucke gegen die Oberflächen des Wassers in beiden Röhren, abstrahirt (§. 104. Zusatz 2.). Nun könnte es scheinen, daß jener bedeutende Luftdruck (laut Nr. 2.), in dem gleich hoch erwiesenen Stande beider Wassersäulen, eine Aenderung veranlassen müßte, wenn die Spiegel ungleich groß sind. — Aber wenn man bedenkt, daß der n mal größere Spiegel dem n mal größeren Luftdrucke, durch einen n mal größeren hydrostatischen Druck nach oben widersteht; so ist deutlich, daß der horizontale gleich hohe Stand in beiden Röhren, keine Veränderung durch den Luftdruck erleiden kann. Denkt man sich nemlich den Luftdruck $K = nk$, von dem größeren Spiegel weg, so wird dieser durch den Luftdruck k gegen den kleineren Spiegel mit der Kraft $nk = K$ in die Höhe gedrückt; daher ein n mal größerer Luftdruck von oben, gegen den größern Spiegel erfoderlich ist (Vgl. §. 118, 3. Anmerk. 3.).

3) Wird die Oeffnung des Barometers' geschlossen, dergestalt, daß über dem Quecksilber im kürzeren Schenkel noch Luft bleibt, so behält die Säule im längeren Schenkel unverändert ihre Höhe; denn die abgeschlossene Luft hat ihre Expansivkraft E gegen die Quecksilberfläche nicht geändert (§. 138, 5.), und diese Expansivkraft steht im Gleichgewichte mit dem Drucke K, den die Luft welche jetzt außerhalb des Gefäßes ist, vorher in ihrer Berührung mit der abgeschlossenen Luft gegen diese, und hierdurch mittelbar gegen die Quecksilberfläche ausübte. — Hierdurch wird also der Barometerstand B, auch ein

---

*) Das Sieden der tropfbaren Flüssigkeiten in offenen Gefäßen, hängt demnach auch vom Luftdrucke auf der Flüssigkeit ab. Daher ist bei Bestimmung des Siedepunkts der Thermometer, der Barometerstand zu berücksichtigen.

Maaß der Expansivkraft der Luft, welche in beliebiger Quantität die Fläche des Quecksilbers berührt*). — Man erhält hiernach die wichtige Proportion bei zwei Luftmassen $E' : E'' = B' : B''$.

4) Wird statt Quecksilber, Wasser genommen, so ist deutlich daß die Säule im längeren Schenkel, cirka 14 mal höher stehen muß als die Quecksilbersäule steht (wenn das specifische Gewicht des Quecksilbers gleich 14 gesetzt wird); dies giebt etwa $28'' \cdot 14 = 32\frac{2}{3}$ Fuß, wofür 32′ zu setzen ist. Hierin liegt der einfache Grund, warum in einer Röhre sich Wasser nur auf einer Höhe von 32′ (und analog für audere tropfbare Flüssigkeiten) durch den Druck der Atmosphäre erhält, welches Resultat bei den Saugepumpen von größter Wichtigkeit ist**). Auch bei der Ausleerung der Gefäße, namentlich der Fässer, ist der bedeutende Gegendruck der Luft zu beachten. Manche technische Manipulationen haben ihren Grund in jenem Luftdrucke; der Gebrauch des Stechhebers, u. dgl. m., ist dadurch begründet.

5) Die genausten Versuche und Abwägungen einer bestimmten Masse atmosphärischer Luft (vorzüglich durch Biot und Arrago angestellt), haben ergeben, daß diese Luft bei einem Barometerstande von 28″ und einer Tem-

---

*) Weil die Luft durch die feinste Oeffnung hindurchströmt, so ist die kleinste Oeffnung hinreichend, die Luft außerhalb des Raums über der Quecksilberfläche, mit der Luft welche diese Fläche unmittelbar berührt, in Verbindung zu setzen. Man sieht nun auch ein, warum das Barometer im Zimmer (mit sehr geringen Modificationen) eben so hoch als im Freien steht; u. dgl. m.

**) Von den Saugepumpen müssen die Druckpumpen wol unterschieden werden, durch welche letzteren das Wasser zu jeder Höhe erhoben werden kann. — Man belehrt sich vollständig über diese verschiedenen Pumpen, außer in den meisten der früher (§. 91. Anmk.) genannten Werke, durch: Baader, vollständige Theorie der Saug- und Hebepumpen (Baireuth 1797), u. a. m.

peratur von 0° R, 10436 mal leichter als Quecksilber, oder 770 mal leichter als Wasser bei derselben Temperatur ist (Siehe §. 140, 3. Anmerk.). Hiernach ist das absolute Gewicht eines Cubikfußes (preußisch Maaß) atmosphärischer Luft, nach gehöriger Reduction der Maaße, gleich 2,74671... preußische Loth, oder etwa $2\frac{3}{4}$ Loth, wonach 1 Cubikzoll jener Luft 0,0015895... preußische Loth wiegt. — Es ist mithin das specifische Gewicht der atmosphärischen Luft unter den genannten Bedingungen, $\frac{1}{770}$ (wenn das Wasser als Einheit dient), wofür gewöhnlich $\frac{1}{800}$ gesetzt wird. Man pflegt die atmosphärische Luft in jener Beschaffenheit, als Einheit zur Bestimmung des specifischen Gewichts der übrigen Luftarten zu gebraucheu, wenn diese sich auch unter jenem Druck (von 28″) und derselben Temperatur (0° R) befinden.

6) Nach dem in Nr. 5. genannten Zahlenresultate des absoluten Gewichts, verglichen mit der Expansivkraft der atmosphärischen Luft laut Nr. 1., ist nunmehr deutlich, daß man, wenn vom Luftdrucke kleiner Quantitäten atmosphärischer Luft die Rede ist, den durch ihr Gewicht erzeugten Druck, außer Acht lassen kann, und nur den Druck welchen die Expansivkraft erzeugt, zu berücksichtigen braucht (Siehe §. 138, 1, a).

7) Die Erfahrung lehrt, daß wenn bei ruhiger Luft in der Atmosphäre, der Barometerstand 28″ = 336‴ ist, und man erhebt vertikal den Barometer etwa 78 Fuß; so beträgt das laut §. 141. erfolgende Sinken der Säule, eine Linie*). Da nun bei bedeutenderen Höhen, das Sinken der Säule verhältnißmäßig immer geringer wird

*) Bei vertikaler Erhebung von etwa einer geographischen Meile, sinkt das Quecksilber um die Hälfte herab, d. h. der Barometerstand ist dann noch 14 Zoll.

(§. 141.); so ist wiederum deutlich, daß auch die Expansivkräfte, welche laut Nr. 3. mit den Barometerständen in gleichen Verhältnissen stehen, für geringe Quantitäten atmosphärischer Luft, als ungeändert angesehen werden können, so daß man bei diesen Kräften von der Verminderung, welche sie in den höher liegenden Theilen (einer kleinen Luftmasse) erfahren, ganz abstrahiren kann *).

8) Aus Nr. 6. und 7. gemeinschaftlich folgt, daß man für Flächen von geringer Größe annehmen kann, daß sie bei jeder Lage in der Atmosphäre (d. h. horizontal, vertikal oder schief liegend) in allen Punkten gleich großen Luftdruck erhalten, wenn man den Ort wo die Fläche selbst sich befindet, namentlich in vertikaler Höhe, nicht bedeutend ändert. Hiernach ist wiederum erklärlich, warum auch aus kleinen Seitenöffnungen bei ganz gefüllten Gefäßen (mit Rücksicht auf das Maximum der Höhe der Füllung über der Oeffnung, laut Nr. 4.), die Flüssigkeit nicht ausströmt, sondern durch den Luftdruck zurückgehalten wird (Die, besonders in §. 106. erwähnten hydrostatischen Anomalien, können demohnerachtet ein Herabträufeln der Flüssigkeit an den Wänden des Gefäßes veranlassen) **). — Man erhält nunmehr den

---

*) Nimmt man die Luft in jener vertikalen Schicht von 78' Höhe gleichförmig dicht an; so ist im Allgemeinen deutlich, daß die Luft 78.12.12 = 11232 mal leichter als Quecksilber, oder etwa $\frac{11232}{14}$ = 802 mal leichter als Wasser ist (Vgl. Nr. 5.).

**) Sind die Seitenöffnungen von namhafter Größe, so daß der verschiedene Druck der Flüssigkeit in verschiedenen Punkten der Höhe der Oeffnung, nicht außer Acht bleiben kann (siehe §. 118, 4.); so ist deutlich warum ein Abfließen, zuerst der tieferen Theile der Flüssigkeit erfolgen muß.

Luftdruck gegen die ganze bekannte Oberfläche eines Körpers, unmittelbar nach Nr. 1.*).

9) Wenn in den luftleeren Raum über dem Quecksilber im längeren Schenkel (der Toricellischen Leere), Luft tritt, so vertheilt sich diese Luft in den früher luftleeren Raum (§. 137.). Man sieht, daß hiernach die Quecksilberfläche im vorher längeren Schenkel fällt; die Größe des Falls hängt aber vom Grade der Expansivkraft jener hineingetretenen Luft ab, welche Kraft sich durch jene Ausdehnung selbst vermindert (§. 139, 2.). Man erkennt leicht die, zur Wiedererzeugung des Gleichgewichts, hierbei würkenden Kräfte. — Hiernach sind viele Erscheinungen und Anomalien von Nr. 4. zu erklären, wenn nemlich etwas Luft sich dort befindet, wo ein luftleerer Raum erwartet wird (Auch die Würkungen des intermittirenden Brunnens, sind einfach hierdurch zu erklären).

10) Wird eine gebogene Röhre welche an beiden Enden offen ist, dergestalt umgekehrt mit einem Schenkel in ein Gefäß mit einer tropfbaren Flüssigkeit gestellt, daß die Oeffnung des anderen Schenkels auch nach unten, und zwar tiefer als der Spiegel der Flüssigkeit im Gefäße, liegt, und man entfernt die Luft aus der Röhre (etwa durch Aussaugen); so erfüllt die Flüssigkeit sogleich die Röhre (wenn diese nemlich das Maximum der Höhe nach Nr. 1. und 3. nicht übersteigt), und läuft so lange aus der Oeffnung außerhalb des Gefäßes heraus, als diese Oeffnung noch tiefer wie der, sich

*) Rechnet man die Oberfläche des erwachsenen menschlichen Körpers zu etwa 14 bis 15 Quadratfuß; so ist der Luftdruck auf ihn 14 . 20 bis 15 . 20, d. h. 280 bis 300 Centner. — Ein überraschendes, und dennoch gewisses Resultat, worüber sich manche Betrachtung anstellen läßt.

sich nunmehr senkende Spiegel der Flüssigkeit liegt. Man nennt eine Röhre welche zu diesem Gebrauche (gewöhnlich mit ungleich langen Schenkeln, von denen der kürzere in die Flüssigkeit gestellt wird) eingerichtet ist, einen Heber. — Daß der Heber überhaupt fließt, hat seinen Grund darin, daß der Druck der Luft gegen den Spiegel der Flüssigkeit und gegen die Oeffnung außerhalb des Gefäßes, gleich groß ist*), der hydrostatische Gegendruck der Flüssigkeit in der Röhre welche sich im Gefäße befindet, jedoch geringer als der hydrostatische Gegendruck im Schenkel außerhalb des Gefäßes (der verschieden angenommenen Höhen wegen) ist; es muß daher der resultirende Druck gegen den Spiegel der Flüssigkeit im Gefäße größer, als der gegen die andere Oeffnung sein, weshalb ein Abfließen erfolgt, wenn auch immerhin der Schenkel außerhalb des Gefäßes, noch keine Säule vom Maximum der Höhe (für die besondere Flüssigkeit) enthält, welche an sich durch den Luftdruck gegen die entsprechende Oeffnung (ohne abzufließen) erhalten werden würde. Daß das Ausfließen bis zu jener genannten Grenze erfolgt, ist nunmehr deutlich; während die Gesetze dieser Bewegung, der Hydrodynamik angehören.

*) Genau genommen ist nach §. 141. der Luftdruck gegen die Oeffnung außerhalb des Gefäßes, etwas größer als gegen den (höher liegenden) Spiegel der Flüssigkeit; nach Nr. 7. aber ist jene Verschiedenheit außer Acht zu lassen.

Zweites Kapitel.

Von der Bestimmung der Größe der bei luftförmigen Körpern vorkommenden Werthe.

§. 144. Erfahrungsatz.

Wird eine und dieselbe Luftmasse zu verschiedenen Volumen comprimirt (§. 130, 1.); so verhalten sich die Expansivkräfte der Luft bei diesen Comprimirungen, umgekehrt wie die erlangten Volumen.

Dieser wichtige Satz führt von seinem Entdecker Mariotte (zu Anfang des 18ten Jahrhunderts), den Namen: das Mariottische Gesetz. Man kann diesen Satz auf folgende Weise darthun. Ein Paar communicirende Röhren (die Mariottische Verdichtung- oder Verdünnungröhre) sind genau calibrirt; der eine Schenkel ist kurz, und kann mittelst eines am oberen Ende befindlichen Hahns geschlossen und geöffnet werden; der andere Schenkel ist lang und oben offen. In diesen längeren Schenkel wird Quecksilber gegossen, und nachdem dasselbe auch zum Theil in den kürzeren Schenkel gestiegen ist, bringt man über diese Säule irgend eine Luftart und verschließt den Schenkel, so daß die Luft im kürzeren Schenkel abgesperrt ist*). Wird nun in den längeren Schenkel immer mehr Quecksilber gegossen, so hindert die abgesperrte Luft, ein gleichmäßiges Steigen der Säule im kürzeren Schenkel. Aus dem Stand der Säule

*) Bei den gewöhnlichen Versuchen mit atmosphärischer Luft, ist der geöffnete Hahn hinreichend, um diese abzusperrende Luft zu erhalten.

im längeren Schenkel über dem Spiegel des Quecksilbers im kürzeren Schenkel, nebst der Berücksichtigung des Luftdrucks auf die Säule im längeren Schenkel, erhält man direct die Kraft, durch welche die abgesperrte Luft comprimirt wird. Eine angebrachte Scale zeigt jenen Stand, und auch die Volumenabnahme der Luft im kürzeren Schenkel. Die gehörige Vergleichung dieser Größen, führt zum genannten Satze. — Von mancherlei Abänderungen im gedachten Versuche und dabei nöthigen Berücksichtigungen, kann hier nicht weiter die Rede sein. Ob das genannte Gesetz bei jedem Grade der Comprimirung, also ohne bestimmte Grenze gilt, — muß hier dahingestellt bleiben, jedoch wird es unter jeder, aber während des Versuchs ungeänderten Temperatur, durch die Erfahrung für jeden Zustand der luftförmigen Körper, bestätigt. — Man erkennt leicht, in wie fern der erwähnte Versuch viele Sätze des vorigen Kapitels zu berücksichtigen verlangt (Siehe auch §. 146. Zusatz 3.).

Zusatz. Nach den bekannten Bezeichnungen, ist der genannte Satz in dieser Proportion darzustellen:

$$E' : E'' = V'' : V' \text{ (I.)}.$$

Auch verhält sich in den verschiedenen Zuständen der Comprimirung derselben Luftmasse, wie bekannt (§. 13, 3, VI. und §. 15, 3, VI.):

$$D' : D'' \text{ oder } S' : S'' = V'' : V', \text{ also auch hierbei}$$

$$E' : E'' = D' : D'' \text{ oder } = S' : S'' \text{ (II.)}.$$

Wenn man übrigens die Größe der Expansivkraft der abgesperrten Luftmasse, durch ein zweckmäßig angebrachtes Barometer direct mißt (wozu auch die Säule im längeren Schenkel der Mariottischen Röhre, bei gehöriger Berücksichtigung der Umstände, dient), so hat man nach §. 143, 3. die Proportion:

$$B' : B'' = V'' : V' \text{ (III.)}.$$

Also hat man bei einer und derselben Luftmasse,

aber in verschiedenen Zuständen der Comprimirung, die gleichen Verhältnisse:

$E' : E''$ oder $B' : B'' = V'' : V' = D' : D''$ oder $= S' : S''$.

Anmerk. Die Theorie des (vom Dr. August erfundenen) Differential-Barometers, dessen nähere Beschreibung hier übergangen werden kann, beruht auf dem Mariottischen Gesetze. — Instrumente, durch welche man bedeutende Expansivkräfte mißt, heißen allgemein Elaterometer; sie bestehen gewöhnlich in besonderen Modificationen welche man dem Barometer giebt.

§. 145. Zusätze.

1) Weil der Barometerstand unabhängig von der Quantität oder vom Volumen der, diesen Stand bedingenden Luft ist (§. 143, 3.): so überzeugt man sich leicht, daß bei zwei beliebigen Volumen, jedoch gleichartiger Luftmassen, unter übrigens gleichen Umständen (namentlich bei gleicher Temperatur; §. 139, 3.) sich verhält:

$$E' : E'' = D' : D'';$$

denn die Expansivkraft der n mal dichteren Luft wird nicht geändert, wenn man ein n mal geringeres Volumen von ihr als von der dünneren Luft nimmt. Aus dem vorigen §. erhellet demnach die genannte Proportion.

Da man für $E' : E''$ auch $B' : B''$, und für $D' : D''$ setzen kann $S' : S''$; so erhält man ganz unabhängig vom Volumen zweier gleichartigen Luftmassen, unter übrigens gleichen Umständen, die gleichen Verhältnisse:

$$B' : B'' = E' : E'' = D' : D'' = S' : S''.$$

2) Weil nach §. 13, 3, III. und §. 15, 3, III., sich verhalten die absoluten Gewichte G zweier Luftmassen, also $G' : G'' = D' \cdot V' : D'' \cdot V''$ oder $= S' \cdot V' : S'' \cdot V''$; so kann man nunmehr bei gleicher Temperatur und übrigens gleichen Umständen auch setzen:

$G' : G'' = B' \cdot V' : B'' \cdot V''$ (I.), woraus wieder folgt: $B' : B'' = G' \cdot V'' : G'' \cdot V'$ (II.) und $V' : V'' = G' \cdot B'' : G'' \cdot B'$ (III.), in welche Proportionen man für B' und B'', auch E' und E'' setzen kann, so wie auch für E die hiermit im Gleichgewichte befindliche comprimirende Kraft zu setzen ist (§. 138, 4.).

3) Das absolute Gewicht G, für V Cubikfuß atmosphärischer Luft von 0° Temperatur und B Zoll Barometerdruck, ist demnach laut §. 143, 5.:

$$G = \frac{B}{28} \cdot V \cdot 2\tfrac{3}{4} \text{ Loth, oder } = \frac{2{,}746\ldots}{336} B \cdot V \text{ Loth, wenn}$$

B nach Linien genommen wird.

4) Kann der durch das Gewicht einer Luftart ausgeübte Druck, gegen die Expansivkraft als unbedeutend, bei irgend einem Barometerstande vernachlässiget werden (§. 143, 6.); so kann dies bei jedem Barometerstande (und ungeänderter Temperatur, der gleichen Verhältnisse wegen) geschehen.

§. 146. Erfahrungsatz.

Die Luftarten äußern bei jedem, auch noch so geringem Grade von Wärme, immer noch eine bestimmte, wenn gleich nach §. 139, 3. mit der Abnahme der Wärme abnehmende Expansivkraft. Die Vergleichung der Expansivkräfte einer bestimmten Quantität Luft, bei verschiedenen Temperaturen aber ungeändertem Volumen, ist auf mannigfaltige Weise anzustellen, wenn gleich die Versuche besonderen Schwierigkeiten unterworfen sind. Man nennt ein hierzu eingerichtetes Instrument: einen Luftthermometer, und kann man sich im Allgemeinen eine Vorstellung von demselben machen, wenn man zwei communicirende Röhren nach Art der Violenbarometer nimmt, deren längerer Schenkel genau calibrirt und mit einer Scale, den Stand des Queckfilbers in ihm zu beobachten, versehen ist, deren kürzerer Schenkel aber ein hinlänglich großes Reservoir hat, um über dem Spiegel des Quecksilbers eine nicht allzu kleine Quantität von der Luftart mit welcher der Versuch angestellt werden soll, aufnehmen zu können. Wenn man nun durch besondere Vorrichtungen im Stande ist, dieser im völlig verschlossenen Reservoir ganz abgesperrten Luftmasse, jede Temperatur zu geben und deren Größe zu beobachten; so ist deutlich, daß durch den veränderten Druck dieser Luft auf die Fläche des abgeschlossenen Quecksilbers, der Stand der Säule im längeren Schenkel (den Gesetzen des Barometers gemäß), die Größe jenes Drucks der abgesperrten Luft mißt. Man kann sich bei diesen Bestimmungen selbst des Mariottischen Gesetzes (§. 144.) bedienen, indem man über der Säule im längeren Schenkel, Luft von bekannter Temperatur und Comprimirung zuläßt; dann braucht dieser Schenkel nicht allzu lang zu sein, weil diese comprimirte Luft das Erheben der Säule vermindert. — Ueber die Schwierigkeiten der Verfertigung des Luftthermometers und der Manipulationen mit ihm, gehört das Nähere nicht hierher; die Einwürkung der Temperatur jener abgesperrten Luft auf das ganze Instrument, und die, wenn gleich geringe Volumenveränderung der abgesperrten Luft, welche durch den veränderten Stand der Säule im längeren Schenkel gleichfalls stattfinden muß, sind jedoch wol zu beachten, wenigstens kann nur in gewissem Maaße von ihnen abstrahirt werden.

Durch viele Versuche mit dem Luftthermometer und auf andere Weise, ist man zu dem bestimmten Resultate gelangt:

(I.) daß sich die Expansivkraft der Luft beim Frostpunkte (des Wassers, also bei 0° R) zur Expansivkraft beim Siedepunkte (also bei 80° R), wie 8 zu 11 verhält.

Die genannten beiden ganzen Zahlen welche jenes Verhältniß darstellen, sind wol zu beachten. Man kann dafür auch setzen:

8 : 11 = 1 : 1,375 oder 1000 : 1375 *).

Jene Versuche haben aber auch gelehrt, daß wenn man die veränderte Expansivkraft einer bestimmten, ihr Volumen nicht ändernden Luftmasse, als eine bloße Würkung der freien Wärme **) ansieht, und die Wärmegrade nach dem Luftthermometer nimmt; alsdann:

(II.) die Expansivkräfte sich verhalten wie die Temperaturen.

Diese letztere Proportion oder das durch sie dargestellte Gesetz, führt von ihrem Entdecker den Namen: das Gay-Lüssac'sche Gesetz. Ob es für jede Temperatur gilt, bleibt abermals dahingestellt, wird jedoch hier vorausgesetzt, weil die Erfahrung es bei allen Versuchen in verschiedenen Temperaturen bestätigt hat. — Um Brüche zu vermeiden, und doch genug Grade zur hinlänglich genauen Wärmemessung mit dem Luftthermometer zu erhalten, ist es daher zweckmäßig beim Frostpunkte die Zahl 1000, und beim Siedepunkte 1375 zu setzen, wonach also der Fundamentalabstand (von 0° bis 80° R) in 375 gleiche Theile zu theilen ist, deren man beliebig viele über den Siedepunkt hinaus, jedoch nur 1000 unter den Frostpunkt setzen kann; bei 0° Lufttemperatur, würde hiernach alle Wärme vernichtet sein, welche Beschaffenheit der Luft weder künstlich noch natürlich bis jetzt beobachtet ist. — Es wird hierdurch die Expansivkraft der Luft, das sicherste Maaß der Wärme; aber die

---

*) Lambert fand bereits jenes Verhältniß wie 1000 : 1370 (Siehe Lambert's Pyrometrie, Berlin 1779; §. 89.).

**) Ueber die freie und die gebundene (latente) Wärme, gehören die Untersuchungen in die Physik.

angedeuteten Schwierigkeiten hindern den Gebrauch des Luftthermometers, während die Vergleichung desselben mit dem Gange des Quecksilberthermometers, die hinlängliche Genauigkeit dieses letzteren (von — 24° R bis mehrere Grade über + 80), bestätigt hat.

Da es nöthig ist, für die Einwürkung der Wärme auf die aerostatischen Gesetze, die Luftthermometergrade anzuwenden, aber die Quecksilberthermometer doch nur zum Gebrauche als vorhanden anzunehmen sind; so wird eine Reduction dieser letzteren Temperaturgrade, die wir durch R (Reaumür) bezeichnen wollen, in erstere z. B. durch L bezeichnete Grade, erforderlich *). Um die Zahl x zu finden, welche beim Frostpunkte des Quecksilberthermometers zu stehen kömmt, damit man durch unmittelbares Addiren der Grade der 80theiligen Scale, die Grade des Luftthermometers erhält; schließe man: wenn der Fundamentalabstand in 3 Theile getheilt wird, so kömmt beim Frostpunkt die Zahl 8 (wie dies beim Luftthermometer der Fall ist, bei welchem die Erhöhung der Expansivkraft von 8 zu 11, nur 3 solche Theile für den Abstand vom Frost- bis zum Siedepunkt giebt, deren 8 beim Frostpunkte vorhanden sind), wenn also jener Abstand in 80 Theile (wie beim Quecksilberthermometer) getheilt ist, so kömmt beim Festpunkte x; also:

$$3 : 8 = 80 : x;\ \text{hiernach ist}\ x = 213\tfrac{1}{3}.$$

Es sind also z. B. 80° R ($= 213\frac{1}{3} + 80$) $= 293\frac{1}{3}$ L,

---

*) Man hat sich hierbei wol daran zu erinnern, daß das Quecksilberthermometer durch die Ausdehnung des Quecksilbers durch Wärme, das Luftthermometer aber durch Erhebung der Säule durch Druck, die Temperatur anzeigt, sobald von allen Nebeneinwürkungen abstrahirt wird. — Beim Frostpunkte des Luftthermometers 0 zu setzen, würde schon hier völlige Abwesenheit aller Wärme anzeigen, was offenbar unrichtig wäre.

oder allgemein $a^0 R = (213\frac{1}{3} + a) L$ *). Die Reduction für andere Scalen, bedarf keiner Erläuterung weiter.

Zusatz 1. Wir bezeichnen von nun an durch T^0 oder blos durch T stets die, nach welchem Thermometer es auch sei gemessenen, auf die Scale des Luftthermometers reducirten Grade der Temperatur, wonach man also hat $T' : T'' = 213\frac{1}{3} + R' : 213\frac{1}{3} + R''$. Das zweite der genannten Gesetze, ist nunmehr durch die Proportion:

$$E' : E'' = T' : T'' \quad \text{(I.)}.$$

darzustellen, wobei zunächst das Volumen einer bestimmten Luftmasse als ungeändert angesehen, auch von allen anderen Einwürkungen abstrahirt wird. — Daß die Dichtigkeit der Luftmasse hierbei ungeändert bleibt; versteht sich von selbst, ist jedoch wol zu beachten. — Stellt man sich die, nur durch die Wärme geänderten Expansivkräfte der abgeschlossenen oder völlig gesperrten Luftmasse, durch das Barometer gemessen vor (wozu unmittelbar die Säule im längeren Schenkel des Luftthermometers dient, wenn keine Luft über dieser Säule ist); so erhält man beim Vergleich mit dem in §. 143, 3. Gesagtem, nun auch die Proportion:

$$B' : B'' = T' : T'' \quad \text{(II.)}.$$

Zusatz 2. Man setzt auch wol zuweilen beim Frostpunkte des Luftthermometers die Zahl 1. Weil alsdann der Fundamentalstand in 0,375 gleiche Theile getheilt ist, so kommen hiervon auf jeden Grad der 80theiligen $\frac{0,375}{80} = 0,004675$ Theile. Nennt man diese Zahl z. B.

---

*) Die Proportion $375 : 1000 = 80 : x$, deren Grund man leicht einsieht, giebt natürlich dieselbe Zahl $213\frac{1}{3}$. Eben so giebt die Proportion $3 : 11 = 375 : 1375 = 80 : 293\frac{1}{3}$, oder $8 \cdot 11 = 213\frac{1}{3} \cdot 293\frac{1}{3}$, die beim Siedepunkt zu setzende Zahl.

z; so ist für n Grade der 80theiligen Scale, die Proportion $T' : T'' = 1 + n'z : 1 + n''z$ deutlich.

Zusatz 3. Aus der Proportion $B' : B'' = T' : T''$ (Zusatz 1.) folgt, daß, wenn das Mariottische Gesetz für irgend eine Temperatur gilt, es auch für jede zwei, jedoch gleiche Temperaturen gelten muß.

§. 147. Zusätze.

1) Weil die Temperatur, gleichwie der Barometerstand einer Luftmasse, an sich völlig unabhängig vom Volumen der Luft ist; so hat man bei zwei ganz beliebigen Massen einer und derselben Luftart:

$B' : B'' = T' : T''$ (wenn die Dichtigkeiten gleich sind); und weil auch

$B' : B'' = D' : D''$ (wenn die Temperaturen gleich sind; §. 145, 1.),

so ist allgemein $B' : B'' = T' \cdot D' : T'' \cdot D''$ (I.)*), in welche wichtige Proportion für D' und D'' auch S' und S'', so wie für B' und B'' auch E' und E'' gesetzt werden kann. Man erhält hieraus wieder:

$T' : T'' = B' \cdot D'' : B'' \cdot D'$ (II.) und $D' : D'' = B' \cdot T'' : B'' \cdot T'$ (III.).

Die Modificationen dieser Proportionen, besonders wenn man $B' = B''$ (oder $E' = E''$) setzt, ergeben sich sehr leicht; unter ihnen zu bemerken ist die Proportion $T' : T'' = D'' : D'$ (IV.).

2) Führt man die absoluten Gewichte G zweier gleichartigen Luftarten von beliebigen Volumen V ein; so ist wie bekannt, ohne Rücksicht auf die Temperatur:

$G' : G'' = D' \cdot V' : D'' \cdot V''$; daher nach Nr. 1.

$G' : G'' = V' \cdot B' \cdot T'' : V'' \cdot B'' \cdot T'$ (I.); wenn also $B' = B''$ und $V' = V''$ ist, so ist $G' : G'' = T'' : T'$ (II.). Diese und andere Proportionen, lassen sich jetzt leicht aus

*) Man erinnere sich an §. 11. Anmerkung.

der Proportion (I.) herleiten, wobei auch auf die in Nr. 1. genannten Substitutionen (von S und E für D und B) zu achten ist.

3) Das absolute Gewicht G von V Cubikfuß atmosphärischer Luft, findet man nunmehr allgemein nach der Formel:

$$G = \frac{B}{28} \cdot V \cdot \frac{213\frac{1}{3}}{T} \cdot 2\tfrac{3}{4} \text{ Loth},$$

weil $213\frac{1}{3}$ L = 0° R (wofür $2\frac{3}{4}$ Loth gefunden ist, §. 143, 5.), ist (Vgl. §. 145, 3.). — Oder: wenn allgemein durch unmittelbare Abwägung, das absolute Gewicht G′ einer beliebig großen Luftmasse gefunden ist; so wird das Gewicht G″ einer, mit jener gleich großen Luftmasse unter verändertem Barometerstande und Temperatur, nach der Formel gefunden:

$$G'' = \frac{B'' \cdot T'}{B' \cdot T''} \cdot G' = \frac{B''(1 + n'z)}{B'(1 + n''z)} \cdot G' \text{ (§. 146. Zus. 2.)}.$$

Setzt man daher für eine unmittelbare Abwägung das gefundene Gewicht G′, ferner $B' = 28'' = 336'''$ und $T' = 213\frac{1}{3}^0 = \frac{640^0}{3}$; so ist allgemein für eine mit jener gleich großen Luftmasse (indem alsdann $n' = 0$ ist):

$$G'' = \frac{\frac{640}{3}}{336} \cdot \frac{B''}{T''} \cdot G' = \frac{40}{63} \frac{B''}{T''} \cdot G' = \frac{B''}{336(1 + n''z)} \cdot G'$$

Anmerk. Sowol die Proportion $G' : G'' = T'' : T'$ (Nr. 2.), als der so eben gefundene absolute Werth für G, zeigen, daß das Gewicht eines bestimmten Volumens Luft sich wenig ändert, wenn die Temperatur sich um ein Paar Grade der Reaumürschen Scale ändert*). Man kann daher bei Berücksichtigung des in §. 145, 4. Gesagtem, bei einer Luftart bei welcher der Druck durch das Gewicht, unbedeutend gegen die Expansivkraft unter einer bestimmten Temperatur ist, das Gewicht gegen die Expansivkraft auch dann noch unbeachtet lassen, wenn die Temperatur sich um einige Grade ändert.

---

*) Siehe auch die Proportion zur Reduction der Thermometergrade im vorigen §.

4) Die genannten Proportionen gelten nun auch für eine und dieselbe Luftmasse, mit welcher Aenderungen in der Temperatur oder im Volumen (durch Erwärmung oder Comprimirung) vorgenommen werden. Die wesentlichsten der hierher gehörenden Proportionen, welche man entweder unmittelbar aus Nr. 2. herleiten, oder welche man auch eben so leicht wieder selbstständig entwickeln kann, sind die nachstehenden Proportionen, in welche wiederum E′ und E″ für B′ und B″ zu setzen ist. Indem unter der gemachten Voraussetzung G′ = G″ ist, ist auch

$$V' \cdot B' \cdot T'' = V'' \cdot B'' \cdot T'; \text{ also:}$$

$T' : T'' = V' \cdot B' : V'' \cdot B''$ (I.), $V' : V'' = T' \cdot B'' : T'' \cdot B'$ (II.), und $B' : B'' = T' \cdot V'' : T'' \cdot V'$ (III.); setzt man auch noch $B' = B''$, so ist $T' : T'' = V' : V''$ (IV.) u. dgl. m.

5) Wird z. B. in der Atmosphäre bei einem Theile der Luft die Temperatur gleichmäßig geändert, aber der Barometerstand bleibt ungeändert; so verhalten sich (unter übrigens gleichen Umständen) die Volumen des erwärmten Theils vor und nach der Erwärmung, wie die Temperaturen (nach dem Luftthermometer) vor und nach jener Aenderung (Dies ist eine unmittelbare Folge aus der Proportion (IV.) in Nr. 4., indem der erwärmte Lufttheil sein Volumen geändert hat. — Siehe §. 140, 4.).

§. 148. Erfahrungsatz.

Durch unmittelbare Abwägung bestimmter Volumen der verschiedenen Gas- und Dampfarten bei bestimmten Barometerständen und Temperaturen, hat man nunmehr gefunden, daß wenn das specifische Gewicht der atmosphärischen Luft bei irgend einem Barometerstande B und Thermometerstande T, als Einheit angenommen wird; alsdann (weil nach den gehabten Sätzen für denselben Stand B und T bei einer andern Luftart stets dieselben Verhältnisse stattfinden) folgende specifische Gewichte S sich ergeben:

Für Gase:

Kohlensaures Gas (Carbonic) ist $S = 1{,}5196\ldots$
Sauerstoff-Gas (Oxygen) ist $S = 1{,}1036\ldots$
Stickstoff-Gas (Azot) ist $S = 0{,}9691\ldots$
Wasserstoff-Gas (Hydrogen) ist $S = 0{,}0732\ldots$*).

Für Dämpfe von:

Terpentinöl ist $S = 5{,}0130\ldots$
Schwefeläther ist $S = 2{,}5860\ldots$
Weingeist ist $S = 1{,}6133\ldots$
Wasser ist $S = 0{,}6235\ldots$ u. dgl. m.

Zusatz. Es ist demnach deutlich, wie man das absolute Gewicht G irgend eines Volumens V einer jener Luftarten vom specifischen Gewichte S, beim Barometerstande B und der Temperatur T findet. Indem man nemlich das Gewicht von $2\frac{3}{4}$ Loth eines Cubikfußes atmosphärischer Luft für $B = 28''$ und $T = 213\frac{1}{3}°$ zum Grunde legt, ist:

$$G = 2\tfrac{3}{4} \cdot S \cdot \frac{B}{28} \cdot \frac{213\frac{1}{3}}{T} \cdot V \text{ Loth}.$$

Anmerk. 1. Man erkennt hieraus leicht, in wiefern bei den verschiedenen Luftarten, die in §. 147. Anmerk. genannte Vernachlässigung des Gewichts der Luft gegen die Expansivkraft, noch eher oder weniger als bei der atmosphärischen Luft geschehen darf (Nemlich jenachdem $S <$ oder > 1 ist.

Anmerk. 2. Weil unter der gemachten Annahme, die Expansivkraft aller jener Luftarten gleich ist; so ist klar, in wiefern z. B. ein mit Wasserstoffgas gefülltes Gefäß, dessen Wände der größeren Expansivkraft — diese mag von Außen nach Innen, oder entgegengesetzt würken — nachgeben, dem Drucke der

*) Das Wasserstoffgas ist der specifisch leichteste der bis jetzt bekannten Körper; die Platina ist der specifisch schwerste Körper ($S = 23{,}5\ldots$; siehe §. 15. Anmerk.).

atmosphärischen Luft das Gleichgewicht halten, oder diesen Druck wol gar überwinden kann.

§. 149. Erklärung.

Weil zwei verschiedenartige Luftmassen bei gleicher Temperatur und gleicher Expansivkraft (gleichem Barometerstande), dennoch verschiedene Dichtigkeit (verschiedenes specifisches Gewicht) haben können; so haben verschiedene Luftarten bei gleicher Temperatur und gleicher Dichtigkeit (d. h. bei gleichem specifischen Gewichte), verschiedene Expansivkraft. Das Verhältniß der bei gleicher Temperatur und Dichtigkeit stattfindenden (also absoluten) Expansivkräfte, heißt die specifische Expansivkraft; diese Benennung mag allgemein durch P bezeichnet werden, während E (wie bisher) die würklich vorhandene (absolute) Expansivkraft bedeutet.

Zusatz. Dem Begriffe der specifischen Expansivkraft und den gehabten Sätzen zufolge, überzeugt man sich sehr leicht, daß bei zwei verschiedenartigen Luftmassen, ohne Rücksicht auf das Volumen, folgende Proportionen stattfinden:

$P':P''=E':E''$	unter übrigens gleichen Umständen, d. h.	wenn D und T gleich sind
$P':P''=D'':D'$		wenn E und T gleich sind
$P':P''=T'':T'$		wenn E und D gleich sind.

Also $P':P''=E'.D''.T'':E''.D'.T'$, aus welcher Proportion sich leicht andere Verhältnisse (für $E':E''$, $D':D''$ und $T':T''$) herleiten lassen. Daß man $B':B''$ für $E':E''$, so wie $S':S''$ für D' uud D'' setzen kann; ist öfter erwähnt. — Die Proportion $P':P''=D'':D'$ (wenn $E'=E''$ und $T'=T''$ ist), giebt die specifischen Expansivkräfte der verschiedenen Luftarten, im Verhältniß der als 1 gesetzten Expansivkraft der atmosphärischen Luft (für irgend eine Temperatur und einen beliebigen Barometerstand), sobald man mit denen in §. 148. genannten Zahlen in 1 dividirt.

Anmerk. Läßt man nur die Temperatur außer Acht; so heißt das Verhältniß der Expansivkräfte zweier ungleichartigen Luftmassen: die relative Expansivkraft, z. B. durch R bezeichnet. Man hat hiernach $R' : R'' = E'.D'' : E''.D'$. Doch ist diese Vergleichung wol von keinem wesentlichen Nutzen.

§. 150. Anmerkung.

Nachdem von der Vermehrung der Expansivkraft der Gas- und Dampfarten durch Vermehrung der Temperatur, die bekannten Gesetze genannt sind; kann nicht ganz übergangen werden, beiläufig von der so bedeutenden Vergrößerung der Expansivkräfte der Dampfarten (als bewegende Kräfte) zu reden, weil diese Vergrößerung sich keineswegs aus den vorigen §§ ergiebt. Wenn nemlich eine Dampfart allein ein bestimmtes völlig gesperrtes Gefäß erfüllt; dann gelten die genannten Gesetze genau, so lange entweder eine Temperaturerhöhung, oder eine Volumenvergrößerung vorgenommen wird; wird die Temperatur oder das Volumen dagegen vermindert, so kann ein Theil des eingeschlossenen Dampfes, in die tropfbare Form zurücktreten, was von dem bereits für eine bestimmte Temperatur erlangtem Maximum der Expansivkraft abhängt, dessen nähere Erklärung für die Physik gehört, und woraus sich mehrere Folgerungen ergeben, die für den Grad der Comprimirung oder der Temperatur, welcher noch mit einer Dampfart vorzunehmen ist, wichtig sind. — Wenn dagegen über einer tropfbaren Flüssigkeit ein bestimmter völlig gesperrter Raum ist, in welchem sich der Dampf durch Temperaturerhöhung entwickeln kann; so folgt die Expansivkraft welche dieser Dampf äußert, so lange noch eine zu verdampfende Flüssigkeit vorhanden ist, ganz anderen Gesetzen, als wenn bereits alle Flüssigkeit in

Dampf verwandelt ist. Wie schnell sich im ersteren Falle die Expansivkraft mehrt, ist durch Versuche ausgemittelt. Setzt man den Druck einer Atmosphäre (§. 143, 1.) gleich mit 28″ Barometerstand; so erhält man z. B. für Wasserdämpfe folgende Resultate*):
bei 80° R ist der Druck gleich 1 Atmosphäre; bei 97°, = 2 Atmosphären; bei 108° R, = 3 At.; bei 116°, = 4 At.; b. 124°, = 5 A.; b. 130° = 6 A.; b. 135°, = 7 A.; b. 140°, = 8 A.; b. 144°, = 9 A.; b. 148° = 10 A.; b. 177°, = 20 A.; b. 197°, = 30 A.; b. 225°, = 50 A.; b. 270°, = 100 A.; b. 327°, = 200 A.; b. 367°, = 300 A.; b. 400°, = 400 A.; b. 427°, = 500 A.; b. 534°, = 1000 A.; u. s. w. (Bei 1000° R erhält man den Druck von 5310 Atmosphären).

Die Kraft des Dampfes wird zur Bewegung der nach dieser bewegenden Kraft genannten Dampfmaschinen benutzt, über welche das Nähere für die Maschinenlehre gehört.

§. 151. Lehrsatz.

Werden bei einer ruhigen Luftsäule in der Atmosphäre, deren Temperatur überall dieselbe ist, in vertikaler Richtung gleich große Schichten angenommen; so nehmen in diesen Schichten die Expansivkräfte in geometrischer Progression von unten nach oben, ab (Vergl. §. 141.).

Beweis. Da die Expansivkräfte jeder Luftmasse in vertikaler Richtung stetig abnehmen (§. 141.); so denke man sich beliebig große doch gleiche Schichten (etwa

*) Siehe Gehlers physikalisches Wörterbuch, neue Ausgabe, 2ter Band, Seite 351 u. f. — Die Brüche sind in der obigen Tafel ausgelassen.

(etwa in prismatischer Form) der atmosphärischen Luft in vertikaler Richtung in der Atmosphäre über einander*); so ist der Druck gegen die Grundfläche einer jeden Schicht, gleich dem Gewichte G der ganzen darüber befindlichen Luftsäule; man kann also die Drücke gegen die 1ste, 2te und nte Grundfläche, von unten nach oben gezählt, durch G', G'', ... G^n bezeichnen. Die absoluten Gewichte der Luftmassen in diesen verschiedenen Schichten, sind demnach: $G' - G''$, $G'' - G'''$,... $G^{n-1} - G^n$. Nun verhalten sich aber nach §. 145, 2. die Gewichte der Luftmassen in diesen gleich großen Schichten, wenn wir in jeder Schicht die Luft als gleichförmig dicht annehmen (was offenbar geschehen kann, entweder weil die Schichten beliebig klein genommen werden können, oder weil eine mittlere Dichtigkeit in jeder Schicht, anzunehmen ist), wie die Kräfte welche die Luft in jeder Schicht comprimiren; diese Kräfte sind aber wiederum bei der Atmosphäre, die Gewichte der, über jeder oberen Grenzfläche einer Schicht befindlichen Luftsäule in ihrer ganzen Höhe (§. 140, 5.); also hat man die Verhältnisse der Gewichte in den verschiedenen Schichten, wie G'' zu G''' zu G^{iv} u. s. w., weil das Gewicht G'' auf der oberen Fläche der untersten oder ersten Schicht, zunächst in Betracht kömmt. Man hat also, wenn man nur die zwei untersten Schichten zuerst betrachtet:

$$G' - G'' : G'' - G''' = G'' : G''';$$ hieraus folgt

$$G' - G'' + G'' : G'' - G''' + G''' = G'' : G''',$$ d. h.

$$G' : G'' = G'' : G''' \text{ od. } G' : G'' : G'''.$$

Eben so erhält man $G'' : G''' = G''' : G^{iv}$, u. s. w. also allgemein:

$$G' : G'' : G''' : G^{iv} : G^{v} \ldots : G^{n-1} : G^{n}.$$

---

*) Die folgenden Gesetze finden natürlich in gleicher Art statt, wenn man anstatt unserer atmosphärischen Luft, irgend eine andere Luftart die Erde umgebend annimmt.

Weil die Gewichte G als comprimirende Kräfte, zugleich die **Expansivkräfte** E der in jeder Schicht gleich dicht angenommenen Luft, oder der Luft auf der Grundfläche der verschiedenen Schichten sind; so hat man nunmehr auch:

$$E' : E'' : E''' : \ldots E^{n-1} : E^n. \quad \text{W. z. b. w.}$$

Zusatz 1. Weil die Kräfte G oder E, zugleich die **Barometerstände** B bedingen; so hat man auch:

$$B' : B'' : B''' : \ldots B^{n-1} : B^n;$$

und weil die **absoluten Gewichte** P der Luftmassen in den gleichen Schichten (die Gewichte $G' - G''$, $G'' - G'''$, ...) sich wie $B' : B'' : B''' : \ldots$ verhalten (§. 145, 2.), von diesen Gewichten aber in den gleich großen Schichten, die **Dichtigkeiten** D und die specifischen Gewichte S abhängen; so finden auch die zwei Progressionen statt:

$$P' : P'' : P''' : \ldots P^{n-1} : P^n \text{ und}$$

$$D' : D'' : D''' : \ldots D^{n-1} : D^n \text{ (oder } S' : S'' : \ldots S^{n-1} : S^n).$$

Zusatz 2. Den Exponenten dieser verschiedenen Progressionen kann man nur durch **Versuche**, sobald die Höhe einer Schicht festgesetzt ist, finden. — Wählen wir z. B. die Progression $B' : B'' : B''' : \ldots$ und nehmen sie umgekehrt, wodurch sie eine **steigende** Progression wird, und bezeichnen ihren Exponenten durch b; so giebt der in §. 143, 7. genannte Versuch, für die erste Schicht (die oberste) $B = 335'''$, und für die 78ste Schicht (die unterste) ist $B = 336'''$. Man erhält also das letzte Glied (336), aus dem ersten (335), dem Exponenten (b) und der Anzahl (78) der Glieder, nach der bekannten Formel:

$$335 \cdot b^{78} = 336, \text{ also } b = \sqrt[78]{\tfrac{336}{335}} = 1{,}000038,$$

ein so wenig von 1 abweichendes Resultat, daß man diese Abweichung bei kleinen Höhenunterschieden außer Acht lassen, d. h. die Barometerstände bei Schichten von wenigen Fußen, in allen Punkten als gleich ansehen kann. — Die Exponenten e, p und d, für die anderen Progressionen, ergeben sich nunmehr aus den bekannten Bestimmungen der Expansivkraft, des absoluten Gewichts oder einer als Einheit angenommenen Dichtigkeit, sehr leicht.

Zusatz 3. Die genannten Progressionen müssen auch bei jeder noch so geringen selbstständigen Luftmasse, in vertikalen Richtungen stattfinden. Denn man kann sich entweder eine solche Luftmasse, als aus der Atmosphäre ausgesondert denken (§. 138, 5.), oder man denke sich die Expansivkraft der obersten Schicht dieser Masse, als durch ein dieser Kraft gleiches Gewicht erzeugt; dann ist genau der vorstehende Beweis, auch für die Schichten der kleinsten Masse zu wiederholen. — Aber man erkennt zugleich, wie sehr geringe die Abnahme der Größen E, B, P und D (oder S) in den vertikalen Schichten einer kleinen Luftmasse ist, so, daß man diese Verschiedenheiten unbedingt außer Acht lassen kann, oder durch unmittelbare Messungen, wol kaum die Exponenten jener Progressionen würde finden können. Man nimmt deshalb bei kleineren Quantitäten jeder selbstständigen Luftart: die Expansivkräfte, die Barometerstände, die absoluten Gewichte und die Dichtigkeiten, in allen Theilen der Masse, unter sich als gleich groß an.

Zusatz 4. Unter der Annahme gleicher Dichtigkeit in allen Theilen einer ganz begrenzten oder abgeschlossenen Luftmasse; ist für den Schwerpunkt dieser Masse, das in §. 112, 2. Gesagte, hier analog zu wiederholen.

§. 152. Erfahrungsatz.

Versuche bestätigen es, daß die, senkrecht zu einer bestimmten Fläche F einer eingeschlossenen Luftmasse würkenden comprimirenden Kräfte K, sich gegen alle mit F gleich große Theile der Grenzfläche, nach senkrechten Richtungen in gleicher Größe mit K, durch die ganze Masse fortsetzen. — Wie dergleichen Versuche angestellt werden können, ist durch den Gebrauch des Barometers deutlich; doch konnte dieser Versuche und der aus ihnen sich ergebenden genannten Erfahrung, nicht füglich früher erwähnt werden, bevor die hierbei zu nehmenden Rücksichten, namentlich der durch das Gewicht der Luftmasse mit verursachte Druck, und die bestimmte Raumveränderung bei Veränderung der comprimirenden Kräfte, gehörig betrachtet worden sind, auch der etwa vorhandene Temperatureinfluß, in Rechnung gebracht werden kann.

Zusatz 1. Der genannte aerostatische Erfahrungsatz, ist analog dem in §. 107. genanntem hydrostatischen Satze. — Es lassen sich nunmehr auch in die Aerostatik, die in §. 107. Zusatz 1 und 2. erwähnten Sätze unmittelbar übertragen, was als hier geschehen angenommen wird (Siehe auch Anmerkung 1 und 2. zu §. 107.).

Zusatz 2. Alle Sätze welche vom Drucke des Wassers, erzeugt durch das Gewicht des Wassers gegen die Seitenflächen des Gefäßes, im 2ten Kapitel des vorigen Abschnitts gelehrt sind; lassen sich analog auf den Druck übertragen, welchen das Gewicht der Luft gegen die Wände des Gefäßes ausübt, sobald man nemlich das absolute Gewicht der Luft im Gefäße kennt, und die Luftmasse als gleichförmig dicht ansieht. Doch wird dieser vom Gewichte der Luft herrührende Druck, in der Regel nicht beachtet, weil er, wie öfter erwähnt, gegen die Expansivkraft sehr unbedeutend ist, so daß man dieser letzteren Kraft den ganzen Druck zuschreibt, welchen die eingeschlossene Luft nach jeder Richtung gegen die Wände des Gefäßes äußert.

§. 153. Lehrsatz.

Ein fester Körper verliert in einer selbstständigen Luftmasse, an seinem Gewichte so viel, als der Luftraum wiegt, welchen der Körper verdrängt.

Beweis. Der Beweis dieses wichtigen Satzes, ist analog dem des entsprechenden Satzes in der Hydrostatik (Siehe §. 132 und §. 133, 3.). Man denke sich den festen Körper zuerst in der Atmosphäre befindlich. Zerlegt man den Körper in lauter vertikale prismatische Körper (wie auch im Beweise zu §. 132. geschah), so ist der Druck gegen die obere Grundfläche eines jeden solcher Prismen (oder gegen die Horizontalprojection derselben), gleich dem Gewichte der ganzen vertikal darüber befindlichen Luftsäule (§. 138, 1, a), und der Druck gegen die untere Grundfläche (vertikal nach oben), ist gleich dem Gewichte jener so eben betrachteten Luftsäule plus dem Gewichte der von jenem Prisma verdrängten Luftsäule (§. 140, 5.); daher ist der resultirende Druck nach oben (nemlich die Differenz jener zwei Drücke), gleich dem Gewichte der von diesem Prisma verdrängten Luft. Die Behauptung des Lehrsatzes ergiebt sich demnach sogleich. — Ist der feste Körper aber in einer völlig gesperrten Luftmasse befindlich; so ist diese als aus der Atmosphäre (oder aus einer derselben entsprechende Luftmasse) ausgesondert zu denken (§. 138, 5.), und die durch die Expansivkräfte gegen den Körper ausgeübten Drücke, sind dieselben als sie es in der Atmosphäre waren. — W. z. b. w.

Anmerk. Den genannten Lehrsatz als eine unmittelbare Folge aus §. 132. (oder §. 133, 3.) anzusehen, deshalb weil die Luft ein flüssiger Körper ist (§. 138, 6.); scheint aus leicht zu erkennenden Gründen sehr gewagt. Jedoch hätte der Satz auch wol im vorigen Kapitel schon stehen können, wenn nicht eine tiefere Betrachtung des geführten Beweises, mehrere der in diesem Kapitel erst genannten Sätze erforderte, so wie die Modificationen und Folgen aus jenem Satze, erst hier genannt werden können.

§. 154. Zusätze.

1) Ein fester Körper wird in der Luft mit einer Kraft, gleich dem Gewichte der Luft welche er verdrängt, vertikal in die Höhe gedrückt. Diese Kraft heißt der Auftrieb der Luft gegen den Körper. Ist daher der Körper leichter als der verdrängte Luftraum, so wird der Körper vertikal in die Höhe gehoben; der schwerere Körper (als die verdrängte Luft) fällt aber zur Erde nieder.

2) Die absolute Größe des Auftriebs, erhält man nach den über das absolute Gewicht der Luft bekannten Gesetzen (§. 148. Zusatz). Man erkennt ferner, daß genau genommen ein jeder auf den gewöhnlichen Wagen gewogene Körper, zu leicht gefunden wird, daher dem beobachteten Gewichte eigentlich noch das Gewicht der verdrängten Luft zugefügt werden müßte. Bei zwei in der Luft gleich gewichtigen aber ungleich großen Körpern, wird der größere im luftleeren Raume daher mehr wiegen als der kleinere (Versuche unter der Luftpumpe bestätigen dies, obgleich der erwähnte Gewichtverlust für die meisten Körper nur geringe gegen ihr eigentliches Gewicht ist).

Anmerk. 1. Ein Instrument durch welches man dem eben genannten Gesetze gemäß, den Unterschied der Dichtigkeit, oder des absoluten Gewichts verschiedener Zustände der Luft finden kann, heißt ein Manometer oder Luftdichtigkeitmesser. Man hängt nemlich an einen Arm einer gleicharmigen Wage, eine möglichst luftleere große Glaskugel, an den anderen Arm aber ein möglichst kleines Gegengewicht, so daß beide in einem bestimmten Zustande der Luft, im Gleichgewichte sind. Eine Aenderung im Zustande der Luftdichtigkeit, wird ein Steigen oder Fallen der Kugel erzeugen, und man erkennt leicht, wie die sich ergebende Aenderung des Gegengewichts bis wieder

Gleichgewicht erlangt ist, die Aenderung des Luftgewichts oder der Luftdichtigkeit anzeigt.

3) Die Luftbälle (Aerostaten) werden dadurch leichter gemacht als der ihnen gleich große Luftraum der Atmosphäre, indem man entweder die atmosphärische Luft im Körper (dessen Grenzfläche von leichtem aber dichtem Zeuge ist) erwärmt, sie also bei freier Ausströmung nach unten, dünner folglich leichter macht, während durch die Erwärmung zugleich die Expansivkraft dergestalt erhöht wird, daß die innere Luft durch ihren Druck gegen die biegsamen Wände, dem Drucke der äußeren Luft widersteht; oder indem man den Raum mit einer Luftart (mit Wasserstoffgas) füllt, die specifisch leichter als die atmosphärische Luft ist, also dem Gegendrucke der letzteren widersteht (Siehe §. 148.)*).

4) Indem der Körper, z. B. der Luftball steigt, kömmt er in stets dünnere Schichten der Atmosphäre (§. 141 und §. 151.); daher fällt der Druck von Außen, und durch die Expansivkraft der inneren Luft, kann sich nunmehr der Raum des Balls vergrößern. Man sieht hieraus, weshalb ein steigender Luftball nicht ganz gefüllt wird. — Die Berechnungen für die Luftbälle, können nach den bekannten Gesetzen nunmehr genau vollzogen werden; das Gesetz des Steigens dieser Körper selbst, gehört aber der Aerodynamik an. — Gewöhnlich betrachtet man alles hierher gehörende vereinigt, in der Luftschiffahrtkunde (Aeronautik).

Anmerk 2. Man kann über die hierher gehörenden Lehren, unter anderen Schriften nachlesen; Faius de St Fond, Beschreibung der Versuche mit den aerostatischen Maschinen der Herrn von Montgolfier, u. s. w., aus dem Französischen (1784).

---

*) Man unterscheidet die Luftballons nach den genannten beiden Arten der Füllung, durch die Benennung: Montgolfieren und Charlieren, nach den Namen der Erfinder beider Füllungarten.

Drittes Kapitel.

Von den Höhenmessungen mittelst des Barometers, oder von der Hypsometrie.

§. 155. Einleitung.

Das in §. 151. genannte Gesetz für die Abnahme des Barometerstandes bei vertikaler Erhebung in der Atmosphäre, zeigt die Möglichkeit der Messung einer vertikalen Höhe, durch die Barometerstände an beiden Endpunkten der Höhe. — Man nennt denjenigen Theil der Aerostatik, welcher sich mit diesen Messungen ihrem ganzen Umfange nach beschäftiget, die Hypsometrie, deren Anfanggründe in diesem Kapitel gelehrt werden sollen, während die ganze Verfolgung dieser Lehre, über die gegenwärtigen Elemente hinaus geht, wie in §. 157. nachgewiesen werden soll, indem die Berücksichtigung aller hierbei einwürkenden Umstände, die Mechanik und Physik in ihren höheren Theilen voraussetzt. Doch kann bereits hier so viel über die Barometermessungen gelehrt werden, als völlig hinreichend ist, um mit einer Genauigkeit Höhen durch das Barometer zu messen, welche für den Gebrauch nichts zu wünschen übrig läßt.

Anmerk. Selbstständige Werke über die Hypsometrie, sind unter anderen folgende Schriften: Littrow, über Höhenmessungen durch das Barometer (1823); Hegenberg, Unterricht im Höhenmessen mit dem Barometer (1828); Wiemann, Anleitung zum Höhenmessen mit dem Barometer (1828); u. a. m.

§. 156. Aufgabe.

Eine vertikale Höhe in der ruhigen Atmosphäre, mittelst des Barometers zu messen.

Auflösung und Beweis. I. Zunächst unter Voraussetzung gleicher Temperatur innerhalb der zu messenden Luftsäule*). — Gesetzt die Höhe betrage x Fuß**); der Barometerstand am oberen Ende der Höhe sei b, der am unteren Ende B (sowol B als b nach Zollen oder Linien genommen); dann ist wie bekannt $B > b$. Nun sei der Exponent der Progression, welche die Barometerstände von oben nach unten, von Fuß zu Fuß bilden, z. B. e; dann hat man den Barometerstand am unteren Ende des obersten Fußes, gleich be, am Ende des zweiten Fußes von oben gleich be^2, beim dritten Fuße gleich be^3, u. s. w. (§. 151. Zusatz 1.), also am Ende des xten Fußes gleich be^x. Man erhält hiernach die Gleichung:

$$B = be^x, \text{ folglich } x = \frac{\log B - \log b}{\log e}, \text{ oder}$$

$$x = \frac{1}{\log e} (\log B - \log b). \text{ (I.) ***)}.$$

Um den Factor $\frac{1}{\log e}$, oder um $\log e$ zu finden, kann man entweder einen practischen Weg, nemlich durch Versuche, oder einen theoretischen Weg einschlagen. — Der erste Weg ist dieser. — Aus der Gleichung (I.) folgt

$$\log e = \frac{\log B - \log b}{x} \text{ oder } \frac{1}{\log e} = \frac{x}{\log B - \log b}.$$

*) Den genausten Bestimmungen zufolge, rechnet man bei ganz ruhiger Atmosphäre, die Abnahme der Wärme in vertikaler Höhe, 1° R für jede 600 Fuß Höhe.

**) Aus §. 142. Zusatz ist bekannt, daß die Maaße beim Barometer französische Maaße sind, also die Höhen in diesem Maaße gesucht werden, wenn nicht Reductionen vorzunehmen bestimmt wird.

***) Wir nehmen hier nur gemeine oder Briggsche Logarithmen an; die Anwendung der natürlichen Logarithmen, geschieht erforderlichenfalls nach bekannten rein mathematischen Gesetzen.

Wenn man also eine bestimmte Höhe auf andere Weise z. B. durch Trigonometrie direct und möglichst genau mißt; dann giebt, sobald bei dieser Höhe auch B und b bekannt ist, der Bruch $\frac{x}{\log B - \log b}$ den Factor $\frac{1}{\log e}$, so wie log. e selbst. — Durch sehr viele Versuche und genaue trigonometrische Messungen, bei denen die Temperatur natürlich von Einfluß ist, fand De Lüc, daß bei der Temperatur von 16¾ Grad R, der Factor $\frac{1}{\log e} = 60000$ sei, so daß

$x = 60000 \, (\log B - \log b)$ *) in Fußen, oder

$x = 10000 \, (\log B - \log b)$ in Toisen (zu 6′) ist.

Um zweitens auf theoretischem, hier also auf aerostatischem Wege $\frac{1}{\log e}$ zu bestimmen; nehme man die Temperatur der Atmosphäre zu $0^\circ \text{ R} = 213\frac{1}{3} \text{ L}$ an (§. 146.); dann ist das absolute Gewicht eines (gleichförmig dicht angenommenen) Cubikfußes Luft der obersten Schicht (wenn die ganze Säule der Luft prismatisch von 1 □′ Grundfläche angenommen wird), gleich $\frac{2{,}7467\ldots}{336} \cdot b$ oder f b Loth, wenn $\frac{2{,}7467\ldots}{336} = f$ gesetzt wird (§. 145, 3), und das absolute Gewicht eines Cubikfußes der untersten Schicht, ist f B Loth, wobei B und b nach Linien genommen sind. Die Gewichte der x Schichten (jede zu 1 Fuß Höhe genommen) bilden eine geometrische Progression (§. 151. Zusatz 1.), deren erstes und letztes Glied (bf und Bf) bekannt ist, deren Summe aber das Gewicht

*) Da $\log B - \log b = \log \frac{B}{b}$ ist; so ist deutlich, daß man B und b nach beliebigem nur gleichem Maaße nehmen kann, wofür gewöhnlich Linien genommen werden.

der ganzen Luftsäule ist. Dieses Gewicht steht im Gleichgewichte mit der Quecksilbersäule von (B — b) Linien oder von $\frac{B-b}{144}$ Fuß; nennen wir also das absolule Gewicht von 1 Cubikfuß Quecksilber (bei 0° R) z. B. q, so ist das absolute Gewicht der ganzen Luftsäule, gleich $\frac{B-b}{144} \cdot q$, welcher Werth = Q gesetzt werden mag, und gleich der Summe der Glieder der Progression ist. Aus der bekannten Formel für die Anzahl (n) der Glieder einer geometrischen Progression, deren erstes Glied (a), letztes Glied (z) und Summe der Glieder (S) ist *), erhält man nunmehr:

$$x = \frac{\log Bf - \log bf}{\log(Q - bf) - \log(Q - Bf)} + 1,$$ oder die 1, welche bei großen Werthen von x außer Acht gelassen werden kann, nicht mit genommen, ist:

$$x = \frac{\log \frac{Bf}{bf}}{\log \frac{Q-bf}{Q-Bf}} = \frac{1}{\log \frac{Q-bf}{Q-Bf}} (\log B - \log b). \text{ (II.)}.$$

Setzt man $\frac{Q-bf}{Q-Bf} = \frac{Q-bf+Bf-Bf}{Q-Bf} = 1 + \frac{Bf-bf}{Q-Bf}$, so kann man, der Erleichterung der Rechnung wegen, für den Nenner Q — Bf, offenbar Q setzen, da Bf doch sehr gering gegen Q ist. Um demnach $1 + \frac{Bf-bf}{Q} = 1 + (B-b) f \cdot \frac{1}{Q}$ (III.) zu finden, sind die Werthe für f und Q zu nehmen. Nun ist

$$Q = \frac{B-b}{144} \cdot q = \frac{B-b}{144} \cdot 10436 \cdot 2{,}7467 \ldots$$

---

*) Diese Formel ist wie bekannt $n = \frac{\log z - \log a}{\log(S-a) \log - (S-z)} + 1.$

(weil das Quecksilber den genausten Beobachtungen zufolge, 10436 mal schwerer als die Luft bei 0° R und 336''' Druck, und das Luftgewicht hierbei für 1 Cubikfuß gleich 2,74... Loth ist) $= \frac{B-b}{144} \cdot 10436 \cdot 336 \cdot \frac{2,74...}{336} = \frac{B-b}{144} \cdot 10436 \cdot 336 \cdot f.$ — Ohne f als Zahl zu bestimmen, setze man den gefundenen Werth für Q in (III.); so ist:

$$1 + (B-b)\, f \cdot \frac{1}{Q} = 1 + \frac{(B-b)\, f}{\frac{336\,(B-b)\, 10436\, f}{144}}$$

$$= 1 + \frac{144}{10436 \cdot 336} = 1,00004106 = \frac{Q-bf}{Q-Bf}$$ und

$\log 1,00004106 = 0,000017866$. Daher giebt die Gleichung (II.):

$$x = \frac{1}{0,000017866}(\log B - \log b) = 55970\,(\log B - \log b).\ (IV.)^{*)},$$

nach welcher Formel die Höhe der Luftsäule in Fußen, bei der Temperatur von 0° R $= 213\frac{1}{3}$ L zu berechnen ist. Setzt man dafür $x = 56000\,(\log B - \log b)$, so hat man in Toisen $x = 9333\,(\log B - \log b)$.

II. Die Berücksichtigung der Temperatur ändert nunmehr die Formel. — Gesetzt man suchte die Temperatur T bei welcher der Factor 55970 zum Factor 60000, oder der Factor $\frac{55970}{6} = 9328$ zu 10000 (um nach Toisen zu rechnen) wird; so ergiebt sich T aus der Proportion

$$9328 : 10000 = 213\tfrac{1}{3} : T,$$

denn die Höhen oder die Volumen der Luftsäulen, verhalten sich bei denselben Barometerständen B und b, wie die Temperaturen (nach dem Luftthermometer; §. 147, 4, (IV.)), und jene Factoren verhalten sich wie die Höhen. Man

---

*) Nimmt man nur 0,0000178 statt 0,000017866 an, so wird der Factor vor der Parenthese, gleich 56179,7...

erhält aus jener Proportion, T = 228,69° L, also = 228,69 — 213,75 = etwa 15° R. Wir sahen daß De Lüc durch Versuche 16¾° fand, welche letztere Zahl man um so viel mehr für die richtigere Zahl ansehen kann, indem bei den vielen Versuchen De Luc's, die Umstände welche eine Aenderung der Formel veranlassen können, stets einwürkten, bei obiger Berechnung jedoch außer Acht geblieben sind. — Wenn wir die Formel:

$$x = 10000 (\log B - \log b) \text{ Toisen. (V.)}$$

bei der Temperatur von 16¾° R zum Grunde legen; so bleibt noch zu untersuchen: welchen Theil der hiernach berechneten Höhe man zuzuaddiren oder zu subtrahiren hat, wenn die würkliche Temperatur der Atmosphäre nicht 16¾° R ist, sondern mehr oder weniger als diese Wärme beträgt, wol aber durchgängig als gleich gesetzt wird*). Es sei demnach die vorhandene Temperatur, von 16¾° um d° unterscheiden, wo d positiv oder negativ wird, jenachdem die Wärme über oder unter 16¾ R ist. Weil die Temperatur von 16¾ R = 213⅓ + 16¾ = fast 230 L ist, so hat man

$$230 : 230 = d = x : \left(1 \mp \frac{d}{230}\right) x;$$ also ist die zu messende Höhe, sie heiße jetzt H, in Toisen:

$$H = 10000 \left(1 \mp \frac{d}{230}\right) (\log B - \log b). \text{ (VI.)}.$$

De Lüc fand wiederum durch Versuche, die Zahl 215 statt 230. — Bedient man sich aber der Formel (IV.), und setzt den Factor 55970 = F, zumal dieser Factor

*) Es ist deutlich, daß nach dem Gesetze §. 147, 2. die Aenderungen in den Höhen mit denen der Temperatur in Proportion stehen; und zwar die wahre Höhe größer als die für 16¾° berechnete Höhe sein muß, sobald die Temperatur wächst, indem die Luftsäule dann ausgedehnt wird. Entgegengesetzt ist es, wenn die Temperatur fällt.

nach verschieden genauen Bestimmungen (der zum Grunde liegenden Erfahrungen) und Rechnungen auch etwas verschieden ausfallen kann, nehmen wir also die Formel $H = F(\log B - \log b)$ für die Temperatur von 0° R an, und nennen eine andere durchgängig gleich angenommene Temperatur der Luft nach der Reaumürschen Scale t^0; so ist deutlich, daß die analogen Untersuchungen durch die Proportion $213\frac{1}{3} : 213\frac{1}{3} + t = H : \left(1 + \frac{t}{213\frac{1}{3}}\right) H$, auf die Formel $H = F\left(1 + \frac{t}{213\frac{1}{3}}\right)(\log B - \log b)$ führen, wofür man $H = F\left(1 + \frac{t}{200}\right)(\log B - \log b)$ (VII.)*) zu setzen pflegt, weil die Feuchtigkeit der Luft eine etwas geringere Expansivkraft als völlig trockene Luft (die in §. 146. vorausgesetzt wurde) bei gleicher Temperatur äußert.

Zusatz 1. Selten geschieht eine Höhenmessung dergestalt, daß die beiden Endpunkte oder Stationen vertikal über einander liegen; dann ist natürlich der vertikale Abstand der beiden Horizontalebenen durch die Stationen gemeint, unter der Voraussetzung, daß gleiche Temperatur in dem ganzen Raume der hierbei zu betrachten wesentlich ist, stattfindet. Aus dem hydrostatischem Gesetze in §. 117. Zusatz, verbunden mit §. 152. Zusatz 2., ersieht man, daß nunmehr die Lage beider Stationen in beliebigen Punkten jener zwei Horizontalebenen, gleichgültig ist.

Zusatz 2. Weil die Temperatur nicht genau inner-

---

*) Weil Barometermessungen wol selten oder nie bei einer Temperatur der Luft unter 0° R gemacht werden, so genügt jenes Zeichen + allein, widrigenfalls —, also allgemein ∓ zu setzen wäre.

halb einer bestimmten Höhe ungeändert bleibt, die Aenderung jedoch der Erfahrung gemäß gleichförmig bei ruhiger Luft ist; so kann man mit Recht das Mittel aus den beiden Temperaturen der Luft an den Endpunkten der Höhe, statt der vorher gleichen Temperatur der Luftsäule annehmen. Nennen wir demnach R und r, die Temperaturen der Luft nach der Reaumürschen Scale an beiden Endpunkten der Höhe; so ist $\frac{R+r}{2}$ jenes Mittel, und die Formel (VII.) wird zur Formel

$$H = F\left(1 + \frac{R+r}{400}\right)(\log B - \log b)\ \text{(VIII.)}.$$

Zusatz 3. Weil die verschiedenen Temperaturen der Luft an beiden Endpunkten der Höhe, auch verschiedene Temperaturen des Quecksilbers, mithin auch Aenderungen im Stande der Quecksilbersäule des Barometers erzeugen; so erfordert auch die entwickelte Formel, noch einer Correction nach jenen Temperaturen. Bei der Formel $F(\log B - \log b)$, war die Temperatur der Luft und des Quecksilbers 0° R; sind also die Temperaturen des Quecksilbers am unteren und oberen Ende der Höhe, gleich Q° und q°, und wir nehmen nach §. 106, 4, c die Ausdehnung des Quecksilbers für jeden Grad Reaumür, als $\frac{1}{4330}$ der Höhe der Säule an; so müssen die bei Q° und q° beobachteten Höhen der Säulen, d. h. B und b, auf $B - \frac{Q}{4330}B = B\left(1 - \frac{Q}{4330}\right)$ und $b\left(1 - \frac{q}{4330}\right)$ reducirt werden (Denn so würden die Säulen für 0° Temperatur stehen). Führt man die Logarithmen dieser Werthe, statt $\log B - \log b = \log \frac{B}{b}$ in die gefundene Formel ein; so wird zunächst $\log \frac{B}{b}$ zum Werthe:

$$\log \frac{B\left(1-\frac{Q}{4330}\right)}{b\left(1-\frac{q}{4330}\right)} = \log \frac{B}{b\left(1+\frac{Q-q}{4330}\right)}$$ *), dem=

nach die Formel für die Höhe der Luftsäule:

$$H = F\left(1+\frac{R+r}{400}\right) \log \frac{B}{b\left(1+\frac{Q-q}{4330}\right)}, \text{ (IX.)},$$

in welcher hinlänglich genauen Formel bedeutet:

F den Factor 55970, oder nach anderen Berechnungen 56179, auch wol 56622 angenommen wird;

R und r sind die Temperaturen der Luft, Q und q die Temperaturen des Quecksilbers am unteren und am oberen Ende der Höhe;

H ist die gesuchte Höhe in pariser Fußen. — Nur der Factor F ist für andere Maaße als pariser Fuße, zu reduciren nöthig, was ohne Erläuterung geschehen kann.

Anmerk. 1. Setzt man F = 56622, so ist für französische Meter **), F = 18393, und für preußische Fuße ist F = 58604. Zur Uebung diene die Messung am Fuße und auf der Spitze des Pik von Bigorre; und zwar sei: F = 56622, B = 326,08‴, b = 238,14‴, Q = 14,9°, q = 7,8°, R = 15,3° und r = 3,2°. Man findet hieraus H = 8043,7 pariser Fuß (Siehe Eytelweins Hydrostatik Seite 198).

Anmerk. 2. Will man die Höhe eines Punkts über dem Meeresspiegel wissen, und hat nicht Gelegenheit B und R zu messen; so kann man im Allgemeinen B = 336,9‴ (= 28,075″ = 0,76 Meter) rechnen, wenn Q = 0 gesetzt wird. Dann wird der Factor $\log \frac{B}{b\left(1-\frac{Q-q}{4330}\right)} = \log \frac{336{,}9}{b\left(1-\frac{q}{4330}\right)} = \log N$ gesetzt.

---

*) Die hierbei angebrachte Rechenabkürzung, ist für sich deutlich.

**) Der Meter ist der 10000000ste Theil des Quadranten des Erdmeridians; es ist 1 Meter = 3,18... preußische Fuß = 3,08... pariser Fuß.

gesetzt. Weil nun $R = r + \frac{H}{600}$ gesetzt werden kann*); so erhält man den anderen Factor $1 + \frac{R + r}{400} = 1 + \frac{2r + \frac{H}{600}}{400}$, diesen gleich M gesetzt, wird die Formel für H:

$$H = F . M \log N = \frac{1200 (200 + r) \log N}{\frac{240000}{F} - \log N},$$

welche Form noch mannigfaltig umzuwandeln ist. — Die Zahlenwerthe b, r und q in Anmerk. 2, geben hier $H = 9035{,}8'$, als Höhe jenes Berges über dem Meeresspiegel.

Anmerk. 3. Hat man viele Barometermessungen zu machen, so kann man die Wiederholung gewisser Rechnungen der gefundenen Formeln ersparen, wenn man die constanten Factoren im Voraus berechnet und in Tafeln bringt. Dergleichen hypsometrische Tafeln sind von verschiedenen Gelehrten berechnet; man findet sie auch in denen, in §. 155. genannten Werken. — Auch ist hier zu empfehlen die vom Dr. August auf einem Bogen entworfene: Tafel zur Berechnung der Höhen nach Barometer-Beobachtungen; sie leistet hinlängliche Dienste für diese Messungen, und giebt dem weniger Geübtem, Anweisung zur Berechnung nach der dabei angeführten Formel.

§. 157. Anmerkung.

Um die vorzüglichsten der Rücksichten oder Nebenumstände zu erwähnen, welche bei Barometermessungen einwürken können, wodurch jedoch die nach den entwickelten Formeln berechneten Resultate nur wenig geändert werden; dienen die nachstehenden Bemerkungen:

1) Die Platte (welche gewöhnlich von Messing ist) auf welcher sich die Scale zur Messung der Höhe der Quecksilbersäule eingegraben findet, ist nach denen in §. 90. genannten Gesetzen, der Ausdehnung durch die Wärme unterworfen, weshalb nach der vorhandenen Temperatur, die an dieser Scale gemessenen Barometerstände

*) Siehe die Anmerk. **) am Ende von Seite 425.

(B und b), genau genommen noch auf die bestimmte Temperatur zu reduciren sind, welche bei Anfertigung der Scale in der Platte vorhanden war, und gewöhnlich 0° genommen wird.

2) Das Glas der Barometerröhre dehnt sich ebenfalls durch die Wärme aus, und der hiernach veränderte innere Raum der Röhre, bedingt genau genommen auch den Stand der Quecksilbersäule bei bestimmter Temperatur. Die Gesetze für diese Aenderung liegen ebenfalls in §. 90.*) (Siehe auch die Bemerkung *) zu Ende von Seite 393.).

3) Die chemische Beschaffenheit der Luft, ist von Einwürkung auf die Berechnung; doch kann dieser Einfluß noch nicht vollständig ermittelt werden. Ueber die hierzu nöthigen Instrumente (namentlich des Hygrometers) und physischen Elemente, ist das Nähere besonders ein Gegenstand der Technik und der Physik.

4) Die Abnahme der Schwere in vertikaler Höhe (§. 13, 6.), ist von Einfluß auf das Gewicht der Luft und des Quecksilbers im Barometer. Aus dem Ge-

---

*) Ist z. B. r der innere Halbmesser der Barometerröhre bei t Grad (R), v das Volumen des Quecksilbers bis zur Höhe h bei derselben Temperatur von $t°$, so ist $v = r^2 \pi h$. Setzt man λ die eigenthümliche Längenausdehnung des Glases (§. 90.) und φ die eigenthümliche Volumenausdehnung des Quecksilbers; so ist für die Temperatur t', das Volumen des Quecksilbers v', und h' die Höhe der Säule. Nun ist der neue innere Halbmesser der Röhre $r' = (1 + \lambda(t - t))\, r$ (§. 90. Formel (IV.)), und $v' = (1 + \lambda(t' - t))^2 r^2 \pi h'$, also $h' = \frac{V'}{(1 + \lambda(t' - t))^2 r^2 \pi}$; weil aber auch $V' = (1 + \varphi(t' - t))\, V = (1 + \varphi(t' - t))\, r^2 \pi h$ ist, so ist $h' = \frac{(1 + \varphi(t' - t))\, h}{(1 + \lambda(t' - t))^2}$ = beinahe $\frac{1 + \varphi(t' - t)}{1 + 2\lambda(t' - t)} . h$ = fast $(1 + \varphi(t' - t))\,(1 - 2\lambda(t' - t))\, h$ = fast $(1 + (\varphi - 2\lambda)(t' - t)\, h$. Weil $\lambda = 0{,}00001095$ und $\varphi = \frac{1}{4330}$ ist, so ist $h' = (1 + 0{,}000209069\,(t' - t))\, h$.

setze jener Abnahme (§. 12, 5, II.), ist das Weitere leicht zu ersehen.

5) Die geographische Lage des Orts wo die Messung geschieht, nemlich die geographische Breite, ist wegen der hiervon abhängenden Aenderung der Schwere, ebenfalls von Einfluß. Diesen Einfluß genau zu bestimmen, erfordert genauere Kenntniß der Mechanik, namentlich des dynamischen Theils derselben (Beiläufig sei erwähnt, daß, wenn β die Breite des Orts ist, die Formel für die Höhe nach mehreren Reductionen, und den Bedeutungen der Buchstaben wie im vorigen §, wird*): $H = 58604(1+0{,}002837 \cos 2\beta)\left(1+\frac{R+r}{400}\right)\left(\log\frac{B}{b}-\log\frac{4330+Q-q}{4330}\right)$. Für dieses, in pariser Fuß die Höhe gebende Resultat, ändert sich der Factor 58604 in 56622, wenn man die Höhe in preußischen Fußen erhalten will).

6) Viel wesentlicher als die vorigen Einflüsse, sind aber die nachfolgenden Rücksichten welche man bei einer anzustellenden Barometermessung nehmen muß, besonders deshalb, weil geringe Versehen hierbei, von den größten Folgen für die Berechnungen sein können, und man nur selten unter bestimmten Bedingungen im Stande ist, die hierbei vorhandenen Fehler gehörig zu erkennen und zu verbessern. — Hierher gehören:

a) Die Prüfung des Barometers und Thermometers nebst aller Nebenapparate dieser Instrumente. — Ueber diese Prüfung kann hier weiter nichts gelehrt werden; man findet sie zum Theil in den genannten Werken und in physikalischen Schriften (Siehe: Luz, vollständige Beschreibung von Verfertigung der Barome-

*) Die folgende Formel ist von Laplace, welcher in seiner Mechanik des Himmels die tiefsten Untersuchungen auch über die Barometermessungen anstellt.

ter (1784) und der Thermometer (1781); so wie: Benzenberg, Beschreibung eines einfachen Reisebarometers (1811).

b) Die beiden Stationen müssen wo möglich nicht allzu weit außer einer Vertikallinie liegen (§. 156. Zusatz 1.), weil alsdann leicht Aenderungen im Druck und der Temperatur der Luft, trotz einer vorhandenen ruhigen Luft sich vorfinden. An beiden Enden müssen aber die Beobachtungen der Elemente (B, R, Q und b, r, q) gleichzeitig, von zwei Beobachtern mit genau übereinstimmenden vorher verglichenen Instrumenten angestellt werden. Man sieht leicht ein, wie viele Aenderungen in der Atmosphäre während der Zeit eintreten könnten, in welcher ein Beobachter sich von einem Standpunkte zum anderen begiebt. — Auf gewisse Weise kann man jedoch auch aus dem Verlauf der Zeit die ein Beobachter braucht, um von einer Station zur anderen zu kommen, die Aenderungen jener Elemente herleiten. Das Nähere hierüber gehört in die Meteorologie.

c) Eine Beobachtung ist selten hinreichend um sichere Elemente zur Berechnung nach der entwickelten Formel zu geben; es muß daher aus vielen Beobachtungen das Mittel genommen werden. Sehr gut ist es, wenn man die mittleren Barometer- und Thermometerstände an beiden Stationen kennt, und diese in die Berechnung einführt *); wenigstens ist es gut die verschiedenen Beobachtungen nicht an einem Tage zu machen.

*) Für Berlin ist der mittlere Barometerstand 27″ 11,8‴ und die mittlere Temperatur 7,3° R; bei Cuxhaven sind jene Stände 28″ 2,0‴ und 7°. Die Formel VI. (worin $d = 16\frac{3}{4} - \frac{7,3+7}{2} = 9,6$ und zwar — 9,6 wird, giebt Berlin etwa 168 preußische Fuß über dem Spiegel der Nordsee liegend.

d) Die Witterung ist von sehr bedeutendem Einflusse bei den Messungen; es muß mindestens eine ruhige Beschaffenheit der Luft stattfindet. Jedoch ist die Wahl der Jahreszeiten und der Tageszeiten auch wesentlich; am besten werden im Frühjahre und Herbst, so wie um die Mittagszeit die Beobachtungen gemacht. Das Nähere hierüber gehört auch in die Meteorologie und in die physische Geographie hinein.

e) Das Aufhängen der Instrumente ist mit großer Vorsicht vorzunehmen; theils ist der Ort (besonders dessen Lage in Beziehung gegen die Sonne) wo, theils die genaue vertikale Lage in der das Instrument aufzuhängen ist, sehr wesentlich. Man überzeugt sich leicht von dem Einfluß welchen Fehler hierbei, für die richtige Messung der Elemente haben müssen.

Wenn man nur diese Bemerkungen gehörig betrachtet, so sieht man wie sehr das in §. 2. über die Anwendungen der Mathematik Gesagte, sich bestätigt.

§. 158. Aufgabe.

Die Höhe der Atmosphäre zu berechnen.

Auflösung und Beweis. Die Höhe der Atmosphäre geht ohne Zweifel ins Unbestimmte hinaus, und derjenige Punkt bei welchem das Barometer gar keine Erhebung der Säule zeigt, ist wol nirgend bestimmt vorhanden. — Dennoch läßt sich etwas über diesen Gegenstand wol sagen. — Die Erfahrung lehrt nemlich, daß bei einer vertikalen Höhe von einer Meile, die Quecksilbersäule auf 14″, d. h. auf die Hälfte des gewöhnlichen Standes herabfällt (Vergl. Seite 398 unten bei *)). Nach §. 151. Zusatz, ist daher der Stand bei 2 Meilen Höhe $(\frac{1}{2})^2$, bei 3 Meilen $(\frac{1}{2})^3$, ... bei x Meilen $(\frac{1}{2})^x$ von 28″. Setzt man $x = 10$, so ist $(\frac{1}{2})^{10} = \frac{1}{1024}$. Dies mögte höchstens der Stand des Barometers unter einer guten Luftpumpe sein (siehe das Ende §. 142. Zusatz), d. h. die Expansivkraft der Luft auf den 1024sten Theil reducirt, mögte wol die geringste Dichtigkeit sein, welche man künstlich erzeugen kann. Nimmt man nun an, daß die Luft in der Atmosphäre da aufhört, wo sie jenen geringen Grad von Dichtigkeit hat, — so ist die Höhe dieser Atmosphäre gleich 10 Meilen; — ein Resultat, dem man indessen nur geringen Werth beilegen kann, ja, welches man vielleicht kaum beachten würde, wenn nicht — merkwürdig genug — die astronomische Strahlenbrechung, fast auf dasselbe Resultat von 10 Meilen, auf einem durchaus anderen Wege führte.

Zusatz. Man sieht wie dergleichen gewagte Schlüsse leicht fortzusetzen sind und wohin sie führen können. Nimmt man die Luft mehrere Meilen tief in die Erde nach vertikaler Richtung hineinreichend an; so würde man bei der Fortsetzung jener Progression erhalten, daß bei 1 Meile Tiefe die Luft noch einmal so dicht als an der Oberfläche der Erde, der Barometerstand also $2 \cdot 28 = 56''$ wäre; bei 2 Meilen würde die Dichtigkeit gleich 2^2, bei 3 Meilen gleich $2^3 \cdot 28''$ u. s. w. sein. Nun giebt $2^{14} = 16384$, und da Gold fast 16000 mal schwerer als Luft ist (wie sich aus den specifischen Gewichten ergiebt, welche in runden Zahlen etwa 20 und $\frac{1}{800}$ für das Quecksilber und für die Luft sind, wenn das Wasser die Einheit ist); so sieht man, daß in einer vertikalen Tiefe von 14 Meilen, die Luft schon dichter als Gold sein würde.

Berichtigung.

Seite 379 setze man die Ueberschrift: Vierter Abschnitt.

Berlin, gedruckt bei A. W. Hayn.

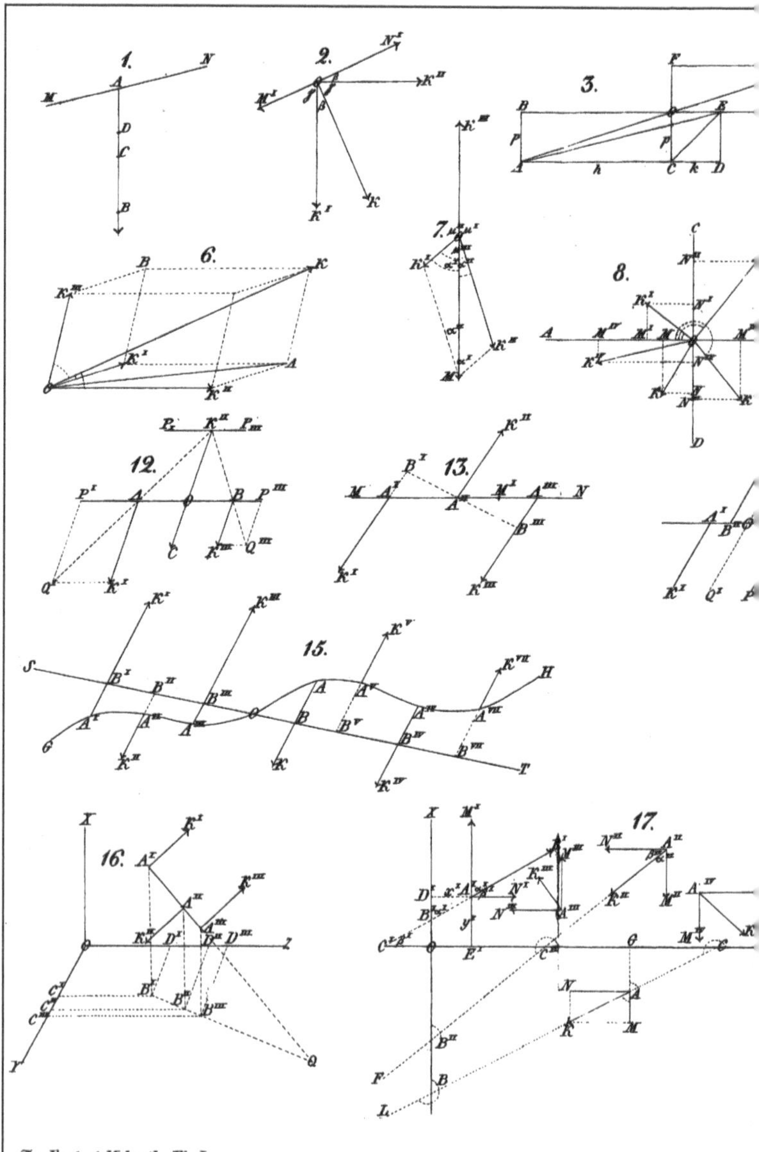

Zu Forstner's Mechanik Th. I

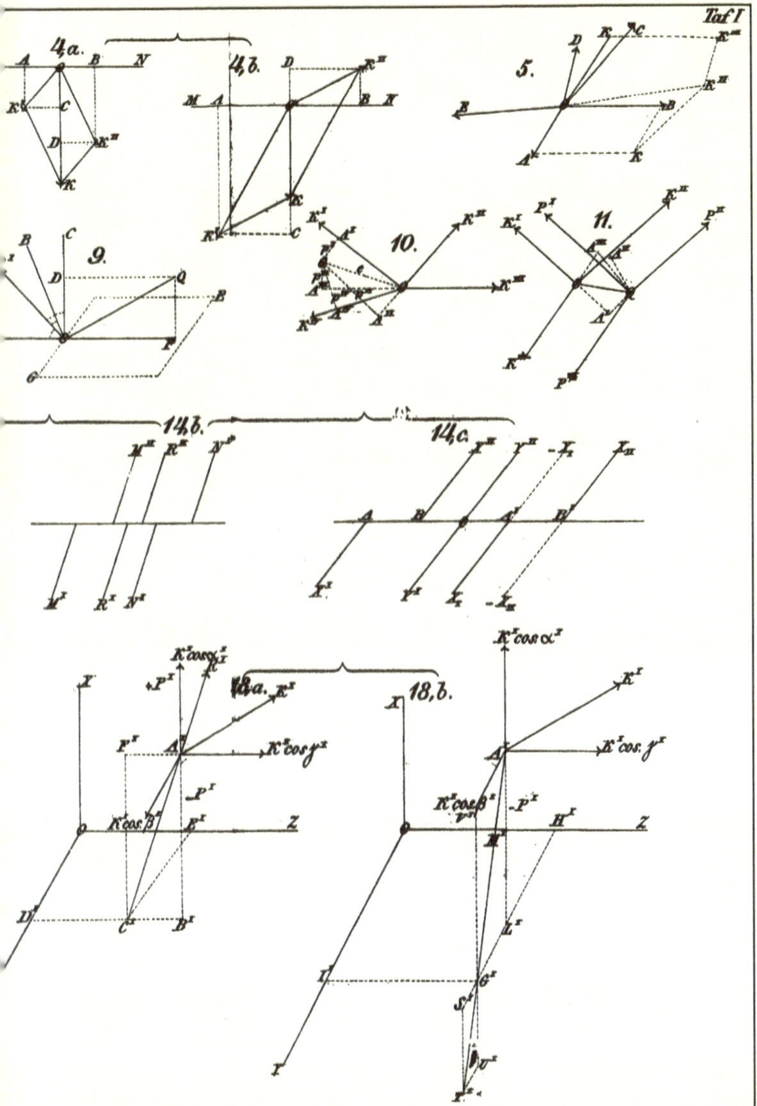

Taf I
4,a.
4,b.
5.
9.
10.
11.
14,b.
14,c.
18,a.
18,b.

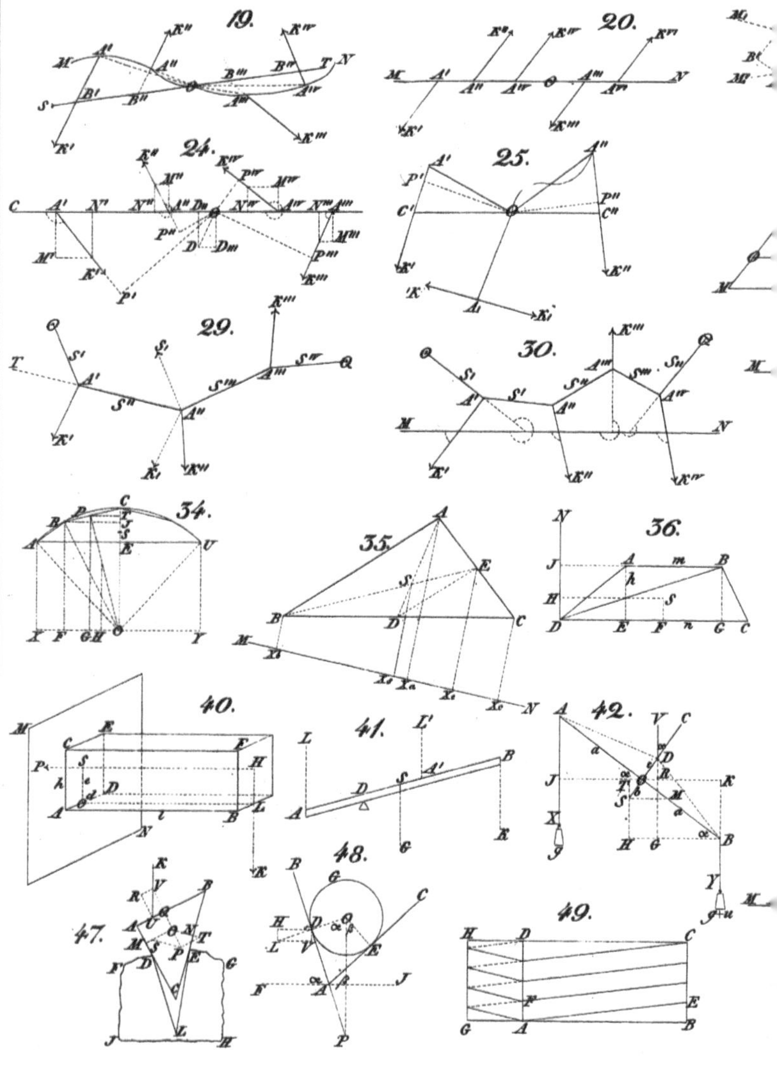

Zu Poncelet's Mechanik Th. I

Taf. II

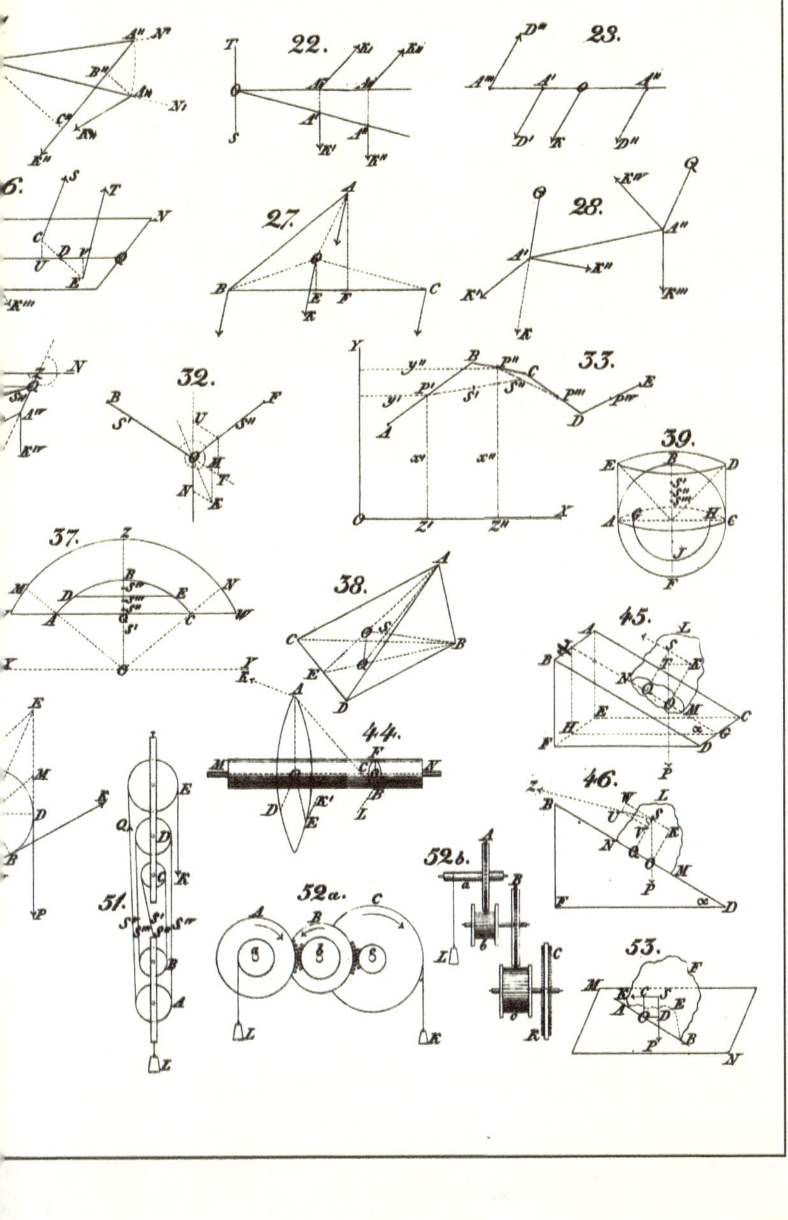

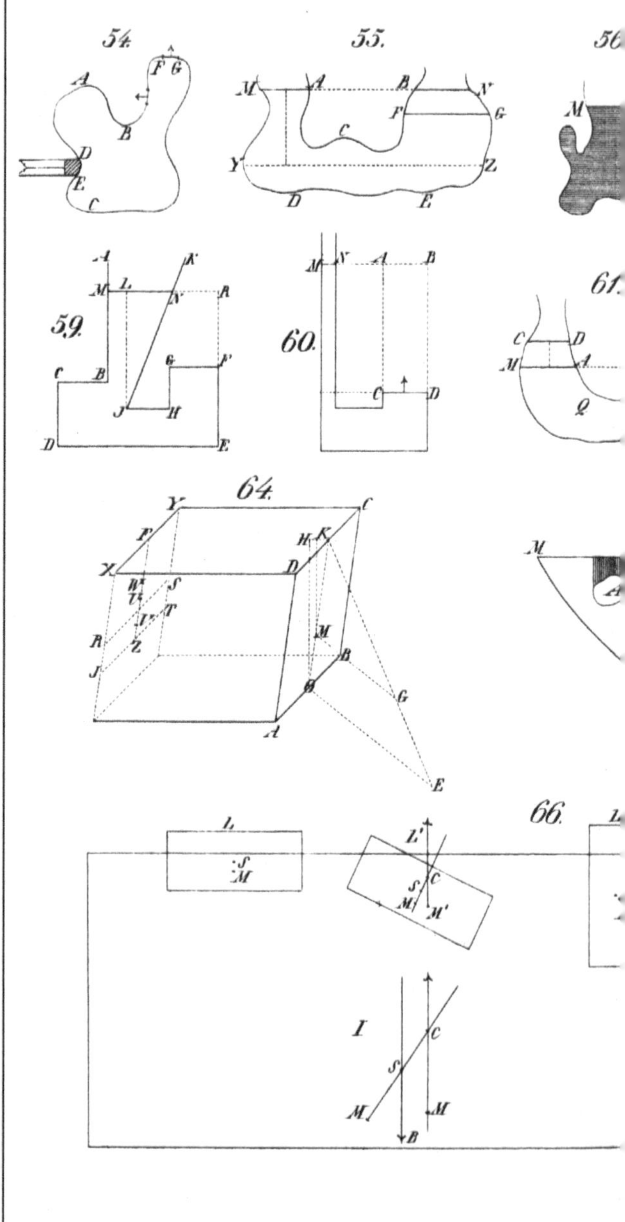
54.
55.
56.
59.
60.
61.
64.
66.
I

57.

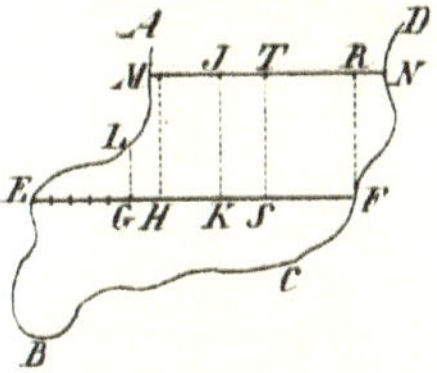
A
M
J
T
R
D
N
L
E
G
H
K
S
F
C
B

58.

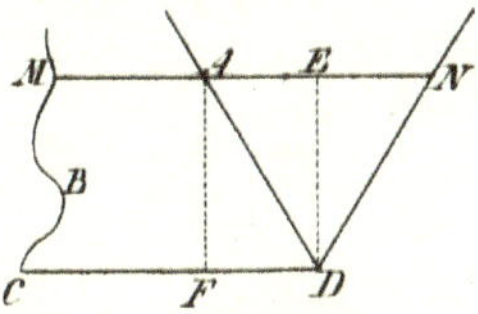
M
A
E
N
B
C
F
D

62.

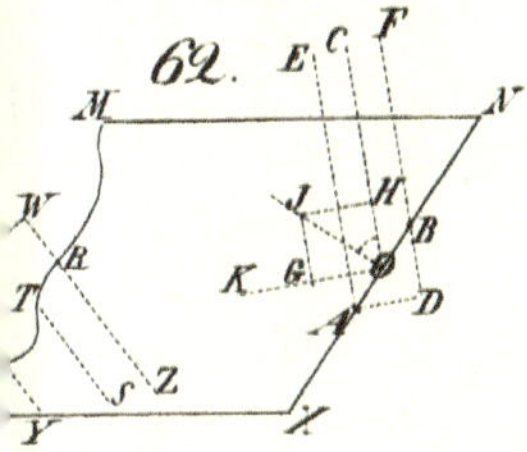
E
C
F
M
N
W
R
T
J
H
B
K
G
D
Z
Y

63.

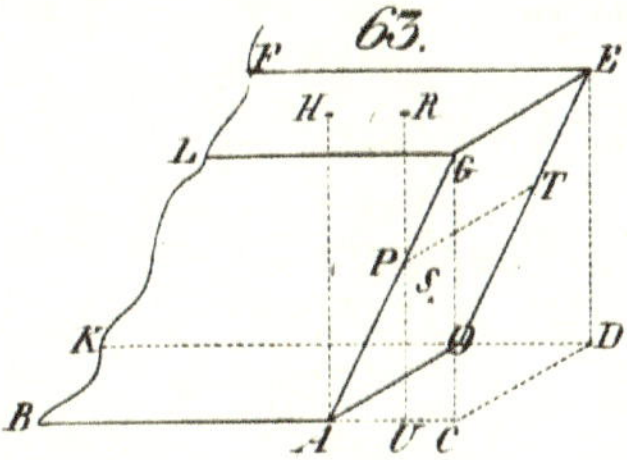
F
E
H
R
L
G
T
P
S
K
D
B
A
U
C

65

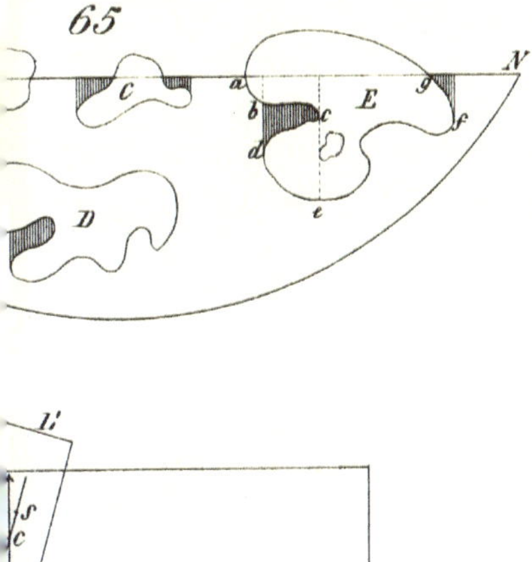
N
C
a
b
c
E
g
f
d
e
D

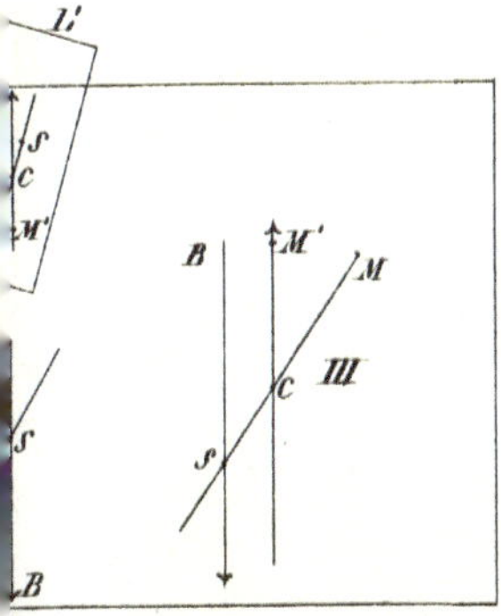
S
C
M'
B
M
III
S
B

www.ingramcontent.com/pod-product-compliance
Lightning Source LLC
LaVergne TN
LVHW092110300926
849161LV00002B/95
* 9 7 8 3 1 1 2 6 3 8 2 5 5 *